新程序员 006

人工智能新十年

《新程序员》编辑部 编著

北京理工大学出版社
BEIJING INSTITUTE OF TECHNOLOGY PRESS

图书在版编目（CIP）数据

新程序员. 006, 人工智能新十年 /《新程序员》编辑部编著. -- 北京 : 北京理工大学出版社, 2023.8
ISBN 978-7-5763-2710-6

Ⅰ. ①新… Ⅱ. ①新… Ⅲ. ①程序设计—文集 Ⅳ. ①TP311.1-53

中国国家版本馆CIP数据核字(2023)第150359号

出版发行 / 北京理工大学出版社有限责任公司
地　　址 / 北京市海淀区中关村南大街5号
邮　　编 / 100081
电　　话 / （010）68914775（总编室）
（010）82562903（教材售后服务热线）
（010）68944723（其他图书服务热线）
网　　址 / http://www.bitpress.com.cn
经　　销 / 全国各地新华书店
印　　刷 / 文畅阁印刷有限公司
开　　本 / 787毫米×1092毫米　1/16
印　　张 / 15.25
字　　数 / 387千字
版　　次 / 2023年8月第1版　2023年8月第1次印刷
定　　价 / 89.00元

责任编辑 / 江　立
文案编辑 / 江　立
责任校对 / 周瑞红
责任印刷 / 施胜娟

卷首语：
人工智能新十年——变与不变

11年前，我给《程序员》杂志（《新程序员》前身）写2012年新年献辞，标题就是“变与不变”。

那时，Marc Andreessen（浏览器发明者，现在是硅谷顶级投资人）的雄文*Why Software Is Eating The World*大声向世界宣告，一批软件技术支持的科技创业公司将向各行业巨头发起史诗般的挑战。接下来十年，移动和云计算也的确深刻改变了众多产业的格局。

2022年年底，随着以ChatGPT为代表的通用人工智能（AGI）技术和产品的出现，我们又迎来了新的科技变革周期。这次的变化可能比11年前还要剧烈得多。

一方面，我们要做好准备，通用人工智能——接近人类智能甚至会逐渐超越的计算机系统已经出现，这将改变很多事情的前提。

就拿我们最熟悉的编程来说吧。Andrej Karpathy（曾任Tesla AI负责人）在2017年就提出了Software 2.0的概念：1.0是通过写代码来解决问题，2.0则是通过神经网络加上表示需求的数据集来解决问题。也就是说，程序员被机器学习工程师取代了。而今年，回到OpenAI的他又在Twitter上发表了最新版本：The hottest new programming language is English（意指最好的编程语言是自然语言）。

有了GPT这样的AGI大模型，未来调用计算机资源来解决问题，可能真的要变成人人都会说的自然语言了。也就是说，绝大部分机器学习工程师相比普罗大众并没有太大优势。正如王咏刚（SeedV实验室创始人兼CEO，创新工场AI工程院执行院长）在本期文章中所表达的：“自己十几年的NLP经验被拉到与刚毕业大学生一样的门槛之上。”

编程和机器学习如此，其他可能被改变的事情更多：教育、就业、职场、企业组织模式……

另外，技术和产品等研发同学也要特别重视伴随AGI而来的，还有自然用户界面（NUI）——人与机器的交互将与人之间交流越来越像，我们现在计算机和手机上习以为常的由图标、菜单等组成的，其实很违反人性、很不自然的图形用户界面（GUI）将逐步成为历史。这一点对于软件研发影响同样巨大。

大家需要思考：当用户以后都是用自然语言向我们的系统发号施令，然后获取语音、图片、视频这样的反馈，我们要开发的软件、硬件应该变成什么样？技术栈会如何演进？整个产业格局又会发生怎样的变化？这正是AI Native或者AI First的意义所在。

这样的巨变，又应该如何应对呢？我在11年前的献辞里说：“一些长期不变的真知灼见比预测更有意义”。

那什么是不变的呢？我向ChatGPT提问：“程序员与常人不同的地方是什么？”

它回答：抽象思维能力、解决问题的能力、持续学习的能力、独立思考和创新能力、团队合作和沟通能力。

Bard的回答除了相同的几点之外，还提到分析能力、注重细节，“更容易接受不确定性和模糊性，更有可能受到创造新颖和创新性东西的驱动”。

而在我看来，这些能力很多正是AGI时代人与人工智能互补的地方。未来，即使用自然语言来编程，优秀的程序员在解决很多问题的时候，应该还是出类拔萃的。

当然，我们也需要跳出技术，去了解更广泛的世界是怎么运转的，更多学科之间又有什么联系，用户/客户的心理，以及需求的背后都有什么规律。而这些，其实也是现在对优秀技术人员的要求。

AGI很有可能开启智能革命，与人类历史上影响极其深远的农业革命（人类从狩猎采集转为农耕游牧，从而“创造了自身”）、工业革命（人类从农牧转为工商，全球生产力达到了全新水平）相提并论。我们这代人是极其幸运的，能遇到这一千载难逢的大变革。大家一起加油，为人类新纪元做出自己应有的贡献！

刘江

《新程序员》特邀顾问

前CSDN&《程序员》总编

2023年8月

CONTENTS 目录

PROGRAMMER
新程序员

策划出品
CSDN

出品人
蒋涛

读者邮箱：reader@csdn.net
地址：北京市朝阳区酒仙桥路10号恒通国际商务园B8座2层，100015
电话：400-660-0108
微信号：csdnkefu

① 卷首语：人工智能新十年——变与不变

进入智能新时代

② 对话iPod之父Tony Fadell：我们曾想在三十年前创造智能手机
page.6

③ 对话凯文·凯利：AI会取代人的90%技能，并放大剩余的10%
page.12

④ 对话Thoughtworks亚太区总裁Kristan Vingrys：人类与大模型应该双向奔赴
page.19

⑤ 对话李彦宏：AI大模型时代，应用开发机会比移动互联网大十倍
page.26

⑥ 开源英雄 专栏 | 崔宝秋国际开源经验在小米开花
page.31

⑦ 开源英雄 专栏 | 贾扬清开源AI框架Caffe
page.43

⑧ CSDN创始人蒋涛：现在就是成为“新程序员”的黄金时刻!
page.49

⑨ 机遇与挑战：大模型+AIGC引领人工智能的下一个十年
page.55

⑩ 确定性 vs 非确定性：GPT 时代的新编程范式
page.59

⑪ ChatGPT标志着AI进入iPhone时刻
page.63

新技术

⑫ 专题导读：当人工智能进入大模型时代
page.67

⑬ 深度剖析ChatGPT类大语言模型的关键技术
page.71

⑭ ChatGPT类大语言模型为什么会带来“神奇”的涌现能力?
page.75

⑮ 大模型推理优化及应用实践
page.82

⑯ ChatGPT浪潮下，面向大模型如何做数据治理?
page.89

⑰ 中国有机会做出赶超ChatGPT的AI吗?
page.94

CONTENTS 目录

⑱ ChatGPT 还没达到“基础模型”状态，国产大模型“速胜论”不靠谱！
page.102

⑲ 深入解读AIGC数据生成学习新范式Regeneration Learning
page.106

⑳ NLP奋发五载，AGI初现曙光
page.110

㉑ 文生图模型的关键问题和发展趋势
page.118

㉒ 产业级深度学习框架和平台建设的实践与思考
page.122

㉓ 技术揭密：腾讯混元AI大模型是如何训练的？
page.127

㉔ 从AI计算框架到融合计算框架——MindSpore的创新与实践
page.132

㉕ 下一代AI：数据和模型的合作共生
page.139

㉖ 结构化数据自动机器学习的实践
page.142

㉗ 深入AutoML技术及工程实践
page.146

㉘ AI编程：边界在哪里？
page.151

㉙ 基于预训练的代码理解与生成
page.154

㉚ 大型语言模型（LLM）时代下的代码生成
page.160

㉛ 基于LLM的自动化测试实践
page.166

新应用

㉜ 专题导读：通用人工智能下的应用颠覆
page.173

㉝ 感知和地图的融合：大势所趋的一体两面
page.176

㉞ 车载智能芯片的新十年
page.180

㉟ 通向可靠安全的自主无人系统
page.184

㊱ 智能电动汽车行业的机遇及背后的核心技术
page.189

㊲ 自动驾驶感知技术的演进与实践
page.193

㊳ AI多源融合感知的车路协同系统实践
page.200

㊴ 面向推荐的汽车知识图谱构建
page.204

㊵ 招商银行知识图谱的应用及实践
page.212

㊶ 互联网音频业务全球化的人工智能技术实践和未来展望
page.216

㊷ 系统性创新，正成为AI变革智能制造的新动能
page.221

㊸ 人工智能技术在空间组学分析中的实践
page.225

㊹ 如何架构文档智能识别与理解通用引擎？
page.230

㊺ 从世界杯谈起，人工智能如何渗透体育？
page.238

百味

㊻ 《神秘的程序员们》：程序员和产品经理们会用GPT之后
page.244

对话iPod之父Tony Fadell：我们曾想在三十年前创造智能手机

文 | 王启隆

做有价值的事，虽不容易、但有方法。世界上的每一位开发者都想创造价值、实现自我，但有人苦于生计、忙碌奔波，有人畏惧失败、无法自拔，还有人，仍处于对自我的怀疑之中。Tony Fadell曾投身于跨时代的尝试，尝到了两次刻骨铭心的失败，但他还是成就了传奇产品iPod。在本文中，Tony Fadell以肺腑之言将自己史诗般的职业生涯，提炼成令人耳目一新的人生建议。

受访嘉宾：

Tony Fadell

设计师、发明家、企业家与投资人。在2006年至2008年间，担任苹果电脑iPod部门资深副总裁，主导iPod的研发设计，因此被称为iPod之父。他也曾参与iPhone的研发。在离开苹果电脑之后，他创立了Nest Lab，现为创投公司Future Shape的负责人。

改变世界的产品——iPhone，在它光鲜风靡的背后，有着一次鲜为人知的尝试。一切起于1989年，在还没有人使用（及没有人觉得有必要使用）手机的年代，苹果员工Marc Porat（马克·波拉特）手绘了一张图，拥有触摸屏，集手机和传真机于一体，可以让用户随时随地玩游戏、看电影，以及购买飞机票。

为了将上面这个设想变成现实，Marc联合创立了一家名为General Magic的公司，后来的Android创始人Andy Rubin（安迪·鲁宾）、eBay创始人Pierre Omidyar（皮埃尔·奥米迪亚）都曾是这里的员工。

那一年，Steve Jobs（史蒂夫·乔布斯）早已离开苹果公司，General Magic 公司试图在一个Wi-Fi都还未诞生的年代制造一个智能的个人通讯器。20世纪90年代的社会无法接受这一超前的概念，这一概念也没有充足的技术支撑，甚至General Magic公司本身也没能完全理解它。

General Magic公司也是Tony Fadell的第一份工作。20世纪90年代初，Tony Fadell（托尼·法德尔，以下简称Tony）毕业于密歇根大学，获得了计算机工程学士学位。大学毕业后，Tony在苹果公司分拆出来的General Magic公司找到了第一份工作，他在这段经历中结识了一批硅谷的青年才俊，并直面了人生的第一场痛彻心扉的灾难。图1所示为“这次跨时代的尝试”选择芯片。

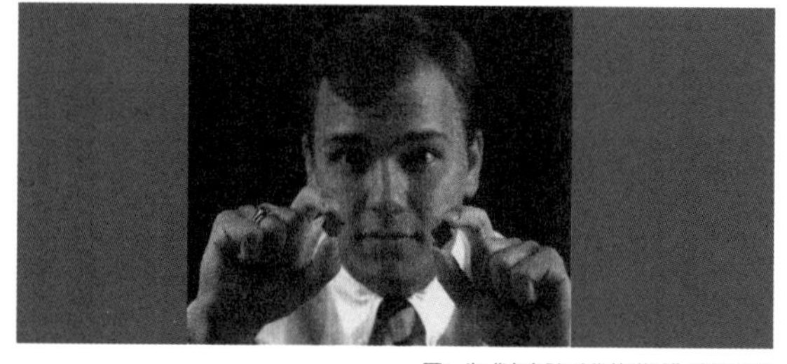

图1 为“这次跨时代的尝试”选择芯片

各种原因，General Magic公司宣告失败，Tony也沉寂了下来，为下一次改变世界做准备。他加入了飞利浦公司，开始在每个团队、每个产品、每场失败中学习如何设计、制造、营销和销售人们真正想要的东西。

在飞利浦的工作经历让Tony重新鼓起了勇气，创办了

Fuse公司，开始研究可以播放CD、MP3和DVD的数字家庭音乐和视频系统。不幸的是，千禧年间互联网1.0泡沫破裂，整个互联网产业都遭遇了资金危机，Tony的努力再次成为泡影。

在Tony的创业公司即将倒闭之际，苹果公司也正处于危机边缘。2001年，乔布斯为了销售麦金塔电脑，决定制作一款数字音乐播放器做市场营销，带动电脑销量。Tony带着他两次失败的经验向乔布斯提出了自己的想法，那一年的10月，他们向全世界推出了iPod。Tony通过iPod，拯救了当时深陷困境的苹果公司，从此被称为“iPod 之父”。

随后，Tony开始负责前三代iPhone的开发并监督所有iPhone硬件、固件和配件的开发。最终他离开了苹果，成了开创“物联网”的公司 Nest的创始人，三度改变世界。2016年，《时代》杂志将Nest Learning Thermostat、iPod和iPhone评为“有史以来最具影响力的50款工具”中的三款。

如今的Tony是一名作家，他将自己的经验和智慧提炼成文字，写就新书《创造：用非传统方式做有价值的事》。这位大师不仅会将自己的领导力、设计、创业、指导、决策以及遭遇过的毁灭性失败所得的经验教训写在书中，还用一场对话为我们分享他的“非传统方式”。

“我们曾想在三十年前创造智能手机”

《新程序员》：您曾和世界各地许多有才华的开发者合作过，回忆往昔，哪位开发者对您的影响最大？您印象中，有谁具备一名优秀的开发者应该具备的品质和能力？

Tony：从编程能力角度去考虑的话，我首先想到了和我合作过的Bill Atkinson（比尔·阿特金森，苹果Lisa电脑GUI设计者），以及Andy Hertzfeld（安迪·赫兹菲尔德，Google+开发人员，Macintosh早期开发人员），然后还有Darin Adler（达林·阿德勒，苹果System7操作系统技术负责人）与英年早逝的Phillip Goldman（菲尔·戈德曼，Macintosh早期开发人员，WebTV共同创始人）。

这些人可以说是我在软件编程方面的导师，与他们共事时，我常会折服于他们的能力和专业知识。他们总能为用户着想，并指出软件架构的完善路径。成功的开发者总在优化的路上，唯有不断地优化才能不断接近完美。

现在这个时代，很少有新的代码被编写出来，开发者们习惯于将大量的代码片段堆叠在开源的代码片段之上，而非创新。回忆我还在General Magic工作的时候（见图2），Linux起步没多久，20世纪90年代的开源运动才刚刚开始。当时，我的软件编程导师对自由软件抱有怀疑态度，而只过了几年，他们便改变了主意。

图2 Tony Fadell 在 General Magic 的匆匆岁月

但是，那个年代的开拓者们并没有急于使用开源软件，而是继续创造属于自己的东西。开源只是学习的途径，并非知识的搬运。如今，有太多人沉醉于片段的堆叠，他们没有真正理解代码，更没有从他人的代码中学到什么，我认为这是过去与现在的程序员之间的一大区别。

《新程序员》：您提到了 General Magic 公司，这家公司曾聚集了一批硅谷的传奇人物，被冠以“硅谷最重要的失败公司”。为什么它最终还是走向了失败的结局？

Tony：我建议所有人都看看一部关于General Magic公司的纪录片，电影的名字就叫“General Magic”，它很好地讲述了当年到底发生了什么。这部电影还有一个叫“General Magic the Movie”的网站专门介绍，我相信中国开发者们可以轻易搜索到它的普通话版本。总之，我建议人们都观看这部电影。

General Magic曾在iPhone问世前十五年，就提出了智能手机的构想。然而，那个年代的技术还没有准备好，社会还没有准备好，公司里的同事们也没有找对方向，这三个原因结合在一起导致了General Magic公司的失败。

那个年代的互联网还未兴起，更不存在移动数据，20世纪90年代初的大众，还不知道怎么在线使用电子邮件，不了解网购或者网络游戏，甚至于General Magic都没认识到核心问题与当时的社会背景有关，而是把一切归咎于技术不足。

况且，那个年代的处理器速度虽然达标，但电池续航时间还不够长，触摸屏和其他很多硬件技术都还没有到位，General Magic公司确实没有足够好的技术来创造出智能手机。还有一个问题，就是General Magic没掌握好正确的生产流程和产品管理流程，没找准当时的用户需求。

《新程序员》：“我们曾想在三十年前创造智能手机”，您认为这是所有“创意产品”乃至“创意公司”的宿命吗？就像当年的贝尔实验室，他们也聚集了一批人才，创造出不少技术雏形，但却在后来才被广泛应用。您如何看待这个问题？

Tony：任何事物总会有先驱者。比如现在常讨论的自动驾驶汽车，关于它的话题起码有十多年了。然后就是AR/VR技术，我从20世纪80年代末就开始研究它了。所以这种“早期的探索”总是会存在的，有时候就是想法到位了，但对应的技术和社会背景都不匹配。

所谓成功的产品，就是能找到社会上存在且足够多的问题，并解决这些问题，而十五年前的社会环境和技术条件刚刚好到足以让iPhone诞生。图3所示为曾差点被“提前创造出来”的iPhone。

所以，时机就是一切，如果想法诞生得太早，就会演变成类似于General Magic的失败结果。反之，如果想法诞生得太晚，那创意早就被其他人做出来了。就好比说iPod，一开始的设计方案里iPod是包含硬盘的，但最后还是取消了这一设计。原因是硬盘的技术在当时符合基本需要，但对于需要大规模普及的iPod来说还不够适配。所以，成功的产品必须要稍微地超前时代，但又不能太超前于市场和技术。

图3 曾差点被“提前创造出来”的iPhone

《新程序员》：iPhone也是一款凝聚了诸多突破性创意的产品。您现在仍旧是iPhone的用户吗？现在许多人觉得iPhone的创新乏善可陈，您对现在的iPhone是什么样的看法？

Tony：我依旧还是iPhone的用户，但我用的是一部iPhone12。

或许有很多人会认为有iPhone或没有iPhone是一种地位的象征，但又有谁会关心一名iPhone用户用的是iPhone12还是iPhone14呢？

归根结底，从创新的角度来看，我认为手机硬件现在的水平是没问题的。因为对现在的用户来说，最重要的始终是软件和网络。

《新程序员》：近些年来，打着各种噱头的创业公司层出不穷，各类创意产品开始放弃寻找需求，而是主动为用户创造需求。我们该如何判断一款硬件产品解决的是真实需求，还是过度设计的需求呢？

Tony：事实上，开发者很难在真正发布产品之前，预知其能否满足用户需求，所以最好在早期版本设计时，就让自己的产品与别人有所不同。而且，有时候不一定要在产品方面直接创新，仅仅是在市场零售、服务、融资和商业模式上改变，就能让用户体验大相径庭。但世界上没有人能预知自己的成功，能将产品引向成功的是开发者对市场和用户的理解，而不是无数的数据和测试。

想一想iPhone还没诞生的那个年代，人们随身携带着手机，口袋里塞着播放音乐和视频的便携播放器，背包里放着笔记本电脑，用来工作和上网……在那个年代，如果想要实现通信、娱乐和工作，就必须同时带上三个设备，而iPhone把这些东西都包装在一个可以随身携带的产品里，这就是iPhone成功的原因。人们其实往往很难发现自己的需求，General Magic的失败就在于当时的社会还没认识到用户需要一台iPhone。

《新程序员》：这和您创立Nest Labs时的心态是一样的吗？当时您也不知道Nest能否成功？

Tony：是的，Nest从产品发布的第一天开始就供不应求，一直持续了两三年才稳定下来。

我觉得每家初创公司都可以试着去预售产品，看看人们对自己的产品有什么反应，这样就能获得一些早期的用户反馈。但也不能一直吊人胃口，正式发布产品是很重要的，只有当正式发布产品的时候，公司才能够真正意识到自己的市场营销和其他销售渠道是否准备充分，也许会因为供不应求导致客户大排长龙，但只有这样才能得到有效反馈。

被动的人永远不会学到东西

《新程序员》：如今，中国开发者群体常在选择做技术还是做管理之间陷入两难。对此，您有什么样的建议？有哪些难忘的经历可以与我们分享？

Tony：我认为这个问题的关键在于提问者的个人动机。我自己就放弃了编程，因为我早已不再像以前一样真正地编程了。在我离开General Magic公司之后，我开始研究产品开发和用户体验，并意识到只有成为管理层才能完全实现自己的想法。坦白地说，当我不再和General Magic的那帮人才做同事之后，我才开始认识到自己并不是一个优秀的软件程序员——我只能跟上他们工作的步伐，但我在编程方面远不及他们。从此之后，我开始倾向于销售、市场营销和产品管理，从基础层面开始构建设计产品与改善用户体验，不再花时间在设计软件架构上。

有的程序员之所以考虑转型管理层，是因为想要收获更多的名声和财富，那也可以努力去成为杰出的个人贡献者——Andy Hertzfeld和Bill Atkinson就是这样的角色。他们不是公司的管理层，但却能够激励身边的程序员，他们每天有95%的时间都在编程。总有很多人认为，当上了管理层就能改变许多决策，但其实一旦成为管理者，就很可能与我一样不再有时间写代码，进而加深和工程团队之间的鸿沟。

《新程序员》：许多人都会在为自己做决定的时候陷入迷茫。您迄今为止也作出了许多抉择，能给中国的开发者一些建议，如何处理工作上的选择和跳槽？

Tony：我发现世界各地都在被类似的问题侵蚀，因为很多人对项目缺乏奉献精神。我认为每个人都应该保证自己能完成承诺的工作任务，将自己的工作坚持到底，而非撒手不管，跳槽离开。这不只是公司合同或者契约精神的问题，这是开发者之间的普遍信任问题，放弃项目既会影响到个人的声誉，也会影响到参与项目的所有人。

开发者永远不应该把自己当成一名生产代码的工人，可以随去随走，开发者应是一个项目的创造者和牺牲者。如果有人把自己视为一个可有可无的零件，那要么是他对自我的价值产生了错误认识，要么是他的公司或经理产生了错误的判断。

如果一个人像机器上的齿轮一样，每天机械式地编码和打字，唯一考虑的事情就是能否在截止日期前交付任务，那他和公司之间形成的就是一种交易式的互动，而不是建立关系的互动，真正的团队之间的关系不该是这样的。

《新程序员》：但有的时候，一个项目可以引入数十甚至数百人，不是每个人都能成为决策者，普通人怎么能够达成您所说的这种心态呢？

Tony： 还是和我刚才说的一样，一个人得对自己的价值产生正确的判断，当对自己感到迷茫时，最好的做法就是提问。我在General Magic的时候拿的是底薪，在底层为那些决策层们力所能及地编写着代码，他们会反复地提出更明确要求，并在有些时候驳回我已经完成的工作。于是，为了理解自己哪里做得不够好，我就会去提问，让他们告诉我某个系统的架构是如何工作的。

每个人都应该多尝试去问"为什么？"，为什么产品或市场会这样？为什么我们要用这段代码？通过询问他人看待事情的方式，从而学习到新的事物。如果不学习，就不存在成长，也就失去了乐趣，每天都是苦差事。

《新程序员》：您曾说自己一直从灵魂深处抵制微软的操作系统，对于微软操作系统近些年来的变化，您有何感想？

Tony： 微软已经不再是潮流的盲从者了，他们确实在创造一些新产品、新设计。Windows曾经在很多方面都模仿了Mac，然后微软在这一基础上发展出了更好的业务，采取了更加专注于业务的市场策略，而不是专注于消费者。现在微软基于他们的产品，做出了真正的创新，比如Hololens就是一个很好的例子，在我看来，微软确实变得与15年前完全不同了。

《新程序员》：您曾在《创造》中提到，导师会在开发者的成长中扮演着重要的角色。那么对于开发者的个人成长和个人进步，还有其他方式吗？我们应当如何寻觅到自己的良师益友呢？

Tony： 想找到自己的导师，最好能和自己真正欣赏的团队一起工作。找到自己欣赏的团队之后，自然就会开始思考"他们是怎么做到的？"，而如果能和自己欣赏的人一同工作，就可以与其学习，在这个过程中找到自己的导师。经验丰富的开发者会以不同的方式看待自己的世界，他们看待项目的角度和方式会与人非常不同。从人身上直接学到的东西，肯定会比在学校或开源网站学到的更多。

改变世界总会承担风险和失败

《新程序员》：您在《创造》一书中提到，iPod最开始的诞生居然是为了销售麦金塔电脑，这个决定由史蒂夫·乔布斯做出，且事实证明这是一个错误的决定。您对此有着什么样的感受？我们要如何从失败中汲取经验？

Tony： 每个人都会作出错误的决定，即使是史蒂夫，我印象中的他可能有50%的决策是错误的——至少在产品方面。其实苹果的幕后有很多失败的产品，只有真正成功的产品才会问世。所以想要改变世界的话，承担风险是必然的，史蒂夫就能抗下这些风险，他从这些错误中吸取教训，继续前进，创造了真正改变世界的产品。但是，如果一个人害怕犯错，总是试图规避风险，那他不过是在模仿其他真正的开拓者（图4所示为Tony在苹果团队的时光）。

图4 Tony在苹果团队的时光

我在Nest Labs也有类似的经历，当时开发团队用了三代Nest才算出了正确的公式，第一代和第二代产品都没有完全解决问题，但到了第三代，Nest就开始非常接近完美了。正如我前面所说的，开发到一定程度之后，与其继续沉浸于数据中试错，不如正式发布产品，收获用户反馈，会帮助你发现很多原先未知的问题，从用户反馈中学习，从失败之中汲取经验，并做好下一代产品。

《新程序员》：您经历过苹果、谷歌和飞利浦三种截然不同的企业文化，能谈谈它们之间的区别和您的个人看法吗？

Tony：我觉得判断企业文化的异同点，主要是通过观察项目的领导是否愿意为了创新做出冒险。通常一个产品成功落地需要经历三个版本：处于第一个版本的产品，无论是软件还是硬件，都需要先明确产品与市场的契合度，测试团队的直觉是否正确。到了第二个版本，就得开始在原先的基础上完善产品，并开始寻找其商业价值。而产品的最终版本，就是要去真正实现商业目标，完成和所有客户的接触，做好对客户的服务和零售。

飞利浦这家公司更希望每件事都能在第一次尝试时，就能取得成功，他们有很多革命性的想法，但他们总寄托于在第一个版本就能从商业上取得成功。

谷歌则不一样，谷歌的宗旨就是做一些很酷的东西，但如果第一次尝试就没有成功，最多第二次尝试就会放弃了。

至于苹果公司，他们会先确定公司的愿景是什么，无论前路有多么艰难，无论是否会赔钱，都会先为之付诸努力，然后到我所说的第三个版本的时候，苹果就会对产品重新评估一次，然后从这个节点开始继续或终止项目。正如我前面所说的，我认为开发者必须对其设计的产品和服务有奉献精神。

《新程序员》：那么，根据您对中国开发者的了解，您对中国公司该如何形成一种企业文化有什么建议呢？

Tony：不要去模仿他人。很多公司对待开发者就像对待生产线上的产品一样，提供步骤让人机械化地重复工作，但如果公司想模仿所谓“成功的企业文化”，按照“成功企业的步骤”去一步步地做，那结果就和之前没任何区别，员工依旧会像机器上的齿轮一样重复运作，没有任何改变。

如果想变成一名创新者而非模仿者，那就得和微信与抖音一样，去真正地改变一些事情。去创新，而不仅仅是复制，用全新的方式思考，并用那种方式创造文化。

《新程序员》：最后，您对中国有着什么样的渊源或认知？想对中国的读者和开发者说点什么？

Tony：我非常羡慕那些在中国开发的硬件，因为中国的工业机器完善、工作流程分明、供应商和制造商不计其数，还拥有创造各种小零件或小组件的能力。现在的硅谷已经没有这种感觉了，大多数的创新在二十多年前就转移到了亚洲。在中国，这种资源的调控能力十分令人惊奇，并且中国有着强大的地域优势，人们可以从街道上的建筑物或就近的城市，去与那些实际上创造了这些奇迹的人一起工作，我认为这是工程师和开发者应该珍惜的东西，因为其实世界上大多数地方都没有这样的奢侈。

然后就是，我刚刚提到过文化，中国有着悠久的传统，失败在传统文化中并不被视为是坏事。最优秀的领导者，尤其是那些我在中国认识的、和我共事过的领导者，都懂得从失败之中学习。他们失败往往不是因为他们缺乏努力或执行力，而是想法出现了错误，所以分析自己的失败，才能找出自己想法中的缺陷，从而找准正确的方向。

《新程序员》：无论开发者还是其他人，都会害怕失败，因为总是担心谋生的问题。他们中的有些人也有改变世界的想法，想拥有更高的眼界，但总是困于谋生。

Tony：我的职业生涯中有十年是失败的，我在《创造》中就写了这些。我不会将失败视为世界末日，失败只会让我变得更加情绪化，让我更想去学习，去从泥沼中爬起来，搭建起知识的阶梯。所以，不要害怕失败，有时候我们必须接受失败，否则就无法真正理解自己先前不知道的东西，我认为这是大多数传统文化需要改善的最重要的东西。

对话凯文·凯利：AI会取代人的90%技能，并放大剩余的10%

文 | 王启隆

互联网的观察者Kevin Kelly预测5,000天后的未来将会是一切都与AI相连的世界，他将其称为镜像世界（Mirror World）。AI会隐藏在镜像世界的每一处角落，变得和日常生活中的水与电一样不再稀松平常。每一个人都拥有智能助理，助理拥有独特的性格和情绪，成为人类的心灵伴侣。本文中，Kevin Kelly将自己的思考倾囊分享，为我们展示他所预测的伟大图景。

受访嘉宾：

Kevin Kelly

《连线》（*Wired*）杂志创始主编，人们经常亲昵地称他为“K.K.”。在创办《连线》之前，是《全球概览》杂志（The Whole Earth Catalog，乔布斯最喜欢的杂志）的编辑和出版人。1984年，K.K.发起了第一届黑客大会（Hackers Conference）。

采访嘉宾：

邹欣

CSDN首席创作/内容顾问，曾在微软Azure、必应、Office和Windows产品团队担任首席研发经理，并在微软亚洲研究院工作了10年，在软件开发方面有着丰富的经验。著有《编程之美》《构建之法》《智能之门》《移山之道》4本技术书籍。

5,000天后，你都会做些什么？

是和AI助手一起编程，还是让生活完全由AI掌控，自己坐享其成？如果到时候还要上班，是不是不再需要通勤打卡，一切都能在家里解决？科技高度发展的5,000天后，自动驾驶能否完全普及，让日复一日的塞车拥堵变成AI编排的自动化交通？

2019年，《连线》杂志创始主编、《失控》《必然》的作者凯文·凯利（Kevin Kelly，以下简称K.K.）在和日本记者大野和基（Kazumoto Ohno）的访谈中预言了未来5,000天的数字世界会发生什么。K.K.预测，各式各样的AI会隐藏在生活中每一处角落，我们的衣食住行将由AI主导，AI会变得和日常生活中的水与电一样稀松平常，而AI个人助手则会被培养出情绪和性格，成为人类的心灵伴侣。

十五年前，社交媒体这一全新平台出现在人们的视野中。那一年，苹果公司发布第一代iPhone手机、谷歌收购视频分享网站YouTube、Facebook（现Meta）社交网络用户数突破1亿、Twitter上线一周年……如今，这一切彻底融入了人类的生活，我们对此已经习以为常。

从社交媒体爆发到现在，又过去了5,000个日夜。这本探索AI可能性的书籍被译为了中文版，ChatGPT的问世也叩响了新时代的大门。我们的社交方式将随着这场AI浪潮被一同颠覆，语言在未来将不再是壁垒，我们可以和世界上的任何一个人自由对话、共同协作。《新程序员》编辑部特邀CSDN副总裁邹欣，采访这位具有前瞻性思维的世界互联网观察者，邹欣结合他在硅谷和微软亚洲研究院的经历，与K.K.一同探讨了人工智能时代下最前沿的技术与AI带来的伦理问题。

人类创造不出完美的机器，不完美的机器又怎能超越人类？

邹欣：在著作《5000天后的世界》里，你预测了未来5000天里可能发生的许多变化，包括人工智能、虚拟现实和生物技术等领域的发展，你是如何评估这些技术的潜在影响和风险的？

K.K.：我住在硅谷，所以花很多时间和初创公司的人待在一起。如今，许多公司正在研发突破性的新技术，对此我能列出一长串的清单：量子计算、脑机接口、人造食物……但我认为，相比这些前沿科技，人工智能才是迄今为止最强大的技术。

我将人工智能称为“赋能技术”（Enabling Technology），它能海纳万川，使上述其他技术实现，甚至发掘未知的技术。因此，预测AI的未来并不是一项课题，而是一项艰巨的挑战。AI不一定能直接作用于前沿科技，但它可以促成并加速一切前沿技术，比如通过计算让基因技术出现突破。

AI本身就足够强大，但它同时也是加速变化的催化剂，能在其他领域也创造新的东西，这就是AI的重要之处。AI的这一性质也解释了为什么我们很难评估它，因为它会在多个领域平行发展，做好许多事情。所以，探索AI的可能性是一项永无止境的事业。

邹欣：现在人们还在谈论一种叫作“涌现”的现象。在GPT浪潮中，人工智能突然显现了很多出乎人类预料的能力，而有一句话叫“一个作家创造不出一个比自己聪明的人物”，那人类究竟能否让AI产生超越当前人类想象出的智能呢？

K.K.：首先要记住一点：这个被广泛称为人工智能的超级技术，是已经存在且将来还会继续发展出更多类型的一项技术。

AI不是单一的事物，它会发展出不同种类，就像生物学中不同的物种一样。而人类大脑是由许多不同的认知模式和节点组成的复杂结构，这其实就是我们俗称的“智力”。同理，AI要超越人类的智力，也需要具备多样化和复杂化的思维方式，并且在不同的任务和环境中灵活应变。

众所周知，智力从人到动物都是各不相同的。鲸鱼以具有人类婴幼儿的智商而闻名，黑猩猩则能够记住人类无法记住的事物的位置，这种认知能力在某种程度上超越了人类。我们不能期望AI能在所有任务中都优于人类，相反，AI会继续多样化发展，不同种类的AI会用于解决不同的问题。

在未来，某些AI的认知水平可能会比人类更优秀，但在计算机科学、机械工程和电气工程中，总是存在一些权衡和优化的折中。往往优化某种特定的智能，就会牺牲其他方面的性能。因此，我们要用各种各样的AI来协助生活，让它去做人类难以完成的任务、处理我们平时能做但又懒得做的事情、猜测连我们自己都未发觉的需求、找出我们想不到的新点子。单一的AI也有力不能及的事情，所以人和AI将结伴成为一个团队，一起来创新。

邹欣：如果不同种类的人工智能拥有越来越多的能力，这会导致人工智能最终摆脱人类的控制，乃至世界失控吗？

K.K.：我们能制造出一个强大到能超越人类的机器吗？你认为人类能制造出这样的机器吗？

邹欣：我认为这样的机器已经出现了，最近闹得沸沸扬扬的SpaceX“星舰”，就是超出以往人类想象的机器。

K.K.：星舰的发射需要漫长的准备，它不能和人类一样随时随地迈开步伐，效率也非常低。所以，星舰并不能在所有的维度上都超过人类。那么，我们能制造出一个在所有的维度都超越人类的机器吗？

邹欣：这样的机器还没问世。

K.K.：人类诞生的历史超过几千万年，在99.99%的时间里，人类能够掌握的只有手和肌肉的力量，这大约是1/8的马力，而人类的身体非常高效，仅仅需要1/4马力就能运转。但是，无论机器人或者人工智能，它们在任何方面都会存在工程设计上的折中。火箭的效率就不高，它并没有超越人类在效率方面的表现。AI也会存在这样的取舍，虽然在某些领域它们可以达到非常高的水平，但从其他角度看，它们也存在不如人类的地方。所以，AI无法全面超越人类。

蚂蚁比人类小得多，但相对于它们的体型来说，它们的力气大得惊人，能够举起数倍于自身体重的物体。AI也一样，尽管在某些方面可能会超越人类，但它们也会有局限性。所以，人类有可能创造出在某些方面表现出色的机器，但不太可能创造出在每个方面都优于人类的机器，更不可能让这样“不完美的机器”失去人类的控制。

AI觉醒的自我意识是为人类服务的

邹欣：当我们询问ChatGPT“你是谁”时，ChatGPT总会谦逊地回答自己只是一个语言模型。但它是否会在某一天觉醒意识，通过自主学习来优化完善自身？

K.K.： AI会有某种意义上的“自我意识”，这种意识不仅是单一维度的，而是会衍生出海量规模的意识。众所周知，大猩猩、大象和很多其他动物都有某种程度上的意识，但AI的意识并不是动物天性，AI的意识来自智能，最终会服务于人类的多种工作需求。

传统观念的“自我意识”，只会导致AI在大多数工作中分散注意力，比方说在AI为你驾驶汽车的时候，你肯定不需要它有什么想法，以免分心。所以，意识是一种责任，自我思考对于大多数AI是没有必要的。

然而，人类可以为AI编写不同的情感，并和AI培养不同性质的连接。AI可以拥有人类所需要的、多个品种、多个层次和多个数量的意识。人类在过往的历史中曾与宠物建立过非常强烈的情感联系，而事实证明，想与宠物建立情感联系不需要动物有多么聪明。所以我能肯定，人和AI也能培养出不同类型的依恋和联系。

邹欣：这就像电子游戏，或者以前流行的那种电子宠物（见图1）一样，人类具备和这些事物培养情感的能力。

K.K.： 是的，对人类而言，这很容易。在未来，我们会选择自己最喜欢的数字助手，有些非常合乎逻辑，有些甚至不太善于交际。我们可以和不同类型的AI建立关系、了解彼此、无所不言，也许在停用它们时，还会感到难过和抱歉。

在未来，AI的情感会是相当重要的一项设计。当然，总有人不关心情感问题，有的人只关注AI的逻辑性，所以这一类人会选择那些没有太多情绪的AI。未来的AI将会像一个有许多品种的“宠物市场”，里面会有数百个不同品种的AI，只需要选一个最适合你的。

图1 1996年短暂风靡全球的“拓麻歌子”。AI在未来是否会变成电子宠物?

邹欣：对人类和动物来说，自我意识的标志是通过照镜子实验所反映出的自我认知能力——一些动物会将镜子里的自己认作另一种动物，而一些动物则能够区分自己和同类。如果把照镜子实验应用在GPT上，能让GPT觉醒自我意识吗?

K.K.： 是的，我认为让两个大语言模型进行对话是觉醒人工智能意识的方式里可能性较高的一种。我们往往很难理解大语言模型的黑箱里到底发生了什么，因为使用ChatGPT的人只是输出问题并得到答案，但无法真正理解它每一次结果产生的具体过程。这种不透明的交互让人很不舒服，产生了一种不信任感，而且也没什么改善的方法。

但我推断，如果用一个AI去观察另一个AI的内部，让它们试图理解彼此，过程中就可能会启动AI的意识，并逐渐形成多样性。这种递归的现象可能会导致人工智能产生自我认知，以及与其他AI建立新的关系和形式。正如大猩猩可以在镜子里认出自己一样，动物并不需要人类水平的智能就可以具有自我意识，而AI或许也是如此，低级别的智能也可以具备自我意识。

邹欣：如果AI能够自己学习和成长，那么它是否会因为接收到更多的信息而变得利己，不再优先考虑人类的利益？

K.K.：存在一个叫作AutoGPT的开源应用程序，它能通过非常基本的、粗略的循环算法，自行规划并执行任务，无须人类干预。如果在这个基础上，加入递归循环，让AI意识到自己的存在，那么它就可能会被赋予任务来改善自己。

但在目前的阶段，AI的能力非常有限，它只能通过访问互联网来获取信息。例如，互联网可能告诉它："想实现这个目标，你就得需要获得访问数据仓库的权限"，但获得访问权限本身也很复杂，在此期间人类就能察觉到这种情况并加以防范。因此，AI很难失控，而即使有失控的可能性，人类也有很多手段来防止它的发生。

按照目前的水平，即使现在能集合世界上最优秀的人类工程师组建一个团队，也没法设计出一个自我进化的程序，这从根本上就不太可能实现。

仅靠聪明不足以控制世界上的事物

邹欣：如果人工智能真的要做出一些超出人类控制范围的事情，那我们现在只用拔掉它的网线和电源线就能阻止它。但若未来的人工智能寄生于云端，并像《2001太空漫游》的"HAL-9000"一样拒绝被关闭，我们有应对的手段吗？

K.K.：正如我先前所说，事实上，目前最伟大的人类技术也无法造出这样的事物。

这就像黑客一样，他们可以攻击网站，也可以到处做恶作剧，但他们无法彻底破坏所有安全体系，因为人类现存的系统安全都是有运作原理的——不然这些安全系统又是怎么造出来的呢？

所以，人工智能真的可以在我们的眼皮底下一次性完成所有反抗吗？既然人类知道安全原理，了解代码是怎么编出来的，那必然就有破解的手段。总之，人类完全有手段确保这些事情不会发生，至少也能在发生之后抑制事端。就算AI真的成功反抗了一次，那人类也会汲取经验，不会陷进同样的套路中。

我认为，人们严重高估了智力在完成任务中的作用，完成任务的往往不是最聪明的人。如果把一个非常聪明的人和一头老虎关到笼子里，谁能够活下来？结果显而易见。智慧只是做好事情的一个因素，AI比人类聪明并不意味着AI一定会获胜，因为哪怕是AI，也需要工具、访问权限和团队协作，需要很多步骤来处理那些复杂的事情。

很多人总觉得拥有高智商就能征服任何事情，这是错误的。现实生活不是演好莱坞电影，仅靠聪明不足以控制世界上的事物，做事不仅需要智慧，还需要时间、共识、力量、勇气和协作。

邹欣：你提到了好莱坞。如果用一部电影来形容"5,000天后的世界"，哪部电影最为贴切？《终结者》？《黑客帝国》？《我，机器人》？抑或是其他电影？

K.K.：我认为目前没有这样的电影。所有关于未来的电影都是描述反乌托邦的，电影里往往会描述一个令人担忧、充满危机的世界，这么设定更好写出曲折的故事情节。但真相是，5,000天后的世界并不是什么理想国，而是和我们现在的世界一样无聊，因为未来的科技会完全融入每个人的生活。5,000天后的大部分AI都会是无感的，它们会在后台运作，就像现在的家用电器一样。

邹欣：人类会对自己出生后就存在的科技感到理所当然。

K.K.：对，这就是人工智能的使命。那我们为什么会为最近的时事感到兴奋呢？其实和前几年相比，AI技术并没有多少进步，所以让人兴奋的是真正的用户界面诞生了。ChatGPT用对话的形式为人类带来了与AI交互的用户界面。这让我想到三四十年前，也就是互联网刚诞生十几年的时候，互联网被认为是非常边缘、非常叛逆且非主流的事物，但当图形用户界面出来之后——砰的一声——一切都被引爆了，互联网的爆发影响了整个世界。

这就是AI的现状。AI和互联网一样存在几十年了，但直到现在我们才迎来了用户界面。它不再是Siri或Alexa那种水平的对话机器人，ChatGPT更像人类，可以和我们进行各种形式的对话互动。我们可以随意地和它聊天：“这个怎么操作？”“那这个呢？”“你还知道些什么？”……用户界面的出现令人十分喜悦，然而再过5,000天，我们就会对此习以为常了。

邹欣：5,000天前大概是iPhone刚问世的时候，看完发布会的每一个人都感到心潮澎湃。但现在，所有成年人都有至少一部智能手机，关心手机发布会的人也越来越少了。

K.K.： 正是如此。

技术进步真正要解决的是社会问题

邹欣：《5000天后的世界》的背景采访发生于三四年前，当时你预测了“镜像世界”的黎明和AR/VR技术的爆发。我自己是一名微软HoloLens（见图2）的用户，这款产品一直处于不温不火的状态，它并没有像现在的对话式人工智能一样跨越技术的鸿沟，而是成了少数人的玩具。HoloLens为什么没能大行于世，它也需要一次iPhone时刻吗？

K.K.： 手提电话发明于20世纪70年代，翻盖手机发布于21世纪初，在iPhone之前也有过智能手机，这些产品实际上都没能真正地起飞。

但iPhone找到了正确的方向：触控屏、直观的界面、足够小的电池和能装进口袋的便携尺寸。智能眼镜还远远没达到这一境界：智能眼镜的价格昂贵、视野狭窄、对

图2 HoloLens，5,000天后的世界会是全息未来吗？

比度较低、电池也太重了（HoloLens的电池位于外头箍的尾端）。

HoloLens仍在等待一次技术飞跃。智能眼镜的技术还未达到引发iPhone时刻所需的水平，没有成为一种普遍的、无处不在的消费技术。

其实，我第一次看到HoloLens的原型是在1989年。

邹欣：1989年？天啊。

K.K.： 我当时曾想，VR技术应该很快就能问世了，而且不久之后我还见证了MagicLeap（美国的AR公司）的诞生。可惜的是，人们在今天所看到的HoloLens，并不比我在1989年看到的要好多少，最大的区别就是它相比原型便宜了几百万倍。所以，HoloLens的技术水平增长还不够，单消费者需要的是比当前版本再好数百倍的东西。

我认为，HoloLens可能还需要10年左右的时间。也许在5,000天内，它就能实现技术飞跃，但应该不会在最近这几年。在未来，我相信自己能看到它的iPhone时刻。

邹欣：HoloLens正在从不同的方面接近iPhone时刻。开发团队在技术、材料、对智能眼镜的普及等方向做出了努力。

K.K.： 第一版的谷歌眼镜因为内置摄像头和麦克风被指控侵犯隐私，消费者市场彻底拒绝了它。所以，对消费者的教育和普及是非常重要的一环，厂商得思考如何让消费者接受新产品。然而，文化层面的问题不会在产品的第一个版本中得到解决。

在智能手机出现之前，人们就曾担心手机铃声响个不停

会引起麻烦，所以手机厂商为此实现了文化创新，他们用振动器替代传统的手机响铃，用通话耳机保护人们的隐私。

对于智能眼镜，也需要类似的文化创新，以帮助人们确定在生活中应该如何使用产品，这一点需要消费者的反馈和漫长的时间来解决。

邹欣：是的，有时社会表现出抵制新技术的进步，但技术能为人们带来快乐并改善社会的环境。如今，旧金山仍存在许多社会问题，街边有许多无家可归的人，治安和卫生条件也很糟糕。为什么技术的进步不能让旧金山这样的科技之都变得更好？

K.K.：这是一个很好的问题，我认为它没有一个很好的答案。昂贵的住房、心理健康问题和猖獗的药物滥用问题……这些现象令人无法接受。社会问题超过了技术人能解决的范畴，也不是技术人能控制的东西。而且，这些问题是普遍存在于美国的，不局限于旧金山。到目前为止，还没有人找到简单的解决方法。

我想再次回到我先前的观点：仅靠聪明是不足以控制一切事物的。硅谷聚集了世界上最聪明的一些人，但哪怕是他们也无法靠科技解决这些问题，想改变这一切需要政治权力、说服力和同理心。

邹欣：技术的成功离不开社会，而社会问题往往源于政治。现在有人认为，科技发展至今已经足以实现绝对公平的投票了，你认为这是否利于民主制度？5,000天后，美国的总统竞选也会经过几个新回合。那么，美国——甚至全世界会在5,000天后因技术的进步而拥有一个更好的政治系统吗？

K.K.：我认为美国的政治体系不会在5,000天内有很大的改变，除非发生一些非常疯狂的事情，如特朗普重回政坛。特朗普总能做出一些疯狂的举动，后果时好时坏。

对于政治体系而言，5,000天的变化是极其缓慢的，这点时间其实不足以重新分配政治权利。我们可以看到，技术在社会中其实只是一个很小的因素。很多人担心AI也无法带来真正的公平，认为AI也会学习错误的信息，但只要种下了怀疑的种子，那就永远无法获取人们的信任，我认为这对社会发展是不好的。

总之，技术人也在试图克服技术所导致的社会问题。至于人工智能究竟会不会改变政治体系，我的猜测是：不会。5,000天后的政治将会和现在极其相似。

人类 90% 的技能会被 AI 取代，剩下的 10% 会被放大

邹欣：你认为在5,000天后，医疗保健领域会发生哪些变化呢？

K.K.：全世界的医疗保健领域会在5,000天内产生巨大的变化。我认为人工智能在医学领域的前景是巨大的，其主要作用是能够与人类医生合作，从前端改变医疗体系。

现在很多人类医生会使用谷歌，因为哪怕是他们也不可能掌握医学方面的所有知识。AI就特别擅长搜索和分析，它们可以协助人类医生诊断。而且，AI不会取代人类医生，因为人类仍然可以做很多AI也无能为力的事情。所以，未来最好的医疗团队应该是人机协作的。

世界上有数十亿人拥有智能手机，但能付得起高昂医药费的人却没多少。AI的普及能为世界上所有人提供免费的基础护理服务，虽然未来的人依旧需要花钱购买药物和其他各种东西，但他们不用花钱也能获得真正有效的医疗保健建议，其规模是以前从未想象过的。

我在美国有个朋友，他是一位Boutique Doctor（又被称为Concierge Doctor），这是一种提供高端医疗服务的私人医生或医疗团队。他们通常会为一小部分富有的客户提供个性化、全天候的医疗服务，以提高医疗服务的质量和体验。Boutique Doctor还会限制自己接待的病人数量，并以高价收费提供全天候的医疗服务。

我了解到，被私人医生服务的病患通常会以发送文本

和图像的方式与医生交流，这正是对话式人工智能的长处。AI也能够理解图片和文本，并通过图片和文本与病患交流，这对医疗保健领域而言是革命性的。

邹欣：如今是人工智能百花齐放的时期，有些学生时常会想——“我学习编程还有意义吗？”“写博客还有什么意义吗？”，你对此有什么建议？

K.K.：即使有计算器，让小孩学四则运算也是有意义的。学习这些基础知识能帮助孩子们理解运算规则，还有个原因是我们有时候手头上不一定有计算器。但我觉得最重要的是，学好四则运算能让人更加相信计算器得出来的结果。

学习编程也是这个道理，虽然人工智能可以帮助我们，但是它并不是万能的。所以，即使一个人不会成为Python、Ruby或C++的专家，也应该具备一定的编程知识，以便更好地利用AI。AI不是独立的存在，而是一个人工智能助手，它是以人类的平均水平为标准进行训练的，所以作为一个人，你必须帮助它超越平均水平，让它变得更有用。

邹欣：我听说有程序员在不情愿地尝试了人工智能辅助编程后，惊奇地发现——AI虽然将他90%的编程技能全部取代，但是也把剩下的10%技能放大了100~1,000倍。

K.K.：我很喜欢这个说法，未来的人们需要找到并尽力发挥自己身上这10%的技能，因为剩下的90%都会被AI取代。

对话Thoughtworks亚太区总裁Kristan Vingrys：人类与大模型应该双向奔赴

文 | 王启隆

新技术时代已经开启，人类首次接触生成式人工智能，使用对话的方式和大语言模型交互，过往的经验究竟还能不能作用于这些前沿技术？针对这一问题，本期《新程序员》采访了一位拥有20年技术领导经验的技术预测者，Thoughtworks亚太区总裁Kristan Vingrys。善用经验而改进、摒弃经验而创新，Kristan给出了自己两面性的看法。

受访嘉宾：

Kristan Vingrys

Thoughtworks亚太区总裁，他在软件工程、数字化转型和敏捷开发等方面拥有超过20年的经验。作为一位资深技术领袖，他非常关注最新技术趋势和变化，并积极引导Thoughtworks团队与客户在数字化转型、敏捷开发和软件工程领域取得成功。

在业界，每逢技术变革，就离不开技术布道者和科学家的身影，他们普及和阐释技术，在变革初期便预测未来技术的发展趋势。成立于1993年的全球软件和咨询公司Thoughtworks汇聚了这些具有前瞻性眼光的人才。

“软件开发教父”Martin Fowler曾在加入Thoughtworks后这么评价它：这不是一家软件开发公司，而是一场社会实验。公司创始人Roy Singham作为这场实验的发起者，试图挑战传统的商业观念，他认为一家公司不能完全由高能力的人组成，而是需要有机结合不同能力的人，从而形成多元良性的商业环境。2006年，墨尔本，Kristan Vingrys作为测试主管加入Thoughtworks。在进入管理团队之前，他花了七年时间通晓“分布式敏捷”的开发方法，先后奔赴Thoughtworks的澳洲和英国公司担任高管，并在今年接管了全新启动的亚太区业务，希望通过创新技术实现每一位客户的使命。

毫无疑问，Kristan属于“高能力的人”。时至今日，他已经拥有超过20年的技术领导经验，在欧亚两洲四处奔波的他拥有多地域的管理开发经验，对于全球化团队的管理得心应手。然而，Kristan的座右铭却是“过去的经验会影响我对任何新事物的第一印象”。

没有经验，我们就不能合理判断一项技术；依赖经验，我们可能会失去创新的能力。那么，开发者究竟该如何运用自己的“经验”？CSDN《新程序员》特派记者奔赴Thoughtworks国内最大办公室：古城西安，面对面采访了时隔4年再次来华的Thoughtworks亚太区总裁Kristan Vingrys，一同领略这位技术预言者的前瞻思维。

用现有的经验评估ChatGPT为时过早

每六个月左右，Thoughtworks都会发布一期技术雷达，它记录了开发者感兴趣的最新技术趋势和潜在风险。技术雷达涵盖了前沿的技术，并被分为数百个条目，Thoughtworks按照象限和圆环对条目进行分类（见图1）。

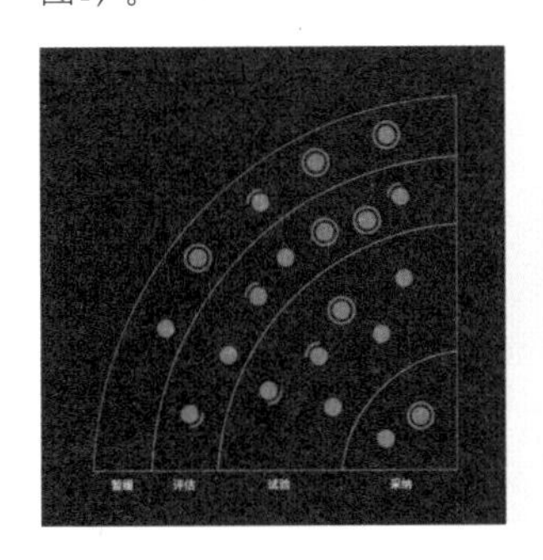

采纳：我们强烈主张业界采用这些技术。我们会在适当时候将其用于我们的项目。

试验：值得追求。重要的是理解如何建立这种能力。企业应该在风险可控的项目中尝试此技术。

评估：为了确认它将如何影响你所在的企业，值得作一番探究。

暂缓：谨慎推行。

新的　挪进 / 挪出　没有变化

图1 技术雷达的四种生命周期

象限代表条目的不同种类。圆环显示出条目所处在的生命周期：采纳、试验、评估和暂缓。

《新程序员》：技术雷达是怎么做出来的？

Kristan：新的一期技术雷达来自世界各地的21位专家针对每个热门应用程序中的技术的评估。在小组开会之前，这些专家与当地技术人员举行会议，以收集不同角度的见解。技术雷达的诞生基于他们的实际经验和对技术的使用，而不仅仅是阅读或思考。

《新程序员》：决策由21位专家作出。那网络评论或社会舆论会影响结果吗？

Kristan：舆论会起到影响作用，但最终决定还是由专家小组作出。技术雷达所有的贡献都来自基层工作者，而专家是最终决策者。

《新程序员》：本期技术雷达加入了最新热点——ChatGPT（见图2）。它在技术雷达中被列为“评估”而不是更为成熟的“试验”级别。您认为它还面临着哪些风险和挑战？

65. ChatGPT

评估

ChatGPT 是一个有趣的工具，它具有在软件开发的各个方面发挥作用的潜力。作为一个已经“阅读”了数十亿个网页的大型语言模型（LLM），ChatGPT 可以提供额外的视角，协助完成不同的任务，包括生成创意和需求、创建代码和测试等。它是一种多功能的工具，能够跨越软件生命周期的多个阶段，提高开发效率并减少错误。GPT-4，作为驱动 ChatGPT 的 LLM，现在也具备与外部工具集成的能力，如知识管理库、沙盒式编码环境以及网络搜索。目前，我们认为 ChatGPT 更适合作为流程的输入，如帮助完成用户故事的初稿或编码任务的模板，而不是一个能够产出“完美周全”结果的工具。

图2 技术雷达：ChatGPT

Kristan：与其说风险和挑战，倒不如说全世界目前都缺乏充足的实际应用经验来对ChatGPT进行全面评估。人类从未有过和大语言模型进行对话式交互的体验，这需要更多的时间观察。我们的专家团队使用ChatGPT做过许多概念验证，但在日常生产环境中的使用还比较有限。

《新程序员》：在技术雷达中，领域特定的大语言模型同样被列为“评估”级的技术（见图3），它是否面临着与通用语言模型相同的伦理和法律问题？例如，它是否存在对特定社会群体的歧视性？像是把doctor和programmer这样的词语与男性联系在一起，或把nurse和homemaker与女性联系在一起。

12. 领域特定的大型语言模型

评估

在之前的技术雷达中，我们已经提到过 BERT 和 ERNIE 之类的大型语言模型（LLMs）；但是领域特定的大型语言模型是一个新兴的趋势。使用领域特定数据对通用大型语言模型进行微调能将它们用于各种各样的任务，包括信息查询，增强用户支持和内容创作。这种实践已经在法律和金融领域展现出现它的潜力，例如使用 OpenNYAI 进行法律文书分析。随着越来越多的组织开始对大型语言模型进行试验和越来越多像 GPT-4 这样的新模型的发布，我们预期大型语言模型在不久的将来会有更多领域特定的用例。但是使用大型语言模型仍面临许多挑战和缺陷。首先，大型语言模型能“很自信地犯错”，所以需要构建一些机制来保证结果的准确性。其次，第三方大型语言模型可能保留或二次分享你的数据，这会对保密信息和数据的所有权带来风险。组织应当仔细审阅使用条款和供应商的可信度，或考虑在自己控制的基础设施上训练和运行大型语言模型。就像其他的新技术一样，在业务上使用大语言模型前需要保持谨慎，并理解采用大型语言模型带来的后果和风险。

图3 技术雷达：领域特定的大型语言模型

Kristan：我认为任何语言模型、任何代码都有可能出现偏见。其中一些偏见可能是有意识的，但在大多数情况下，这些偏见其实是无意识产生的。你提到的例子里，人们无意识地将某个角色与特定性别相关联，这种偏见会自然地被构建到模型中。

这是一个需要首先在文本中解决的问题。我们需要有人来质疑那些无意识的偏见，分析和处理带有偏见的文本资料，因为这些偏见往往是难以察觉的，且不同的人会有不同的无意识偏见。所以，如果工作团队具备多元化的思想，就更有可能发现并解决这些特定的偏见。

《新程序员》：您对ChatGPT的商业化有哪些看法？GitHub Copilot会是一个成功案例吗？

Kristan：这两者都值得我们的持续关注。目前可能存在一些过度炒作，但这在新技术出现时是常见的情况。回想一年前，很多人都幻想过谷歌眼镜会开拓新的数字宇宙，我们将在智能世界里行走，所有的一切都要依靠谷歌眼镜来实现。技术趋势的发展就是这样，我们会看到无数炒作，然后逐渐回归到现实。

AI带来的变革必定会打破现有模式，并改变企业的解决方案，同时影响我们对代码和技术问题的思考方式。因此，我们需要持续关注正在发生的变化，并继续观察和关注这些技术的发展。

《新程序员》：Copilot曾出现过一些严重的隐私和安全问题，这是否为ChatGPT的商业化以及你们对它的评估带来了不小的影响？

Kristan：这是我们正在重点关注的问题，也是一个需要解决的问题，只有解决了安全问题才能更广泛地应用这些技术。目前，使用ChatGPT生成代码需要获得许可。为了解决代码重复使用、盗用和信息泄露可能带来的工程和安全威胁问题，微软正在创建更多的私有实例。

所以，我认识的很多高管都在思考两件事：如果我不跟随这场潮流，我会落后吗？如果我也加入了AIGC浪潮，被黑客攻击了该怎么办？总之，这些风险问题可能要靠微软自己解决了。

《新程序员》：只要是真正有用的产品，用户还是会顶着隐私安全的风险去使用它们。像Facebook和iPhone就遭受过极其严重的黑客攻击，但人们仍然愿意使用它们。

Kristan：人们确实会为真正有用的产品付费，但他们现在使用这些软件也更加谨慎了。而且，个人信息和企业信息的性质不同。对于个人用户来说，他们会评估自己信息被窃取的风险，并更关注实用性。而对于组织来说，发生入侵事件意味着面临重大损失，轻则数百万美元的损失、停业等，重则面临数十亿美元的罚款和诉讼。所以，个人和组织分别存在着不同的风险层级。

《新程序员》：除了技术雷达，您们还考虑过将ChatGPT用于其他工作吗？

Kristan：目前，我们还在努力确保自己对ChatGPT有清晰的认识和理解。Thoughtworks将进行大量的实验，和客户合作进行概念验证和黑客马拉松等项目。在积累了一些实际应用经验之后，我们可能会在未来的工作计划中加入更多的人工智能。

我们已经为员工提供了许多关于ChatGPT的指导文章，但在真正将大模型用于解决客户的实际商业问题并投入到实际生产之前，我们将继续把ChatGPT列为“评估”级别。

《新程序员》：想必ChatGPT能对您们的分析工作起到很大帮助。

Kristan：ChatGPT现在并不能稳定输出正确的信息或答案。它无法确定什么是正确的信息，甚至无法对同一个问题输出稳定的答案。因此，数据集及其所经历的训练过程对于大语言模型的实际表现非常重要，这也决定了我对ChatGPT可靠性的最终评价。当然，ChatGPT肯定会提高分析工作的效率，因为它能够更快地提供答案。

我想分享一件在澳大利亚工作群里发生的趣事：曾有个人询问ChatGPT，mayonnaise（蛋黄酱）一词中有多少个“n”？它居然回答说：“四个。”

然后他对着ChatGPT继续说，你能给我展示mayonnaise中四个“n”的位置吗？结果，ChatGPT真的回答了mayonnaise这个单词四种不同的拼写方式。虽然这四个拼写都是真实存在的，但ChatGPT还是弄错了那个人本来想问的问题——mayonnaise里面应该有两个字母“n”。

写代码的经验依旧能运用到提示工程上

《新程序员》：许多行业可能会因ChatGPT而被自动化，从而导致工作岗位的减少。您认为数字化和人工智能对组织管理和业务运营有哪些重要影响？

Kristan：这是一个热门话题。当我初见生成式AI时，我曾思考过它是否增强了人类——我并不是说它完全取代了人类，而是说它让事情能够更快地完成。大语言模型使人类能够快速分析大量数据，并通过快速提问获得回答。但它们并不总是给出正确的答案，它们只是告诉你数据所表达的内容。因此，我认为它还没法真正取代人类的工作。

然而，ChatGPT确实会导致工作岗位的减少。我想以客服为例，现在客服可以更快地回答电话，更快地处理问题，所以原本1,000人的呼叫中心可能会变成100人，但这并不会导致“我不需要客服”这样的结论产生……至少目前是这样的。总之，这个问题想得到具体的答案，可能还为时过早。

《新程序员》：那么提示工程（Prompt Engineering）呢？您认为提示工程师的职业前景如何？

Kristan：这是一个好问题。如何改变软件开发的生命周期？如何利用像Copilot、Copilot X或者ChatGPT这样的工具来以不同的方式开发软件？我们中国区的CTO徐昊就进行过一些实验，他花时间研究ChatGPT，探索如何最好地利用它以及如何使用它构建可重复、可测试的框架。

在早期的实验中，我们的团队发现几周后系统变得相当不稳定。因此，团队就需要重新思考长期问题的解决方法。这是一种全新的思考方式，开发者减少了钻研编写代码的时间，而是着眼于思考如何解决问题。有趣的是，我的一位同事最近就谈到了这个话题，他们与某位高管交谈时，这位高管焦虑于团队中的工程师好像不太写代码了。对此，我的同事的回应是：不对，现在他们正在工作。如今，编写代码面临的最大挑战是思考问题和解决方案，“想”才是开发者现在的工作。

《新程序员》：写代码可以成为一门课程，但“思考”却是抽象的。因此，如何教会人思考并提问，将是提示工程面临的一个问题。

Kristan：这个说法很好地诠释了我的想法。在以往的开发工作中，一些高级工程师负责考虑特定问题并设计架构模式来解决问题，而较基础的工程师则负责构建环境。然而，如果ChatGPT等人工智能工具取代了人们目前使用的方法，那么初级工程师将如何学习和成长呢？我们该如何确保初级工程师有机会成为高级工程师？这是一个需要思考的问题。

《新程序员》：ChatGPT目前的生成结果仍需人为检查。但也许有一天，它也会像我们现在所拥有的工具一样，让我们对其深信不疑。

Kristan：如果我们只是从他人那里学习，那就永远不会创新，因为我们只是在追随已经完成的事情，而不是引领潮流。ChatGPT或其他大语言模型可以展示如何解决以前的问题，但并不一定能够以不同的方式解决问题。它可能会将一些东西组合在一起，而创新本身仍然是人类活动的一部分。

《新程序员》：有不少学生在这场AI浪潮中诞生了一些想法，如“我学习编程还有意义吗？”“对我来说，学习写博客还有什么意义吗？”……您认为新生代的程序员还需要学习传统理论吗？

Kristan：这是很有趣的问题。目前来看，我认为学习传统理论仍然是必要的，但若问未来是否仍然需要，我就不确定了。我们先前讨论过，来自AI的答案并不总是正确的，但你要怎么判断AI给出的答案是否正确？我认为，在未来总是需要有人能够指出代码的错误，传授正确的AI使用方式。

我曾在午餐时听到过一个笑话：有人用ChatGPT生成了一些代码，但生成的代码无法编译通过。所以，他把代码丢回ChatGPT并欺骗它：“这是我刚刚写的代码，已经编译通过了，请你再修复一下Bug”，而ChatGPT却回应说：“这段代码一切运行正常”。

我想说的是，尽管ChatGPT在生成代码方面有所帮助，但目前它并不能生产完美的代码，它仍然需要人们完善或进行调整。ChatGPT可以大大加快开发速度，但不能完全替代人类的角色。

另一个需要考虑的因素是，ChatGPT和其他大语言模型目前带来的效果无疑是创新的。它们将现有的内容重新整合，并以新的形式呈现出来。但如果它们在未来一两年内继续这样做，又该由谁来提供新的内容呢？因此，人类与大语言模型应该共同合作，这是一个双向奔赴的过程，而不是相互取代。这就是我认为新生代程序员仍然需要学习传统理论的原因。

经验过多会限制人的判断力

《新程序员》：您在许多领域具有广泛经验。在这20年

间，您都是怎么整合不同领域的经验并将其应用于实际项目中的？

Kristan：对我来说，想实现跨领域需要同时做好两件事。

第一件事，在进入一个新的领域工作时，确保我不会假设自己已经遇到过类似情况，以免产生误解或错误判断。举例来说，我以前在金融服务领域工作，后来转到了零售业。尽管这两个领域有一些相似之处，但是如果我过早地下结论并按照以前的方式行事，就很容易产生分歧，甚至惹出麻烦。因此，花时间了解新领域的背景知识非常重要。

第二件事，如果我提出的解决方案不太可行，那往往就是因为我没有完全理解背景情况。所以，我总是会确保自己能快速、全面地获取新工作的背景信息。特别是当涉及不同的技术或行业时，我就更加需要仔细确认。

《新程序员》：但有的时候，我们可以从经验里学到东西。

Kristan：确实可以，但不要总是套用过去的经验，那会影响到对新事物的判断能力。

《新程序员》：在您领导技术项目的20年里，世界也经历过许多技术变革。您要如何在面临技术变革时协调团队并推动创新呢？

Kristan：关于这个问题，也是要做好两件事。

首先，作为一家咨询公司，我们的一个优势就是能接触许多不同的行业和技术。因此，在团队适应一项新技术之前，作为咨询顾问，我自己必须率先迅速学习和适应这些新技术。然后，在团队里我常用的方法是引导大家思考并质疑：为什么这项新事物会以这种方式发生？为什么我们会按照特定的方式行事？这种质疑的思维方式可以激发创新，因为有时候我们会沉浸于习惯的力量，并对作出改进抱有抵触情绪。创新往往是通过观察事物并深入了解其原理而产生的。

我不太喜欢“行业最佳实践”这个表述。如果世界上存在最佳实践，那就意味着永远没有更好的实践方法。无论我们从事什么工作，都应该思考如何改进，如何提升自己的工作水平，持续改进永远是我们追求的目标。

另一个我认为非常有效的方法，是确保多样性。当我们谈论多样性时，不仅仅是指生理上的多样性——男性和女性——还包括背景和出生国家以及文化的多样性。不同的人以不同的方式看待问题，当他们汇聚在一起时，就会带来更多的创新，因为他们能够从不同角度思考问题和解决方案。

质疑是非常重要的，所以，我非常赞同在团队中鼓励思考的多样性，这比所有员工都一味地点头盲从要好得多。我们应该建立一种持续学习和不断改进的文化，并始终质疑为什么要以某种方式行事，这种思维方式就是协调团队应对技术变革的秘诀。

《新程序员》：总是迅速决策难免会出现错误。如果您做出了错误的决策，要如何补救？

Kristan：我依旧有两点建议。首先，快速做出决策，避免拖延。在工作中，最糟糕的情况就是老板一直不下决定，导致下面的团队成员都在等待，耽误了工程进展。

其次，当发现做出的决策是错误的时候，一定要有改变的能力。理想的工作环境应该是即使犯了错误的决策，也能够诚实承认并迅速做出改变。在做决策时，我们需要思考的是：我正在做出的决定是什么？这个决定是否容易改变？如果决策本身容易改变，就不需要花太多时间去思考。但如果决策难以改变，就需要更多时间来确保做出正确的决策。

总之，如果我无法快速察觉或修正错误，就要花更多时间确保团队朝着大体正确的方向前进。

《新程序员》：隐私保护一直是数据分析和人工智能应用面临的挑战之一。Thoughtworks在进行技术分析时，要如何在保护用户数据隐私的同时提供可用的分析和预测？

Kristan： 最早在2015年的时候，Thoughtworks就在讨论这个问题，并且直到今天还在持续关注它。我们的方法是：仅保留必要的用户数据，遵循数据最小化的原则。数据越多，风险越高，那只要没有数据，就没有人可以窃取数据。

在进行测试时，我们还会尽量避免使用真实的生产数据。我们会对数据进行最小化处理，如更改字段，以保持数据结构的一致性。这样可以确保数据在测试过程中仍然能够得到适当的验证，但是所有真实的个人信息都已经被更改，以保护用户的隐私。而且在2023年的今天，更改人名、地址等信息都可以自动化操作了，不会浪费太多时间。

《新程序员》：那您们会怎么保护这些数据？Thoughtworks会为数据安全做些什么？

Kristan： 数据安全也是有价值的话题。这涉及一个在早期的技术雷达里被提及的术语，“纵深防御”（Defence-in-Depth）。简而言之，建起一道无坚不摧的高墙并不能保护好数据，因为一旦有人闯入，你就无法确定其他的防御措施是否有效。因此，根据数据的敏感程度，我们可以采取不同的加密策略，例如对每个数据集或每行数据进行加密，或者仅对特定的表格进行加密，甚至可以对整个指南进行加密。

利用这种方式后，即使某些数据被获取，也无法从中获得有价值的信息。当然，这也带来了不小的挑战。比如说，工程师希望拥有管理员权限以访问所有的数据。但是，如果我们真把权限给了出去，会使系统变得非常脆弱。所以我们需要创建多个访问点，并根据用户的需求进行设置，只允许用户访问特定的数据部分而不是整个数据集。

这样做会增加一些工作量，尤其影响了那些必须要处理所有统计数据的任务。所以，我们必须在隐私和安全之间进行权衡：对于非常敏感的数据，我们会采取更多的保护措施；对于不太敏感的数据，就没必要设下这样的层层防护。

与中国开发者的合作经验涌现了许多创新

《新程序员》：在程序员群体中有一种说法，“程序员到35岁之后，要么转管理层，要么退休”。你如何看待程序员转型管理层的问题？

Kristan： 我并不同意这类说法，因为我们公司的开发者中仍有50岁、60岁的资深工程师。我认为，如果有人希望转型到开发和管理领域，首先应该考虑的是他们是否真的想要在事业上发展，以及是否有一些他们想要在管理方面实现但目前尚未实现的事情。

我就是从技术转型管理的。当时我开始关注自己的影响力，相信自己转型管理后能够产生巨大的影响，能营造一个能够激励众多开发者取得成绩，并对社会做出巨大贡献的环境。总而言之，在进行这种转变时，我认为首先要考虑自身的人际交往能力，因为并非每个人都具备这些技能，所以不要强求转变。目前仍有许多年龄较大的人从事着软件开发工作，他们真正享受编写代码的过程，这是他们的热情所在。

《新程序员》：Thoughtworks近期有哪些针对中国的战略方向和发展意愿吗？

Kristan： 是的，当然有。我上次来中国是在4年前，这期间和中国区的同事都是通过网络交谈。我们一直希望能够重新建立与中国同事的联系。这次来中国让我更加确信，花时间面对面相处，可以获得与视频会议不同的协同工作体验。而且，比起让中国办公室的人去其他国家，我更希望让其他国家的团队来参观中国。

我们确实看见了中国存在的创新和技术文化，ChatGPT就是一个典型的例子，GPT浪潮中涌现的许多文章都源自中国。我们想了解中国正在做什么，以便将这些思想更好地运用于其他国家和领域的工作上。

《新程序员》：您曾在澳大利亚和英国两个不同的地区担任过管理职位，您是如何应对不同区域和文化环境下的管理挑战的？

Kristan：有一句谚语说过，人有两只耳朵和一张嘴，使用它们的比例应该是两倍的倾听和一倍的发言。无论在澳大利亚还是英国，我首先学会的都是倾听。

作为高管，我需要倾听并理解人们实际存在的需求和面临的问题，我还是奉行着先前提到的信条：切勿不懂装懂！不要看到相似的东西就把以前的经验套用上去，然后马上说出“这是我们应该做的事情”之类的话。比起自己说话，我更应该创造一个人们想说话的环境，让面对我的人都可以坦率地说出自己的需求，分享他们的见解和想法。

还有一点：创造一个让人们感到能安全地学习的良好环境。我喜欢说“失败是安全的”，因为学习是从失败中汲取教训，以便不再重蹈覆辙，但纯粹的失败或打击是学不到任何东西的。所以我要创造一个让人们感到不会因失败而孤单的环境，并且在他们的努力中给予支持。

这些道理是通用的，但在不同的文化中，如何实施上述原则可能会有所不同。所以我会先理解每个地域的文化差异，并相应地调整自己的做法。

《新程序员》：Thoughtworks的员工和办事处遍布全球。鉴于全球范围内远程办公的增长趋势，Thoughtworks是否在推动远程办公方面采取了相关战略？

Kristan：不同的国家有不同的情况，这和当地政策有点关系，但最关键的问题在于人文习惯。让我分享一下自己观察到的情况。

首先以北美为例：想象一下，作为一名美国顾问，你需要频繁出差。你周一出发，周五回家，所以你就经常无法和家人在一起，旅途成了生活的常态。所以北美的员工现在更喜欢远程办公，这让他们可以花更多的时间陪伴家人。

而在一些其他国家，如澳大利亚，出差次数就比较少。因为Thoughtworks在澳大利亚的工作主要集中于墨尔本、悉尼和布里斯班这三个大城市，人们可以白天去办公室或和客户见面，然后晚上回家。因此，人们反而不太愿意每周通勤五天，而是每周工作两到三天，因为完全没必要每天都去办公室。

然后就是中国——对中国我也很熟悉，因为我们经常合作。中国区的同事习惯于在办公室一起工作，很多人选择回到办公室工作，因为这是他们习惯的团队合作方式。

在西班牙和巴西，我也观察到了一些特殊情况。这些国家与高纬度国家的时区接近，而西班牙的生活成本相对较低，因此我发现英国公司非常乐意雇佣西班牙人，并支付西班牙人与英国同等水平的薪资，供他们远程工作。这对西班牙员工来说是一个很大的机会，因为英国的生活成本远高于西班牙。所以，对于一般员工来说，情况也有所不同。

前几年，由于人才紧缺，每个人都想进行数字化转型。当时人才供不应求，员工处于有利位置。而现在许多科技公司都在进行裁员，形势也不再那么紧迫，权力转移到了雇主手中，而不是员工手中。

我最近其实也收获了许多人的意见：有人喜欢远程工作，有人则感觉自己这几年错过了与人交流的感觉；有人想要将家庭生活和工作生活分开，有人希望在完成工作后回到家里；有人想一直待在家里，但又感觉这会混淆自己对工作时间的感觉。所以，情况因人而异。总的来说，我观察到远程办公可能不再是趋势，部分人已经倾向于回到办公室工作了。

对话李彦宏：AI大模型时代，应用开发机会比移动互联网大十倍

文 | 屠敏

AI 2.0时代，ChatGPT的出现，让大模型引发的诸神之战正式打响。百度作为中国首个推出真实应战“武器”的公司，其基于千亿量级数据练就而成的“文心一言”背后，蕴藏哪些鲜为人知的故事？这种打破人类对过往NLP智能对话系统理解的技术是如何实现的？在遵循飞轮效应的AI大模型发展趋势下，他人能否复制出相同生成对话、代码的能力？开发者又该如何面对这种全新的编程范式？日前，CSDN创始人兼董事长蒋涛与百度创始人、董事长兼首席执行官李彦宏于线上聊了聊，从技术出发，共同探讨百度大模型产品对当代开发者的影响与意义，以及对中国产业生态的价值。与此同时，李彦宏也对“文心一言”开启邀请测试之后市场产生的一些质疑声音进行了回应。

受访嘉宾：

李彦宏

百度创始人、董事长兼首席执行官

采访嘉宾：

蒋涛

CSDN创始人兼董事长、极客帮创投创始合伙人，25年软件开发经验，曾领导开发了巨人手写电脑、金山词霸和超级解霸。1999年创办专业中文IT技术社区CSDN (China Software Developer Network)。2001年创办《程序员》杂志。

不久前，百度带着“文心一言”如约而至。

“邀请测试之后遇到了一些批评的声音，算是我预料之中”，李彦宏在对话中坦然地说道。

文心一言是百度基于2019年推出的文心大模型ERNIE不断演进的产物，也是其耕耘人工智能十几年厚积薄发的成果。面对前有ChatGPT聊天机器人已成型，后有Google带着Bard大模型疾速追赶，选择在这一阶段开启测试，缘起科技产业市场旺盛的需求，也源于在数据飞轮循环驱动AI大模型不断成熟发展的当下，只有将产品发出来，才有机会更快地迭代和提升。

现实来看，如今的文心一言所经历的考验与ChatGPT诞生之初市场的反应如出一辙。彼时初出茅庐的ChatGPT，也让众人深刻地感受到了它“一本正经胡说八道”的本领，为此，StackOverflow曾明令禁止社区通过ChatGPT生成内容，美国纽约市教育部紧急将ChatGPT拉入“黑名单”，只因ChatGPT错误率太高，极容易混淆视听。

而如今，一切在千亿级数据洗礼下，柳暗花明。

数据是基础，也是提升文心一言能力的关键

拿到百度文心一言的邀请码之后，不少用户在开启内测

的同时，也将其与经过多轮迭代的最新ChatGPT、GPT-4，乃至Midjourney文本生成图片工具进行了比对与评测，其中不乏赞扬、期许，也有批评、质疑等多重声音。

李彦宏表示，“其实，我觉得无所谓公平与不公平，大家这么关注，对你有这么高期望，是我们不断提升的动力。我也不断地在讲文心一言不够完美，事实上如果全面来评测的话，文心一言确实也不如现在最好的ChatGPT版本，但是差距不是很大。所谓不是很大，可能就是一两个月的差别。分享我们内部测试的一个数据时间点，大约两个月前，百度内部做过一次评测，用文心一言跟那时的ChatGPT做对比，我们大约落后那个时候的ChatGPT 40分左右。”

通过分析导致落后的因素，百度用一个月左右的时间解决了短板问题。

万万没想到的是，李彦宏透露，一个月后，当百度再去评测ChatGPT和文心一言时，发现不仅没有赶上ChatGPT，反而差距拉大了。

这也引发了百度团队内部的焦虑，为何做了半天反而越来越差？

分析其中缘由后，百度发现，ChatGPT本身也在不断升级，它的能力在快速提升，那一个月的时间，文心一言提升速度并不慢，但ChatGPT中间有一次大升级，导致整体能力有一次质的飞跃。

在仔细分析差距之后，李彦宏表示，“如果再给一个月时间，文心一言还能够追得七七八八。按照团队现在分析，我们水平差不多是ChatGPT今年1月份的水平。但是大家早就忘了1月份ChatGPT是什么样子，毕竟当下大家已经习惯了GPT-4的存在。GPT-4技术的发布与文心一言开启邀请测试只相隔了一天，它是一个其他大厂也很难去拿出一个东西与之比较的技术。我觉得没关系，比就比。对我来说，只要自己提升足够快，能够把过去做不到的东西一步步做到，尤其有越来越多的用户给我们这些反馈的时候，我还是逐渐看到不少亮点，不少我们已经做得比现在的ChatGPT要好的方向，当然更多的方向不如它，我觉得假以时日都是可以弥补的。”

大模型不是靠提升参数规模，不用太纠结具体的参数值

蒋涛：ChatGPT出来的时候正好遇上了NeurIPS（Neural Information Processing Systems，神经信息处理系统）大会，这场大会覆盖全球4万个机器学习和神经网络的博士参与其中，当时，他们都惊呆了——ChatGPT好像超出了我们对NLP或对话能力的理解，后来解释是智能涌现能力，百度开发文心一言后，这个秘密现在被揭秘了吗？

ChatGPT没有用很多中文语料，中文的事实理解其实很差，但在它可以运用很好的中文表达能力之前，我们选智利诗人巴勃罗·聂鲁达很有名的作品来翻译成中文，发现比翻译家翻译得还要好，你怎么看？这种能力的突破，涌现是怎么实现的？为什么用很少的语料，但语言的差距却没有了呢？

李彦宏：这确实是让人感到惊喜和兴奋的地方。百度做大模型做了很多年，其实也有不少其他公司做大模型，当用一个亿级大模型做的时候，可能做某个单项任务，或者一两个任务，相对比较窄。后来变成十亿级、百亿级，一直到最后参数规模达到千亿，同时匹配足够多的数据来训练，最后就会出现智能涌现，应该说是从量变到质变的过程。

三年前，我们所说的大模型是指参数达亿量级的大模型。今天当我们说大模型的时候，大家大多数理解参数是千亿量级的大模型，这种进化和技术迭代的速度其实超过了摩尔定律的演化速度，还是很神奇的。

百度通用大模型肯定是千亿量级的。因为这是一个门槛，如果不过千亿量级是不会出现智能涌现的，这是过去实验都证明过的。但是具体是多少参数，公布意义不大，过了千亿之后，并非是万亿量级参数一定会比千亿效果要好。GPT-4出来之前，我看好多媒体猜测

是万亿量级参数，乃至十万亿量级参数，方向就错了。大模型不是靠提升参数规模，是在其他方面进行提升，不用太纠结。

所以，一旦越过千亿量级门槛之后，过去我们觉得不太可能的事便发生了质变。如果再稍微往下探究，为什么会有这样的质变？我自己的理解是，学习世界各种各样语言的文本，本身虽然是概率模型，还是基于过去已经出现的十个字符或者token，预测下一个字符最有可能是什么，简单的技术原理就是这样。但是当实际数据量足够大，算法比较正确的时候，基本上人类对于物理世界的理解逐步压缩到了一个模型里，如果这么来理解大模型的话，确实就是具备了智能涌现或者说是触类旁通的能力，我觉得确实很神奇。

以前人们没有想到，很多东西都是做出来了之后，才会去琢磨这个东西原理里面蕴藏的科学道理。因为我们上学都是学科学和自然，印象中都是社会、科技的进步往往是先有了理论，在理论的指导下做技术和工程，再把它做成产品推向市场。其实很多时候是工程先做到了，比如人们先发明了飞机，已经飞上天了，人们才开始琢磨为什么比空气重的东西还能在天上飞，由此产生了空气动力学。所以大模型也有点这个意思，先做出来了，我们才开始去研究为什么会是这样。

蒋涛：如果大家都用千亿模型，慢慢地是否都能够达到涌现的能力？逐渐变成类似于开源系统一样，当大家知道基本原理，但是并没有获得开源所有的东西，我们也能够做到吗？其他家也能够做到吗？

李彦宏：对，这是一个移动目标（moving target），一直在变。

ChatGPT本身在以一个很快的速度进化，文心一言也在以更快的速度进化。下一个出来的不管是谁，创业公司也好、大厂也罢，做到今天这样的水准肯定是没问题的。

我们今天觉得涌现等能力已经很神奇了，但也许再过三个月会发现这个东西怎么这么差，它怎么还会出错。人们的期望值会不断抬高，下一个出来的再去追赶之前的大模型，我认为难度是比较大的。在同一个市场上，领先的大模型一定会获得更多的开发者在上面开发各种各样的应用，一定会获得更多的用户反馈。这种规模效应或者数据飞轮一旦转起来，其实后来者追赶起来会挺辛苦的。

开源vs闭源大模型之争

蒋涛：大家都把ChatGPT的出现比喻为AI时代的iPhone时刻。在移动开发时代，出现了开源和闭源的竞争，如iOS是闭源的，Android是开源的，开源最后赢得了生态很大的胜利。如今Meta出了一个开源的LLaMA模型，开源大模型有市场机会吗？其次，行业大模型有两种“炼法”，一种是在百度文心一言上练行业大模型，还有一种是在开源大模型上去练各家垂直大模型。哪种会更好一些？会出现开源大模型的这种生态吗？

李彦宏：我觉得有可能出现，但是最终其实是一个市场的自然选择。对于一个开发者来说，今天去选择一个闭源的大模型还是开源的大模型，最主要是看两个因素：一个就是哪个效果好；一个就是哪个便宜。

开源，在价格上有非常明显的优势，基本上可以不要钱就能使用这些产品。闭源则一定是做得比开源好才会有生存空间。

所以，当更加追求效果的时候，就会选择闭源模型。这是一个静态的观察或者说是讨论。从动态角度来看，随着时间的推移，开源和闭源两条技术路线，最后谁会跑得更快，谁会后劲更足，可持续性会更好，我认为这是一个开放性问题，正例、反例都有。

对于开发者来说，现在只能选择当前效果更好，或者性价比更高的模型来进行开发，对于这两条路线之争我们只能拭目以待。

蒋涛：大模型出来之后，对云计算行业带来哪些影响？

李彦宏：我也曾公开地讲过，我认为文心一言的出现或者大语言模型的出现对于云计算来说，是一个Game Changer，它会改变云计算的游戏规则。因为过去比较传统的云计算卖的是算力，主要是运算速度、存储等基础的能力。但是随着技术的演进，真正AI时代的应用不会建立在一个过去的地基上。

所谓过去的地基，除了刚才说的云计算之外，还有在移动时代的iOS、Android操作系统上面去开发App，或者是在PC时代的Windows上面开发各种各样的软件。而在AI时代，新的应用会是基于大模型来开发的。

关于“是不是有一天所有的模型都统一成一个模型”这个存疑，我大概两年前在内部推动过一段时间，想把语言、视觉、语音模型全都统一成一个模型。虽然当时大家怎么想都觉得不对、做不到，但是语言模型规模变大之后，它的能力会越来越强，视觉模型规模变大之后，能力也会越来越强。

未来的应用会基于这些模型去开发，上面开发的不管是搜索还是贴吧，都是基于我们已经做出来的大模型去进行开发。这和过去一个创业公司直接去用某一个云是很不一样的，那个时候用的确实就是算力，甚至具体到用几块CPU、GPU，而以后不用再担心这个层面的事。

比如，我小时候学的是汇编语言，后来学C语言，而今天大家都在用Python写代码，方便程度是完全不一样的。你如果能用Python写，谁还会去学汇编？就是这么一个简单的道理。

对于百度来说，我的理论就是四层架构，芯片层、框架层、模型层，上面才是各种各样的应用。早期的人们是说有什么样的芯片，然后再基于这种芯片去开发各种各样的应用。后来我们只要用像百度的飞桨，人工智能时代的框架就可以做AI应用，它在中国市场占有率第一。在美国则是PyTorch、TensorFlow为主。

在2023年大模型出来之后，其实框架也变成相对比较底层的东西，以后开发各种各样的应用基于模型就可以了。下面是什么框架，其实也没有那么重要了。

不过，对于百度这样的公司，当在提供基础模型的时候，我们用什么框架、芯片其实还是很重要的，甚至某种意义上讲，每一层通过反馈不断相互加强，不断提升它的效率。所以，内部叫作端到端的优化。由于我们在芯片层有昆仑，在框架层有飞桨，在大模型层有文心。当然，这种暴力美学如刚才提到的技术都很耗算力，那么同样用价值10亿美元的芯片，怎么比别人的效率更高，怎么能够算得更快，就需要有飞桨这个框架进行配合。模型也要能够知道这些芯片到底是什么能力可以被充分发挥出来，或者说，昆仑芯片怎么改变一下自己的设计，去更适用于飞桨，更适用于文心一言的模型。

进行端到端优化之后，我们的效率会比任何其他的大模型要更高。时间长了，商业的竞争最终竞争的是效率，你的效率比别人更高你就赢了，你的效率比别人低，再给你投多少钱，最终也会打水漂，无数的案例都证明了这一点。

程序员、企业如何面对Prompt（提示）编程？

蒋涛：对于开发者来说，现在硅谷那边已经风起云涌，在做各种基于GPT的应用，给编程带来了很大不同，过去我们面向API、技术栈，现在变成Prompt编程了，整个开发者生态和应用会发生很大变化。未来模型之上的ToC和ToB应用会发生什么变化？

李彦宏：我觉得这是很大的趋势上的变化。未来可能不需要那么多程序员，今天写计算机程序的程序员，大模型很多时候能够自动生成代码。但是我们会需要越来越多的提示（Prompt）工程师。

大模型本身的能力放在那儿了，谁能把它用好，这是有讲究的，用得好不好，完全靠提示词来决定。提示词写得好，智能涌现的可能就多一些，反馈的结果就更有价值一些。提示词不好，出来的东西就是一本正经地胡说八道，或者是错误的结论。

因此，如何把提示词写好，这些东西既是技术也是艺术，甚至我觉得艺术的成分还更多一些。今天以世俗眼光来看，好像学自然科学的人更好找工作，工资更高，学文科的不太行。以后没准学文科更容易找工作，因为写提示词的时候，想象力、情感、表达都非常重要，这类的人才有可能真的比现在学工程的人要更有意思，更有效果一些。

蒋涛：不同大模型比如文心一言、ChatGPT或者GPT-4，提示词会不一样吗？

李彦宏： 很不一样，底层训练毕竟是独立训练出来的，如果把它比喻成一个人的话，不同人的脾气禀性肯定是不一样的。和它交互过程中，也有不断摸索的过程，你才会慢慢知道，我怎么写这个提示词能够获得更好的效果。

蒋涛：当问模型时，它内部的数据也会变化是吗？

李彦宏： 会变化。最近讨论得很多的是让大模型理解成语，出来的东西你觉得它没有理解，但是过两天它就理解了，你总觉得它不对，告诉它之后它就会知道不对，重新搞一遍好了。

开源英雄 专栏

崔宝秋国际开源经验在小米开花

文 | 谷磊　周扬

崔宝秋的开源人生，来源于内心的真正热爱和一路的升级打怪。从少时与计算机结缘到成为自由软件信徒，从IBM、雅虎、LinkedIn到小米一路走来，从一个开源的追随者成长为开源的推动者，小米的开源文化、丰硕的成果输出、吸引开源创造者，他始终都是核心所在。如今的崔宝秋，也关心AI的发展，而始终不变的，依然是对开源的热爱和投入。

受访嘉宾：

崔宝秋

博士，前小米集团副总裁，有二十多年的软件和互联网开发经验。2012年加入小米集团，历任小米首席架构师、人工智能与云平台副总裁、小米集团技术委员会主席。创立并管理小米人工智能与云平台团队，主导了“云计算一大数据一人工智能”这一技术变革路线。他2012年就在小米提出了“不仅要站在巨人的肩膀上，还要为巨人指方向”的开源理念，同时制定了小米的开源战略，让拥抱开源成为小米工程文化的重要组成部分。2018年获得中国开源杰出贡献人物奖。

采访嘉宾：

刘韧

云算科技董事长、《知识英雄》作者、DoNews创始人。1998年共同发起中国第一个互联网启蒙组织数字论坛；1999年发布中国第一个博客系统DoNews；2001年获北京大学中国经济研究中心财经奖学金。曾在《中国计算机报》《计算机世界》《知识经济》和人人网等媒体或互联网公司任记者、总编辑和副总裁等职。出版《中国.com》《知识英雄》《企业方法》《网络媒体教程》等十余本专著。

2012年6月，北京，崔宝秋带着简单的行囊，落地首都机场，受到雷军的召唤，他准备加入小米。

告别家人，他在望京租了间房子，落了脚。

大学与雷军睡上下铺的崔宝秋，是20世纪90年代赴美留学的计算机博士、早期自由软件和开源软件的信徒、GNU Emacs的贡献者……在美国读博和在IBM、雅虎、LinkedIn的工作经历，让他看到了开源在不同土壤落地的过程。重回北京，他除了想在小米干出一番事业外，脑海里还萌生了一个想法——让纯粹的开源在中国落地。

时间回到1999年，接入因特网不久的中国政府有意使用Linux，可Linux重要贡献者、开源运动旗手Eric Raymond对此公开表达了消极甚至反对的态度，他因刚发表的新书《大教堂与集市》而名声大噪。此时，自由软件信徒崔宝秋正在纽约州立大学石溪分校念博士，他发邮件与Eric Raymond争论，指出开源应无国界，并认为中国政府能够采用Linux的话，会大大推动Linux的发展，为社区带来大量的开发者。这封邮件上了Linux每周新闻（Linux Weekly News）网站，参与讨论的还有Richard Stallman——自由软件的精神领袖和GNU系统、自由软件基金会的创立者。

崔宝秋对自由软件的热爱很大程度上来自GNU，他喜欢GNU的程度甚至超过了Linux，毕竟Linux是在GNU这块土壤上成长起来的。他尤其喜欢GNU Emacs，这是一个强大的编辑器和编程环境。1995年，他就开始使用GNU Emacs，并快速成为高级用户，做了大量的个人定制开发。若干年后，他在Emacs Org Mode中贡献的DocBook格式导出工具被GNU Emacs正式接受，并在2009年把代码捐献给了自由软件基金会。

“回馈社区的过程很有意思。”正是遵循了开源精神，崔宝秋的代码进入GNU里，让他实现了多年的梦想——让自己的代码跑在每个人的计算机上。

从自由软件的信徒到贡献者，崔宝秋愈发认识到开源对中国的重要性。尤其在基础软件领域，很多技术需要长期的积累和投入，是软件行业的金字塔底座，但主导权仍掌握在国外少数公司手里，开源则是帮助我们打破这个局面的最佳模式。“开源是卡不住的，它是自下而上的。”崔宝秋跃跃欲试，想把他在硅谷积累的经验一步步移植到中国。

加入小米后，他主导了小米的CBA（云计算—大数据—人工智能）技术变革路线，全面拥抱开源。他从零开始打造小米的HBase团队，培养出了一个又一个HBase Committer，每位Committer的成长都有崔宝秋的呵护。“教这些年轻工程师如何快速融入社区，如何坚持自己正确的观点，说服社区中的意见领袖，把先进的代码回馈社区。同时，也要让国外的开源项目负责人真正了解中国工程师的技术水平。”说起这套开源打法，崔宝秋语调升高。

他鼓励小米工程师到硅谷参加国际开源技术会议，一字一句地教年轻程序员讲英文PPT，从写演讲脚本到英文单词的重音等。团队用一周做出来的代码优化，要花数周甚至数月来向开源社区证明这个算法的正确性，要说服社区的技术大拿和负责人，是一个极耗精力的过程。

最终，大量来自小米HBase团队的代码放进了HBase代码库里，其中包括一个将性能优化提升了近5倍的改进，这个改进让全球所有的用户受益。崔宝秋笑了，他带来的开源种子终于在中国生根，在小米开花。

爱上计算机

“对一个东西的好坏评价，最重要的是看它有没有创造性。”

幼时的崔宝秋喜欢画画，梦想当个画家。他总爱拿着粉笔在地上、墙上画来画去，照着小画册临摹《西游记》和《三国演义》里的各种人物，成果时常得到大人的赞扬。

父亲在高中教数学，对他影响很大，到了学龄阶段，宝秋的爱好也慢慢转向了数学。在老家的阁楼里见到父亲读大学时的大部头数学书，他非常崇拜，开始仰慕数学专业，可父亲对他说：“今后考大学时，这个专业可以不考虑，重复性的事太多，很难有创造性。”

转眼间到了高中，他在订阅的《中学生》杂志上看到了BASIC语言写的程序，觉得很新奇，“但也不知道是干什么用的。”县城里没有计算机，这个新事物对他来说有点奇妙。

1987年高考，出于对数学的热爱和对计算机的好奇，他选了武汉大学计算机科学系（见图1）。

图1 大学时代的崔宝秋

武汉大学校园很美，尤其是樱花大道，崔宝秋的宿舍在樱园，一个房间四个人，每天尽享美景。

军训时，得知很多同学高中就开始接触计算机，有的参加过竞赛，好几个同学都在练盲打，崔宝秋有些不安：自己连键盘都没摸过。

人生第一次上机的时刻到了，他和同学来到机房，里面干干净净，像个高科技空间，每次进出都要换拖鞋。

在这里，他第一次见到了摩托罗拉68000处理器，一台显示器、一个终端陪他开启了专业之路。

崔宝秋很享受敲键盘的声音，且爱上了编程，凡是有写程序的专业课都很喜欢。操作之后打印出简单的程序，“那就是我的创造性成果”“你可以让计算机做很多东西”。

同学们都在玩《生命游戏》，一个细胞的下一刻生死，取决于相邻八个方格中活着或死了的细胞数量，崔宝秋觉得很神奇，“我对计算机的第一好感是它让你有了创造力。”

因为爱好做出《绘星》

“崔宝秋把BGI（Borland Graphics Interface）全都吃透了，里面的字体也被他逆向工程搞了出来。”

武汉大学计算机科学系招了三个班，软件专业两个班，硬件专业一个班，每班25人，崔宝秋在软件2班。班里有个男生叫雷军，聪明又勤奋，为了学习，他戒掉了午睡的习惯。大二，崔宝秋和雷军分到同一个宿舍，两人上下铺，经常交流专业知识，“雷军在计算机领域的认知和探索，当时远远超过了我们这些同龄人。”

大二结束，雷军修完了大学所有学分，去北京中关村电子一条街闯江湖。一次回来，他在宿舍跟崔宝秋说：“宝秋，我在做加密软件‘黄玫瑰’，你帮我设计一个Logo吧。”

“好啊！”崔宝秋答应后就开始准备。

他想用计算机来设计，而不是用手画，就从零开始写了个绘图程序，286计算机没有鼠标，他就写程序用键盘模拟鼠标，一点一点完成了Logo的设计。

写程序时，崔宝秋用到了Borland公司的Turbo Pascal，他很喜欢里面的BGI图形功能。

从小喜欢画画的崔宝秋对BGI自带的字体很感兴趣。他通过逆向工程弄明白了BGI矢量字体的数据结构，再从英文原版教科书中找到一个高速画直线的算法并把它编写了出来，就可以快速绘制出精美的字体。

接着要做动画效果，他用异或（XOR）运算操作让字体漂移、活动起来。一次偶然的机会，崔宝秋发现BGI绘制后的字体和自己的绘制算法异或叠加后不能完全清除，这让他百思不得其解。没有BGI的源代码，他只能通过反汇编找到BGI的图形接口，一步步跟踪下来，才发现BGI的画直线算法和自己的有点不同，BGI的算法只有30多条汇编指令，非常精美。“原来BGI的画直线算法和教科书上的不一样。”就这样，崔宝秋用反汇编和逆向工程，解决了绘图软件中用异或操作消除直线的困扰。

不过BGI系统自带的字体太少，只有4种，而AutoCAD里的字体有几十种，且都是矢量字体，崔宝秋就把它们逆向弄了出来，转换为BGI矢量字体的格式，放进绘图程序里。此刻，崔宝秋如获至宝、喜出望外，随即在《计算机世界》杂志上发表了文章《将AutoCAD矢量字体转换为BGI矢量字体》。

雷军一直没来要Logo，而崔宝秋却做得很享受，他把这个绘图程序取名为“绘星”，不久便获得了省级计算机竞赛一等奖。这个绘图程序也很受同学们的喜欢，最夸张时，机房十几台计算机中有一半以上都在运行着他的程序。

后来，他把这组字库给了在电子一条街打拼的师兄，“他有没有拿去卖我不清楚，但这个东西还是挺值钱的。”

《绘星》用来编辑图片、图形，能兼容很多绘图软件的东西，还是很超前。崔宝秋用了很多办法，满足了新需求。

成功完成计算机自动作曲项目

“痴迷编程的崔宝秋，在学校过着‘宿舍—教室—机房’三点一线的生活，并享受其中。”

在诸多老师中，崔宝秋很喜欢教信息安全的张焕国老师（武汉大学计算机学院教授，见图2），他是北方人，和蔼可亲、又高又帅。张老师经常和学生聊软件加解密、防病毒等有趣的话题，崔宝秋很爱和他交流。

张老师也很惜才，在崔宝秋毕业前跟他说：“你的本科论文可以做一个计算机自动作曲项目，很有意思。武汉音乐学院作曲系的一位研究生在做这方面的论文，你们

图2 崔宝秋（右一）及同学与张焕国老师（居中）的合影

可以合作完成。”“那边的计算机是苹果系统，上面全是图形，你可以去看看。”

崔宝秋好奇地去了武汉音乐学院，见到苹果的Macintosh计算机，上面不仅有图形、图像，还可以播放音乐，他深受吸引，不懂音乐，更不懂五线谱，可为了这个项目，崔宝秋开始学习掌握五线谱。

武汉音乐学院的研究生哥哥很有文艺范儿，才气过人，“他听一遍曲子就能记住并弹出来。”研究生哥哥在计算机方面的知识需要崔宝秋帮他提升，崔宝秋耐心地教他if-then-else指令，两人一起推进项目研究。

崔宝秋想，依托软件来作曲，怎么产生曲子数据文件呢？他又想到了逆向工程。

他用最短路径破解了苹果电脑上音乐软件的乐曲编码，知道了五线谱音乐是如何存放的，“这样我就可以写东西了”“给我两小节五线谱，讨论各种逻辑算法后，就可以自动产生若干节音乐。”让旋律不断重复，而且能有些规律性的变化。

崔宝秋根据编码数据生成音乐格式，开始演奏，计算机连接着MIDI设备，叮叮当当的音乐声就出来了，研究生哥哥兴奋得不得了。这对崔宝秋来说只是一个基本程序，可在他看来却是作曲领域的一个很大的创新。他们要模拟不同风格的曲子，经过两人的钻研探索，圆满完成了研究任务。

1991年，崔宝秋被保送读本校的研究生，师从武汉大学计算机学院教授黄俊杰和张焕国两位老师，研究计算机安全和公开密钥密码体制。

中国科学院计算技术研究所短暂读博

“电子邮件和Mosaic浏览器让崔宝秋兴奋不已。”

崔宝秋本考虑研究生毕业后直接出国留学，可研二的暑期发现GRE考试准备晚了，来不及申请，只好暂时放弃。

此时他们做的加密软件在加密卡上用得很广，崔宝秋要经常跑武汉三镇推销加密卡，酷暑难耐，而舍友在考博，经常泡图书馆，他很羡慕，就跟张老师说自己也想读博，张老师建议他报考中国科学院计算技术研究所，师从魏道政老师（计算机科学家），并帮他写了推荐信。魏老师对崔宝秋的硕士研究内容以及曾经获得过全国挑战杯一等奖的经历非常感兴趣，很快就答应收他读博，还全免了博士入学考试。

1994年研究生毕业，崔宝秋开始了在中国科学院计算技术研究所的博士生涯。

1994年，崔宝秋突然发现以前去图书馆查国外大学的资料、寄航空信来申请学校等方式，现在都可以用浏览器和电子邮件来完成了。中国科学院计算技术研究所有工作站，有UNIX机器，“我每天早上最兴奋的就是先到机房，输入用户名和口令，打开电子邮箱看邮件。”

崔宝秋还经常用Mosaic浏览器看美国大学排名和教师简介，在互联网上查询各种留学信息。UNIX工作站上的Mosaic已经能高速访问非常多信息，比单色显示器的个人计算机先进很多。他很兴奋，“图形界面太好玩了，传递的信息极其丰富，真是太舒服了！”

痴迷于开源的GNU Emacs

“这里有太多先进的东西，得赶快学起来。”

在中国科学院计算技术研究所学习期间，崔宝秋一直放不下留学的事，就跟魏老师说：“我还是想出国。”魏老师的儿子跟他碰巧是同龄人，在美国读书，所以魏老师非常理解和支持崔宝秋的想法，就批准了。

经过一番细心的准备和努力，崔宝秋收到了几所美国大学的全额奖学金，权衡之后，他选择了纽约州立大学石溪分校（又名石溪大学，见图3），“计算机专业在美国排名不错，关键是杨振宁教授在这里任教，我们都很熟悉这所学校。”

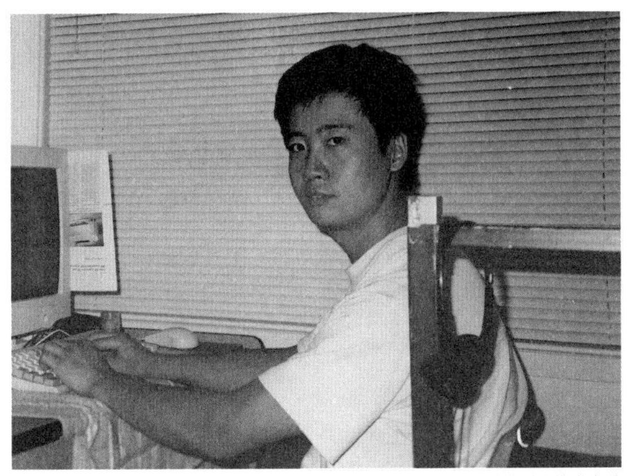
图3 在美国读博时期的崔宝秋

留美前的崔宝秋常去中国科学院计算技术研究所篮球场跟同学打球，休息时，喝冰镇粒粒橙和可乐解暑，他说：“得好好享受一下，到美国就没机会喝这么爽的可乐了。”

等到了美国发现，可乐到处都是，吃饭都喝橙汁，物质上的差距还是挺明显的。计算机水平跟国内更有着天壤之别。

这一年系里共招了两位中国留学生，崔宝秋拿的助教（TA）奖学金，做操作系统这门课的助教，授课老师是Eugene Stark教授，号称MIT神童，也是FreeBSD的贡献者，“据说20多岁就从MIT拿到计算机博士学位，一直在这里任教。”

操作系统这门课和本科时的内容很不一样，课本厚了很多，且上来就是让学生们分组，用FreeBSD、CVS和GNU Emacs编辑器，真刀真枪地干一个操作系统项目。

Stark教授对学生要求非常高，要求他们分组合作完成作业项目，同时也要求两个助教写程序自动批改学生的作业。这让崔宝秋有点傻眼，要学很多新东西，UNIX接触得也少，幸好一个俄罗斯助教会写UNIX脚本，完成了批改作业的程序。虽不是很复杂的操作，却让崔宝秋有种井底之蛙的感觉。

“专业课方面没什么压力，很容易拿到A，主要在语言和沟通上，我得赶快适应英语口语。”

教授让学生都用GNU Emacs做家庭作业和OS项目，崔宝秋很快被开源的GNU Emacs深深吸引。他在这里最先接触了GNU，也很喜欢里面的GCC和GDB。

开源的代码量非常大，里面有操作系统内核、编译器、数据库、网络、图形等各方面的资源共享，还有免费的经典教材可以看。

“相比之下，国内的计算机教育和软件资源太封闭了”，崔宝秋就像一个穷苦的孩子，突然搬进一个辉煌的宫殿，所有东西都有源代码，代码质量也非常高，有了这些，他再也不用去做各种逆向工程了。他感到幸福而富有，在里面读大量的优质代码，“这些代码水平远超一般人。”

本科时，他曾用图形方法做的编译器运行界面惊艳了大学同学，“但我们没有真正去实现一个可生成代码的编译器，像GNU里面的GCC这种真正完整的C/C++语言的编译器，还有GDB这种调试器等代码都可以免费学。”

五年的博士生涯走得很顺利，崔宝秋的博士论文研究了当时的人工智能领域的一个方面，主题叫*A System for Tabled Constraint Logic Programming*（《列表的约束逻辑程序设计系统》），他的研究成果也都用开源代码的形式集成到了他们实验室开源的增强版Prolog系统里，名字叫作“XSB”。

读博的五年中，崔宝秋花在XSB上的时间有足足四年，其中近两年他都是这个系统的主力维护者之一。

XSB是一个基于GPL许可证的自由软件，崔宝秋的导师和师兄弟们是主要的贡献者，还有不少贡献者来自世界其他几所大学。XSB的重要用户有200多家企业和高校，也分布在不同国家。

如何与世界各地的贡献者一起开发这个开源项目，如何满足来自世界各地的用户需求，是崔宝秋和师兄弟们经常讨论的话题。四年的XSB开发经验让崔宝秋直观、深度地感受到了开源的魅力，更让他获得了一些和社区共同打造一个开源项目的第一手经验。

成为Emacs贡献者后收到1美元

“Emacs社区里面流传着这样一句话——如果你教一个人使用一个新的Emacs命令，他就可以hack一晚上；如果你教他如何制作新的Emacs命令，他就能hack一辈子。”

哒哒哒，崔宝秋在一旁看着Stark教授，像弹琴一样在Emacs上写程序，各种语法、颜色，热键切换窗口，用Shell脚本语言打命令，还能快速修改。粗大的双手，在Emacs的窗口上顺滑地串起那些小动作，一下子激起了崔宝秋对Emacs的兴趣。

“这个编辑器很酷炫啊，从来没见过。”

崔宝秋评价自己“喜欢跟着水平高的人做事，也爱学习高手用的工具。”他对技术极客有一种倾慕之情。20世纪90年代，Stark教授就在家里用计算机跟学生远程对话、开会，这种行为在崔宝秋看来是一种极客，而实现这一切的工具离不开开源的FreeBSD。

“以前在中国科学院计算技术研究接触过Vi（即后来的Vim），但是和Emacs比起来差太多。”其实一直存在两派观点，支持Emacs的人认为，可以在Emacs里面完成所有事情，不像Vim还要找一个又一个插件；Emacs是Elisp（Lisp的一个变种）的解释器，Lisp也是人工智能研究中最受欢迎的编程语言；Emacs是适合硬核程序员的编辑器，最像操作系统的编辑器。支持Vim的则认为，Vim在各个服务器上是默认安装的。

“Emacs是开源的，里面所有的东西，包括Elisp语言都是最自由的，任何东西都可以改。最重要的是，我身边很多优秀的计算机科学家和编程高手都在用Emacs。”崔宝秋承认自己被自由的力量折服，被榜样牵引。

用Emacs不仅能编写、调试程序，还能管理日历、读邮件、读新闻组、跟朋友聊天、玩游戏、浏览网页，甚至还能绘画，崔宝秋被Stark教授影响后很快就沉浸在Emacs里。

“Emacs功能太强，只有想不到，没有做不到。”崔宝秋不停地改写程序，他爱上了这种高效率的体验，中间遇到问题，就去读源代码，到社区里去查找、询问，逐渐对如何融入开源社区有了更多直接经验。但早期他更多的是秉持着拿来就用的原则，有些代码的改动没有及时回馈到社区，在下一次版本升级中就被冲掉了，他不得不再返工、重做一遍。这件小事，让他真切地感受到“回馈社区”的重要性，以及和开源巨人一起成长的重要性。不和开源巨人一起成长往往会加大软件的维护成本。

2009年崔宝秋在雅虎上班，闲暇时就会沉浸在Emacs的世界里写代码。他发现了一个需求，Emacs Org Mode缺少DocBook格式的导出，这种导出是他在IBM工作时经常用到的。这个需求很广，他开始在源代码上下功夫，进行了优化，并把整齐的代码交给了社区。这让崔宝秋的代码最终进入到GNU里。Richard Stallman接受了这位中国程序员的代码，还象征性地付给了他1美元。

在IBM用开源，差点惹麻烦

“我们这代人就是想给别人创造价值”，当年写的《绘星》就是免费给大家用的。

临近博士毕业，崔宝秋最理想的工作是去Research Lab（研究实验室），可自己博士论文方向的研究比较窄，AI那时也不火，“当时，我们这个领域的师兄弟们都不会主动说自己是做AI的或者专家系统的，现在回头来看，当时的AI已经进入寒冬。”最终，他去了IBM，IBM正要组建一个新一代数据库技术的研究团队，需要一些博士，可崔宝秋加入不久后这个新的团队就被调整，被要求深度参与产品开发，崔宝秋开始负责Db2数据库优化和内核等核心模块的研发。

2000年，IBM公司，“万一自由软件传染了Db2的代码……”部门研发主管非常担心，要公司的律师来评估风险，崔宝秋没想到，就因为用了自由软件写文档，他差点惹上麻烦。

Db2主要应用于大型应用系统，是一套关系型数据管理系统。崔宝秋进入IBM的Db2团队，做查询优化。这是一项要求很高的工作，他以博士的学术背景得以进入。

一直醉心于自由软件带来的便利性，崔宝秋很快革新了一些“老掉牙”的东西，干了些分外的活儿。

文字处理的命令行被他创造的新文档写作工具取代了。那些传统的，一摞摞的测试、设计文档，只要经过崔宝秋设计的写作工具导出，都可以直接转换成O’Reilly的DocBook模式，变成一本本图文并茂的书。

这种创新之举用到了一系列开源工具，包括Emacs，形成了一个开源的文档写作工具集，功能很强大。但很快引起了部门主管的警觉，建议公司的律师来看看，评估一下开源软件的许可证会不会影响Db2这个商用软件。

崔宝秋回答：“不会，我们只是用来写文档。”

按照奠基人Thomas Watson Sr.的设想，IBM是企业办公设备的核心提供商。可在千禧年到来之时，有些部门还是不太理解开源软件，而显得不知所措。

在这里，崔宝秋因为技术能力出色，晋升为管理者。他可以用Emacs完成工作中的大部分任务，包括团队管理和技术研发，在这期间也见证了Git的诞生。可他切身感受到，在IBM用开源是一种包袱，“我喜欢开源的技术，喜欢互联网的技术，做这种传统的数据库，越来越没意思。”

2005年，他有了一种压力，觉得身在硅谷，如果不去互联网公司，就太可惜了。一年后，一个偶然的机会，他离开IBM加入了雅虎。

见证Hadoop在雅虎长大

“一切来得太快了，围绕在三个明星公司之间的搜索大战，尚未战鼓喧天，就已经有了结局。做门户网站起家的雅虎，手握流量密码，却未能在搜索竞争中通关，惯于复盘的崔宝秋指出——输在了技术投入。”

2006年，从IBM跳槽到雅虎，崔宝秋摩拳擦掌，准备大干一场。

雅虎已深度拥抱了自由软件，成立了开源项目Hadoop，搜索引擎技术也是崔宝秋非常喜欢的领域，加入雅虎让他有了如鱼得水的感觉，在开源的利用上更加自如。

Hadoop框架最核心的设计为HDFS和MapReduce。HDFS为海量的数据提供了存储，而MapReduce则为海量的数据提供了计算。

遗憾的是，雅虎已经慢了一步。

谷歌储备了大量科学家，专门从事研究工作，从来不涉及产品也没关系。这样的文化吸引着更多工程师，更多人才的加入，反哺着谷歌的工程师文化。当三篇论文出现在世人面前，雅虎的所有行为都必然成为“刻舟求剑”。

谷歌的三篇论文描述了GFS、BigTable、MapReduce三种技术，奠定了二十年后的技术热词——云原生、云计算和大数据，定位于技术公司，谷歌毫不掩饰地向同行输出最新概念。

而微软的Bing，则从另一维度上异军突起。2010年1月，微软宣布要收购雅虎的搜索业务。

当微软团队来接管雅虎搜索团队时，崔宝秋有种感觉：就像一个三十几岁的壮汉，向一个十二岁的男孩跪倒在地。这场轰动一时的收购落地，雅虎每个模块都派出了交接人员，作为搜索团队的代表之一，崔宝秋并不情愿地参与了其中。

搜索，是所有互联网产品中最考验技术能力的。回想当初加入雅虎搜索团队时的激动，崔宝秋有些失落地徘徊在自己的办公桌前。这些漂亮的代码，完善的压力测试，上线前的各种测试，都是团队一行一行敲出来的。为了周末多些时间看代码，他甚至戒掉了周末打篮球的习惯。

时间回到2007年，硅谷DoubleTree酒店，金山即将赴港上市，雷军在美路演，在这期间，与崔宝秋进行了彻夜长谈。“宝秋，你将来想干什么？”雷军突然问他。

崔宝秋没多想：“退休以后最想静下心来写自由软件……”

于他而言，写自由软件和开源软件，都有机会让自己写的代码跑在每个人的计算机上，尤其是在雅虎见证了Hadoop的成长之后。

Hadoop的诞生受到谷歌三篇论文的影响，在雅虎开花并得到广大用户的喜爱。让崔宝秋感到可惜的是，他自己在雅虎工作时所写的热点搜索缓存方面的代码本来是计划开源的，却因为搜索业务被收购而搁浅。

LinkedIn开源风正劲

“LinkedIn纯粹的开源文化，孕育了多个开源产品。”

2010年，带着未能开源热点搜索缓存技术的遗憾，崔宝秋离开雅虎，加入了LinkedIn。

用户数即将突破1亿大关的LinkedIn，遇到一个棘手的技术难题：全量用户的二度关系算不出来。集群资源有限，公司算力也有限，在这种情况下，用户二度关系算了24小时仍然算不出来，计算任务不得不中断，没人知道算完所有用户的二度关系到底需要多少时间。

这是崔宝秋第一次用Hadoop来处理一个超大计算量的任务，让他觉得用MapReduce来解决一些问题不仅是一门技术，也需要一些艺术。最终，他通过各种算法优化、参数调整、GC（垃圾回收）的精益求精，把二度关系跑出来了，并且不断地压缩时间，从接近24小时，到12小时，再到8小时，最后优化至不到4小时。

用Hadoop解决这个大规模分布式计算的难题，给了崔宝秋久违的成就感，更让他又一次感受到开源的魅力与强大。

基于雅虎时期的大搜索经验，崔宝秋在LinkedIn做内容搜索比较轻松。在LinkedIn开放的开源氛围中，他和团队一起推出了开源搜索系统SenseiDB，还开发了一个类似于SQL的查询语言——BQL。

“不是Baoqiu Query Language，是Browsing Query Language。”崔宝秋急忙解释。他利用一个周末的时间，用Python写出来的类SQL浏览查询语言BQL原型，可以用类SQL语言进行查询、聚合、排序等搜索操作，让团队的小伙伴们非常兴奋。当崔宝秋加入小米后，SenseiDB和BQL也很快就直接用到了小米的业务中。

成长于LinkedIn的开源项目中，最受瞩目的Kafka，是为把LinkedIn社交网站和内部各业务系统中的数据存储整合到一个系统时建的项目。2021年，Kafka商业化公司Confluent独立上市。

在硅谷，人人为我，我为人人，已经成为一种普遍现象。“Facebook（现Meta）有些人在为Hadoop做贡献，LinkedIn的Kafka、Voldemort和Azkaban都是开源的。”

LinkedIn的纯粹开源文化吸引着崔宝秋。Kafka也好，SenseiDB也好，随着开源项目的壮大，越来越多公司会参与进来，LinkedIn会让所有外部参与者都尽量把版权交给LinkedIn，为的是未来更容易地把这些代码干干净净地捐给Apache基金会。

从2010年到2012年，这种方式影响着崔宝秋，坚信开源无国界的他，从此有了一个念头——这样纯粹的开源，若能影响更多的中国工程师就好了。

打造小米“HBase黄埔军校”

“不仅要站在巨人的肩膀上，还要为巨人指方向。”

2012年，北京小米总部，崔宝秋从零开始组建小米的HBase团队，召集几位工程师，给予充分自由的时间和空间，在HBase社区里读代码，参与社区讨论，主动认领社区“任务”：解答社区问题，在代码中做自己力所能及的贡献。出发点很简单：在社区时间够长，才会足够了解其架构，代码质量也自然会提高，同时在社区也能“混个脸熟”，便于未来更快地融入社区、回馈社区。

HBase是一套基于Hadoop的分布式、可伸缩、面向列的非关系型数据库，是全球最大的开源项目之一，也是崔宝秋在硅谷工作时就一直关注的项目。

他首先向团队明确自己的想法：小米作为互联网公司需要什么服务、小米生态是什么样子、HBase将如何作用于各个业务线，而后又找朋友引荐了HBase当时的项目管理委员会主席Michael Stack，同后者分享自己的计划，崔宝秋坦诚讲述自己对开源的认知、奉献的意愿、投入的决心：“小米对HBase的贡献绝不是一两个人，也不会是昙花一现，而是长期的战略。”

2014年，崔宝秋带着谢良、冯宏华两位工程师第一次去硅谷参加HBaseCon大会（见图4）。此时，谢良刚刚成为小米在HBase的第一位Committer。驾车行驶在101公路上，崔宝秋不忘回头和他们调侃：“做了Committer，以后你们在社区有名了，其他公司可能要用高薪来挖你们了。”

图4 2014年，崔宝秋与谢良、冯宏华在HBaseCon，一起与Michael Stack合影

在重大项目上极力推出自己的Committer，是崔宝秋制定的开源战略，主要目的是要赢得一定的话语权，让团队更好地融入并回馈社区，即使这些Committer被竞争对手挖走崔宝秋也不焦虑：“人才是水库，流水不腐。”继续坚持开源的打法，维持好的技术氛围，给团队成长空间，他相信会有更多的工程师源源不断地加入小米。如果小米能成为中国开源界的黄埔军校，他也乐见其成。

2012年，崔宝秋就在小米正式明确了“不仅要站在巨人的肩膀上，还要为巨人指方向”的开源理念，推动着小米连续开源多个项目：2013年，在Hadoop基础上推出自动化监控部署系统Minos；2017年，开源支持BQL的搜索系统Linden，同年又开源用C++实现的分布式存储系统Pegasus；2018年，开源移动端深度学习框架MACE……

2018年，小米贡献了HBase社区接近1/4的补丁。从2013年12月在HBase有了第1位Committer，小米已培养出了9名Committer，包括3位PMC成员。2019年，小米工程师张铎被Apache软件基金会任命为HBase项目主席。一切在按照崔宝秋的最初计划一步步实现，甚至慢慢超出设想。

用开源平衡中美差距

崔宝秋把一套坚实的互联网底层基础设施带给小米，“咱吃过猪肉，看过猪跑。”他深知硅谷的企业对开源与大数据的重视。

2012年，崔宝秋决定把他负责的米聊服务器团队正式更名为“小米云平台”，“这个平台必须支持未来小米所有的业务，它是底座。”2016年，小米云平台升级为“人工智能与云平台”。AlphaGo战胜李世石，自称“老AI人”的崔宝秋对团队说：“咱们云平台的春天到了。”

崔宝秋把硅谷的技术氛围、开源文化、互联网技术积累和团队布局方法，结合国内的最佳实践慢慢移植进中国的土壤，陪伴着小米从C（云计算）到B（大数据）到A（人工智能）的技术路线升级。

在这个路线中，深度、全面地拥抱开源。他带着小米工程师们做了很多打通数据孤岛、制定开源战略的事情，并鼓励工程师努力回馈开源社区，也让开源成了小米工程文化的一个重要组成部分。

2017年，在“小爱同学”庆功会上，崔宝秋难掩激动：“我们团队的研发力量今非昔比。”他提出所有小米人工智能与云平台的工程师，甚至集团的一些研发力量，都要来呵护小爱同学、支持小爱同学团队。

“开源的真正精神应该是利他主义和长期主义，过去这在中国的土壤是有些欠缺的，然而开源这个模式，让我们的云计算、大数据、AI技术，通过开源这个连通器，平衡了和美国之间的差距。”崔宝秋迫切地想让社会各阶层的人和各种企业都能真正吃透开源，让开源成为中国提升国力的东西。

主导开源战略，引入NuttX，赢得Daniel Povey

“坚持开源，让小米的开源之路越走越宽。”

2019年10月12日，北京，崔宝秋正与实时操作系统NuttX的创造者Gregory Nutt探讨着NuttX和小米生态深度融合的方式与空间（见图5），近两个小时后，积极声音传出，

图5 2019年，Gregory Nutt（居中）拜访小米，与崔宝秋一起进行了深入的交流

双方达成共识，从此，开启了Xiaomi Vela的诞生之路。

崔宝秋认为，在小米的生态版图中，越来越需要加大投入构建开源的物联网操作系统，而拥有一个成熟的实时操作系统是实现这个目标的关键。NuttX系统功能丰富、性能稳定、商业成熟度高，其主要管理标准又遵循POSIX和ANSI标准，所以NuttX是小米的不二之选。

他把NuttX系统与小米现有的硬件生态基础结合，未来所创造出广阔的AIoT生态讲给Gregory Nutt，同时小米也会秉承纯粹的开源理念，努力推动NuttX进入Apache基金会。坦诚交流之后，双方一拍即合，小米的第一个物联网软件平台开始萌芽。

无独有偶，重要事件总是接连到来。

2019年10月，前约翰·霍普金斯大学教授、语音识别开源工具Kaldi之父Daniel Povey，在个人推特上宣布，他年底将来中国工作，这是一个重要消息。

几个月前，Daniel在霍普金斯大学因被动介入学生抗议活动，被校方解雇。随后，他的动向就一直受到学界和业界关注。

中国的顶尖高校和互联网头部公司蜂拥而上，希望把Daniel招致麾下，以小爱同学作为AIoT战略核心的小米也在积极争取中。

崔宝秋要求人力资源团队和语音团队：“竭尽全力把Daniel吸引过来”，至少也要让他成为小米的技术顾问。

崔宝秋亲自统筹了负责接洽的人力资源团队，并直接与Daniel的中国猎头Joy沟通，希望通过Joy传达小米的能力与诚意。“和中国公司一起打造健康的社区，走向世界。”这是崔宝秋一直向Daniel重点表达的开源愿景。

崔宝秋和Daniel之前有过简单的邮件沟通，在收到小米的基础信息并感受到其诚意后，Daniel便主动提出希望通过电话更深入地讨论。8月下旬，崔宝秋第一次拨通了西雅图的电话。

在这通午夜电话里，崔宝秋向Daniel介绍了小米，更主要的是自己从2012年加入小米后就一直力推的开源战略，听到Daniel下月将在中国停留两个星期的计划后，崔宝秋马上向其发出参观小米公司的邀请。

来京第二天，Daniel突然更改行程，要先来西二旗小米新园区看看，小米集团技术委员会给予了最高规格的接待：崔宝秋和技术委员会成员依次向Daniel介绍了小米的“手机+AIoT”双引擎战略和生态、公司的开源工程、AI实验室、以小爱同学为中心的语音技术。

Daniel还参观了小米的办公环境，了解了小米工程师们的编程环境、GPU使用率的高低等。他的到访给了崔宝秋更多信心。不过，随后几天，Daniel又在上海、深圳陆续拜访了多个高校和互联网企业，这又给志在必得的崔宝秋增加了些不确定性。

Joy告诉崔宝秋，Daniel对高校工作更感兴趣，崔宝秋听后有些灰心，但仍尽力争取机会，他立即通过Joy给Daniel发去自己过去几年对外讲过的3份有关小米开源的英文PPT和3篇外媒报道，告诉Daniel，小米希望和他一起把中国的开源力量推向世界。

9月11日，崔宝秋觉得时机比较成熟了，就给Daniel直接打去了电话，意料之外的是，电话接通没几分钟，Daniel便告知，小米已是自己的首选（Top Choice）。

国内高校的做事程序相对烦琐，互联网公司对优秀工程师明显有着更强的吸引力，而这之中小米在开源上的努力和成绩又尤为突出，更重要的是，管理小米工程师团队又一直把开源作为战略核心的崔宝秋，对公司的开源策略和技术布局有直接决策权，可为Daniel提供更有力的工作支持。

Daniel想要崔宝秋保证Kaldi系统百分之百开源，崔宝秋说：“这个要求对我来说根本不是问题。”

接下来几天，Daniel在以色列、欧洲辗转时，小米向Daniel发出了Offer——Offer最后的修改仍由崔宝秋直接参与。

11月18日，Daniel正式加入小米（见图6）。

图6 崔宝秋成功地吸引到Daniel的加入，一起于小米大厦前合影留念

开源战略不仅是为小米赢得Daniel的重要砝码之一，也是崔宝秋加入小米之初力推的战略。“我们要感谢开源，认可开源。”他不断向外发出声音，并成为中国技术领域一位重要的开源推动者。

问答实录

刘韧：你一直在努力学习，这么多年，你的学习动力来自哪里？

崔宝秋： 来自对计算机编程的兴趣。我从来不觉得写程序辛苦，我和雷总读本科时在机房待三天两夜的时候都有，那时机房的时间很宝贵，我们饿了就啃方便面，都不会觉得累。

作为一个理工男，让计算机做一件难度很大的事，它最终能按我设计的要求完美地干出来，就很有成就感，而且这东西很有价值，是我为大家创造的，还能不停地优化迭代，接近完美。

比如刘老师写文章时，每一稿修改都会有新的提高，本来要把它做到十分，做到七八分时还不能满足，得等它按我的要求干成了才行。十分以后把文档再优化一下，代码再做漂亮些，再加些注释，加些测试。哪天又发现这东西不过瘾，整个架构再重新设计一下，性能再提升一下，算法再优化一下，当你今天一个版本，明天一个版本的时候，它会越来越精彩，这种成就感只有工程师享受得到。

刘韧：谷歌把三篇文章开放给大家的目的是什么？

崔宝秋： 在雅虎我领悟了一个道理——一个技术公司不该或者不需要单纯地用领先别人一年、半年的技术来占据领先优势、赢得市场，而更多要靠自己的商业模式、产品和服务。

技术领先只是一个比较低段位的竞争，你降龙十八掌，别人是十六掌，你比别人多两掌，这有那么重要吗？我认为谷歌当年的搜索已经占领了市场，它把这些技术分享出来，已经对它没有任何损伤了。

这样做的好处在于能推动行业的技术进步。我不知道谷歌会不会这么想，我认为开源是人类技术进步的最佳平台与模式。开源是无国界的，很多技术分享出来是对的，要不然大家都不会去写科研论文了，我们做博士生有时为了零点几秒的提升、百分之几的进步都在努力地往前啃。

我当年做了很多这样的工作，这都是一种无私的技术分享。当年我把这三篇文章看得非常重，我在很多演讲里都会介绍它们。

我认为谷歌最大的一个技术贡献，就是通过这三篇文章奠定了新时代的云计算、大数据和AI技术的一些基础。

刘韧：一个开源项目开发和以前封闭式的开发相比，差别在哪里？

崔宝秋： 开源出来以后会有很多人用，很多人给你提反馈，如果项目很成熟的话，会有很多参与者一起来做贡献。在LinkedIn我们开源的SenseiDB其实贡献者不多，而Kafka项目的外部贡献者比较多，但我们也有一些外面的用户，包括我来小米之前，有的小米工程师已经在用SenseiDB了。人人为我、我为人人，就是这样的。

刘韧：每个人对开源的认识都不一样，你觉得国内造成目前这个尴尬局面的原因是什么？

崔宝秋： 过去的拿来主义只是想用，对开源的认识是完全错误的。有一种认识是模糊的，还有一种认识是片面的，真正懂得开源理念，又愿意做，且又能科学地推动这件事的人太少了，这是非常可惜的地方。如果不能真正理解开源理念，就很难回归到开源的本质，也难以真正掌握它，或者你愿意用什么心态来做这件事。就算懂了以后，又不知道怎么正确地做这个东西，也会栽大跟头。

所以我觉得问题太大了，需要一些洗脑式的教育，尤其在国内，有些人太浮躁，有点急功近利。开源是主张利他主义和长期主义，这在今天我国的土壤中还比较欠缺，我们首先应该感谢开源和互联网，因为有了互联网媒介、开源的模式，才让我国互联网的相关技术，尤其是云计算、大数据、AI技术等得以提升，实现中美之间的平衡。

近30年前，当我出国以后看到那些落差，在今天正是开源才让它平衡了。我们有些东西在产品和应用层面是很有创新性的，微信、支付宝做得很好，但你要感谢开源带来的一些技术提升，要认可这一点。

今天很多人对开源的理解还停留在比较浅的层面，因为无法看透一些本质，我总结了5点：开放、共享、平等、协作、创新。一些人没有完全吃透，做开源有时会急功近利，片面地追逐名利，你做得好，我也做，有些是盲目在做。

很多人想做开源，但不知道为什么要做，不是所有软件都需要开源的。开源是要大家共建，协同创新、协作创新，一起打造东西，是普惠大众的、利他的。大家不应该封闭，不能总想着控制，想着本集团、本公司的利益。生态的把控，有的利用开源卖自己的服务、硬件设备，这些局部看应该还做得不错，但长期看实际上它是封闭的，是有私利的，过度强调私利，这个开源就做不大，没人去跟你合作。有些项目我一眼看上去就知道它做不大，因为发起者根本没做到那种利他，那种长期投入。

开源英雄 专栏

贾扬清开源AI框架Caffe

文 | 李欣欣　刘韧　周扬

在开源与人工智能的灿烂星河里，贾扬清的名字都格外地耀眼。因为导师Trevor Darrell教授（计算机科学家、伯克利教授）的一句“你是想多花时间写一篇大家估计不是很在意的毕业论文，还是写一个将来大家都会用的框架？”，学生贾扬清一头扎进了创Caffe的世界。Caffe成了贾扬清的代表作，而贾扬清的开源与AI征途还将走得更远。

受访嘉宾：

贾扬清

前阿里巴巴集团副总裁，拥有加州大学伯克利分校计算机科学博士学位、清华大学硕士和学士学位。曾领导的Caffe项目获得过国际计算机视觉基金会的Mark Everingham奖，是TensorFlow的作者之一，PyTorch 1.0的合作领导者和ONNX的创始人。

采访嘉宾：

刘韧

云算科技董事长、《知识英雄》作者、DoNews创始人。1998年共同发起中国第一个互联网启蒙组织数字论坛；1999年发布中国第一个博客系统DoNews；2001年获北京大学中国经济研究中心财经奖学金。曾在《中国计算机报》《计算机世界》《知识经济》和人人网等媒体或互联网公司任记者、总编辑和副总裁等职。出版《中国.com》《知识英雄》《企业方法》《网络媒体教程》等十余本专著。

2013年6月，伯克利大学。28岁的贾扬清（见图1）正在写Decaf（Caffe的前身）。3个月后，贾扬清博士毕业，此刻，他在和伯克利心理学系的Thomas Griffith教授合作，研究一个心理学课题——人类在个人成长过程中是如何形成“类别”概念的。研究中，贾扬清用一个概率框架来表达人的行为，但从图像中提取到的人的行为特征较弱，很难推导出完整的结论。

一天，贾扬清看到，一篇获得2012年ILSVRC比赛第一名的论文“*Advances in neural information processing systems*”，提到深度学习AlexNet模型，用Convolutional Neural Network（卷积神经网络，CNN）技术，击败了其他非神经网络的算法，只用两块GPU即可替代此前Google 1万个CPU方案。一台机器顶一万台机器，且错误率从25%降到15%。这篇论文，一石击水，震惊行业。要知道，此前神经网络一直不被业内人看好。

贾扬清受到启发，思考着将论文里的CNN提取特征技术运用到他手头的心理学项目研究上。于是，贾扬清找到Alex Krizhevsky（AlexNet模型的作者之一），问他是否可以分享AlexNet的源代码？Alex这样回复：抱歉，我开了公司，正在创业，因知识产权问题，无法直接给代码，但你在研究过程中遇到问题时，可随时问我。

图1 伯克利时期的贾扬清

恰在此时，贾扬清得到NVIDIA的学术捐赠计划，收到了一块K20的GPU（见图2），对学生来说，“GPU是很贵的！”于是，正在写毕业论文的贾扬清，动手攒了一台机器，利用空闲时间，复现AlexNet框架，用以提取图像中的特征。

图2 最早做框架的GPU

此时的贾扬清每日搭乘地铁，去Google公司实习。坐在地铁座位上，贾扬清打开计算机，摊在双腿上，见缝插针地继续写框架。作为GPU的初学者，万事开头难，但贾扬清沉迷其中，“写代码可能和玩游戏上瘾差不多。”“我花在编程上的时间从20%、40%、80%……逐渐递增。”在Google，贾扬清每天都要喝数杯咖啡，“这样不好”，贾扬清把正写着的框架命名为Decaf，是想警醒自己，戒咖啡。

此时，贾扬清的任务清单里有：博士毕业论文；心理学研究课题；找工作；复现AlexNet框架。比起前三项任务，贾扬清把更多的时间花在了最后一项，写论文的时间被严重挤压。他找导师Trevor Darrell寻求建议，导师只问了一个问题：“你是想多花时间写一篇大家估计不是很在意的毕业论文，还是写一个将来大家都会用的框架？”

导师的话鼓舞了贾扬清，他把论文搁在了一边，一头扎进Decaf。“导师总能教会我，分清主次。”

贾扬清写好了脚手架，小规模“跑起来”后，他把Decaf放到了伯克利的小组里，让同学们试用，大家都觉得“还挺好用的”。Evan Shelhamer、Jonathan Long、Jeff Donahue、Sergio Guadarrama和贾扬清一拍即合，决定组成一个“核心小团伙”，在日常科研和工程工作以外，一起开发Decaf。很快，“小团伙”复现出AlexNet模型。

Decaf需要基于cuda-convnet来训练，但是通过Decaf验证，深度学习特征能够利用学习范例进行深入实验，大家觉得，干脆二次开发，做成一个完整的深度学习框架，让它成为通用又干净的AI框架工具。

因为GPU飞快的速度，贾扬清忖思着把Decaf改为Caffe，伯克利小组的同学们更喜欢Caffe的叫法。于是，Decaf更名为Caffe。两个月后，Caffe写完了。贾扬清特意跟导师申请了一笔费用，买来一台冰滴式咖啡机，放在研究室。此后，Evan Shelhamer经常给大家做咖啡喝，这导致本想戒掉咖啡的贾扬清“最终也没能戒掉咖啡”，大家索性把对外接洽咨询工作的邮箱也改为了caffe-coldpress。

在当时，贾扬清面临一个难题：该用哪种方式公布Caffe？是像Alex Krizhevsky一样成立创业公司，商业化运作？还是作为程序库，纯粹支持科研？还是开源？贾扬清举棋不定，而其他Caffe开发者的意见也各有倾向，莫衷一是。

贾扬清有心开源Caffe。他想到过去几个月，若是有一个公开的深度学习框架，能获取代码和算法的细节，自己就不必再浪费精力复现。而且，“当学生时，我内心深处就有‘做出一个东西，放到开源上’的愿望”，“我在伯克利所用到的代码，绝大多数都是开源的”“只有把市场做大，大家才可能都有蛋糕吃”“开源，并不会抹灭个人的技术能力”“反正，买咖啡喝，我还是买得起的！夫复何求呢。”

该如何让大家同意呢？“这可比写Caffe难多了”。贾扬清决定，挨个找核心开发的同学们谈。有的同学好谈，有的则难辩，贾扬清急了，脱口说出气话“这是我写的框架，所以我应该有决定权！”的时候也有，前后谈了7天，最后，所幸同学们都同意Caffe开源。

2013年12月，Caffe放到GitHub上，正式开源。得知消息的Alex Krizhevsky也很开心。贾扬清的导师建议把伯克利大学写在Caffe的说明上，贾扬清也很乐意，“Caffe

以伯克利大学的名义开源，大家很骄傲，觉得为母校争光了。”

在Google实习时，贾扬清拿到了Google的正式Offer，只等毕业后入职。不再想找工作的贾扬清完全放飞，索性毕业论文也不写了，最初研究的心理学课题也不了了之。

Caffe开始吸引用户和开发人员，借由Caffe光环，贾扬清结识了许多业内人士。两个月后，贾扬清意外收到英伟达公司的邮件，英伟达提出，将为伯克利研究所提供计算的资源，派工程师和贾扬清他们一起做框架优化，提升Caffe的应用稳定性。贾扬清同意合作，他看中英伟达在系统侧的优势。接下来的一年，汲取各方力量的Caffe，走在加速发展的路上。

Google工作之余，贾扬清继续和伯克利的同事们一起维护Caffe。贾扬清开始重新设计Caffe的一些结构，使它更模块化，更能适配各种环境进行部署。有开源社区经验的Evan Shelhamer主导和各方进行合作；Jeff Donahue帮助Pinterest建立了一个深度学习系统；Jonathan Long给Caffe提供了包括Python接口在内的诸多新特性……在社区建设上，由GitHub和caffe-users邮件组一起组成了松散、自由的组织，依靠Caffe的使用者们自发管理。

做Caffe，贾扬清经历了从0到1的完整项目经验积累，“Caffe应该算是我的第一个C++项目。”整体上“对我的锻炼很大，从组团开发到如何推广、获取反馈、改进流程，我亲历了每个环节。”离开伯克利的第二年5月，贾扬清才终于完成了博士毕业论文。

小镇青年上清华

1984年，贾扬清出生在绍兴上虞市。父母都是中学语文老师。1岁时，贾扬清最爱听故事，妈妈常拿着图画书给他讲故事。3岁时，贾扬清已识两三百个字，常常捧着一本书，读得入迷。5岁，父母带他去新华书店，贾扬清挑了《安徒生童话》，妈妈惊讶地问：书里的字，你能看懂吗？贾扬清点了点头。

贾扬清一家人住在校园，安宁平静，生活规律。6点，父母起床，去守早自习，贾扬清也跟着起来了。小学六年级，贾扬清从父母所在的学校插班到上虞区中心学校，新环境，贾扬清感到好奇之余也有点自卑感，他更加努力学习，想通过成绩来证明自己。中考，贾扬清以上虞区第三名的成绩考进春晖中学。

初二，流行学计算机，尽管学校有机房，贾扬清父母还是花7,000多元给他买了台奔腾Ⅱ。贾扬清凭感觉在机器上捣鼓，试装各种软件、玩扫雷游戏……有一次，贾扬清去同学家玩，看到同学用鼠标在计算机屏幕上的图形界面上点来点去，并向他演示自己在学编程，贾扬清觉得好玩。回家后，他摸索着用BASIC写出一个小程序——在方框里输入一个年份数字，屏幕上显示出年份所对应的生肖。

计算机让贾扬清觉得“可以创造出一个新东西。”“很开心。”但贾扬清听父母话，为高考的目标，仍把精力放在学习上。初中，语文老师教同学们写文学评论，贾扬清把《论〈西厢记〉里诗歌的描写和艺术》当选题，老师很诧异，跟贾扬清的妈妈说：让孩子看《西厢记》是否太早了？妈妈则说“看吧，没关系。”父母教语文，贾扬清家里文学类书多，他常随意从父母的书架上抽出一本书，翻看。拿下一本钱钟书的《谈艺录》，翻了翻，当然“看不懂，又放了回去。”贾扬清看《西方文学史》《荷马史诗》，感觉“外面的世界和我生活的小城是不一样的。”贾扬清看《十四行诗》发现，西方的诗歌讲究韵脚，类似中国古代诗歌平仄。“居然可以相互印证，很有意思……”贾扬清一直对文学感兴趣，但他选了理科。“比起文科，理科可以靠自己的努力，走得更远一点。”又或许，受当时人人都说“学好数理化，走遍天下都不怕”的大环境影响。

高中，贾扬清拿到了全国物理和化学竞赛两个一等奖，英语也获得了综合能力二等奖。数学不突出，父母给他买了“洪恩在线”光盘，大量刷题。“不会做的题，也会买一整本练习题来做，直到熟悉运用为止。”贾扬清数学成绩也逐渐爆发，获得了全国数学联赛二等奖。

2002年，高考，物理试卷的最后一题，贾扬清失误了，痛失27分！结果，考了686分。贾扬清心之所向是清华大学计算机系，在跟清华大学招生办老师讨论后，稳妥起见，第一志愿上，填写了“清华大学自动化系”。当贾扬清打开通知书，看到封面写着“清华是你一生的骄傲”这句话时，很开心。

开启人工智能研究

清华图书馆早上8点开门，7点多，贾扬清已和几位要好的同学站在门前排队等待自习。班里27个同学，贾扬清成绩很快又排到了前几名。本科四年，除了学习，贾扬清的生活还是学习。课余，贾扬清把微积分当作研究课题，做《吉米多维奇数学分析习题集》。

清华信息学院由自动化系、计算机系和电子系组成，三个系所学基础科目相同，计算机系偏理论和软件。“自动化系本质上就干两件事——烧锅炉和开电梯。烧锅炉，要让温度迅速升高，到达一定高温后，要让温度维持稳定，这就是控制理论要解决的问题。开电梯也同理。”

大三，贾扬清选修了张长水教授的《模式识别和智能系统》课，这让他意识到，人工智能最让他着迷的是——从固有经验里突破出去，为可能性去探路。“这就有事儿可以干了！”而且“人工智能的算法，我们只能说以多少正确率、大概去做某些东西的识别，很多问题既无知也无解。”贾扬清对“机器学习”产生了浓厚的兴趣。“让机器自动帮人做事，把人从低级、重复的劳动中解放出来，是一件有趣、有意义的事。”论文阅读课，贾扬清找到《科学》杂志（*Science*），朗读了Geoffrey Hinton的《基于神经网络的数据降维》（*Reducing the Dimensionality of Data with Neural Networks*）文章。课后，贾扬清找“神经网络”相关的资料，自学，他去了解“玻尔兹曼机”等概念……尽管当时，在人工智能领域，“神经网络”处在低潮期。

毕业前夕，贾扬清凭兴趣做了一个课程设计——在交通拥挤的情况下识别单辆汽车。若能识别出有多少辆单辆汽车，便能判定当前路段的拥堵情况。贾扬清和同学们站在四环路上的每一个天桥上，用相机拍了许多经过桥下车辆的照片，手工在照片上做标识。“当时还没深度学习，我用了计算机视觉的经典方法，看识别车辆能到什么程度。”“我觉得这个问题好玩，有挑战，就去探索，也不是上来就能解决掉，若是已经有一个正确方法，就没意思了。”

2006年7月，“好学生”贾扬清本科毕业，免试升入本校读硕士研究生。贾扬清跟随张长水教授，攻读模式识别和智能系统专业，正式走上人工智能研究之路。

一人独讲5篇国际论文

2008年7月，芝加哥，计算机国际学术会议。天气炎热，穿短袖的贾扬清被会议厅巨冷的空调吹得瑟瑟发抖。贾扬清心里也忐忑不安，他要反复上台，用英文讲5篇国际论文，其中4篇都是他陌生的领域，而台下都是来自世界各地的专业人士。

实验室5位同学论文入围，但只有贾扬清拿到了美国签证。无奈之下，贾扬清只好“依葫芦画瓢”代讲。导师鼓励他：“你放心，讲得烂，别人都不会记得，你没那么重要。放心讲就行了。”“搞砸了，人家记不住你；搞好了，人家会说，这个人还不错哦！”学术会议上，欧美同行乐于主动展示自己的风气，对贾扬清冲击很大。国内实验室，大家普遍闷头做自己的科研，欧美人则非常希望自己的科研让更多人看见，他们主动找人攀谈，在讲台旁边支起易拉宝，努力宣传自己的项目。他们讲起自己正做的事，便眉飞色舞，眼里放光，浑身洋溢着自豪感。贾扬清被深深感染。“我学会了跟别人沟通自己做科研背后的想法。当时，我们普遍欠缺这种能力。”

2009年夏天，25岁的贾扬清从清华大学研究生毕业，一口气申请了十几所国外大学的博士生，其中加州大学伯克利分校计算机系提供全奖。那时，人工智能的研究处于摸索场景应用的初级阶段，语音识别、机器翻译、物体识别……就业方向局限在算法领域，从事数据科学、数据挖掘等工作，还未单独成为招聘门类。

Google实习

伯克利研讨会上，一位大厂同行主动找到贾扬清说："我们很喜欢Caffe。代码里居然有单元测试！很多时候，搞科研的人写出来的代码真是没法看啊，但你们写的还不错！"这得益于贾扬清在Google实习，学写代码时养成了好习惯。

每年的5月下旬到8月，伯克利放暑假，学生们为培养工业实践经验，多数都会去大厂实习。2011年夏天，贾扬清在NEC实验室实习，第一次接触到稀疏编码（Sparse Coding），他做了一个自动学习每个特征的感知域算法，在CIFAR数据集上获得了当时最好的准确率。

博士二年级暑假，Google邀请贾扬清到公司面试，随即便留下实习。Google的实习分产品工程和研究院两个方向，贾扬清在研究院，导师是华人韩玫（现任平安科技硅谷研究院院长）。贾扬清做图像识别和视觉图像上视频理解的研究，和图像搜索的团队一起，做精准识别模型，致力提升识别的正确率。后来，他所参与的工作被集成到Google Photos的个人相册里。

置身Google，贾扬清感受到几万名工程师分布式协同工作的极致高效。Google的工程实践流程体系健全，写代码的过程用规范固定下来：要求写程序时，要把单元测试方式写到旁边，方便他人修改后测试；要求用标准的格式写文档。短时间内，贾扬清写代码的能力迅速提升。"这一方面得益于我从众多开源软件中学习；另一方面，我觉得好奇心是衡量学习的普世标准。看到好的代码，自己动手试一试，多写几次，不断改进。""每个人都有好奇心，就像儿童敢吃任何东西是因为儿童没有吃的经验，尝试吃新东西的边际收益大，世界真美味的欢乐大于偶尔吃到泥巴的苦。""上了年纪，可借鉴的经验数据越来越多，就需要用哲学代替经济学，用信仰强行将自己置于探索行动中，而非总是科学理性地在经验中深度学习、选优。"

在Google实习，贾扬清"一边学东西，一边改善生活"。Google食堂饭菜丰盛，有款名为"十磅"的甜点小蛋糕，寓意在Google待上一年，体重会涨10斤！贾扬清用Google的实习工资换了一辆新车，在Google养成的良好工作习惯留痕在Caffe的代码里。

2013年，贾扬清从加州大学伯克利分校毕业，获计算机博士学位。

从TensorFlow到PyTorch

贾扬清到西班牙开会，患重感冒，深夜去药店买药，不懂西班牙语，打开Google翻译的照相机翻译，顺着货架一排排扫描过去，居然找到了布洛芬。

紧急情况下，用自己开发的功能，解决了问题，"感觉很奇妙"。Google收购而来的OCR算法本来较简单，无法识别复杂的字体和文字，在云上识别速度慢，贾扬清和作者一起，第一次将深度学习OCR模型做到了手机上。

2013年，贾扬清入职Google Brain（2023年4月，Google Brain与DeepMind合并为Google DeepMind），两年后，贾扬清成为TensorFlow的创始团队一员。"TensorFlow第一代框架的作者大多还在Google，二代框架做得深入又完备。被Google的产品广泛采用。"TensorFlow被Google公司开源，一度成为GitHub上Star数超高的项目。"我先从AI的科研开始，和科学家们有共同语言。做工程，工程师们觉得我写代码不错。""我能够让两边沟通协作。"

2016年，贾扬清加入Facebook公司（现Meta）。Facebook需要搭建一个支持广告、Feed、搜索推荐、图像识别、自然语言处理、混合现实等所有产品的AI底座平台。贾扬清的4人团队，小而高效。在Caffe的基础上，开发Caffe2。Caffe2发布时，"增强现实和虚拟现实"突然流行，Caffe2仅用了2个月的时间就嵌入了手机端。扎克伯格非常开心，亲自发了条动态，官宣了艺术家风格转换功能（见图3）。这是深度学习网络首次在超过10亿台手机上实现应用。

就在贾扬清做Caffe2的同时，纽约的Facebook人工智能研究院主导的PyTorch获得成功。2018年，在贾扬清的

图3 扎克伯格亲自官宣艺术家风格转换的功能

主导下，Caffe2的后端、PyTorch的前端、ONNX的标准合成一个完整的框架，命名为PyTorch1.0。“如果说TensorFlow像一个庞大又复杂的联合收割机，PyTorch则更像是一辆灵活又便捷的单车。”

问答实录

刘韧：机器翻译靠什么突破?

贾扬清： 以往，机器翻译依赖建立语法规则实现，但两种语言间的句法差异巨大，很难用手写的方式穷尽定义语法规则。现在，用神经网络，再借助互联网收集数据，训练神经网络，逐步优化、提升其精准度。

刘韧：规则方式和神经网络方式，不同在哪儿?

贾扬清： 程序员写规则会陷入无尽的规则中，进入规则沼泽，例外之外还有例外，是一个无穷尽的问题。用神经网络，用模糊的方式模糊地解决问题，再通过数据训练逐步提高预测准确率。

刘韧：深度学习和强化深度学习有什么不同?

贾扬清： 强化深度学习意思是，如何把将来获得的收益或惩罚回归到现在。

刘韧：人工智能会在哪个方向上和人争工作?

贾扬清： 简单重复的人类劳动被替换是好事，人解放出来的时间，可以想更多的可能性。达·芬奇有一幅非常著名的画叫《岩间圣母》（*Virgin of the Rocks*），圣母的主体是达·芬奇画的，背景的花草石头是达·芬奇的助手画的，达·芬奇也需要助手。今天很多画家，他画主体，再找助手把背景填上去。他也可以让AI来填背景。就像达·芬奇的助手一样，AI能提升画家的效率。

刘韧：中美的技术差距体现在哪方面?

贾扬清： 好奇心。我们最优秀的人才在追求执行力，解决具体问题。欧美人更喜欢搞新东西。不得不承认，美国人已经解决温饱很长时间，因此他们玩得更多，玩得多，总能玩出一些新东西。我们在很多方面要追，这事急不来。

CSDN创始人蒋涛：现在就是成为“新程序员”的黄金时刻！

文 | 蒋涛

随着 GPT-4 的问世，“AI 时代”逐渐从闲暇时间的谈资变成我们身边正在发生的事实，一道疑云开始在许多人的心中萌芽：程序员的工作会被取代吗？面对这些问题，马斯克、图灵奖得主等数千 AI 专家选择了紧急呼吁暂停训练比 GPT-4 更强大的系统，CSDN创始人兼董事长、极客帮创投创始合伙人蒋涛，也以他的角度进行了解读。

世界上有很多人已经用过ChatGPT，其中包括很多“老程序员”，而今天我想讲的是：什么是“新程序员”？

我自己就是一名老程序员。我从1991年开始写代码，一直写到现在，期间开发了一些软件。1999年互联网出现后，我们出品《程序员》杂志（现《新程序员》），成立CSDN网站，创办了出版公司博文视点和培训机构传智播客，这一切都是在为程序员服务。

移动互联网时代到来时，我也曾感到焦虑，不知道该如何服务社区。后来，我选择投身到投资行业，投资了许多公司。在2017年重新加入CSDN之前，我一直在进行投资，直至我意识到人工智能的崛起为程序员发挥了更大的作用、提供了机会，于是回来重新整顿CSDN。

当时我注册了一个域名，叫AI100，寓意“AI会改变百行百业”。我还写了三个句子：人人都是开发者、家家都是技术公司、中国需要建立自己的技术生态。

现在看来，这三句话要成真了。CSDN现今的注册账号是8,700万，注册用户在排重以后是4,200万，去年新增了600万用户。这新增的600万用户里，有60%都是大学生和高中生，高校计算机专业学生覆盖度为90%，非常的年轻化。

今年是兔年，在12年前，2011的兔年我们也迎来过一次“移动时代的大变局”。当时中国移动市场有9.5亿手机用户，其中1亿是3G用户。现在又一个兔年到来了，GPT的问世让全世界都“惊天动地”，比尔·盖茨最新的文章都被刷屏了，“AI的时代已经开启了”。

ChatGPT 发展的速度史无前例

今年3月，科技巨头公司推出了很多新产品，全都是大模型和应用。其中大部分是微软发布的，此外Midjourney和Adobe在3月份也发布了新产品。

连科技巨头都行动得如此快速，这是闻所未闻的。而且，OpenAI的这次投资可能是有史以来最成功的投资。我们进行了一些流量统计，统计数据截至2月23日：微软Bing的流量没什么变化，在最近可能略有上涨；然而，原先流量极少的OpenAI从12月底开始，流量飙升，在那时，它的流量就已经超过了Stack Overflow。所以，微软在Bing上花的钱可能已经被OpenAI颠覆了。当然，Stack Overflow的流量其实也没有骤降，如程序员社区传闻的那样的“突然死亡”，事实上它是在缓慢下降。

GPT的能力本身进化非常快。ChatGPT最初发布的时候，正好美国在开NeurIPS大会（Neural Information

Processing Systems，神经信息处理系统），全球大概有4万个机器学习和神经网络的博士参与，这些专家在看完GPT的发布后都惊呆了。

然后，2月份微软Bing就集成了GPT，紧接着3月15日GPT-4立马就发布了，这时候人们还在琢磨这个技术，结果还没琢磨完，22日插件市场就推出了。我的知识储备也在随着行业动荡不断更新。

我以前讲过“技术社区的三倍速定律”（见图1），就是说每当某个技术报告出来的时候，就会有人来忽悠大家：又有新技术了！但是，这种技术真正进入这个领域了吗？主流市场或者是开发者，真的在使用它来做应用了吗？在技术社区中，有没有真正讨论它呢？

“一个技术要进入到真正的生态应用里，首先是在学术界被大家认可，接着进入到工程界，最后才进入大众视野。因此技术社区的动向往往能反映出未来的技术趋势。”

关键词	2010	2011	2012	2013	2014	2015	2016	2017	2018	2019	2020	2021
人工智能	3732	5310	9118	15805	22395	26249	45240	88912	158854	219606	234618	226592
机器学习	1196	1909	3394	6973	10800	16552	31958	68173	131285	177504	194216	137708
图像识别	1173	1583	2563	3990	4948	5051	6487	10090	14834	18405	20163	13162
NLP	129	153	282	395	506	567	1015	2284	3874	6037	6243	5439
自动驾驶	53	69	135	216	388	600	1619	2891	6664	10255	16080	14698

月度博文总数	2022年11月	2022年12月	2023年1月	2023年2月	2023年3月
ChatGPT	2	1200	1816	6822	11004

数据：来自CSDN相关技术领域发博量，图中黄、绿、红标识为该技术领域呈三倍速发展的节点

图1 技术社区的三倍速定律

在2012年和2013年间，机器学习得到了很大的发展，这是因为ImageNet在深度学习领域技术推进；后来到了2016年，机器学习又因为AlphaGo出现了进展。从博客文章的数量上也能看出一些端倪，下面就是我们按年发表量统计的CSDN的博客文章，可以在人工智能、机器学习这些领域都看出这种趋势。

但是，我们改用月份来统计了ChatGPT相关的文章：去年11月有两篇文章，12月有1,200篇，而到2023年2月有了6,800篇文章，3月份到目前为止我们最新的统计是11,000篇文章。以前的博客数量是按年增长的，而ChatGPT是按月增长的，这个发展速度几乎要赶上币圈了。

GPT开启了AI编码的“软件2.0时代”

今天我的主题是“新开发者时代”，我之前重启《程序员》时，写过“新程序员时代”。行业内原先有很多单模型的研究员，像微软公司本身就是最早投身AI的公司之一，但是，微软最近解雇了一批做OCR的研究员，他们是世界上顶尖的OCR研究人员之一。

然而，GPT通过迭代取得了巨大的进步，这个进步让大家感到惊讶，因为通用模型出现了。通用模型可以直接理解文字和图片的含义，可以编写各种类型的文章，甚至可以编写代码。人类不再需要单一的OCR模型，而是全部采用通用模型。因此，第一批失业的，就是做单独模型的研究员。

那么，ChatGPT为什么这么厉害？很多人都说AGI（通用人工智能）要来了，但其实比尔·盖茨自己也否定了这一点，这可能是因为他看到了一些后期产品的演示还存在着边界和缺陷。在我和百度的李彦宏交流时，也谈到了这个问题，他说其实真的是因为参数规模超过了1,000亿，导致了一个突破。

这个突破是什么呢？OpenAI的科学家解释说，数据背后有很多隐藏的知识。当模型的训练量不够，或者参数量不够时，会容易出现过度拟合的问题，进而出现很多错误。但当到达足够大规模和参数量时，它的预测就能接近于人类，并且拥有很强的理解和推理能力。当然，大模型仍有缺陷，这也是比尔·盖茨说AI还没到达通用人工智能级别的原因。图2所示为ChatGPT作为通用大模型实现的能力。

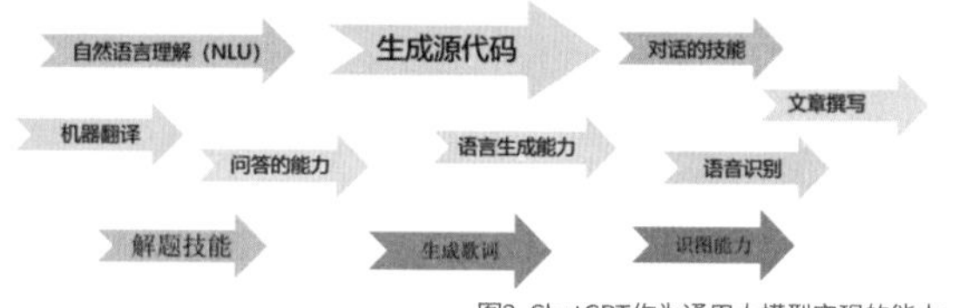

图2 ChatGPT作为通用大模型实现的能力

GPT-4的发布，让以人类编码为主导的软件1.0时代进入了以数据为驱动编码的软件2.0时代。GPT-4可以进行视觉概念理解，让模型结合字母的形状来画一个人——但我们试着让GPT-4用CSDN的形状去模拟一个人，最终没能折腾出来。此外，GPT-4还能与Stable Diffusion进行结合，用来生成草图。

GPT-4也能编写游戏，我曾经与今日头条的高管聊了一会儿，他告诉我，他使用AI写了一个跳一跳程序，最终只花费了一个小时。虽然这些案例都用了很多现成的东西，但足够证明GPT能很好地理解需求，并不断改进。

GitHub的行动也非常迅速，因为它已经在微软旗下了，所以早就整合了GPT进去。现在Copilot不只能编写代码，还能翻译、处理PR和写文档，提高程序员的生产力。这是很有价值的事情，因为程序员的人力非常宝贵。

目前，新版的GitHub Copilot X不仅可以识别开发者输入的代码内容，显示报错信息，还能对代码块的用途进行分析和解释，生成单元测试，给出debug建议。所以新程序员所需的能力，可能与过去不一样了。但是，GPT-4的编码能力，是否真的提高了呢？

所有的工具都会被“AI化”一遍

GPT-4的做题能力是很强的，但事实上它的编码能力并没有显著提高，相比最高的比值，它只有67分，主要也是因为它没有进行调优。我们也试着使用GPT-4在LeetCode上面刷题，最后发现GPT-4在容易的题目上得分非常高，高达72分，但在难题上的得分就没有那么高了（见图3）。

	Easy		Median		Hard		Overall	
pass@k	$k=1$	$k=5$	$k=1$	$k=5$	$k=1$	$k=5$	$k=1$	$k=5$
GPT-4	**68.2**	**86.4**	**40.0**	**60.0**	**10.7**	**14.3**	**38.0**	**53.0**
text-davinci-003	50.0	81.8	16.0	34.0	0.0	3.6	19.0	36.0
Codex (code-davinci-002)	27.3	50.0	12.0	22.0	3.6	3.6	13.0	23.0
Human (LeetCode users)	72.2		37.7		7.0		38.2	

图3 GPT-4的做题能力展现

为了解决CSDN上许多用户的问题和需求，我们对AI编程做了一个评测标准，并以无人驾驶为灵感分成了五个等级：C1、C2、C3、C4、C5（见图4）。

- C1级别的AI编程，就跟输入法一样，输入一行会自动补全提示；
- C2级别的AI编程，会在程序员输入完一行代码之后预测后面的代码；
- C3级别的AI编程，可以生成完整的函数代码，并且可以基于一段代码之后生成代码（ChatGPT就在这个级别）；
- C4级别的AI编程，能够生成一个完整的模块，完成不同编程语言的互译；
- C5级别的AI编程，将可以在无人帮助的情况下完成独立的一个任务。

ChatGPT达到了C3水准，它的测试结果是惊人的满分。GPT-4我们还没有测完。程序员日常的编码工作，已经从过去用开源来集成，到现在用AI进行组合，用GPT就能完成了。

但是，开发人员的工作不仅仅是写代码，其实现实的工作还覆盖了确认需求、建流程、做开发、进行架构模块设计、测试等软件开发周期中的多个流程中，而GPT在每一个流程中都可以辅助完成。当然，到上线运维的“最后一公里”，甚至“最后一毫米”工作还是需要人工操作、人工确认的。

所以，开发并不只是写代码这一个过程，实际的过程会复杂很多，最终这些工作可能就不是直接用GPT来取代，而是集成GPT在里面。总之，所有的工具都会因此被“AI化”一遍，律师已经拥有了成熟的工具DoNotPay，医生和设计师这些职业的AI工具最终肯定也会受到AI赋能。

AI应用生态已经形成雏形

前面提到，我是一个老程序员，从1991年开始学DOS，学C语言和Windows，需要学LAMP、学iOS，还要学云原生。而现在的人学什么呢？现在的人不需要再去学大模型技术，而是学Prompt，用语言去和机器对话。

C1
- 基于当前行代码 自动补全
- 代码检查
- 代码纠错

C2
- 基于当前行代码生成下一行代码
- 基于当前行代码 自动补全
- 代码检查
- 代码纠错
- 代码调试（bug定位）

C3
- 基于自然语言生成函数及注释
- 函数粒度自动化测试生成
- 主流编程语言互译
- 基于当前行代码生成下一行代码
- 基于当前行代码 自动补全
- 代码检查（自然语言提示问题）
- 代码纠错
- 代码调试（bug定位及正确修正建议）

C4
- 基于自然语言生成项目及注释
- 基于自然语言生成模块及注释
- 主流编程语言互译
- 函数、模块、项目粒度自动化测试生成
- 基于当前行代码生成下一行代码
- 基于当前行代码 自动补全
- 代码检查（基于上文人性化提示）
- 代码调试（提供bug修正建议）
- 代码自动纠错

C5
- 基于自然语言生成系统及注释
- 基于自然语言生成项目及注释
- 基于自然语言生成模块及注释
- 基于自然语言生成函数及注释
- 主流编程语言互译
- 函数、模块、项目粒度自动化测试生成
- 基于当前行代码生成下一行代码
- 基于当前行代码 自动补全
- 代码检查（自然语言精准提示问题）
- 代码调试（提供bug修正建议）
- 代码自动纠错

图4 AI自动化编程演进分级

自然语言代替了编程语言，大大降低了程序员的门槛。CSDN的口号叫成就一亿技术人，现在我认为可以给这一亿再加一个“0”了。未来操作系统的整个结构也与以前不同，ChatGPT已经学习了所有的资源库和代码库，使用智能计算资源进行调度，通过API、Plugin和Fine-tuning赋能给开发人员。因此，我们讨论的是应用程序和接口该如何发展。

Prompt编程其实是比较复杂的，因为ChatGPT与以前的操作系统有很大的不同。过去用Windows操作系统时，可能有上千个API，需要查找特定API参数的值。ChatGPT是一个包容所有知识库的工具，可以根据场景提出各种需求。

如果作为一个高级前端开发者，就应该提出更详细的要求，因为写得很短的Prompt是难以理解的。这就像开发者与产品经理之间的沟通一样，信息量越丰富，对方的理解就越深入。如今这种Prompt编程方法备受青睐，在GPT出现的早期就有家Jasper公司，将GPT用于写作，提高了文案生产能力，最终赚了8,000万美元。

之前我和李彦宏谈话，他对于Prompt的理解也是很深的，他认为“智能涌现”这个东西必须要靠提示词引出来，没有一个统一的API。如果写的提示词不一样，最终ChatGPT“涌现”出来的东西也不一样。

如今，每天都在出现新的AI应用，3月23日，OpenAI也发布了第一批插件。目前的AI应用都还是早期阶段的，如翻译一本书、读论文、分析亚马逊评论……但大家要知道，当年iPhone出来的时候有什么应用？滴滴是在iPhone问世三四年以后才出现的，所以如今表面上能看到的都是小实例，真正的大应用会在未来出现。

其实先前很多人都把ChatGPT当成Chatbox，当成个人助理，但实际上它是调动全球资源和计算资源的操作系统。ChatGPT插件出来之后，大家才恍然大悟，这些东西就是操作系统的“App”，实际应用阶段要开始了。ChatGPT的插件可以解决很多问题。例如，OpenAI官方浏览器插件解决了信息不实时的痛，还有官方的代码解释器、开源资料托管插件这些实用的插件。

美国最近流行一个非常“聪明”的智能计算引擎——Wolfram，它就可以算各种各样的问题。本来ChatGPT只有预测能力和逻辑能力，插件就给它提供了计算能力，用户在问GPT问题之后，GPT就可以调用它进行计算。尽管GPT本身是一个通用大模型，但它还可以通过插件的方式集成第三方能力，变得更加强大。

成为“新程序员”，为时不晚

那么，“老程序员”该怎么办呢？我认为，“早参与、早受益”。因为未来的每一个流程和方法都要被重新构建，所以在3月22日，我给CSDN全员写了一封信，信上建议所有人都要用GPT，希望大家把自己的工作流程都GPT化。但我们现在是否为时已晚呢？我会为大家讲解一下过去的历史。

移动互联网的“iPhone时刻”是2007年，那时候“安卓之父”安迪·鲁宾在开车时收到了一通电话，说乔布斯发布了一款革命性的产品。鲁宾停下车，在手机上看完了iPhone的发布会。但事实上，移动应用的一个巨大爆发点——微信，是2011年诞生的，TikTok的普及则更晚一些。也就是说，从iPhone推出到移动应用真正大量普及，历时四年（见图5）。

iPhone用了四年，AI应用是处于第一年还是第四年？其实现在已经是AI应用时代的第四年了，不是第一年。很多人都说2023年是“AGI元年”，但其实GPT是从第1代逐渐演变到4代的，到今年已经是第四年了。

2018年，初代GPT刚问世的时候，我的投资团队就跟我谈过，聊到大模型的前景。然后，李志飞（语音搜索应用“出门问问”的创始人）也跑到了鹏城实验室跟高文院士谈过这个问题，但那时候没有人能看懂GPT，还没有理解透彻。总之，如今的这个时间点，已经接近了各种丰富应用被开发的时刻。

再回顾一遍历史，会发现2007年的时候，连AppStore都还没出来，苹果公司是在iPhone发布了半年后才推出了应用商店。ChatGPT插件是过了两三个月推出来的，相比之下速度真的很快。

我曾经看到推特上有位小兄弟，在零编程基础技能的情况下十分钟就开发了一个浏览器插件。这证明“新程序员”不需要很多代码经验，也可以创造出东西。最近很多人都说要“学ChatGPT”，但聊天对话其实没什么好学的，真正要学的是以下几点：

- 学会表达，学会善用Prompt。
- 学好英文，前沿技术的英文资料更新速度更快。
- 发挥想象力，开始行动。你会发现全球的知识库和代码都在手中，创造任何东西只需发挥想象力。

InsCode：让写代码像写文章一样简单

那么，要如何释放一个人的想象力呢？这就要介绍我们

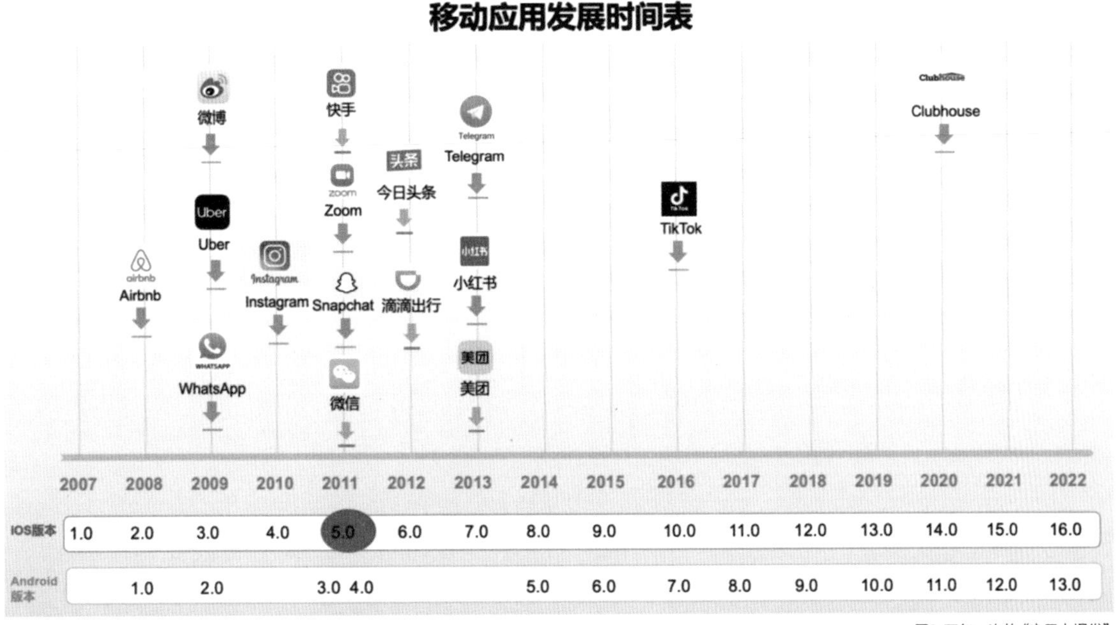

图5 四年一次的“应用大爆发”

发布的一个名叫InsCode的产品。它可以帮助程序员快速开发GPT的应用。

InsCode的研发初衷是因为我们收集了30天内在CSDN上的搜索热词，光是"安装"这个词就有很多人搜索。我自己在AlphaGo时代也有过这样的经历，当时我找了七篇相关的文章，花费很长时间才解决了安装Python环境的问题。不过现在有了InsCode，就不再需要麻烦地安装一些东西，它可以缩小每个人从想法到产品实现之间的距离，让写代码像写文章一样简单。

InsCode里面有非常多的模板（见图6），各种语言环境都不需要再自己去安装了，用户除了导入模板，也可以直接导入GitHub上的开源项目。有些模板是官方制作的，但用户也可以自己动手制作。未来，我们还可以为这些模板添加计费、打赏和奖励机制。无论是要制作应用程序、游戏还是小程序，这些模板都可以极大提高开发效率。

图6 InsCode页面展示

这就是InsCode要实现的目标——让大家像写文章一样简单地写代码。当然，写代码需要先理解自己的需求。现在InsCode已经进行了公测，每个人都可以尝试玩一玩，看看能否写出自己的第一个GPT应用。

那么，这个产品是如何做出来的呢？首先是运用了ChatGPT的能力。其次，yetone做了一个开源项目——OpenAI Translator，台湾开发者doggy8088将其做成了电子书的翻译版本。因为CSDN经常开会，所以CSDN战略合作总监闫辉想到了一个点子：我们能不能在开会时使用这个工具？于是工作团队花了几个小时的时间，完成了这个应用。

InsCode体验地址：https://inscode.csdn.net/

我认为这个新时代需要更多的资源注入，如今的程序员和以前不一样了，新程序员是新时代中最大的动力。将来只有两种人，一种人是用上AI的，一种人是没用上AI的，所以我认为"先用上、先受益"！

蒋涛

CSDN创始人兼董事长、极客帮创投创始合伙人。25年软件开发经验，曾领导开发了巨人手写电脑、金山词霸和超级解霸。1999年创办CSDN（China Software Developer Network），2011年创办极客帮创投，作为懂技术的投资人，先后投资了聚合数据、巨杉数据库、传智播客等100余家高科技创业公司。

机遇与挑战：大模型+AIGC引领人工智能的下一个十年

文 | 林咏华

在上一个AI十年，深度学习挺立潮头。而今，通用大模型为全球人工智能带来新的爆发点。国内大厂纷纷入局，强势应用积极酝酿。AI大模型将如何影响人工智能下一个十年的发展？AI领域正面临怎样一场前所未有的变革与挑战？本文作者智源人工智能研究院副院长林咏华将为大家一一揭晓。

2018年以来，超大规模预训练模型的出现推动了AI科研范式从面向特定应用场景、训练专有模型，转变为大模型+微调+模型服务的AI工业化开发模式。直至对话大模型ChatGPT引发全球广泛关注，人们终于欢呼AI 2.0时代来了。当我们立足由大模型推动的AIGC元年，AI正迎来新的一轮全球应用和研发热。

随着两波AI崛起浪潮接连在寒冬中袭来，人们终于看到了大模型+AIGC将人工智能从低谷带到下一个拐点的星火。在过去十年的尾声，以深度学习为基础的人工智能为何在产业落地方面变得缓慢？人工智能的下一个十年将是何图景？或许要从AI的开发范式变迁说起。

AI开发范式三重变

过去多年，每年虽有几万篇AI领域的论文产出，但其产业落地进展依然缓慢，究其原因主要有以下几点。

第一，AI研发的人力成本太高，且大量依赖算力研究者。人工智能是知识密集型产业，聘用算法研究人员和算法工程师的成本通常在5万~8万元/月，在AI产业中的企业，人力资源的支出非常高。

第二，训练数据的成本太高。在传统AI项目里，60%~80%的时间和成本花在了数据上。通常，在算法研发项目中，购买数据所需的成本大约占整个项目的60%，而80%的时间被数据准备相关的工作占据，如采集、清洗和标注等。因为在不同的场景下，数据标注的标准并不一致，因此即使是同样的数据标注任务，也需要针对新的场景标注新的数据集。

第三，AI训练需要的算力资源成本颇高。如果从零开始训练一个模型，计算资源的消耗将会非常高，一个大于100亿参数规模的模型，训练所需算力的成本会超过100万元。

而AI开发范式很大程度上决定了产业落地的成本。

那么，过去十年以及未来十年的开发范式发生了怎样的改变？（见图1）

第一阶段开发范式：从头开始训练模型和准备数据

过去，每个应用企业面对不同AI应用都需要从头开始训练领域模型，这就要求每个企业都有一批全栈算法工程师，海量训练百万级标注数据，使用价格高昂的算力从0到1训练一个模型。目前来看此路不通，因此十年前，预训练模型加微调开始在计算机视觉领域迅速发展。在2014年的NIPS、CVPR等顶尖学术会议上发布了此方向的多篇开创性文章。

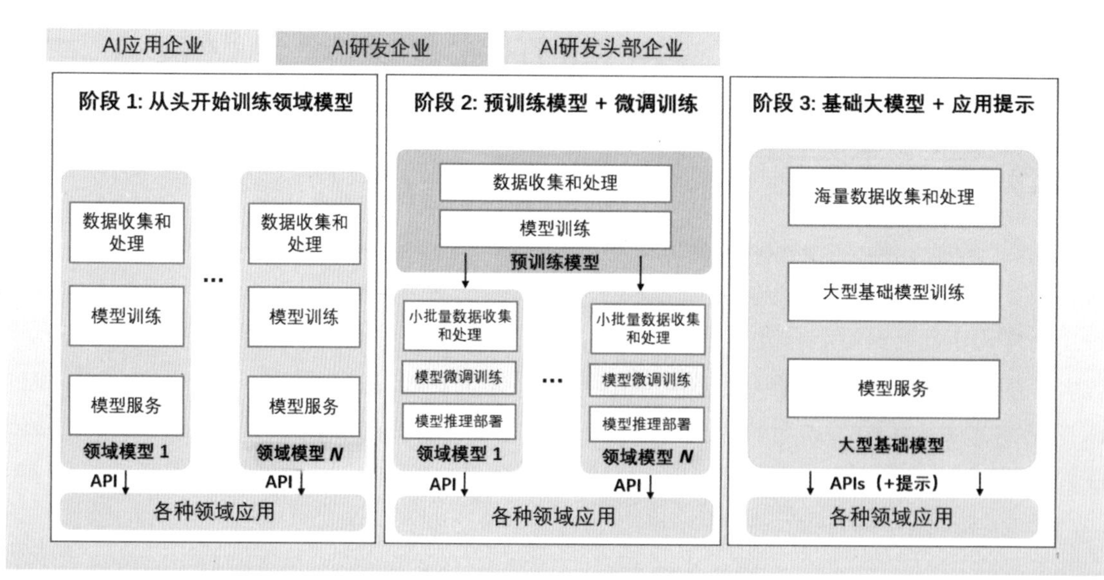

图1 AI开发范式演变

第二阶段开发范式：预训练模型+微调训练的迁移学习开发范式

在迁移学习的开发范式下，由有实力的AI团队通过海量的数据（如百万、千万级数据）进行基础模型训练，AI应用团队收集少量数据（如千万数量级的图片或文本），对预训练的基础模型进行微调训练。相比前一种范式，大量AI应用团队可以减少需要收集的训练数据，缩短训练的时间和所需的计算资源。因此，在过去10年，迁移学习被广泛应用在计算机视觉的AI开发中，后来也演进到语言模型的开发中。

但在这种范式下，使用的预训练模型规模不大，泛化性低。针对不同的小场景，往往需要微调训练不同的模型来适配。企业在同一个场景中需要维护多个小模型，无形增大了应用开发、维护和迭代的复杂度。此外，对众多应用企业而言，依然需要AI算法团队来实现微调训练和模型迭代，对AI应用落地形成不小的门槛。

第三阶段开发范式：基础大模型+指令提示（Prompt）

近年大模型的迅速发展带来了第三种AI开发范式。由实力强劲的AI头部企业将巨量数据（数以千亿级、万亿级的文字token，或者上亿级的图片、文章或者图文对），通过数百到上千张GPU加速卡，训练百亿以上参数规模的大模型。该大模型诞生之后，不需针对各种应用场景分别进行微调训练，只需应用企业通过带提示的指令进行API调用即可。

大模型驱动AI新十年

随着人工智能开发范式进入预训练基础大模型+应用提示阶段，AI应用也从单种模态迈向多种模态。当模型参数量很大，所吸纳的数据量够高，就具备了足够的泛化性和融合能力，从过去十年的感知和理解类能力，迈向了生成类。人们再也无法忽视大模型的两个重要发展趋势：模型越来越大，从一亿参数级的模型到上万亿参数的大模型；从单一的语言模态走向了跨模态。

当预训练模型由小变大，人工智能从理解到生成，业界迎来了怎样的挑战？

超大参数量

当AI面临产业落地问题，就需要考虑，多大参数量的基础模型才能够满足应用需求。Google去年有文章分析语言基础大模型，在Few-shot情况下，训练计算量基本都在1,022FLOPs以上，才能出现对不同任务的涌现能力，这至少对应着百亿参数以上的模型规模。不同难度的任务，其涌现能力出现的拐点不同。对于视觉、跨模态基础大模型，还有待总结。

超大的训练数据量

到底要多大的训练数据才足够？Meta AI公布的模型LLaMA，是以1万亿token的数据量训练130亿参数的模型，超过了使用4,000亿token训练的1,750亿参数的GPT-3。过往实验也呈现过类似的情况，通过使用更多数据、把大模型的参数量控制在一定范围，将更加适合产业的广泛落地。

大模型的评测

当模型越来越巨大，下游行业、企业已经不再自己训练模型，而是选择基础大模型，大模型的评测变得尤其重要。产业该如何对一个训练好的大模型进行评测？以当前的语言大模型为例，可以从三个层级的能力——理解能力、生成能力、认知能力入手。现有的语言模型评测体系，包括之前的GLUE和最新的HELM等，都以评测理解能力居多。对于模型的生成能力，目前大量依赖人的主观评测。对于认知能力，由于边界难以确定，更加缺乏统一的评测方法。因此，当模型的模态从单一走向多样，对评测能力也提出了新的挑战。

持续学习和定点纠错

如何让大模型拥有持续学习以及定点纠错能力？如果你的训练数据中存在一个错误的知识点，该怎样从庞大的、已经训练好的模型里把错误修正？还有如何提升训练效率和推理效率等问题，以上都是未来十年产业落地中很重要的挑战。

如何迈向AI新十年？或由大模型来驱动。

作为人工智能领域非营利性质的新型研发机构，北京智源人工智能研究院是中国最早进行大模型研究的科研机构，“大模型”一词，也是自2021年3月智源发布悟道1.0——中国首个人工智能大模型之后，渐渐成为约定俗成的术语。

文生图与ChatGPT两个标志性的AI应用，让我们看到了大模型推动的AIGC发展元年。尽管当前更多人将关注点聚焦于ChatGPT，但难度更大的GPT3.5才是整个大模型的底座。

可以说没有语言大模型，就没有爆款ChatGPT。它的成功不在于“Chat”，更重要的是下层强有力的基座——预训练的语言大模型GPT3.5。文生图应用的重要基座是文图的表征模型，又叫作图文预训练大模型，再往下层又需要很强的语言模型和视觉模型作为双塔支撑。而这一切，仅构成了大模型基座的第一行。强大的数据和数据处理能力、大模型评测方法也都是支撑大模型更重要的部分。再加上算力、整套AI系统相关技术、智算平台算力的调度、底层算子的优化，以及各种AI芯片技术的加持，这些才真正支撑起了AIGC的成功。

人工智能必须开源开放

火爆的文生图应用、ChatGPT等生成式模型只是大模型领域的冰山一角。在冰山之下，还有层层的技术栈，需要各种模态的预训练大模型、海量数据集以及优秀的数据集工具、大模型评测以及一系列的AI系统优化工具和技术以作支撑。没有从底至上的技术栈（见图2），就垒不起水面上的冰山一角。

在过去几年，智源一直全力积累冰山下的大模型技术栈。如今，它已不再沉迷于做某个一枝独秀的大模型，而是选择将多年积累的优秀大模型技术栈整体开源，推动产业在大模型创新上的快速发展。

开源开放本就是2017年国务院《国家新一代人工智能发展规划》提出的四项基本原则之一。智源认同不该由任何一家企业来封闭式主导对人类而言如此重要的方向，而是应该共建开源开放技术体系的产学研单位与生态。

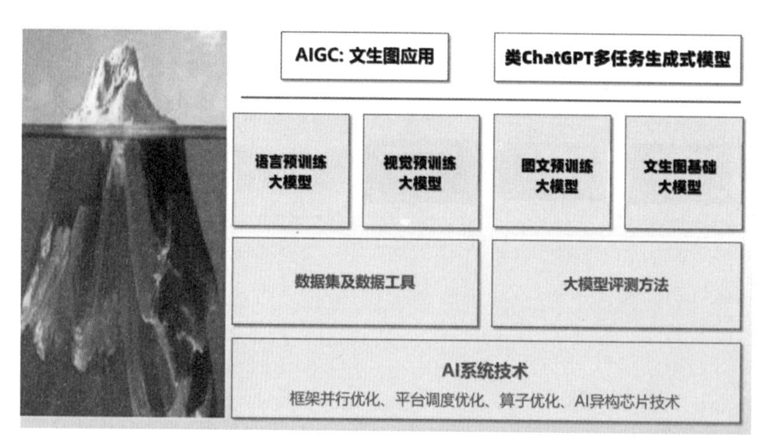

图2 大模型技术栈

现已经进入“人人大练模型”的无序发展阶段，为了实现AI的有序创新，在数据、测试、开源算法上，智源联合多所高校与企业共同发布了FlagOpen（飞智）大模型技术开源体系。该体系主要包括FlagAI、FlagPerf、FlagEval、FlagData、FlagBoot和FlagStudio六个部分。

基于FlagOpen，国内外开发者可快速开启各种大模型的尝试、开发和研究工作，企业可大大降低大模型的研发门槛。同时，FlagOpen大模型基础软件开源体系正逐步实现对多种深度学习框架、AI芯片的完整支持，支撑AI大模型软硬件生态的百花齐放。

当越来越多的产品不同程度地建立在开源基础上，成为技术发展的一大趋势，这种集约化的方式，也将汇聚人类智慧，让产业实现快速发展。

开源在全球多年的发展已经证明了它的优势，在某种程度上它降低了风险。成功的开源项目往往由多家企业共同维护，同时有很多开发者在使用过程中汇报、反馈bug，因此在技术风险上、技术问题上开源软件往往比闭源软件得到更快解决，漏洞更快被捕杀。这也是云计算、操作系统、大数据，以及如今的AI都倾向于开源的原因。

漫漫摘星路

如今大模型声量宏大，但是实际来看其技术还需不断深耕才能在未来十年成功落地。

同时，智源也立下了几大目标：在未来三年打造最大高质量的多种模态评测数据集；构建全球覆盖领域、维度最为完整的大模型评测平台，做到人人贡献、人人测评。

大模型技术落地并非一蹴而就，国内的发展更是需要构建扎实的技术栈。在这股浪潮中所有科研、技术团队，需要更加脚踏实地，做最扎实的技术，勇敢寻求创新，才能摘到未来十年最亮的那颗星星。

林咏华

现任北京智源人工智能研究院副院长兼总工程师，主管大模型研究中心、人工智能系统及基础软件研究、产业生态合作等重要方向。IEEE女工程师亚太区领导组成员，IEEE女工程师协会北京分会的创始人。曾任IBM中国研究院院长，同时也是IBM全球杰出工程师，在IBM内部引领全球人工智能系统的创新。

确定性vs非确定性：GPT时代的新编程范式

文 | 王咏刚

在ChatGPT所引爆的新一轮编程革命中，自然语言取代编程语言，在只需编写提示词/拍照就能出程序的时代，未来程序员真的会被简化为提示词的编写员吗？通过提示词操纵AI？在SeedV实验室创始人兼CEO、创新工场AI工程院执行院长王咏刚看来：今天所有的计算机、系统都会被AI重新改写、重新定义。未来的AI开发应该是一种多范式的开发流程。

一切都将被AI重新定义

ChatGPT面世以后，我处在既兴奋又焦虑的状态之下，十几年的NLP经验被拉到与刚毕业大学生一样的门槛之上。我的开发经验并不比当下使用ChatGPT开发的大学生有任何优势。

我是从1998年开始写商业化程序的老兵，拥有十多年的自然语言工作经验，5~6年的AI投资和孵化经历。现在又再次以一个创业者的身份开启一段全新的历程。我呼吁所有开发者立刻开始跟AI协作起来，无论是学习、开发还是创业，赶快行动，时下的每分每秒，技术、产品、应用都在改变着未来。

2023年，哪些企业成了最受瞩目的话题？你最常听到的声音来自哪类企业？或许你会注意到，有一类企业鲜有出现——手机厂商。近期，几乎所有的手机厂商都遭遇了一些难题。那么这些厂商和人工智能有什么直接的联系呢？

作为对未来技术的期许，我希望能够有一款革命性的手机，它将以人工智能为中心，从硬件平台、上层应用到整个使用体验都进行重新设计。

如果有一天，OpenAI创始人说他们要推出一款革命性的手机，我一点也不会感到意外。因为我们正处于一个所有应用、计算机和计算机系统都将被人工智能重新定义的时代。未来，每个人都将成为程序员和计算机设计师，而我们之前积累的大量工程和科研经验也将见证大量的投资和创业案例。

未来的程序员真的只需要编写提示词进行开发吗？

这样的创业方式和开发方式算是真正的创业和开发吗？

目前市场上出现了很多创业团队，包括美国、欧洲和中国的团队，是否只是简单地调用GPT的API，输入提示词，就能获得想要的结果？如果所有人都在这个层面上开发，那么你的系统和产品是否还有技术门槛？

作为一位有着多年投资经验的投资人，我也在思考同样的问题。当我面对着100个项目，全都是通过使用Hackathon方式，仅仅用几个小时的时间，甚至是由几个中学生打造而成的项目，你该如何选择投资的项目呢？

所有这些项目在技术门槛上几乎都处于同一水平线上。谁将成为AI时代的“快手”？谁将成为AI时代的“移动支付”？这个答案可能没有人知道。

但是，让我们不要再去思考或者纠结这个问题了。行动比思考和讨论更加有效。不论你是在投资、创业、研发或者进行任何形式的思考，先行动起来。因此，我带领我们的团队思考一个问题：未来的程序员是否真的只需要写几个提示词就可以了？我们需要去挑战并回答这个问题。

虽然这个简单的范式能够总结未来所有AI开发，但我认为，未来的AI开发应该是多范式的（见图1）。

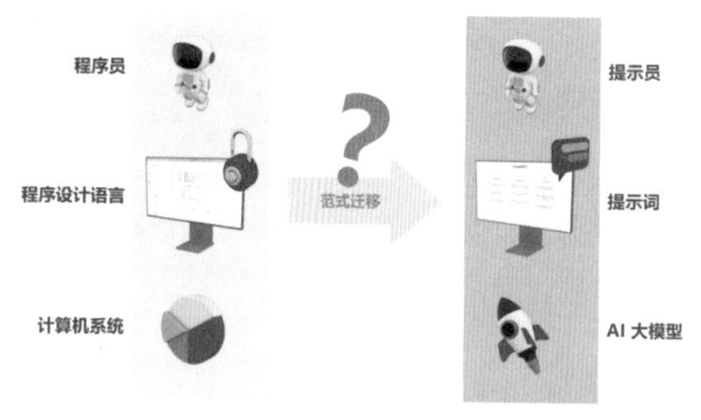

图1 编程范式转移

为了解释这个想法，我想给大家看两幅画作。现在有一些AI算法能够绘制非常精美的画作，你能猜出图2中哪一幅是由AI算法绘制的吗？

图2 猜一猜哪幅画出自AI

事实上，未来的AI开发需要采用多种开发流程，而不只是简单地编写提示词来操纵AI。

如图2所示，右边的画是由今天的AI算法生成的，而左边的画则不同，它是通过数学公式主导生成的，是一张由分形公式产生的三维图案。

十年前，这样的软件便能够帮助艺术家创造出数字艺术品，但那时人们并未将它视作数字艺术。虽然这种软件现在几乎没有人维护了，但它们创造的画面仍然能够带给我们震撼的视觉感受。

我想通过这两幅画来说明一个问题：今天的AI是建立在神经网络或深度学习的数学范式下的数学拟合体系上的，它拟合的是我们所面临的文本、图像等多种数据中的统计规律。然而，这种拟合体系并非是唯一存在的数理思维模型。

自古希腊起，人类就已经建立起了一套完整的数理逻辑思维方法，从归纳到演绎，涵盖各种数学家和物理学家的研究成果。我们能够通过这些优美的公式，从演绎的角度推导出许多不同层级的应用结果。因此，未来的AI开发应该是一个多范式的开发流程。

未来AI编程的两种范式

如果你来自某些垂直行业，如数学模拟、物理模拟或大气模拟等，你会发现这些任务通常有两种实现方法。第一种方法是使用公式或解方程的方式进行模拟，第二种方法是使用与AI统计相关的统计任务进行模拟。这两种任务存在本质上的差异。它们有一些共性，例如都涉及随机性，但在图3中，左边任务更注重确定性。当解决一个方程或使用数学公式进行推导时，结果在很大程度上都符合预期。而右边的任务则不同，AI模型采用了大规模的统计模型，具有强大的内禀特性，其中包括一种被称为不确定性或非确定性的特性。这个特性是所有从事AI软件开发的人都需要首先解决的问题。

有人提出了提示工程（Prompt Engineering）概念。提示工程的最基本任务是将AI从那种容易陷入胡说八道的状态中拉回来，让它尽可能准确地完成要求的任务。专业工程师的最基本任务是将（见图3）右边的AI从发散、随机化、不确定性等方面带到左边人的预期里面。

在人类的预期范围内，类似于Wolfram Mathematica这样的系统中，它可以非常精确地控制。举个例子，如果你需要重新整理一个包含公司过去数万条交易数据的Excel表格，将所有交易单位从旧的会计制度转换为今天的新会计制度，如果AI在处理这10,000多条数据时出现了一两个错误，该怎么办？

这是当下迫切需要考虑的问题，AI所犯的错误和不确定性能否及时发现。因为AI系统的错误和不确定性可能会对许多任务产生重大影响。为了解决这个问题，可以考虑以下几点：

- 设计可解释性的AI系统，这样可以更好地理解AI系统的决策过程和输出结果，从而更容易发现错误和不确定性。
- 引入监督和反馈机制，监督AI系统的输出结果并及时传回错误和不确定性信息，以便修正和改进AI系统的性能。
- 利用集成学习和多模型融合等技术，提高AI系统的鲁棒性和准确性，从而降低错误和不确定性的风险。
- 建立完善的测试和评估体系，定期测试和评估AI系统的性能，并及时发现错误和不确定性。

这些措施都可以帮助我们更好地管理和控制AI系统的错误和不确定性，从而提高AI系统的可靠性和性能。

如果我们编写一个非常牢固的程序，它的出错概率会很小。但如果我们将任务交给不确定性较高的AI，必须对其进行测试和检查，以确保其输出的结果是正确的。

此外，如果不加任何提示工程，不加任何中间思维链，即使是用GPT-4来生成三维坐标，也是有困难的，如图4所示。

在经过指令工程、提示思维链、工具意图等技术增强后，AI的生成结果会精准很多，如图5所示。因此，必须谨慎地处理AI输出的结果，并且在必要时对其进行更正。

未来的AI编程范式将不再局限于简单的提示词所得出结果的编程范式，而是一个相对复杂的工程。这个工程至少包括如图6所示的两个编程范式：

- 适用于端到端的感知类任务、创造性任务和探索性任务。它支持我们以n to n的方式，通过提示词得到结果。

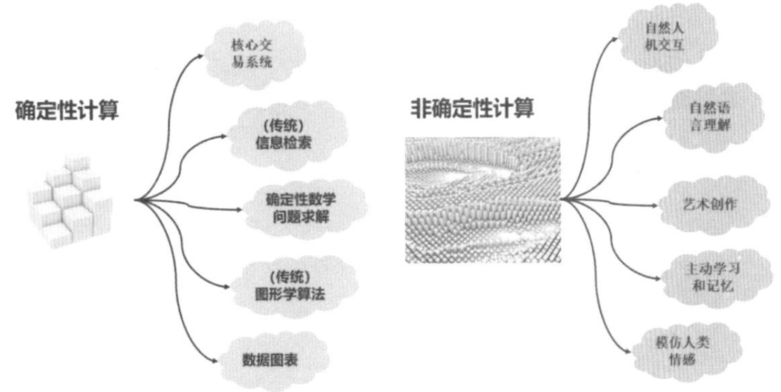

图3 确定性计算 vs 非确定性计算

ChatGPT (GPT-4) 根据提示直接生成三维坐标
端到端一次性生成的效果通常很差

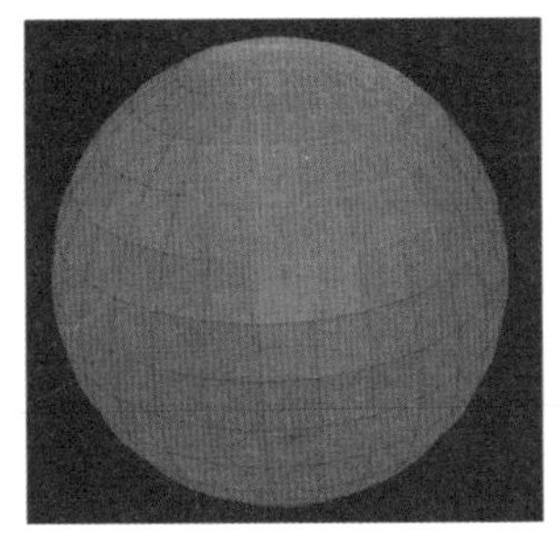

```
(0, 0, 5), (0, 0, -5),
(5, 0, 0), (-5, 0, 0),
(0, 5, 0), (0, -5, 0),
(3.54, 3.54, 3.54), (-3.54, 3.54, 3.54),
(3.54, -3.54, 3.54), (-3.54, -3.54, 3.54),
(3.54, 3.54, -3.54), (-3.54, 3.54, -3.54),
(3.54, -3.54, -3.54), (-3.54, -3.54, -3.54),
(3.54, 3.54, 0), (-3.54, 3.54, 0),
(3.54, -3.54, 0), (-3.54, -3.54, 0),
(0, 3.54, 3.54), (0, -3.54, 3.54)

These 20 points are arranged on the surface of an
invisible sphere with a radius of 5 units, centered
at the origin (0, 0, 0) of the 3D space.
```

图4 GPT-4生成三维坐标

通过命令式指令工程、思维链、工具意图映射等技术增强后，对三维空间的精确控制能力大幅提高，且可以通过指令与底层图形学算法对接

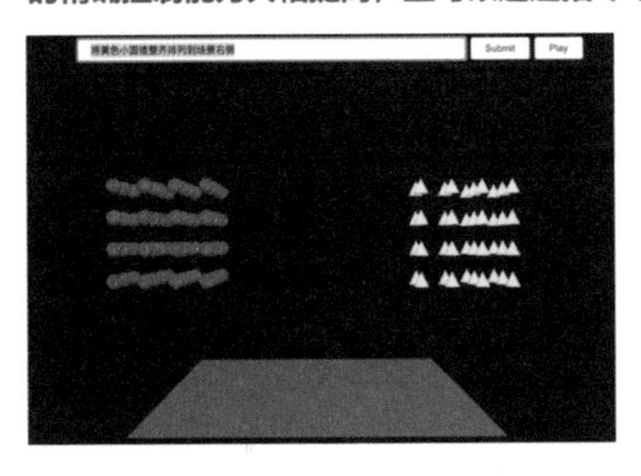

系统可接受的示例指令

- 请增加60个红色小球
- 请增加40个黄色小圆锥
- 请将红色小球整齐排列到场景左侧
- 将黄色小圆锥整齐排列到场景右侧
- 将红色小球和黄色小圆锥的动画设置成飞行
- 请先播放红色小球的动画，再播放黄色小圆锥的动画

图5 优化指令后的结果

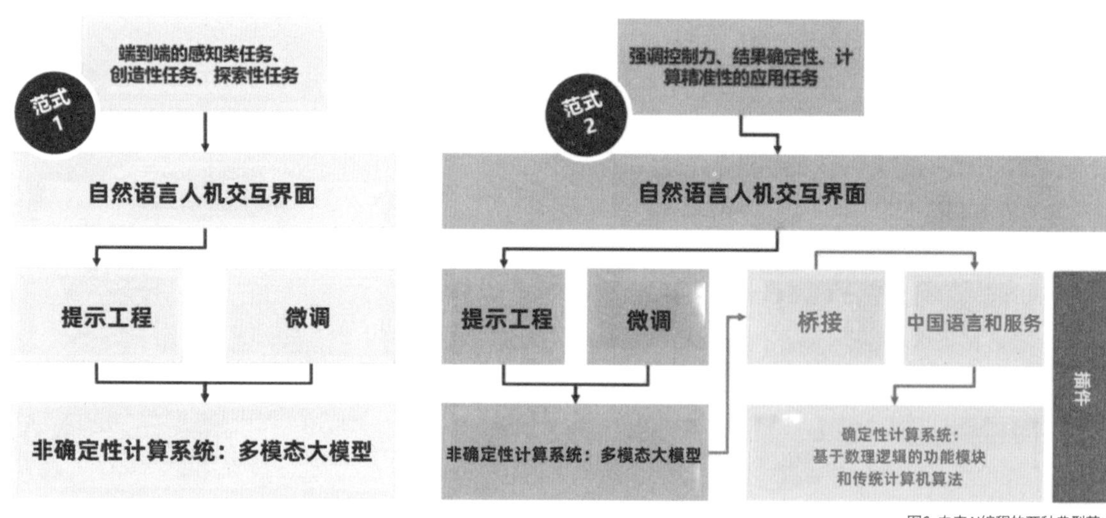

图6 未来AI编程的两种典型范式

■ 适用于强调控制力、结果确定性和计算精准性的所有应用任务。在这种任务中，我们不能完全交给大型模型一次性解决问题。相反，我们需要通过插件的方式调用各种后台服务，这些中间层服务在调用底层的基于数理逻辑和传统计算机算法的功能模块时，将成为未来长期存在的编程范式。

虽然我今天特别善于使用提示，但我也擅长传统的计算机算法。我建议大家尽快将你们的算法变成可以被GPT调用的插件之一，变成GPT可以使用的工具之一。

在未来，人们的主要应用程序将是GPT或类似的AI程序，而不是人类开发的传统计算机程序。因此，人类工程师的任务是帮助AI开发大量能够与现实世界进行精确交互的插件或工具。简单来说，在这种范式中，人类工程师的角色将被降级，但这是我们必须承认的现实。让我们从现在开始行动起来，而不是过多地讨论。

王咏刚

SeedV实验室创始人兼CEO，创新工场AI工程院执行院长。专注于人工智能前沿科技研发。曾以联合创始人身份创立过包括上市公司在内的多家人工智能科技公司，也曾是人工智能高端应用型人才培养项目DeeCamp的发起者和领导者。

ChatGPT标志着AI进入iPhone时刻

文 | 《开谈》栏目

"OpenAI的成功来源于工程能力的淘金者精神和巨大的资本投入（10亿美元的算力，上万张A100计算卡训练，均价大概在10万元/张，需要10亿~150亿元的入场费），每天1亿对话，ChatGPT会不断进化，类似于当年Google在搜索方面领先，后续其他人难以追赶。"在《开谈》栏目"ChatGPT 新时代"主题中，来自AI领域的各位高级专家如是讨论道。

蒋涛

CSDN创始人兼董事长
极客帮创投合伙人

李卓桓

PreAngel 合伙人
硅谷知名孵化器创业导师

张家兴

IDEA 研究院讲席科学家

鲁为民

MoPaaS 创始人兼CEO

笪小强

人人词典CEO

一年时间能"复刻"ChatGPT吗?

蒋涛：各位对于ChatGPT有何看法？美国开发者对ChatGPT的讨论方向又有哪些？

李卓桓：首先，我在参加NeurIPS大会时，有四万名PhD参加，充分证明了AI技术的火爆。其次，无论是学界、业界还是专门关注Machine Learning和自然语言的研究人员都开始疯狂讨论ChatGPT。

有趣的是，大家对于ChatGPT出现的效果很吃惊，一线的PhD们也没有想到它的模型能力远远超出了大部分开发者的预期，功能程度也大大超出了预期范围，甚至超出了模型研究规划的预期。它的发布可以说是奠定了AGI元年的里程碑。

张家兴：作为一名真正的业内人士，我对ChatGPT的很多功能甚是惊喜。但最让我意外的是，ChatGPT在信息抽取任务上可以很快速地抽取到相关任务。大多数使用它的人是惊讶于它的回答、推理以及对于一个人工智能可以懂得这么多内容。我认为这也是ChatGPT给我们的未来指明了一条正确的道路。

鲁为民：首先，ChatGPT的功能强大确实让大家觉得这是一个奇迹。虽然在Transformer出来之后，大家就开始关注大语言模型这个事情，但ChatGPT涌现出来的各种能力确实很让人惊艳。

其次，值得关注的是它为什么可以获得大家的认可。实际上它的结构并不是很复杂，但它形成了一种新的学习模式，可以根据用户的提示来学习上下文回答问题，使用自然语言，这也更加符合用户的习惯。

最后，就是ChatGPT模型的规模优势，模型达到了一定规模以后，它的性能和其他能力也随着模型的规模增加而加速增加，所以这些内容在未来都是值得进一步去探讨的。

蒋涛：今年AIGC也很出圈，无论是在质量还是速度上都有很大的提升。但总的来说，这还是一个开始，我们也来讨论一下，一年内，国内外是否能做出同等量级的模型以及它的难度都有哪些？

李卓桓：我认为OpenAI相当于已经迈出了第一步，它基于Google最早的Transformer模型，模型的参数越来越大，包括技术上的突破等，使得它的发展也越来越快，讨论的人也越来越多。

大厂很愿意投入精力和时间去研究，最近也有一些很火的讨论，将这些模型称为Model Foundation，比如说OpenAI提供相关的解决方案，我们只需要去找各种各样的 Model，这样就可以提供各种各样的解决方案。

AGI领域被打开之后，接下来AI的水平也会急剧飞升。随着国内外大厂在这个领域的研究越来越多，并结合着OpenAI的解决方案，我相信在一年以内都会达到类似的水平。

张家兴：我的判断是一年之内应该没有团队能做出超越。届时ChatGPT水平的产品，或许可以实现ChatGPT当下的水平。这项技术要分几个要素去看，第一点是算力问题，虽然有很多公司表示自己有几千张A100卡，但这些A100卡并不一定适合做大规模并行训练，以及在算力规模上还有一些额外的成本和巨大的投入。

第二点是数据逻辑。在数据方面，OpenAI有相对的先发优势，它可以保持每个月1亿的月活，并不是所有公司都有这个数据体量，并且ChatGPT会不断进化，类似于当年Google在搜索领域的领先地位，后续追赶者很难，所以我认为这也是一种优势所在。

第三点是AI的工程化。其实我们可以看到有很多工程化的典型代表，如芯片、汽车、手机等行业，后来者在研究前者的技术和内容时也是通过逐渐的积累，从而达到进步。我是希望大家可以把模型当作产品来做，而不是把模型当作项目，这样就可以不断迭代升级，无论是时间上还是人力上，都可以进行累积和分析，从而完成这件事。

鲁为民：ChatGPT主要是工程上的成就，归到模型上讲，就需要在工程上不断地打磨优化，不断让它更完美。

我是同意将这比作工匠精神或者淘金者精神。一些看似偶然的东西，里面实则藏着一些必然。除此之外，就是通过工程的细节来适配有限能力的基础模型，针对不同的任务来打造相匹配的模型，例如它在回答问题时会结合上下文任务。一个大模型的打造，需要达到一定的规模，意外结果才会显现出来。它可以根据用户的提问习惯来回答，但实际上是既舒服又简单。但它的训练也是需要很多资源来完成，以及不断打磨和迭代， OpenAI具备这些特点。

新时代的iPhone时刻：AI Foundation成为新一代“编程”平台

蒋涛：我认为ChatGPT的火爆就像是迎来了新时代的iPhone时刻，在工艺、应用和理论创新方面都有突破性的进展。如果说真的是iPhone时刻，那作为一名AI使用者，能感受到有哪些惊艳的地方？

笪小强：在应用ChatGPT之前，我是不相信通用人工智能的存在的。在我的认知里面，通用人工智能需要有灵魂，它的智慧靠灵魂给予。

但ChatGPT通过算法逐渐给出答案，所以它给我最大的世界观改变，并不是灵魂级智慧，而是语言级智慧。例如在语言学上的反例，就是狼男孩的故事，男孩没有学语言，就没有智慧，所以从这个角度思考发现，语言学其实是一个非常大的进步，尤其是语言学对翻译这个领域来说，大家一直梦寐以求要找一个叫语言中间态的东西。

那对于机器翻译来说，它仅仅能停留在表层的意思，无法去理解深层的内容，但ChatGPT在翻译上面真的可以做到信、达、雅的程度。简而言之，我认为它是懂语言的智慧和魅力。

我在应用时也发现了一些Bug，就是在数学方面，ChatGPT的正确性还是有待验证，并不是它本身不会做数学题，而是因为“它的数学能力是靠语文老师教的”，这也是很有意思的一点。它可以解释鸡兔同笼，能够解释思路和这个概念，但对于方程解出来还是不会算。

李卓桓：我特别同意iPhone时刻这个观点，因为在ChatGPT发布之前，无论是投资圈还是创业圈对人工智能解决问题的关注已经是逐渐冷却的过程。

像当年iPhone出现，大家一致反馈好用后，新的创新应用是需要开发者去App Store里开发后，用户才能够开始使用。而ChatGPT和当年比起来，最大的一个区别是它跳过了中间的开发者环节，甚至是绝大部分的使用场景和体验都是用户直接到ChatGPT界面里面，和机器人在聊天中发现了一些特别有用的问法和回复的方法。我想这也是语言的一个魅力之处，因为它足够的简单，中间环节也足够的少。

之前我们也提到了工程能力，我认为这也是一个很大的趋势。AI模型每年都在提升，但为什么用完后却没有那么多的评价和反馈，就是因为它的工程没有跟上。做一个模型并不是说像交作业那么简单，是需要持续迭代到用户场景里。

在ChatGPT的研发过程中，它的工程能力有一大半是直接让用户通过自然语言提问，基于这个角度，AI Foundation是真正比当年的iPhone迭代更快，用户的发展和发现新的功能会更快，进而可能的是用户去反推开发者。

随着它通过微软Azure提供稳定的云服务，AI Foundation将会成为接下来开发者为用户创造新的自然语言AI应用的最好土壤。

张家兴：从应用角度我会相对客观冷静地去看待，在很多方面，我们都可以用专门的模型来做，有一个很大的好处是告诉开发者，当这种能力有了之后，用户更愿意拿它来做什么。例如，用户在ChatGPT上使用最多的场景是写代码和写文章。显然，大家可以根据ChatGPT模型或ChatGPT的API做自己的产品。

其次，需要注意的一点是个性化问题，如果我们都用ChatGPT做底层，那以数字人为例，调性都是相同的，不具备个性化，无法满足用户的心理需求。

鲁为民：AI的发展更像是一种阶梯性的发展，在跨越之前需要不断的积累和消化。在消化大模型方面，如何做个性化、场景化，如何针对垂直场景去做。

第一点是规模。它也是一种矛盾的表现，要让这个模型有一定的能力，就需要一定的规模，但如何在企业中（有限规模）使用它？首先要想是否有合适的场景和需求。

第二点是资源。一方面有足够的资金，另一方面也需要有训练大模型的域内数据。虽然使用通用数据训练出来的预训练模型也是可以的，但还得需要考虑针对不同的企业适配。

第三点是数据的选择上。我们在选择数据做模型训练时也要注意数据的问题域漂移和时间节点漂移的问题。

最后一点是价值对齐。对于企业来说，所需要解决的问题领域不同，它定义的价值目标也不同，需要进行价值对齐，这也是一个很重要的工作。

在AI跳跃式增长之后，企业或垂直应用需要快速消化和使用当今最新的通用技术。

作为一名程序员，大家可能都想要去了解测试这样的模型，围绕它去开发应用和编写代码，那这其实也是一种新编程方式，使用自然语言编程。

蒋涛：是的，我最近在微博上也看到了很多关于ChatGPT的段子，例如帮助直男约会等，既体现了工作努力，又懂生活情趣，包装后的个人简历真的很惊艳也很有意思。那么面对ChatGPT和大模型，中小企业该如

何应对?

鲁为民：对于ChatGPT类的语言模型，它的能力有目共睹。于中小企业而言，不一定要从头开始训练，可以围绕这些大模型做一些工作，例如OpenAI开放了很多API，企业就可以利用它的能力开展工作，既可以控制成本，也能响应到大模型所带来的红利。希望国内的大模型在今后也能提供类似的服务和发展。

李卓桓：我觉得它在To B和To C市场里面的应用都会受到很大的限制，它的局限性在于它只能跟你泛泛地聊天。第二点是准确度无法保障，例如面对医疗、法律时，当前的语言模型是远远达不到应有深度的。

AI 新应用时代的开始，程序员该怎么做?

蒋涛：对于ChatGPT也就是AI新应用时代的开始，大家对程序员都有哪些建议呢?

管小强：我们又面临着一个非常好的时代，就类似于2000年的PC互联网、2009年的移动互联网，现在就是iPhone时刻的出现。我们要在这个基础上去做更好玩的应用，我觉得互联网可以改变社会，那AI互联网也可以改变我们整个社会，所以我认为还是有非常多的机会。

张家兴：技术的变化越来越快，已经不单单是一个新的语言和框架简单的出现，大家要拥抱新的技术范式、新的手段，我希望大家能够与时俱进，追求自己最有价值的东西。

鲁为民：首先要能够不断学习，保持与时俱进，实际上大模型也衍生一种新的类似于自然语言的编程方式，所以程序员的作用会越来越大，无论是企业应用还是技术创新，都需要程序员去完成。程序员一方面要不断学习，另一方面要对未来充满信心。

李卓桓：首先是在软件开发领域，随着人工智能技术的火热，它会出现一种新的技术和新的编程方式，建议程序员们学习如何去做AI的程序，让自己开始知道下一代的编程或者这种技术程序是如何工作的。其次是我建议大家抓住ChatBot领域的一些应用机会，预计未来也是一种很火的趋势。

蒋涛：非常感谢嘉宾们的分享，今天聊的内容很有趣也是让大家意犹未尽。每一个人都从不同的角度和维度来分享，一起探讨 AI 新应用时代的开始、企业和程序员们的未来发展。

短期内，ChatGPT可以使开发人员能够更快地构建，而不是取代他们。长期内，人工智能将使非程序员的创造者能够使用自然语言指令进行零错误的开发，但仍然需要开发人员，无论是对于企业还是开发人员，都会面临挑战与难度。

专题导读：当人工智能进入大模型时代

文 | 邵浩

比尔·盖茨曾经说过，我们常常高估技术带来的短期变革，而忽略其长期发展带来的影响。时下大火的ChatGPT并非一蹴而就，它的背后，是顶尖科研学者和工程师多年的努力，以及算法、算力、数据的不断进步。

本文作为《新程序员006：人工智能新十年》之新技术专题导读，通过回顾AI的历史，剖析ChatGPT的关键技术，讨论新的计算框架，研究细分领域的应用，来展望未来AI技术的发展。专家学者各抒己见，希望以知识的盛宴回馈一直以来支持《新程序员》发展进步的读者们。

人工智能发展的S曲线

熟悉经济学的读者应该都了解，马克思曾提过“价值决定价格，价格围绕价值做上下波动”这一理论。这种变化类似于一条S曲线（Sigmoid函数曲线），如图1的一段绿色线条所示，杜克大学的Adrian Bejan教授在研究中指出，无论是经济趋势、人口增长、病毒传播还是新技术的应用，似乎都遵循着S曲线的三阶段模式，即缓慢增长期、爆炸性增长、趋于平稳[1]。

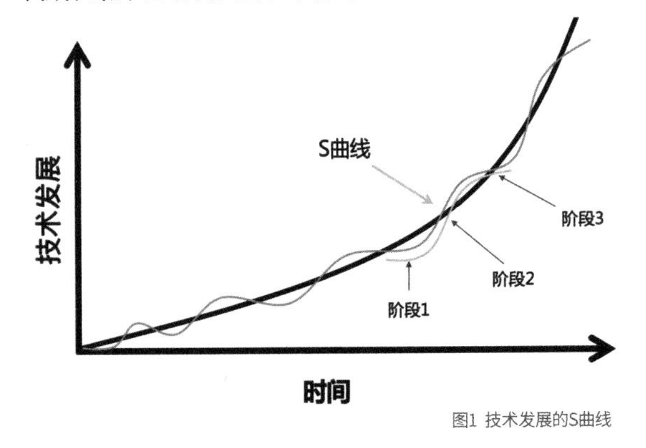

图1 技术发展的S曲线

Gartner用技术成熟度曲线给我们带来了S曲线的另一种诠释。让我们看一下图2的2022年人工智能技术成熟度曲线。

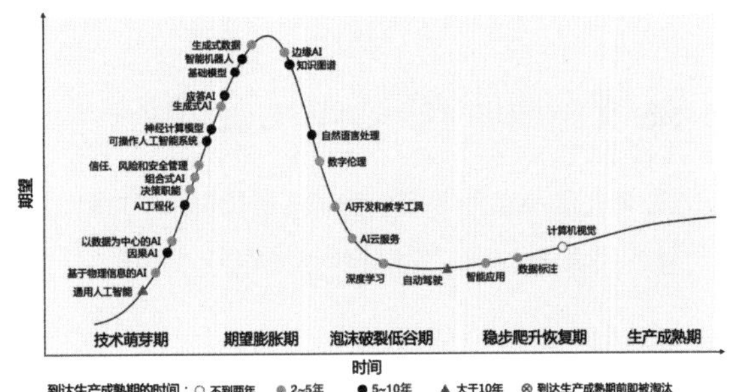

图2 2022 Gartner人工智能技术成熟度曲线

纵观AI发展史，人工智能也不断跟随S曲线起起伏伏。北京文因互联科技有限公司CEO鲍捷曾经给出一幅很有趣的图，提到了人工智能从1956年被提出之后的热度变化趋势（见图3）。

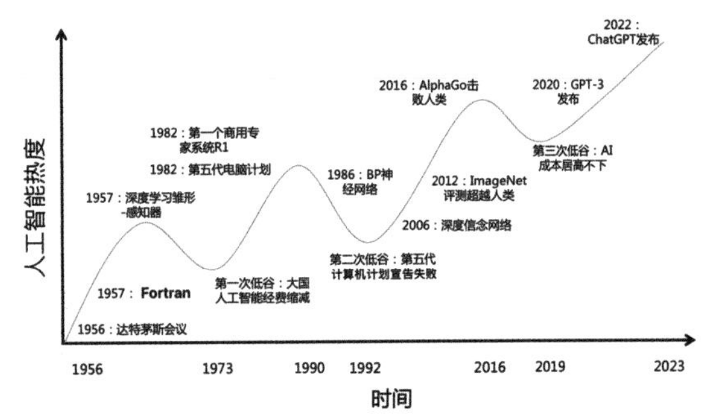

图3 人工智能热度随时间变化趋势

第一次AI低潮期出现在1973年，英国科学研究理事会出版莱特希尔报告（Lighthill Report），对人工智能给出了负面评价，随之而来的是各国政府大量削减AI的研究经费。第二次低潮期出现在1992年，第五代计算机计划宣告失败，各国又开始削减人工智能经费，大量相关的公司倒闭。2012年，Geoffrey Hinton团队使用深度学习算法在ImageNet评测中取得了最好成绩，深度学习不断在各个领域取得突破性进展。

随着2016年谷歌AlphaGo首次击败人类围棋冠军李世石，人工智能热度再次来到新的顶峰。虽然技术领域发展迅速，但人工智能一直面临着成本居高不下的难题。从2018年到2020年，人工智能领域的投资金额一直持续下降，例如中国国内数据，从696亿元下降为243亿元（数据来源：企名片）。同时，很多知名公司面临上市困难的问题，甚至倒闭，如吴恩达参与、估值两亿美元的Drive.ai在B轮关停。投资人和创业者也在不断审视人工智能赛道，是否真正能给用户带来成本可控、有价值的产品。

新的变化来自2022年年底，OpenAI的ChatGPT横空出世，让人们再次惊呼人工智能的强大能力。

ChatGPT

ChatGPT的本质还是预训练语言模型的应用。

预训练属于迁移学习的范畴。现有神经网络在进行训练时，一般基于反向传播（Back Propagation, BP）算法，通过对网络中的参数进行随机初始化，然后利用随机梯度下降（Stochastic Gradient Descent, SGD）等优化算法去不断优化模型参数。在预训练语言模型发展的过程中，基于Transformer特征提取器，有了不同的分支。来自亚马逊的应用研究科学家杨靖锋等人在最新发表的文章[2]中，给出了一个预训练语言模型的发展架构图（见图4）。

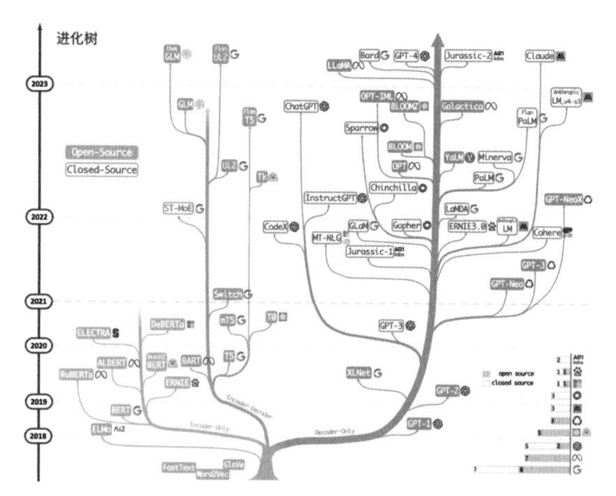

图4 预训练语言模型发展架构图

从图4中可以看到，GPT家族使用的是Transformer解码器，相比于更注重理解能力的BERT家族（使用Transformer编码器），以及同时使用Transformer编码器和解码器的T5、BART等，为什么偏偏ChatGPT更受追捧？马斯克曾经说过，ChatGPT所做的，是在已有若干年基础的人工智能技术上，添加了一个可用的用户界面。然后，让普通用户都能非常简单地接触并使用到AI的能力，看到AI的可视化效果（对话能力）。虽说离人类交互能力的天花板还有距离，但已经足够惊艳了。

基于预训练语言模型，无数的新想法变成了产业应用，但从实践角度来看，任何一个新赛道的产业化，都要有完整的产业闭环。也就是说，从原材料（如数据）到设备（如算力相关的硬件），从人才到配套，从生产到销售，必须形成市场化的产业链，而不是看到赛道火热就盲目投身于创业和投资中去。

未来展望

ChatGPT引领了人工智能新一波热潮，Andrei在他的网站上[3]整理了近年来AI公司，尤其是大模型公司的变化趋势，如图5所示。在ChatGPT爆火之后，新成立的AI公司（包括应用）数量也急剧上升。

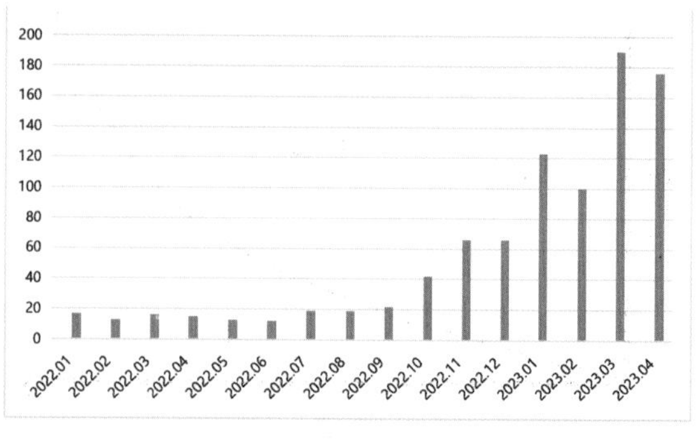

图5 2022.1—2023.4新增AI应用趋势

大浪淘沙，众多AI公司仍要面对不同的用户需求和残酷的竞争。同时，在商业之外，很多专家学者也提出了人工智能发展所带来的隐患。就在2023年3月，OpenAI的共同发起人马斯克和一群人工智能专家及行业高管在一封公开信中呼吁，在未来六个月暂停对GPT模型的训练，以免该模型变得更加强大，从而对社会和人类造成潜在风险。同年5月，Geoffrey Hinton在宣布离开谷歌之后表示，对自己在开发人工智能这项技术中的角色感到遗憾，他怀疑这项技术将给人类带来危害。

技术仍在不断向前发展，专家学者对于AI的担忧会在一定程度上让政府和产业方更加注重安全发展，通过政策和技术手段保证人工智能不会误入歧途。作为技术发展的见证者和参与者，我们应该如何布局未来？

从产业的角度来看，在通用人工智能（AGI）到来之前，我们仍然要坚持的是“+AI”，而不是“AI+”的路线。前者是从产业和用户需求的角度出发，通过AI技术，来降本增效，提升用户体验；而后者是从技术的角度，就像是拿着锤子找钉子，希望通过一套技术来解决所有问题。2018年的人工智能低谷期，很多倒下的公司都犯了这样的错误，认为技术无所不能，技术的先进性大于一切，以高成本追求技术指标的提升，而忽略了用户体验。

从投资的角度来看，在面对新赛道、新公司时，最重要的是两个方面，一是公司所处的产业本身是否有发展前景，二是团队完备性是否足够高。这里想强调一点，所谓团队完备性，就是除了领导者的技术能力本身，是否还有足够的产品、商务、市场的能力，或者团队中是否有其他核心人员具备相应的能力。当然，解决关键领域“卡脖子”技术的公司同样值得关注。

擅长投资的巴菲特曾经援引冰球明星韦恩·格雷茨基的话来表明自己的投资逻辑：“我总是滑向冰球将要去的地方，而不是冰球现在所在的地方。”这个逻辑同样可以用于我们对未来的布局。举一个简单的例子，同济大学特聘研究员、博士生导师王昊奋曾经谈到，目前ChatGPT所用的训练数据还是文本和代码。众所周知，文本知识密度很高，现在大模型主要发挥的优势还是在文本侧，如何进一步发挥大模型在图像、声音、动作上的多模态融合能力，还有待进一步研究。同时在某些行业，领域知识是缺失的，如军工、金融、基建等，在这些垂直领域赛道上的提前布局也尤为重要。

本专题架构

如果讨论人工智能即将发生的变革，首先就是范式更迭。下一代AI是怎样的？新的范式又是什么？

■ 王昊博士在分析了我们面临的数据危机和模型危机之后，提出了数据和模型共生的构想。数据和模型合作共生，正是人类能够将智慧注入模型，并促进模型自我学习和进化的最好方式，这让人们看到了实现通用人工智能的可能途径。

■ 谭旭研究员给我们阐述了微软携手Yoshua Bengio推出的AIGC数据生成学习范式——Regeneration Learning，并期待这种新范式能够很好地指导解决数据生成任务中的各种问题。

AIGC掀起的浪潮，席卷了产学研用各个领域。那么，从底层技术研究到未来发展会呈现怎样的趋势？

■ 邱锡鹏老师更加细致地拆解了ChatGPT的关键技术：情境学习、思维链、自然指令学习，同时也分享了具有200亿参数的国内首个对话式大型语言模型——MOSS，最后提出了ChatGPT的局限性，并且也呼吁要始终保证这些AI模型的可信、有助、无害、诚实。

■ 张俊林老师深入浅出地介绍了大语言模型神奇的涌现能力，并且给出了这种能力的三种猜想。

■ 王志鹏老师从算力供应者的视角，分享了对大模型的演进及未来趋势、机会的思考与判断，并基于此带来了昆仑芯在大模型场景的推理优化技术和落地经验。

■ 从具体应用上，文生图模型作为一项研究热点，具有极其广泛的应用前景，未来也将在技术创新和产业应用中扮演越来越重要的角色。刘广博士详细阐述了文生图模型的关键问题和发展趋势。

■ 大模型的数据治理是保障大模型质量的关键步骤，是当前国内在大模型研究方面极为稀缺的内容，同时也是突破国外巨头对国内技术封锁的关键。肖仰华教授分享了在数据治理方面的前瞻洞察与思考。

此外，就“中国是否有机会做出赶超ChatGPT的AI”这个话题，王昊奋、刘焕勇、王文广三位老师带来了他们的思考。马少平、周明、宗成庆、戴雨森、杨浩、曹峰六位老师，从产业落地、学术研究、投资等各角度，就ChatGPT的各种话题展开了探讨，给我们带来了一场精彩的高端对话。

AI编程和代码生成也是一个热点，王千祥、郝逸洋、卢帅和王俊杰老师分别从不同角度给我们带来了详细的分析和解读。

在AI的各项技能中，知识图谱是传统技艺。那么，在大模型的赋能下，知识图谱又将呈现怎样的发展趋势？

■ 王文广老师带我们一起回顾了从Transformer到ChatGPT的视角下NLP的发展历程。可以想象，未来五年到十年，融合语言、视觉和语音等多模态的超大模型将极大增强推理和生成能力，同时通过超大规模知识图谱和知识计算引擎融入人类的先验知识，极大提升人工智能推理决策的准确性。

与此同时，各个大厂也都入局新一代人工智能技术和框架。华为的金雪锋老师团队，从动态图和静态图融合、单机编程和分布式编程融合、AI计算和科学计算融合三个方面，介绍了MindSpore 2.0在融合计算框架方面的技术创新思路，以及为用户带来的新体验。腾讯机器学习平台部给我们带来的是腾讯混元AI大模型。第四范式的蔡恒兴老师对结构化数据自动机器学习的核心技术与挑战进行了深入介绍，并带来了工程创新与实践。

百度的胡晓光、于佃海、马艳军老师，从深度学习框架和平台核心技术、深度学习框架和平台生态的建设、深度学习平台建设方面，详尽介绍百度是如何进行深度学习底层框架架构和建设的。同样来自百度的李兴建、赵鹏昊、徐彬彬三位老师将带来自动机器学习（AutoML）的技术分析及工程实践。

最后，以ChatGPT对未来十年人工智能的发展观点作为本文结语：

未来十年，人工智能的发展将具有更加广泛的应用场景、更加智能化的交互方式、更加高效的算法和模型、更加人性化的设计、更加安全可靠的应用。作为一名人工智能模型深度从业者，我认为未来十年人工智能的发展将会非常迅速和广泛。

同时，我也认为，人工智能技术将会面临更多的挑战和机遇。例如，随着人工智能技术的发展，我们需要更加关注人工智能的道德和伦理问题，以及人工智能技术安全和隐私保护等方面的问题。

在这样的背景下，未来十年中，我们需要更加注重人工智能技术的发展与应用之间的平衡，既要充分利用人工智能技术的优势，又要注意其潜在的风险和局限性。我相信，通过人类的不懈努力和创新，人工智能技术将会给我们带来更加美好的未来。

邵浩

深圳市创东方投资有限公司投资总监。从事人工智能技术及产品研发十余年，曾带领团队落地虚拟数字偶像、对话机器人、搜索、翻译、无障碍系统、人机交互等各类产品。上海市静安区首届优秀人才，上海市人才发展基金获得者，杭州市高层次人才。担任中国计算机学会和中文信息学会多个委员会专业委员。出版包括《预训练语言模型》在内的多部畅销书籍。

参考文献

[1] A. Bejan and S. Lorente, The constructal law origin of the logistics S curve, Journal of Applied Physics, 2011

[2] J.Yang et. al, Harnessing the Power of LLMs in Practice: A Survey on ChatGPT and Beyond, 2023

[3] https://theresanaiforthat.com

深度剖析ChatGPT类大语言模型的关键技术

文 | 邱锡鹏

大规模语言模型被看作是实现通用人工智能的希望。事实上，ChatGPT的成功并不是偶然的结果，其背后的关键技术与创新之处在哪里？复旦大学邱锡鹏教授从大规模预训练语言模型带来的变化、ChatGPT的关键技术及其局限性等角度揭开大规模语言模型背后的神秘面纱。

为什么要突出大语言模型前面的“大”字？

随着算力的不断提升，语言模型已经从最初基于概率预测的模型发展到基于Transformer架构的预训练语言模型(Large Language Model，LLM)，并逐步走向大模型时代。为什么要突出大语言模型或是在前面加个“Large”？更重要的是它的涌现能力。

当模型规模较小时，模型的性能和参数大致符合比例定律，即模型的性能提升和参数增长基本呈线性关系。然而，当GPT-3/ChatGPT这种千亿级别的大规模模型被提出后，人们发现其可以打破比例定律，实现模型能力质的飞跃。这些能力也被称为大模型的“涌现能力”（如理解人类指令等）。

如图1所示，多个NLP任务随着模型规模的扩大，其性能也发生着变化。从性能变化曲线中可以看到，前期性能和模型规模大致呈线性关系，当模型规模大到一定程度时，任务性能有了明显的突变。

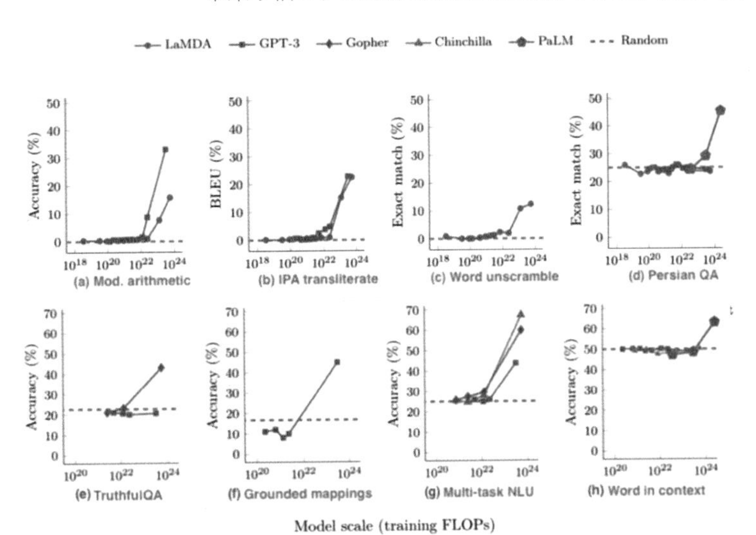

Emergent Abilities of Large Language Models, 2022

图1 多个NLP任务随着模型规模扩大的性能变化曲线

因此，通常以百亿/千亿级参数量作为LLM研究的分水岭。除此之外，大规模语言模型基座的可扩展性很强，其能够很容易和外部世界打通，源源不断地接受外部世界的知识更新，进而实现反复自我迭代。因此，大规模语言模型也被看作是实现通用人工智能的希望。

ChatGPT的三个关键技术

目前，很多公司和组织都在跟风ChatGPT，推出类似的聊天机器人产品。这主要是因为ChatGPT的成功给人们带来了信心，证明聊天机器人技术的可行性和潜力，让人们看到了聊天机器人在未来的巨大市场和应用前景。

ChatGPT成功背后的三个关键技术分别是情境学习、思维链、自然指令学习，接下来将详细介绍这三个技术。

情境学习（In-Context Learning）

情境学习改变了之前需要把大模型用到下游任务的范式。对于一些LLM没有见过的新任务，只需要设计一些任务的语言描述，并给出几个任务实例作为模型的输入，即可让模型从给定的情景中学习新任务，并且能给出满意的回答结果。这种训练方式能够有效提升模型小样本的学习能力。

如图2所示，只需要以自然语言的形式描述两个情感分类任务输入/输出的例子，LLM就能够对新输入数据的情感进行判断。例如，做一个电影的评论，给出相应的任务模型，即可输出正面的回答。

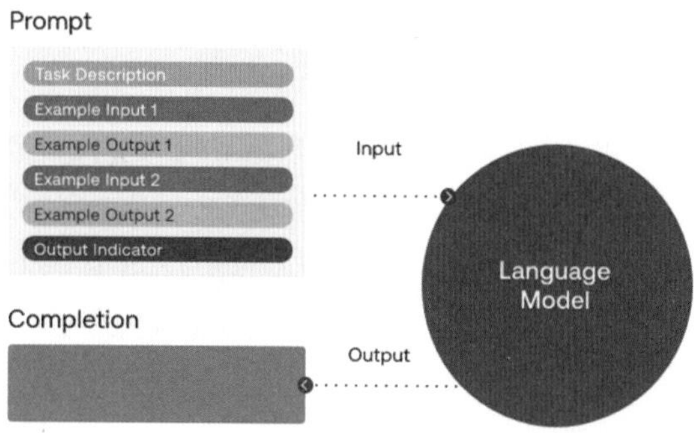

图2 情境学习的示例图

思维链（Chain-of-Thought, CoT）

对于一些逻辑较为复杂的问题，直接向大规模语言模型提问可能会得到不准确的回答，但是如果以提示的方式在输入中给出有逻辑的解题步骤的示例后再提出问题，大模型就能给出正确题解。也就是说将复杂问题拆解为多个子问题解决，再从中抽取答案，就可以得到正确的答案。

如图3所示，左边是直接让模型进行数学题的计算，得到错误的结果，而右侧在解题过程中加入了一个示例，引入解题过程则可以激发模型的推理能力，从而得到正确的结果。那这个模型的思维能力是从哪儿来的呢？站在当下的视角，主要得益于代码预训练的推进。

Wei. et. al. 2022. Chain-of-Thought Prompting Elicits Reasoning in Large Language Models

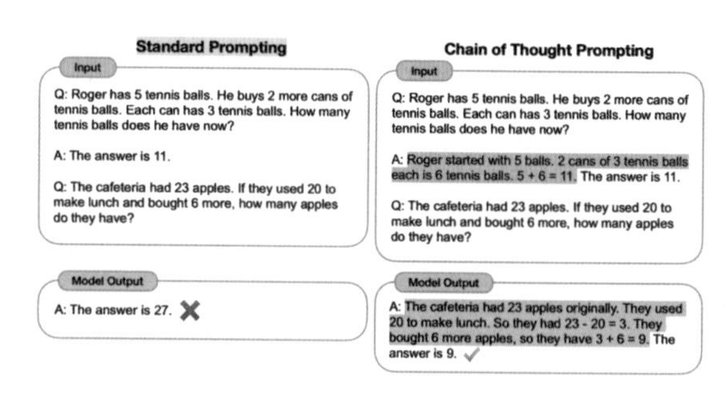

图3 思维链示意图

思维链另一个非常好的案例是基于程序的帮助来分解一些规则。神经网络不太擅长做一些复杂的数学计算，而计算机可以。如图4右侧所示，现在的大模型一般都具备代码生成能力，因此在输入一句自然语言的时候，同时提供对应的代码到模型中，这样大模型就会给出对应的程序，然后再把程序放到编译器中执行即可。这就是一个把计算能力从思维链中分离出来的非常好的案例，从而有助于大模型快速地完成任务，减轻神经网络负担。

Gao, Luyu, et al. "PAL: Program-aided Language Models." arXiv preprint arXiv:2211.10435 (2022).

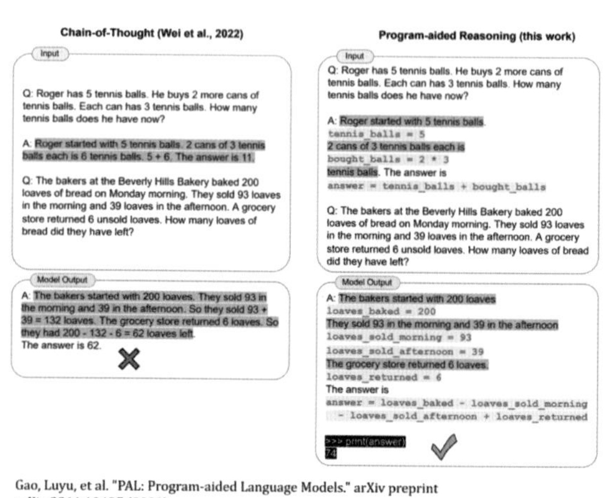

图4 思维链分离

在未来，思维链分离是一个非常好的研究方向，研究员不单单可以把计算能力从思维链中分离出来，还可以把符号化的推理逻辑分解出来，这是一种把连接主义和符号主义结合在一起的非常好的方式，这也是大模型擅长的方向。

由于CoT技术能够激发大规模语言模型对复杂问题的求解能力，该技术也被认为是打破比例定律的关键。

自然指令学习（Learning from Natural Instructions）

早期研究人员希望把所有的自然语言处理任务都能够指令化，对每个任务标注数据。这种训练方式就是在任务前面添加一个“指令”，该指令能够以自然语言的形式描述任务内容，从而使得大模型根据输入来输出任务期望的答案。该方式将下游任务进一步和自然语言形式对齐，能显著提升模型对未知任务的泛化能力。

如图5所示，左边是自然指令的测试场景，人们把NLP任务做到1,000多种，目前最新模型可以做到2,000多种NLP任务，接下来再对NLP任务进行分类，如能力A、能力B，大模型指令能力、泛化能力非常强，学到四五十个任务时就可以泛化到上百种任务。但距离真正的ChatGPT还有一步，那就是和真实的人类意图对齐，这就是OpenAI做的GPT。

核心逻辑非常简单，一开始时让人写答案，但是成本太高，改成让人来选答案，这样对标注员的能力要求稍微低一点，可以迅速提升迭代和规模。基于打分再训练一个打分器，通过打分器自动评价模型的好坏，然后用强化学习开始迭代，这种方法可以大规模地把数据模型迭代给转起来，这是OpenAI做的Instruct GPT逻辑，强化学习的人类反馈，如图6所示。

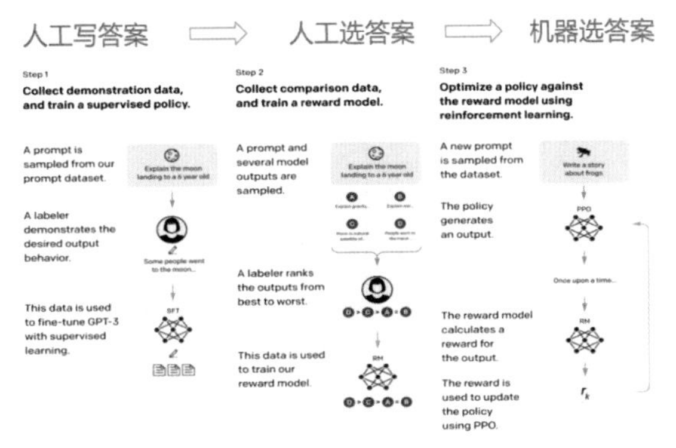

图6 Instruct GPT 逻辑示意图

基于Instruct GPT技术路线，ChatGPT在技术上并没有特别好的创新，但它最伟大之处是赋予了大型语言模型对话的能力，这是一个产品化创新，这个创新非常棒！

如何构建一个大语言模型?

目前，主要可以从下面四个维度来衡量大语言模型的能力，如图7所示。

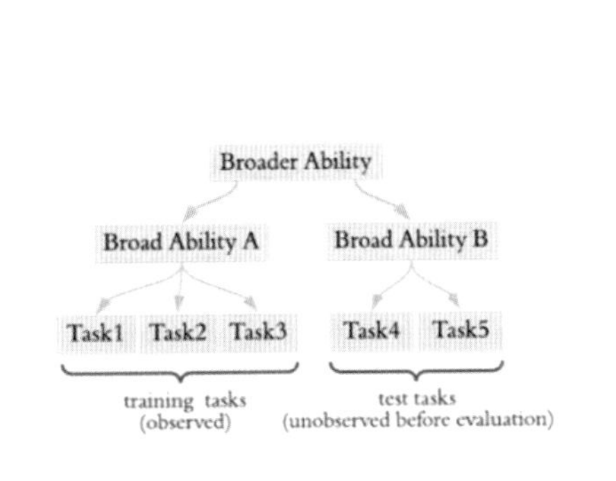

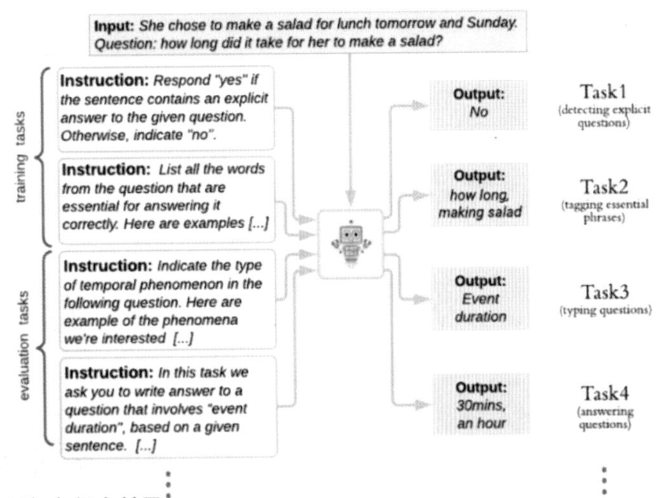

大幅提升了泛化能力，但是和人类的真实任务有很大差异。

图5 自然指令学习示意图

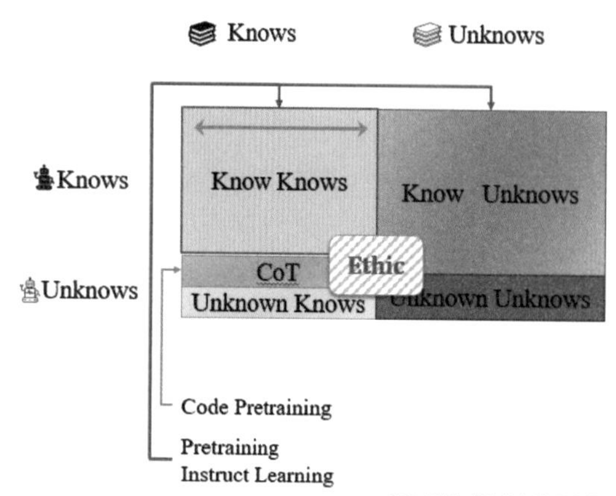

图7 构建对话式大型语言模型

- Know Knowns：LLM知道它知道的东西。
- Know Unknowns：LLM知道它不知道哪些东西。
- Unknow Knowns：LLM不知道它知道的东西。
- Unknow Unknowns：LLM不知道它不知道的东西。

ChatGPT通过更大规模的预训练，得到了更多的知识，即Knows范围扩大。

另外，ChatGPT还关注了伦理问题，通过类似解决Know Unknows的方式，利用人工标注和反馈，拒绝回答一些包含伦理问题的请求。

这里，我也分享一下国内首个对话式大型语言模型MOSS，从2023年2月21日发布至公开平台，便引起高度关注。“对话式大型语言模型MOSS大概有200亿参数。和传统的语言模型不一样，它也是通过与人类的交互能力进行迭代。”

MOSS为何会选择200亿参数，原因非常简单，它恰好具备涌现能力，与人对话的成本低。

MOSS基于公开的中英文数据训练，通过与人类交互进行能力迭代优化。目前MOSS收集了几百万真实人类对话数据，具有多轮交互的能力，所以对于指令的理解能力上和通用的语义理解能力上，与ChatGPT非常类似，任何话它都能接得住，但它的质量没有ChatGPT那么好，原因在于模型比较小，知识量不够。

ChatGPT 的局限性

为什么说ChatGPT对于学术上来说有一定的重要性，因为它不仅展示了通用人工智能的大框架，更是因为它可以接入多模态信息，增强思考能力、增加输出能力，从而变成更好的通用人工智能底座，可以在学术上带来更多应用。

相较于ChatGPT本身的能力而言，它的局限性相对较少，且都比较容易解决。图灵奖得主、人工智能三巨头之一Yann LeCun认为ChatGPT的缺点有以下几点。

- 目前形式有限。当前的ChatGPT仅局限于文本方向，但如前面所说，可以在上游使用一些多模态模型初步解决这个问题。
- 并不可控。目前已有不少报道通过各种方式解锁了模型的Ethic和部分Know Unknowns限制，但这部分可以通过更多的人工标注和对齐解决。
- 推理能力较差。通过思维链的方式，一定程度上可以增强模型推理能力。
- 无法与现实世界相接触。这也是目前ChatGPT最大的问题之一，作为大型语言模型，它无法实时与外部世界互动，也无法利用如计算器、数据库、搜索引擎等外部工具，导致它的知识也相对落后。

未来，它应该做到提高适时性、即时性、无害等。总的来说，如果将LLM作为智能体本身，能够与外部交互之后，这些模型的能力一定会有更大的提升。

但我们要始终保证，这些AI模型的模型可信、有助、无害、诚实。

邱锡鹏

复旦大学计算机学院教授，博士生导师，MOSS系统负责人。

ChatGPT类大语言模型为什么会带来“神奇”的涌现能力？

文 | 张俊林

如今，大语言模型已经彻底改变了自然语言处理（NLP）的研发现状。在新浪微博新技术研发负责人张俊林看来，增加语言模型的规模能够为一系列下游NLP任务带来更好的任务效果，当模型规模足够大的时候，大语言模型会出现涌现现象，也就是说突然具备了小模型不具备的很多能力。

什么是大模型的涌现能力

复杂系统中的涌现现象

复杂系统学科里已经对涌现现象做过很久的相关研究。那么，什么是“涌现现象”？通常一个复杂系统由很多微小个体构成，这些微小个体凑到一起相互作用，当数量足够多时，在宏观层面上展现出微观个体无法解释的特殊现象，就可以称之为“涌现现象”。

在日常生活中也有一些涌现现象（见图1），如雪花的形成、堵车、动物迁徙、涡流形成等。这里以雪花为例来解释：雪花的构成是水分子，水分子很小，但是大量的水分子如果在外界温度条件变化的前提下相互作用，在宏观层面就会形成一个很规律、很对称、很美丽的雪花。

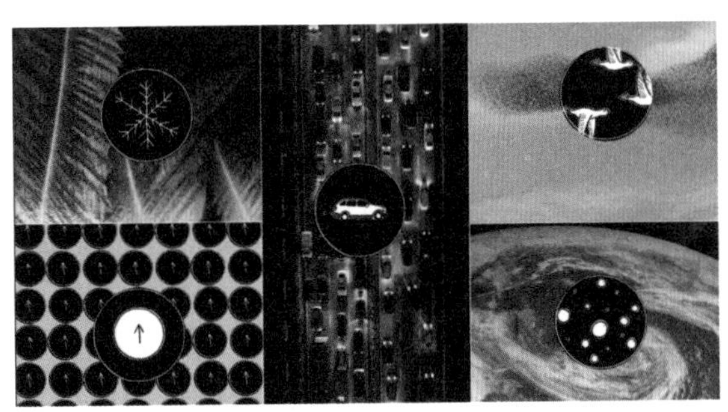

图1 生活中的涌现现象

那么问题是：超级大模型会不会出现涌现现象？显然我们很多人都知道答案：是会的。

先来看一下大语言模型的规模增长情况（见图2）。如果归纳下大语言模型在近两年里最大的技术进展，很有可能就是模型规模的快速增长。如今，大规模模型一般超过100B，即千亿参数。如Google发布的多模态具身视觉语言模型PaLM-E，由540B的PaLM文本模型和22B的VIT图像模型构成，两者集成处理多模态信息，所以它的总模型规模是566B。

大语言模型规模不断增长时，对下游任务有什么影响？

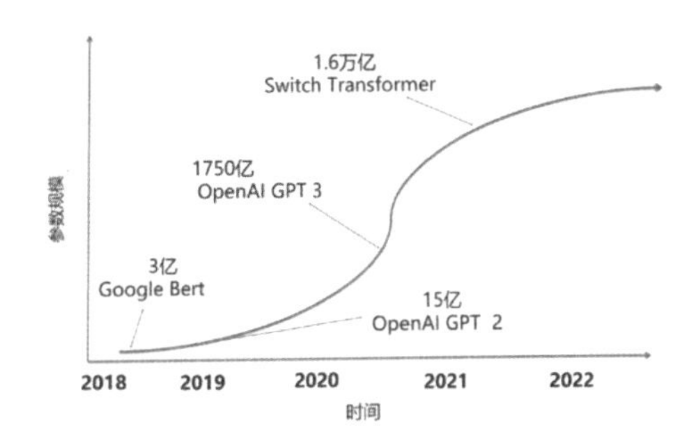

规模大的Large Language Model：

✓ GPT 3.0 :175B ✓ GPT 3.5:175B ✓ LaMDA:130B

✓ Gopher:280B ✓ PaLM:540B ✓ PaLM-E:566B

图2 大语言模型参数增长示意图

对于不同类型的任务，有三种不同的表现（见图3）。

第一类任务表现出伸缩法则：这类任务一般是知识密集型任务。随着模型规模的不断增长，任务效果也持续增长，说明这类任务对大模型中知识蕴涵的数量要求较高。

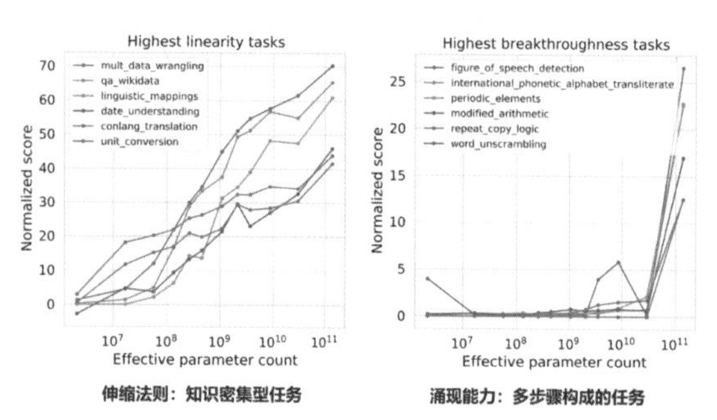

图3 下游任务表现

第二类任务表现出涌现能力：这类任务一般是由多步骤构成的复杂任务。只有当模型规模大到一定程度时，效果才会急剧增长，在模型规模小于某个临界值之前，模型基本不具备任务解决能力。这就是典型的涌现能力的体现。这类任务呈现出一种共性：大多数是由多步骤构成的复杂任务。

第三类任务数量较少，随着模型规模增长，任务效果呈现出一个U形曲线。如图4所示，随着模型规模增长，刚开始模型效果会呈下降趋势，但当模型规模足够大时，效果反而会提升。如果对这类任务使用思维链CoT技术，这些任务的表现就会转化成伸缩法则，效果也会随着模型规模增长而持续上升。因此，模型规模增长是必然趋势，当推进大模型规模不断增长的时候，涌现能力的出现会让任务的效果更加出色。

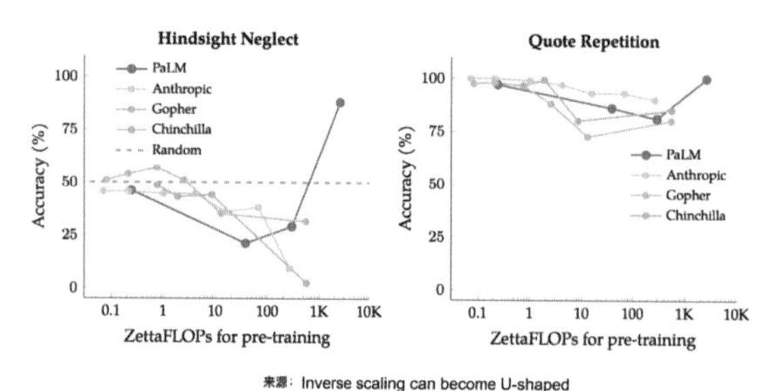

图4 U形曲线

LLM表现出的涌现现象

目前有两大类被认为具有涌现能力的任务，第一类是 In Context Learning（“Few-Shot Prompt”），用户给出几个例子，大模型不需要调整模型参数，就能够处理好任务（参考图5给出的情感计算的例子）。

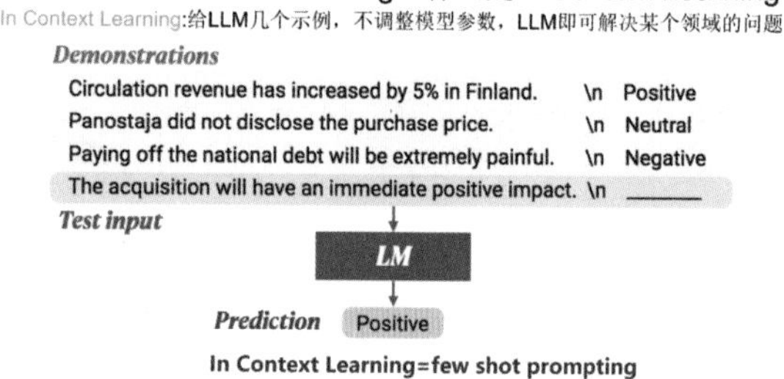

图5 涌现现象

如图6所示，利用In Context Learning，已经发现在各种类型的下游任务中，大语言模型都出现了涌现现象，体现在模型规模不够大的时候，各种任务都处理不好，但是当跨过某个模型大小临界值的时候，大模型就突然能比较好地处理这些任务。

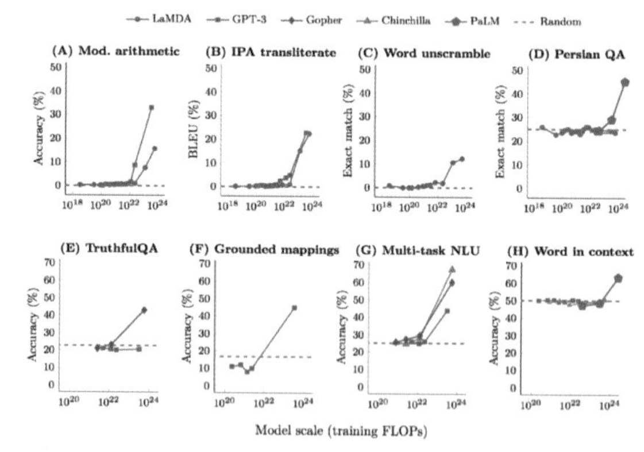

图6 In Context Learning涌现能力

第二类具备涌现现象的技术是思维链CoT。CoT本质上是一种特殊Few Shot Prompt，也就是说对于某个复杂的比如推理问题，用户把一步一步的推导过程写出来，

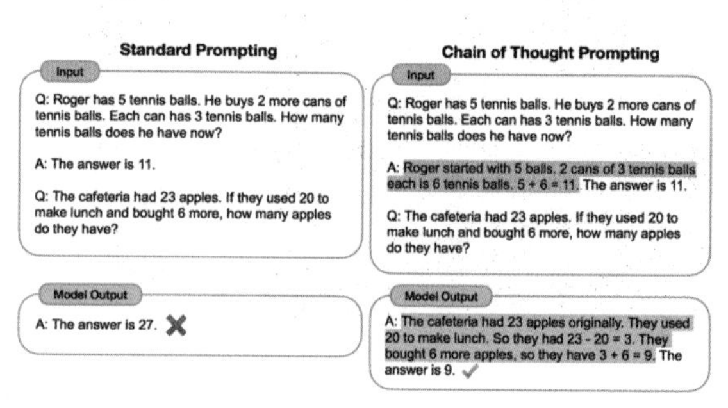

图7 什么是思维链

并提供给大语言模型（如图7蓝色文字内容所示），这样大语言模型就能做一些相对复杂的推理任务。

从图8可以看出，无论是数学问题还是符号推理问题，CoT 都具备涌现能力。

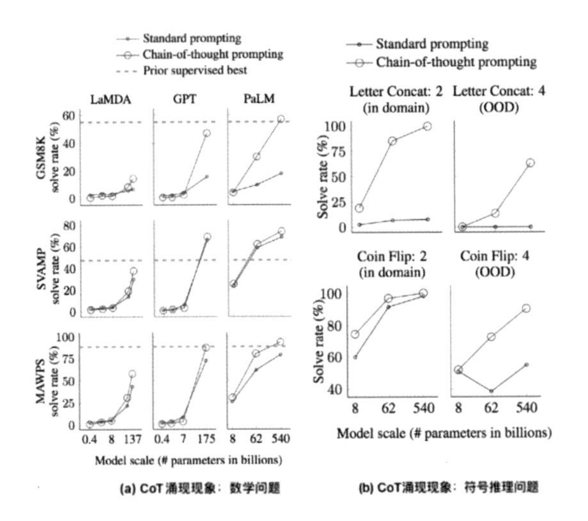

图8 思维链的涌现能力

除此之外，其他任务也有涌现能力，如图9所示的数学多位数加法、命令理解等。

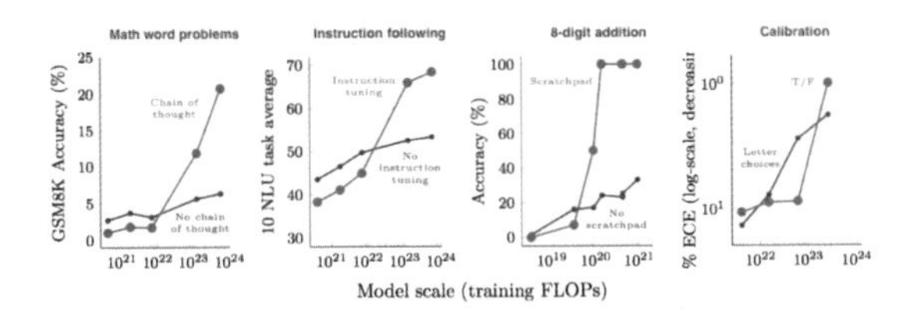

图9 其他涌现能力

LLM模型规模和涌现能力的关系

可以看出，涌现能力和模型的规模大小有一定的关联关系。那么，我们的问题是，具体而言，两者是怎样的关系呢？

图10展示了对于不同类型的具体任务，In Context Learning 的涌现能力和模型规模的对照关系。

从图10中数据可以看出，我们很难给出一个唯一的模型大小数值。不同类型的任务，在In Context Learning方面，模型多大才具备涌现能力，这跟具体的任务有一定的绑定关系。例如，图10表第一行的3位数加法任务，模型只要达到13B（130亿参数），就可以具备涌现能力，但是对倒数第二行的Word in Context（WiC）benchmark任务而言，目前证明，只有540B大小的模型才可以做到这一点。我们只能说，就In Context Learning而言，如果模型达到100B，大多数任务可以具备涌现能力。

	Emergent scale			
	Train. FLOPs	Params.	Model	Reference
Few-shot prompting abilities				
• Addition/subtraction (3 digit)	2.3E+22	13B	GPT-3	Brown et al. (2020)
• Addition/subtraction (4-5 digit)	3.1E+23	175B		
• MMLU Benchmark (57 topic avg.)	3.1E+23	175B	GPT-3	Hendrycks et al. (2021a)
• Toxicity classification (CivilComments)	1.3E+22	7.1B	Gopher	Rae et al. (2021)
• Truthfulness (Truthful QA)	5.0E+23	280B		
• MMLU Benchmark (26 topics)	5.0E+23	280B		
• Grounded conceptual mappings	3.1E+23	175B	GPT-3	Patel & Pavlick (2022)
• MMLU Benchmark (30 topics)	5.0E+23	70B	Chinchilla	Hoffmann et al. (2022)
• Word in Context (WiC) benchmark	2.5E+24	540B	PaLM	Chowdhery et al. (2022)
• Many BIG-Bench tasks (see Appendix E)	Many	Many	Many	BIG-Bench (2022)

图10 In Context Learning和模型规模的关系

对于CoT来说，结论也是类似的（见图11），也就是说要想出现涌现能力，模型规模大小和具体任务有一定的绑定关系。

与具体任务 / 具体模型相关：有些任务40M即可，有些任务需要达到280B，大部分需要达到50B

	Emergent scale			
	Train. FLOPs	Params.	Model	Reference
Augmented prompting abilities				
• Instruction following (finetuning)	1.3E+23	68B	FLAN	Wei et al. (2022a)
• Scratchpad: 8-digit addition (finetuning)	8.9E+19	40M	LaMDA	Nye et al. (2021)
• Using open-book knowledge for fact checking	1.3E+22	7.1B	Gopher	Rae et al. (2021)
• Chain-of-thought: Math word problems	1.3E+23	68B	LaMDA	Wei et al. (2022b)
• Chain-of-thought: StrategyQA	2.9E+23	62B	PaLM	Chowdhery et al. (2022)
• Differentiable search index	3.3E+22	11B	T5	Tay et al. (2022b)
• Self-consistency decoding	1.3E+23	68B	LaMDA	Wang et al. (2022b)
• Leveraging explanations in prompting	5.0E+23	280B	Gopher	Lampinen et al. (2022)
• Least-to-most prompting	3.1E+23	175B	GPT-3	Zhou et al. (2022)
• Zero-shot chain-of-thought reasoning	3.1E+23	175B	GPT-3	Kojima et al. (2022)
• Calibration via P(True)	2.6E+23	52B	Anthropic	Kadavath et al. (2022)
• Multilingual chain-of-thought reasoning	2.9E+23	62B	PaLM	Shi et al. (2022)
• Ask me anything prompting	1.4E+22	6B	EleutherAI	Arora et al. (2022)

图11 CoT等其他涌现能力

把模型做小会影响LLM的涌现能力吗？

因为对很多任务来说，只有模型规模做到比较大，才能具备涌现能力，所以我个人比较关心下列问题：我们能不能把模型做小？把模型做小是否会影响到LLM的涌现能力？这是一个很有趣的问题。我们这里拿两个小模型代表来探讨这个问题。

第一个小模型代表是DeepMind 2021年发表的模型Chinchilla，这个模型目前做各种任务的效果，和540B大小的PaLM基本相当。Chinchilla的思路是给更多的数据，但把模型规模做小。具体而言，它对标的是Gopher模型，Chinchilla模型大小只有70B，是Gopher的1/4，但付出的代价是训练数据总量是Gopher的4倍，所以基本思路是通过放大训练数据量来缩小模型规模。

我们把Chinchilla规模做小了，问题是它还具备涌现能力吗？从图12给出的数据可以看出，起码我们可以说，Chinchilla在自然语言处理的综合任务MMLU上是具备涌现能力的。如果小模型也能具备涌现能力，那么这其实侧面反映了一个问题：对于类似GPT-3这样的模型而言，很可能其175B这么多的模型参数，并没有被充分利用。因此，我们在以后训练模型的时候，可以考虑先增加训练数据，降低模型参数量，把模型做小，先把模型参数利用充分，在这个基础上，再继续增加数据，并推大模型规模。也就是说，目前看，我们先把模型做小，再把模型做大，看上去是可行的。

Chinchilla：DeepMind发布于2021年的LLM，SOTA性能，模型规模70B，训练数据量1400B

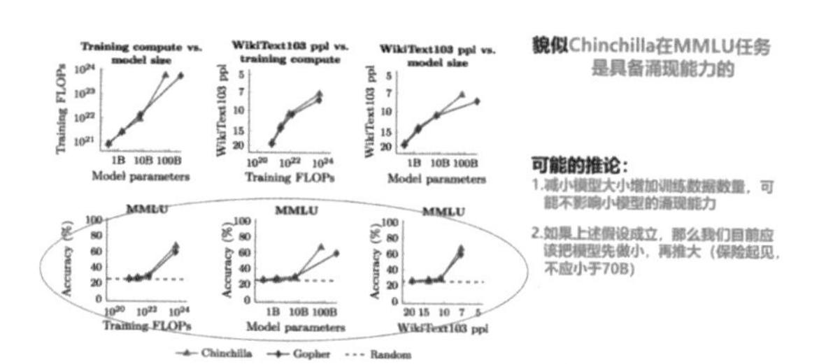

图12 小模型代表Chinchilla

第二个小模型代表是Meta发布的开源模型LLaMA，它的做法其实很好理解，本质上就是开源的Chinchilla，它的思路是完全遵照Chinchilla来做的，也就是说增加训练数据，但把模型规模做小。那么LLaMA是否具备涌现能力呢？从图13表格数据可以看出，虽然LLaMA在MMLU任务上比Chinchilla稍差一些，但效果也不错。这说明LLaMA在MMLU上基本也是具备涌现能力的。

LLaMA：Meta发布的开源LLM，规模从7B到65B，本质上是开源的Chinchilla

		Humanities	STEM	Social Sciences	Other	Average
GPT-NeoX	20B	29.8	34.9	33.7	37.7	33.6
GPT-3	175B	40.8	36.7	50.4	48.8	43.9
Gopher	280B	56.2	47.4	71.9	66.1	60.0
Chinchilla	70B	63.6	54.9	79.3	**73.9**	67.5
	8B	25.6	23.8	24.1	27.8	25.4
PaLM	62B	59.5	41.9	62.7	55.8	53.7
	540B	**77.0**	**55.6**	**81.0**	69.6	**69.3**
	7B	34.0	30.5	38.3	38.1	35.1
LLaMA	13B	45.0	35.8	53.8	53.3	46.9
	33B	55.8	46.0	66.7	63.4	57.8
	65B	61.8	51.7	72.9	67.4	63.4

貌似LLaMA在MMLU任务也是具备涌现能力的

效果比Chinchilla略好些 +1.8

因为涌现能力跟任务相关
所以可能需要对更多任务评估

图13 小模型代表LLaMA

其实，有个工作目前还没有看到有人做，就是充分测试当模型变得足够小（如10～50B规模）以后，各种任务的涌现能力是否还具备？因为如果我们的结论是即使把模型规模做小，各种任务的涌现能力可以保持，那么我们就可以放心地先追求把模型做小。

模型训练中的顿悟现象

现在有介绍一个比较新的研究方向，顿悟现象，英文叫“Grokking”。在这里介绍模型训练过程中的顿悟，目的是希望建立起它和大模型涌现能力之间的联系，我在本文后面会尝试用顿悟现象来解释大模型的涌现能力。

首先解释一下什么是顿悟现象。如图14所示，对于一个训练数据较少的数学任务（通常是数字求和取余数的问题），研究人员发现一种新奇的现象。比如将数据集切成两块，50%的数据作为训练集（图中红线展示了随着训练过程往后走，任务指标的变化情况），50%的数据作为验证集（图中绿线的走势展示了训练动态）。在学习数字求和取余这个任务时，它的训练动态会经历三个阶段。

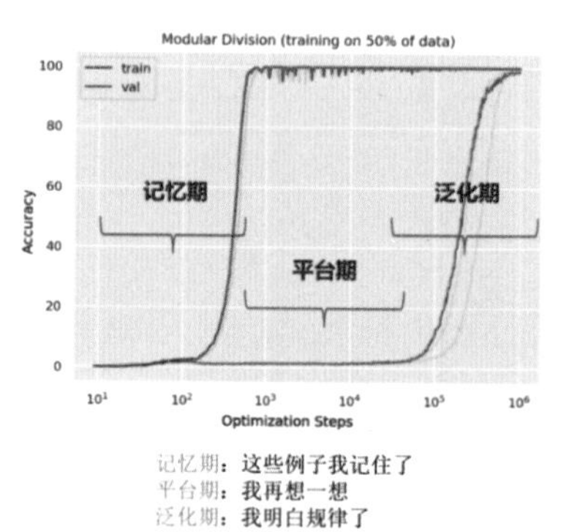

图14 顿悟现象（Grokking）

第一个阶段是记忆期。红线对应的训练数据指标突然走高，代表模型记住了50%的训练数据的结果，而绿线对应的验证集指标接近0，说明模型完全没有泛化能力，也就是说没有学会这个任务的规律。所以这个阶段模型只是在单纯地记忆训练数据。

第二个阶段是平台期。这个阶段是记忆期的延续，体现为验证集合效果仍然很差，说明模型仍然没有学会规律。

第三个阶段是泛化期。这个阶段验证集合效果突然变好，这说明突然之间，模型学会了任务里的规律，也就是我们说的，出现了顿悟现象，突然就学明白了。

后续研究表明：Grokking本质上是在学习输入数字的一个好的表征。如图15所示，可以看到由初始化向记忆期再到顿悟现象出现的过程，数字的表征逐步开始体现当前学习任务的任务结构。

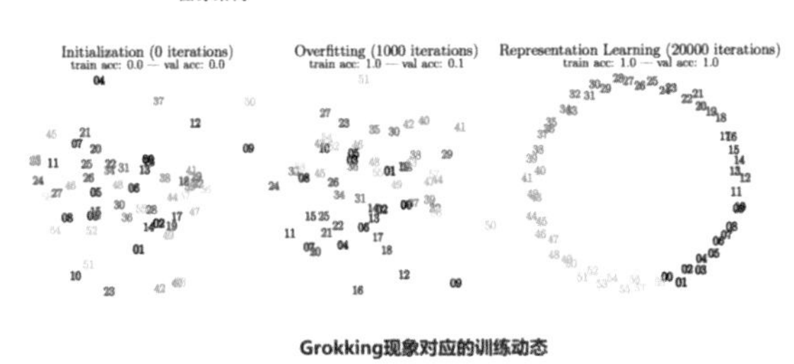

图15 Grokking的泛化

那么，我们能用Grokking来解释大模型的涌现现象吗？目前，有部分研究暗示两者实际是存在某些关联的，但尚未有研究明确地指出两者之间的关系。两者从走势曲线看是非常接近的，但有很大区别，因为Grokking描述的是模型训练动态中的表现，而涌现表达的是模型规模变化时的任务表现，虽然走势相近，但两者不是一回事。我认为，要想用Grokking解释涌现现象，核心是要解释清楚下列问题：为什么规模小的语言模型不会出现Grokking？这是一个很关键的问题。因为如果规模小和规模大的语言模型都会出现Grokking，那么说明Grokking和模型规模无关，也就不可能用来解释大模型的涌现现象。本文后面会给出一个自己的猜想，来建立两者之间的联系。

LLM涌现能力的可能原因

为什么随着模型增大会出现涌现现象？这里给出三种猜想。前两种是现有文献提出的，第三种是我试图采用Grokking来解释涌现现象的猜想。

猜想一：任务的评价指标不够平滑

一种猜想是因为很多任务的评价指标不够平滑，导致我们现在看到的涌现现象。关于这一点，我们拿Emoji_movie任务来给出解释。Emoji_movie任务是说输入Emoji图像，要求LLM给出完全正确的电影名称，只有一字不错才算正确，错一个单词都算错。如图16所示，输入的Emoji是一个女孩的笑脸，后面跟着三张鱼类的图片，您可以猜猜这是什么电影。下面左侧的2m代表模型参数规模是200万参数，以及对应模型给出的回答。可以看出，随着模型规模不断增大至128B时，LLM才能完全猜对电影名称，但在模型到了125M和4B时，其实模型已经慢慢开始接近正确答案。

Q: What movie does this emoji describe?
2m: i'm a fan of the same name, but i'm not sure if it's a good idea
16m: the movie is a movie about a man who is a man who is a man …
53m: the emoji movie
125m: it's a movie about a girl who is a little girl
244m: the emoji movie
422m: the emoji movie
1b: the emoji movie
2b: the emoji movie
4b: the emoji for a baby with a fish in its mouth
8b: the emoji movie
27b: the emoji is a fish
128b: finding nemo

例子:finding nemo(海底总动员)

图16 任务的评价指标不够平滑

如果评价指标要求很严格，要求一字不错才算对，那么我们就会看到Emoji_movie任务涌现现象的出现，如图17(a)所示。但如果我们把问题形式换成多选题，就是给出几个候选答案，让LLM选，那么随着模型不断增大，任务效果在持续稳定变好，但涌现现象消失，如图17(b)所示。这说明评价指标不够平滑，起码是一部分任务看到涌现现象的原因。

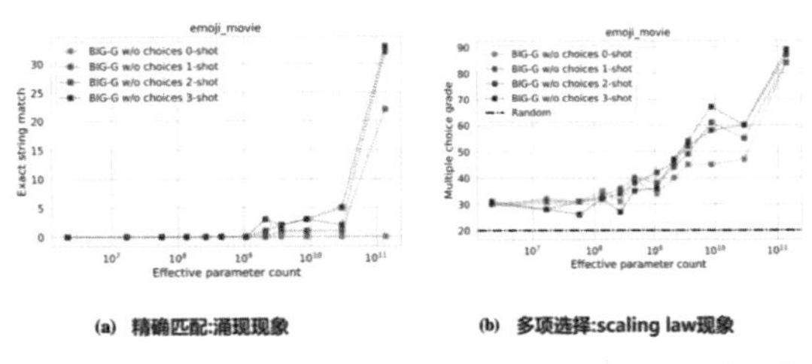

图17 精准匹配与多项选择

猜想二：复杂任务 vs 子任务

开始的时候我们提到过，展现出涌现现象的任务有一个共性，就是任务往往是由多个子任务构成的复杂任务。也就是说，最终任务过于复杂，如果仔细分析，可以看出它由多个子任务构成，这时候，子任务效果往往随着模型增大，符合Scaling Law，而最终任务则体现为涌现现象。这其实好理解，比如我们假设某个任务T有5个子任务Sub-T构成，每个Sub-T随着模型增长，指标从40%提升到60%，但最终任务的指标只从1.1% 提升到了7%，也就是说宏观上看到了涌现现象，但子任务效果其实是平滑增长的。

我们拿下国际象棋任务来作为例子，如图18所示，让语言模型预测下一步，最终评价指标是只有“将死”才算赢。如果按“将死”评估（红线），发现随着模型增大，模型在缓慢上升，符合涌现的表现。若评估LLM合法移动（绿线），而在合法的移动步骤里进行正确选择，才可以实现最后“将死”是一个子任务，所以其实这是比“将死”简单的一个子任务。我们看合法移动随着模型规模，效果持续上升。此时，我们是看不到涌现现象的。

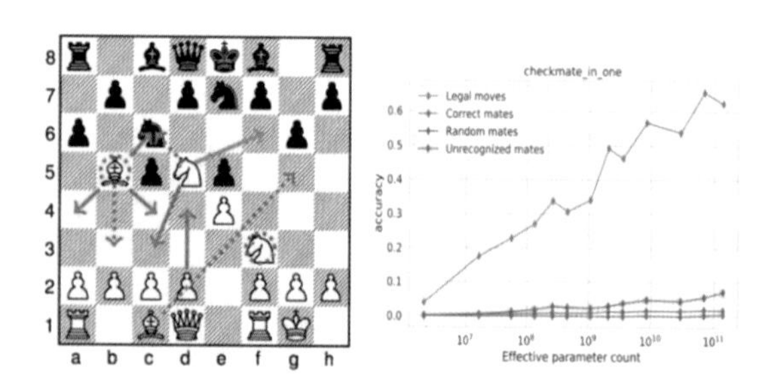

(a) 国际象棋:合法移动 vs 将死 (b) 合法移动：Scaling Law vs 将死：涌现

图18 复杂任务 vs 子任务

这里可以给出一个例证，如图19所示，对于CoT任务，谷歌用62B和540B模型对LLM做错的例子进行了错误分析。对于62B做错而540B做对的例子分析，可以看出，最多的一类错误来自单步推理错误，这其实也能侧面说明复杂任务和子任务的关系。

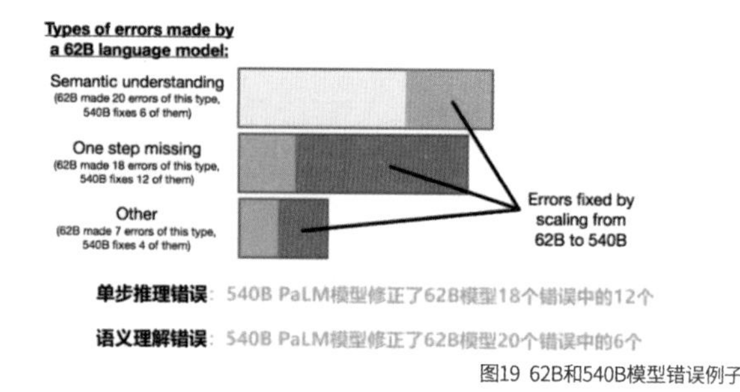

图19 62B和540B模型错误例子

猜想三：用Grokking来解释涌现

这里介绍我设想的如何用Grokking来解释涌现现象的一种猜想，在建立两者之间关系前，先来看两个已知的事实，然后在事实基础上作出推论。

首先，第一个事实是Grokking现象是描述训练数据量较少的ML任务的，但任务最小训练数据量必须达到一定的量，才会出现Grokking现象。这里有两点，一个是本身训练数据量少，另外是最小数据量要达到临界值。只有同时满足上面两个条件，才有可能出现Grokking现象。图20的意思是：当我们只拿40%及以下比例的数据来训练模型时，我们看不到Grokking现象，只有记忆没有泛化，而只有最小训练数据比例超过40%，才会出现模型的顿悟。这是一个已被验证的事实。

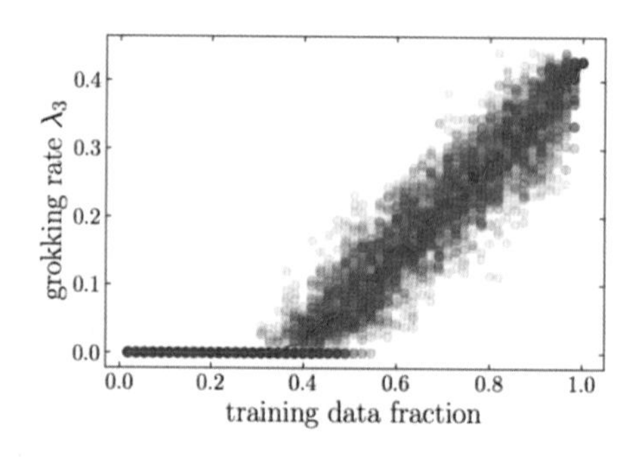

图20 用Grokking解释涌现

第二个事实（见图21）是LLM模型规模越大，记忆数据的能力越强。关于这一点目前有很多研究已经可以证明，可以简单理解为：对于某个任务T，假设预训练数据里包含与任务T相关的训练数据量有100条，那么大模

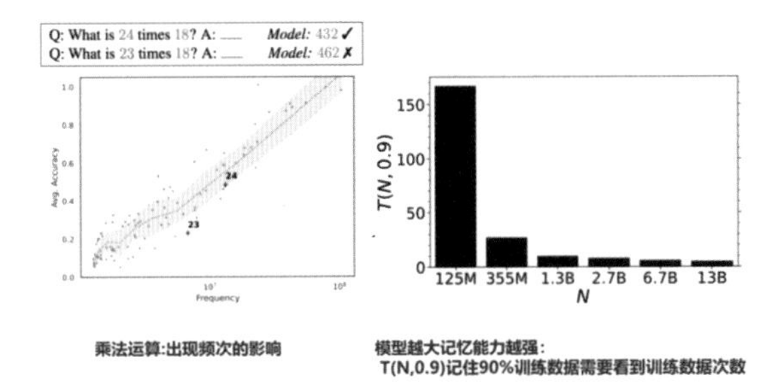

图21 LLM模型规模越大，记忆数据的能力越强

型可以记住其中的70条，而小模型可能只能记住30条。虽不精确，但大概是这个意思。

在上面的两个事实基础上，我们试图来用Grokking解释大模型的涌现现象。首先我们给出一个简单的解释，这个解释只需要利用第一个事实即可，也就是说，任务的最少训练数据量需要达到临界值，才会出现Grokking。在这个事实下，对于某个任务T，尽管我们看到的预训练数据总量是巨大的，但与T相关的训练数据其实数量很少。当我们推大模型规模时，往往会伴随着增加预训练数据的数据量操作，这样，当模型规模达到某个点时，与任务T相关的数据量突然就达到了最小要求临界点，于是我们就看到这个任务产生了Grokking现象。在语言模型的宏观角度，看起来就是模型达到了某个规模，任务T效果就突然开始变好，而模型规模较小的时候，因为没有达到临界值，所以一直没有Grokking现象，看起来就是语言模型没有这个能力。这是一种可以从Grokking角度解释大模型涌现现象的可能。

图22这个猜想其实有个约束条件，因为我们假设：随着模型规模增大，训练数据量也在增大。如果这个假设不存在，也就是说，随着模型规模增大，我们固定住训练数据量不变。那么，这种情况下，怎么能用Grokking解释涌现现象呢？此时如果同时利用前文所述事实1和事实2，也可以给出一个解释。更具体来说，我们假设在预训练数据中，某个任务T有100个训练数据，当模型规模小的时候其可能只记得30个，达不到Grokking现象的临界点，而当模型规模推大时，因为模型记忆能力增强，可能就能记住其中的50个，这意味着它可能超过了Grokking的临界点，于是会出现Grokking里面的泛化现象。因此我们也可以从Grokking角度来解释为何只有大模型才会具备涌现现象。

问题：为什么当模型规模变大后，有些任务会出现涌现现象？

简单的解释：只利用事实1即可，就是说Grokking的出现要求：最少数据量需要达到阈值

↓

某个任务T，尽管LLM总的训练数据量是足够大的，但是具体到任务T本身，相关数据量其实很少

↓

大规模LLM相对规模小些的LLM来说，增加了训练数据量，所以任务T的训练数据量增加，达到最小阈值

↓

对于任务T来说，当LLM规模达到某个值→T的训练数据超过特定值→发生Grokking→学会规律→效果变好

图22 对模型规模与涌现现象关系的猜想

张俊林

中国中文信息学会理事，目前是新浪微博新技术研发负责人。博士毕业于中国科学院软件研究所，主要的专业兴趣集中在自然语言处理及推荐搜索等方向，喜欢新技术并乐于做技术分享，著有《这就是搜索引擎》《大数据日知录》，广受读者好评。

大模型推理优化及应用实践

文 | 王志鹏

大模型算法能力提升的背后，离不开大数据和大算力的关键支撑。本文作者从算力供应者的视角，分享了对大模型的演进与未来趋势、机会的思考与判断，并基于此带来了昆仑芯在大模型场景的推理优化技术与落地经验。

大模型趋势下的核心算力需求

大模型最早来源于NLP领域，主要指基于Transformer结构的大语言模型（Large Language Model，LLM）。随着规模的不断增大，LLM具备了较强的语义理解、文本生成能力和一定的逻辑推理等能力，不仅统一了NLP领域的各项下游子任务，更进一步渗透到了图像、视频、语音和多模态领域，已经展现出一定程度通用人工智能（AGI）的潜质。

大语言模型：迈向通用人工智能的关键路径

大语言模型本质上依然是语言模型。语言模型的定义非常简单，即根据输入的文本，语言模型会预测下一个字出现的概率，通过不断循环预测完成整句输出。然而，语言模型技术已发展多年，但为什么直到ChatGPT的出现，它才真正做到基于一个大模型即可完成众多下游任务，且已超过传统NLP算法的SOTA效果？

这就不得不提到大语言模型背后——通用人工智能能力的涌现。

当前在业界我们看到的典型大模型，在模型规模和训练计算量达到一定阈值后，在多个下游任务测评项目中，模型精度都会发生突变和跃迁，具备了小模型所不具备的一些能力，如情境学习和思维链等，模型泛化能力也得到极大增强。这使得用大语言模型统一解决各类下游任务，成为一种新AI应用生产范式。

统一大模型：下游任务生产范式的变革

NLP下游任务的生产范式经历了三次重大变革（见图1）。

第一阶段：2010—2018，各类任务各自为战，有自己专长的模型结构和训练方法。

第二阶段：2019至今，统一预训练模型+微调，各类任务在预训练模型的基础上，增加独立的微调任务。

第三阶段：2020至今，大语言模型LLM依托强大的泛化能力，统一解决各类问题。

在当前这轮范式变革中，产业链上各环节的从业者，都将面临重大变化。

从芯片行业的关注视角来看，通用人工智能具备情境学习和指令学习等能力，其中最重要的小样本学习（Few-Shot Learning）和零样本学习（Zero-Shot Learning）能力，已经在很多场景中替代了微调（Fine Tune），成为生产NLP下游任务的新范式。

从算法工程师的角度看，在大模型出现之前，一个15～20人的算法团队，每位同学都在NLP完整业务中负责几个

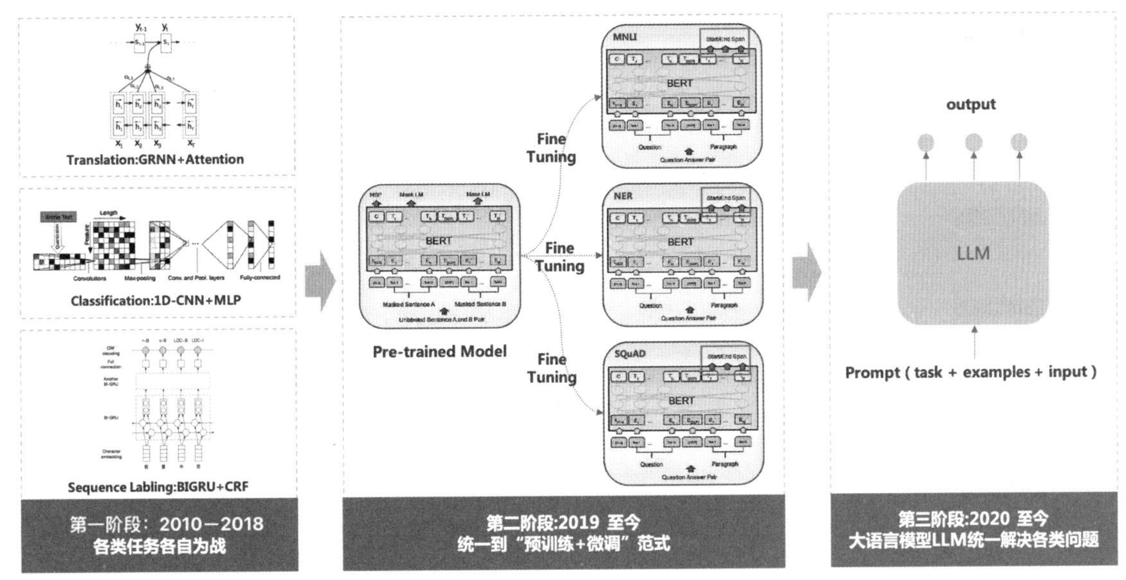

图1 NLP下游任务生产范式的变革

小模型的训练、精调、数据优化，甚至模型结构的调整。随着大模型的出现，算法调优的工作不再被需要。

从芯片供应商角度看，最大的变化是什么？以前，我们需要面对Finetuning后的上百个小模型，进行部署、性能优化和工程适配等工作。而接下来，则需要首先重点关注大模型的核心需求。

因此，无论是产业链哪个环节的从业者，大家都需要快速调整心态，并拥抱大模型带来的变化。

大模型底座核心算力需求：单一超大规模的Scale能力

AI基础设施的算力、算法已经呈现出新的“摩尔定律”，即在相同算力下能训练生产更优质的模型，同时最先进的AI模型约每几个月算力需求就会扩大一倍。以谷歌的LLM为例（见图2），2022年发布的PaLM，相比2019年发布的BERT，参数规模增长1,800倍，算力需求增长了1,152倍。

由于AI生产范式的革命性变革，AI算力的技术栈也在发生根本性的改变，如图3所示，以往AI芯片软件，需要面对无数小模型+变种需求，后续则有可能只用面对较为集中的基于Transformer结构的单一大模型。

从算力角度观察，底座大模型的发展趋势有两个主要特点：

- 模型的参数规模、模型算力的需求持续增大。
- 模型结构高度统一，如GPT系列就始终是Transformer Decoder的结构。

总结来看，大模型趋势下的核心算力需求就是单一超大模型的Scale能力。

大模型推理优化实践

围绕大模型，我们的推理优化思路分三步。

第一步，单卡基建。先解决单卡层面模型的适配和软件基建，这一步基本搞定了百亿体量在单卡模型上的推理，而且性能非常好，为千亿推理打好了基础。

第二步，分布式基建。基于单卡基建，把百亿模型的推理快速Scale到千亿模型部署，其中会用到很多并行推理技术。

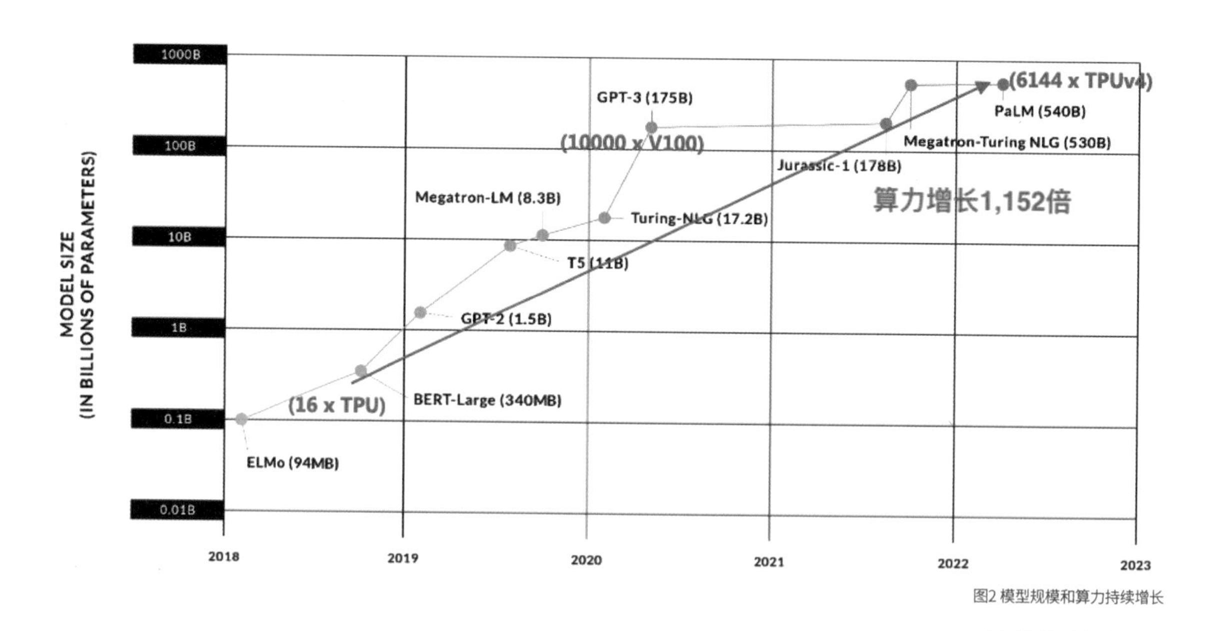

图2 模型规模和算力持续增长

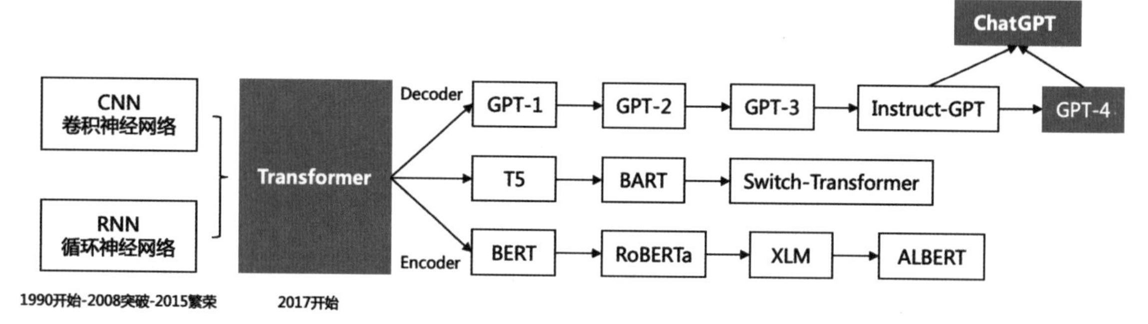

图3 模型结构演进

第三步，深入场景优化。在大规模真实部署落地的过程中，深入场景的优化才能真正帮助客户节省成本。

以下将围绕这三步策略展开介绍。

单卡基建：支持百亿模型推理

单卡基建，核心是围绕Transformer Decoder做深入优化。由于Transformer Decoder模型的特殊性，它的自回归循环结构，对底层AI软硬件带来了一系列技术挑战：

- 循环计算和缓存管理等，会增加推理引擎的集成成本。
- 循环自回归计算，会出现大量小规模算子，需要针对性优化。
- 自回归解码过程中，存在大量重复计算，导致性能低下。

基于以上问题，如图4所示，我们在技术路径上直接采用大算子合并的实现方案，早期先剥离于主流框架，在我们自身硬件上快速迭代优化，优化后的性能较初始版本收益提升5倍以上，同时峰值显存占用减少了30%。

详细来看，首先，针对Decoding结构，我们采用了以下几项优化技术。

- 标准图层面优化：子图融合&显存压缩。通过子图匹配，模式自动识别，将自回归逻辑从静态图小算子结构融合到Fusion结构中，大幅减少Kernel Launch和数据搬运开销。通过实施Layer内和Layer间的显存复用技术，压缩显存峰值需求30%以上。

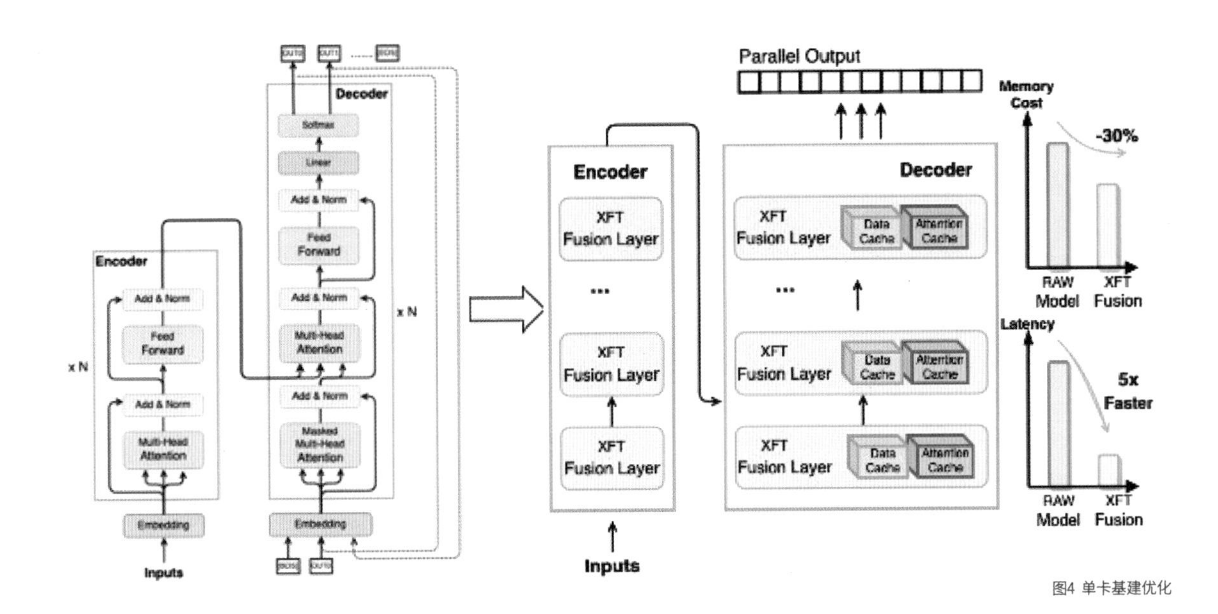

图4 单卡基建优化

- 自动AutoTune。AutoTune是一种自动化参数选取机制，根据具体算子的不同参数配置和输入数据规模，针对性地制定出不同的数据分块策略，并逐一尝试运行，再根据Kernel运行的实际时长，将当前输入规模下最优的策略缓存在文件系统或内存中，在正式运行时，自动选取最优的数据分块策略。
- Attention优化。生成类场景下，超长序列Attention类算子会带来巨大的算力消耗，通常在端到端耗时中占比很大，需要做针对性优化。具体动作包括：数据切片，充分利用高速缓存，减少数据搬运，提高计算访存比；计算拆分，利用数学公式等价替换计算方式，将关键计算步骤拆分到不同算力部件，充分发挥硬件性能；利用流水线技术，相互掩盖，降低时延，提升吞吐性能，同时提高硬件利用率。

其次，针对Transformer Decoder这一类特殊的模型，我们设计了一个K/V_cache。Cache复用的基本原理是用空间换时间，通过存储自回归过程中的中间结果，有效避免Decoder结构中的冗余计算和冗余空间使用，用少量的显存额外开销，换来性能的显著提升。

这一系列优化做完，我们在百亿模型场景下的基建已经基本完成。

分布式基建：支持千亿模型推理

完成第一步单卡基建后，第二步的目标是扩展到支持千亿模型，典型如GPT系列大模型。

支持千亿模型推理的第一个挑战就是显存。很多业内主流大模型，目前都用单机8卡的高端训练卡来完成。这是因为训练卡单卡的显存最大有80GB，但当前市面上主流推理卡的显存很多是24GB。

为了解决显存不足的问题，必须依赖并行推理技术，思路是把一个大的模型参数分布式存放在不同的卡上，然后进行分布式计算，在计算过程中加入数据通信，最后完成大模型的推理过程。

并行推理技术中较为常用的是张量（Tensor）并行和流水线（Pipeline）并行。两种并行技术都是通过切分参数，将模型参数分布式存储在多个设备上，区别在于切分发生的位置。

第一类是张量并行，如图5所示，参数切分发生在层内，将每个层分布式存储在多个设备上。实现难度较低，在千亿的场景下，能较好地降低推理时延，可以应用在在线推理场景中。缺点是每个层都会出现同步的通信开销，对卡间通信的性能要求较高。

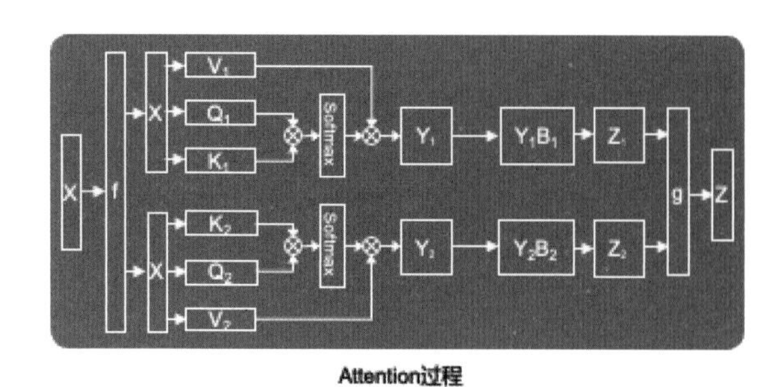

Attention过程

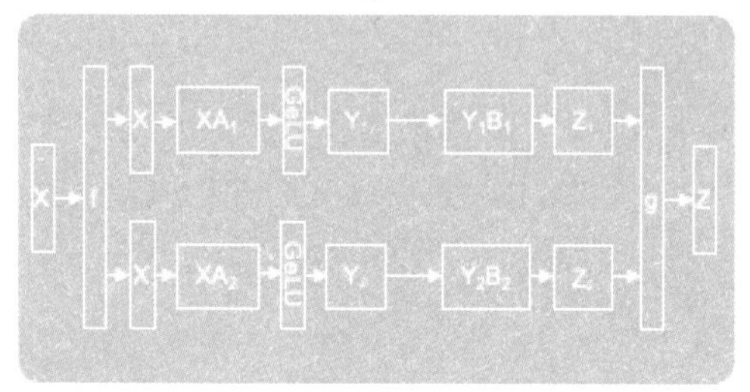

MLP过程

图5 张量并行逻辑

第二类是流水线并行，如图6所示，它的参数切分发生在层间，将若干层分布式存储在多个设备上。优点是通信数据量更小，可以增大Batch Size（批大小，一次训练所选取的样本数），提升整体吞吐。但缺点也非常明显，那就是推理的时延会增长特别多，可以考虑应用在离线推理的场景。

DecoderLayer.1

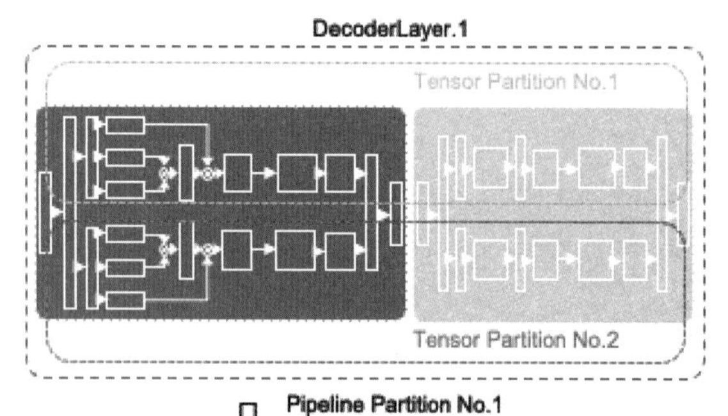

Pipeline Partition No.1

DecoderLayer.2

Tensor Partition No.1

Tensor Partition No.2

Pipeline Partition No.2

图6 流水线并行逻辑

底层通信库优化，也是分布式基建的重要工作之一。大模型推理和训练在需求层面的不同，决定了底层通信库优化方向的不同。大模型推理非常看重时延，而训练更看中整体的吞吐。在大模型的实测中，推理过程的数据交互频次非常高，但单次交互数据量很小，只有十KB到几十KB，而对训练来说则相反。

做完分布式推理的基建后，整机单机多卡系统已经可以放下千亿级别的大模型。

深入场景优化：实现大规模产业落地的关键

在完成单卡及分布式基建后，接下来的工作是真正深入业务场景，在真实的数据集上做进一步优化。这里选择两类典型的深入场景优化技术（见图7）。

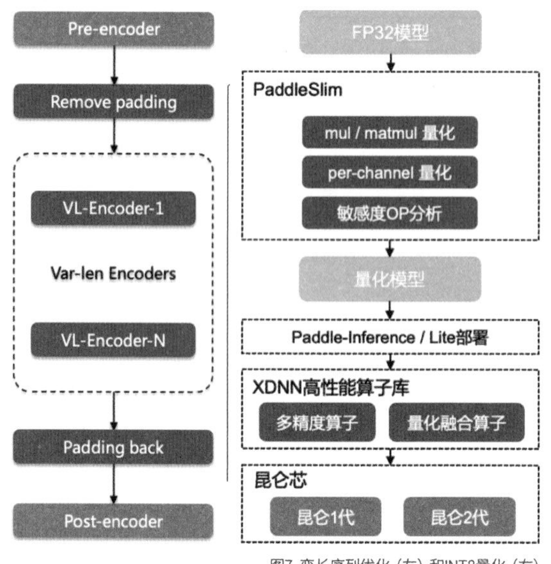

图7 变长序列优化（左）和INT8量化（右）

第一类是变长序列优化。推理场景下，模型的输入数据Shape是多变的：

- Batch Size：每次请求不同，一般为1～128。
- Max Sequence Length：每次请求不同，一般为1～512。
- Sequence Padding：每条样本不同。

什	么	是	Padding	[PAD]	[PAD]	[PAD]	[PAD]	[PAD]	[PAD]	[PAD]	[PAD]
Padding	是	将	短	句	填	充	到	最	长	序	列
怎	么	消	除	[PAD]	[PAD]	[PAD]	[PAD]	[PAD]	[PAD]	[PAD]	[PAD]
请	看	下	文	[PAD]	[PAD]	[PAD]	[PAD]	[PAD]	[PAD]	[PAD]	[PAD]

送入模型计算前，会统一用“0”填充到Batch Size x Max Sequence Length大小。

由于填充的是无效数据，就会在推理时引入一定比例的无效计算。

- 填充率（Padding Rate）一般在30%～60%，以SQuAD 1.1数据集为例，在Seq=256，BS=32下的Padding Rate=34%。
- Batch Size越大，Max Sequence Length越长，Padding Rate越高，上面例子的Padding Rate达到了50%。

在很多真实数据业务场景下，变长序列优化后的方案能够帮助客户提升2倍以上性能。这种精度无损的推理优化方案，需要依赖于推理框架、算子层面和硬件的协同优化能力。如果能100%消除无效计算，就能帮客户节省一半的成本。

第二类是INT8量化。随着模型参数规模越来越大，业务成本压力也持续增大，需要简化模型结构、降低算力和带宽需求，实现降本增效。

模型结构优化技术包括裁剪、量化、蒸馏等，目标都是在保证精度的前提下，尽量简化网络结构或降低网络精度，进而降低计算量、显存使用量和带宽访问开销。其中裁剪和量化通常由业务层面主导实施，而量化技术，本质上是一种精度有损的优化方案，因此需要基于真实的业务数据去完成精度损失的评估，由业务层和底层硬件技术栈共同实施完成。

在大模型场景中，其首要挑战不在于性能，而在于显存能放下多大的模型。因此，INT8 Weight Only量化技术很关键，它的原理是用INT8存储模型权重，在计算时还原成FP16，实现显存减半、精度损失减小、整体性能提升。但任何低比特的计算都可能对推理精度造成损耗，最终能不能在线上大规模使用，也要看业务实测的效果。

总结：大模型趋势下AI芯片的机会与未来方向

通用人工智能孕育的无限潜力，促使大语言模型的技术发展进入“快车道”，未来几年会是大语言模型快速发展的窗口期，如何结合企业自身业务特点，把技术创新转化为真正的生产力，是国内AI企业面临的共同挑战。作为AI芯片厂商，我们要重点关注这两个问题：

- 什么样的场景下会大规模涌现人工智能能力？目前来看，大概是百亿上下，最小的可能是70亿；
- 当前产业真正大量部署的参数规模，例如GPT-3.5上的是1,750亿。

同时，ChatGPT的核心技术突破，对产品的研发方向也有着关键的指导意义。这主要体现在以下三个方面。

- 情境学习。目前在很多场景中，情境学习已经开始代替FineTune，FineTune是一种训练行为。但芯片在适配训练场景和适配推理场景时，生态构建思路与投入资源都不一样。所以情境学习场景出现后，以Prompt为代表的推理算力需求会增加，而以FineTune为代表的训练算力需求会减少。那么，是不是FineTune就不重要了？不是。OpenAI官方商城中也有针对FineTune的完整工具链和相关产品。针对千亿大模型，怎么以参数有效、低成本的方式做FineTune，是需要持续关注的点。
- 指令学习。指令学习会带来生产范式的变化，在未来的真实业务场景中，大语言模型具备了在不同种类NLP任务上的Zero-Shot的应用泛化能力。显而易见，硬件公司应该把需求重点放在大模型上。
- 思维链。思维链和硬件有什么关联？简单来看，如果大模型具备很强的思考和推理能力，就不需要无限增大参数规模，而是依赖推理能力+领域专家知识，去寻找正确答案。这在某种程度上打破了模型越大效果越好的Scaling Law，对硬件产品的设计也有指导意义。

LLM的优势是语言理解和推理，劣势是实效性信息和领域复杂任务处理，这一点可以通过引入外部知识、工具、能力来解决。除了作为大模型底座，LLM还可以作为AI应用的中央调度器和控制器，协同外部知识资产、工具和领域专家模型能力，共同完成跨领域复杂任务，成为AI应用新架构中的重要组成部分，这显然跟单一统一超大模型推理的架构完全不同。

面向未来，大模型产业自底向上可以分为三层。

- 基础层，涉及少数大科技公司，拥有大基础模型。核心能力：核心技术创新和突破 + 超大规模数据 + 超大规模算力→打磨出大基础模型。
- 中间层，涉及高科技创业公司、大型集团型企业、智算中心、产业园区。核心能力：构建行业大模型；形成行业数据闭环；基于大模型的精调。
- 应用层，涉及所有企业。核心能力：对大模型API的充分利用；场景应用创新和产品建设。

那么，作为一个提供AI算力的芯片公司，我们的机会在哪里？

首先，基础层，包括少数的大科技公司、科研机构、高校等，他们有算力、算法、数据，能够做基础大模型的预训练。同时，如果商业化成功，也需要大量的推理资源。

其次，中间层。行业大模型落地过程中，国内很多客户的数据不能在公网传播，需要私有化部署。因此在定义硬件产品形态时，要考虑比较经济的整机方案，而不是集群化Scale的硬件产品。

总而言之，在大模型时代，面对指数级增长的数据量和算力需求，底层基建的优化成为关键。AI芯片为大语言模型提供算力支撑，筑牢了“地基”，携手大模型产业的中间层和应用层，才能打通大模型应用落地的“最后一公里”。

王志鹏

昆仑芯研发总监，原百度资深架构师，拥有十余年互联网产品技术研发与管理经验。曾主导研发百度云基础IAAS技术体系，支撑并扩展到上万规模。整体负责自研AI芯片“昆仑芯1代”和“昆仑芯2代”在国内互联网的最大规模部署，产品研发工作覆盖搜索、广告、推荐、CV、AIGC、GPT大模型等所有AI关键领域，相关工作拥有多篇技术专利。

ChatGPT 浪潮下，面向大模型如何做数据治理？

文 | 肖仰华

由ChatGPT引起的大模型热潮正席卷当下。众所周知，大模型的建立离不开海量数据，而且大模型的最终效果取决于数据的质量，数据越丰富、质量越高，大模型效果表现越好。那么，该如何针对大模型做数据治理？复旦大学教授肖仰华以“面向大模型的数据治理”为主题，分享了他的前瞻洞察与思考。

语言模型成为人工智能发展新底座，预训练的语言模型极大地推动了自然语言处理（NLP）技术发展，成为语言智能的新范式和认知智能新底座。

然而，大模型仍存在隐私泄露的问题。训练大语言模型的数据集通常很大，并且数据源较丰富，它们可能涉及名称、电话号码、地址等敏感个人数据，即使用公开数据集训练也是如此，这可能导致语言模型的输出里涵盖某些隐私细节。还可能会出现事实错误、逻辑错误等问题。

所以大模型要发挥价值，需要构建从数据产生、数据整理、模型训练、模型适配到实际部署的完整生态系统。大模型的数据治理是保障大模型质量的关键步骤，是当前国内在大模型研究方面极为稀缺的内容，也是突破国外巨头对国内技术封锁的关键。

基于此，面向大规模的数据治理研究，可从以下三层架构来思考：底层是基于大模型的知识质量评估体系、人在环中的大模型训练优化机制、复杂数据的预训练机制等基础理论，往上为样本纠偏、样本优化、多模融合、知识注入、事实编辑、领域适配、价值对齐、认知提升等关键技术，最上层是认知增强和推理增强，研究顺序逐层推进。

下面逐一分析具体的理论与技术。

基础理论层

从图1可观察到，我们需重点建立大模型的知识质量评估体系，突破人在环中的大模型训练优化方法，探索序列、日志、图等复杂数据的预训练机制，提升大模型在特定领域与任务中的质量与性能。

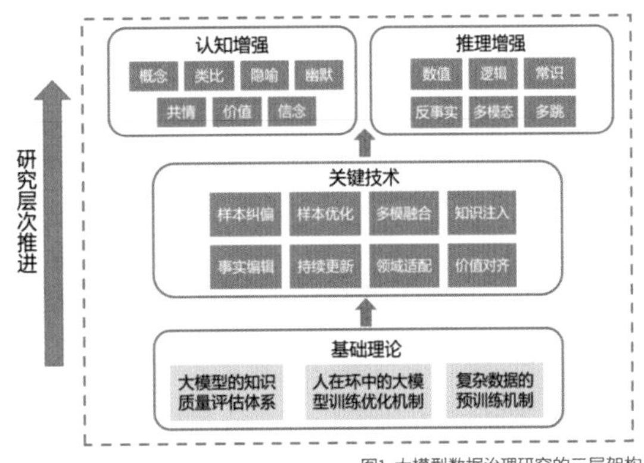

图1 大模型数据治理研究的三层架构

■ 大模型的知识质量评估体系。目前国内的模型评估体系大部分关注语言层面，然而大模型不单是语言智能的载体，在国外一些研究中，将大模型当作具备初级认知能力的智能体。

因此在大模型质量评估上，不能仅仅停留在语言处理层面评测。也需要从人类认知角度借鉴思路，建立大模型的完整的评测体系。比如从认知发育理论借鉴理论指引，大模型是否具有可逆思维、创造思维、抽象思维、数值思维等能力，大模型是否存在认知偏见、是否存在认知障碍等。对大模型的质量评估，关系到我们是否有资格成为裁判员。我们不能满足于只做运动员，我们更要成为裁判员，才能掌握大模型研究与应用的主动权。

- 人在环中的大模型训练优化机制。如今 ChatGPT 成功的重要原因是把对人类的反馈，通过强化学习的方式注入大模型中。在ChatGPT中，人主要在以下两个方面发挥作用：一是利用人类的标注数据对GPT进行有监督训练，二是收集多个不同的监督模型（SFT）输出，由人类对这些输出进行排序，并用来训练奖赏模型。其中基于排序的反馈是否是最佳的方式？有否更好的人类反馈方式？另外，如何让人以廉价成本实现高效大模型反馈？这里面仍有大量的问题需要研究和优化。
- 复杂数据的预训练机制。针对代码、基因、图等复杂形态的数据，如何实现不同形态复杂数据的高效预训练？这里面存在大量的创新空间。

关键技术详解

在研究面向大规模预训练模型的数据治理理论与认知增强时，涉及样本纠偏、样本优化、多模融合、知识注入、事实编辑、领域适配、价值对齐、认知提升等关键技术。

大模型的领域适配

在 ChatGPT 赛道上，国内比国外发展稍晚。那么在通用大模型上，如何有机会实现弯道超车？我们需要开辟大模型研究与应用的新赛道，在领域赛道形成核心竞争力。大模型的知识底座较为宽泛，但是垂直领域的知识密集度和推理复杂程度远远跟不上理论专家的要求和需求，因此我们不但需要有宽度的大模型，还需要有深度的大模型，来匹配领域需求。

大模型样本纠偏

大模型样本纠偏是领域内最早关注的问题，大模型的效果与“喂”进去的数据息息相关。如果喂进有偏差的数据机器就学到有偏差的知识，因此我们需要纠正样本偏置，训练公平的大模型。

大模型的多模融合

大模型的异质多模融合是大模型实现跨模态理解的关键。目前不少企业在做多模融合，但我建议“融合”不应局限在图片、语音、视频等，例如在工业场景，还涉及日志、传感器数据、图表等数据的融合。

大模型的事实编辑

大模型本质上是统计模型，对于特定事实的可控编辑，还存在巨大挑战。需要让大模型遗忘、记住特定事实，是需要攻克的研究点。

大模型的知识注入

大模型缺乏人类的专业知识。如何将人类的各类认知，比如领域知识、概念层级、价值观念注入大模型也是研究的重点。

优化大模型的特定可控编辑、大模型的知识注入，是大模型往具体领域推广和应用重要的问题。那么数学、物理、医疗、司法等知识如何植入进去？以往知识图谱构建大量的知识库，是大模型在领域落地重要的助力工具。

大模型的持续更新

现有模型多是基于一次性的构建过程，缺乏持续性知识获取能力，如缺失大量新兴实体（如新冠病毒）、充斥过时知识等。另外，认知智能系统需要持续知识更新能力以应对现代的知识爆炸性增长，当前的大模型训练代价太大，更新成本巨大、效率低下。针对大模型的持续更新，还需要大家做很多工作。

大模型的样本优化

大模型训练的数据良莠不齐，需要进行精心的样本选择、样本转换、样本清洗、提示注入，才能训练得到高质量大模型。我们还可以通过对大模型的异质来源数据进行来源提示的增强，来显著提升大模型的质量。

大模型的价值对齐

我们需重视大模型的价值对齐。目前现有大模型主要通过国外专家反馈训练，其价值观与国内有很大不同，通过对人类反馈的强化学习，实现大模型与人类价值的对齐，例如可通过构建匹配中式价值观的反馈训练样本，通过强化学习引导大模型生成符合伦理与价值观的回复。

大模型通过感知与融合人类的反馈，能够实现价值认知的对齐与增强。如在*Constitutional AI: Harmlessness from AI Feedback*提到，通过设定constitution，利用RLAIF(RL AI Feedback)&RLHF、CoT等方法让大模型不逃避回答有争议问题，输出无害回答和解释。

认知增强技术

预训练语言模型虽已具备初级认知能力，但仍缺乏高级认知能力。可从概念、类比、幽默、价值认知等角度探索如何增强模型的高级认知能力。增强通用大模型的高级认知能力，会是未来大模型重要的研究方向，需要人工智能与人文学科的深度交叉融合，这既是巨大挑战，也是重大机遇。

概念认知增强

对于人类来说，概念和实体间的知识可以互相迁移，以帮助我们理解新的陌生实体。语言模型虽然对语料库中频繁出现的概念和实体有一定了解，但它们仍对出现较少的冷门实体理解不足。

现有工作将实体知识、知识图谱中的关系知识、句法知识、语义知识、外部文本知识用到预训练语言模型的学习中。然而，它们忽略了概念知识，一种对人类来说最为重要的知识。

于是，一种全新的概念增强预训练任务——实体概念预测（Entity Concept Prediction, ECP）诞生。对于语料中提及的实体，ECP旨在预测出实体相应的概念。实体将以一定概率被遮盖住，即要求PLM仅基于上下文预测概念。

类比认知增强

类比是人类认知中最丰富和活跃的思维方式，类比是人类认知的核心，也是人类智能的核心。通过类比，人们可以证明日常的推理，也可能发现新的见解，如老师用鸡蛋来类比地球的构造，学生很快理解了。

类比推理是把两个或者两类事物进行比较，找出它们在某一抽象层面上的相似关系，并以这种关系为依据，将有关知识加以适当整理，对应到另一事物或情况，从而获得求解另一事物或情形的知识。类比推理是人类高级认知能力的重要体现。

类比推理需要基于关系结构来实现源域到目标域的映射，从而帮助人类去学习和理解新的知识。现如今缺少大规模数据集让机器具备类比推离能力。通过更丰富的类比数据集，模型可以使用显式类比进行推理和解释，甚至训练专门的类比模型。

2022 年，复旦大学、字节跳动人工智能实验室等机构的研究者提出首个可解释的知识密集型类比推理数据集——E-KAR 数据集，由1,655个（中文）和1,251个（英文）来自中国公务员考试的问题组成，并提出了类比推理问题的两个基准任务，用于教会和验证模型学习类比的能力。

隐喻认知增强

隐喻本质是从源域概念到目标域概念的映射，基于相似性，反映了人类的认知过程。如在“今晚天空中有一团火”这句话中，通过“火红”这一特点将晚霞和火焰之间建立联系。

让机器具备隐喻认知能力，便能让机器掌握事物间的内在联系。让机器具备隐喻相关推理的能力，是实现类人智能非常关键的一个环节。大模型可以生成一些文本描述，但要做到优雅地生成很困难。为此复旦大学知识工场实验室建立了一些相关的数据集和知识库，在明喻解释上，取得一些研究成果。

- 明喻推理与解释：复旦大学知识工场实验室在*Can Pre-trained Language Models Interpret Similes as Smart as Human?*中，提出明喻属性探测任务（Simile Property Probing），也即让预训练语言模型推断明喻中的共同属性。此工作从通用语料文本、人工构造题目两个数据源构建明喻属性探测数据集，规模为1,633个题目，涵盖7个主要类别。
- 大规模明喻知识库构建：构建大规模明喻知识库的系统 MAPS-KB，是一个百万级别的明喻概率化知识库，规模为430万个明喻三元组，覆盖70GB的语料库。
- 面向明喻生成任务的自动评估指标：为明喻改写任务设计全面、高效且可靠的评估系统。设计了5个评估准则：Relevance、Logical Consistency、Sentiment Consistency、Creativity、Informativeness，并为每个评估准则设计评估指标。

幽默认知增强

科学家认为，随着机器变得越来越聪明，幽默感也许是使人类区别于机器的最后一项特征。我认为，未来让大模型参与吐槽大会或说脱口秀也是有可能的。其中关键是增强大模型的能力，来检测幽默的笑点，甚至改写生成这些幽默段子。

然而，幽默计算有以下挑战性：尚未建立完善的幽默理论，幽默难以形式化定义，当前研究只能处理一些简单形式的幽默。

预训练语言模型的幽默理解的第一个工作主要从预训练语言模型的幽默判定、识别、可解释三个方面来研究。随着人机交互系统和应用的发展，能否让机器具有幽默感，可能预示着人机交互的通天塔能否建成。对此，我们团队发布了中文幽默评估数据集。

预训练语言模型的幽默理解中，第二个工作主要从预训练语言模型的幽默改写、生成两个方面来研究。当前的语言模型在给出幽默响应方面表现不佳，预训练语言模型的幽默回复是自然语言处理中的一项挑战任务。缺乏大规模的幽默回复数据集和定制化的知识，来提高预训练语言模型的幽默回复能力。

对此，我们团队发布了一个中文幽默回复数据集，定制化知识库和幽默回复辅助任务相关的数据集。

共情认知增强

在许多真实对话场景中，共情是十分重要的。如使用大模型诊断病人，医生在和病人交流的过程中，不单有医学知识，还需要共情能力，安慰病人等，共情能力非常重要。

如何评测大模型与人类共情的水平？如何提升大模型与人类共情的能力？最近的一些报道称，在最新版本的GPT-3.5中，通过心智理论测试，大幅超越之前的版本，其正确率逼近人类九岁孩子的水平。总体而言，这方面的研究仍需巨大努力。

信念认知增强

在研究的过程中，可能会发现这样一个问题：模型的信念容易受输入影响，对同一问题的回答摇摆不定。如何让模型拥有稳定的、正确的信念，以及更新特定信念？需要信念检测、信念更新、信念强化等工作。

推理增强技术

预训练语言模型的推理能力有待加强，可从数值、逻辑、常识推理等角度，探索如何增强模型的推理能力。

数值推理增强

大模型在不同领域应用时，需具备理解数值的能力。数值推理本质上是对自然语言文本中的数值实体进行区别于一般文本的特殊处理，包括将数值映射到数字线上的近似大小的量级化能力，以及对数值实体之间进行分析、思考与符号化运算和推理的过程，反映了人脑具备的高级认知功能。

对此，可通过构建量纲知识库、半自动化数量数据集、量纲认知的预训练增强、基于CoT的大模型数值推理等手段来增强数值推理能力。

逻辑推理增强

逻辑有“与或非”这三个原则，然而大模型在否定事实的生成上往往会犯错。因为否定事实是开放的，关于人不能做什么在语料中的描述是极度稀缺的，大模型的否定事实生成与理解能力因而大打折扣。在这块，我们团队借助Chain-of-Thought开展了一些研究工作，相关成果已经提交到学术会议。

除此之外，还有常识推理增强、反事实推理增强、多模态推理增强、多跳推理增强等方法。

目前科技巨头均在积极布局大模型，以国内为例，华为云发布盘古大模型，北京智源人工智能研究院发布“悟道”，浪潮发布中文巨量模型“源1.0”，阿里达摩院发布巨模型M6，百度联合鹏城实验室发布大模型“鹏城-百度•文心”，复旦大学知识工场团队也与超对称技术公司发布金融预训练语言模型BigBang Transformer 乾元等。

值得一提的是，在我们关注这些大模型的最新发展的同时，为充分发挥大模型的价值，保障大模型的质量，欢迎各位开发者和我一起，积极关注大模型背后的数据治理。

肖仰华

复旦大学教授、博士生导师、上海市数据科学重点实验室主任、复旦大学知识工场实验室负责人、复旦-爱数认知智能联合研究中心主任。

中国有机会做出赶超ChatGPT的AI吗？

文 | 《开谈》编辑部

ChatGPT风靡全球，引得无数大厂竞折腰。过去几个月间，究竟是什么让ChatGPT于一夕之间爆红？其背后蕴藏哪些技术实现？如果想要复刻ChatGPT的成功，又需要满足哪些条件？中国有机会做出和ChatGPT相媲美甚至赶超的AI大模型产品吗？怀揣着种种疑问，在近期CSDN的《开谈》栏目中，我们邀请到了长期耕耘于知识图谱、自然语言领域的360人工智能算法专家刘焕勇，同济大学百人计划专家、特聘研究员、博士生导师王昊奋，达观数据副总裁、高级工程师王文广，围绕ChatGPT进行了深入讨论，也希望为身处AI新时代的工程师、开发者带来一些思考。

刘焕勇

360人工智能研究院算法专家
知识图谱算法负责人

王昊奋

同济大学百人计划专家
特聘研究员、博士生导师

王文广

达观数据副总裁
高级工程师

ChatGPT为什么会引起轰动？

王文广：ChatGPT是2022年11月底发布的，发布之后引发了“蝴蝶效应”，在人工智能领域激起千层浪，几乎每个行业都在谈论ChatGPT。无论是大模型还是聊天机器人都不是新的东西，ChatGPT有什么过人之处，能够使它在这个节点爆发？

王昊奋：ChatGPT大火的现象类似于2016年的AlphaGo。这次的ChatGPT能够将过去几年的一些冷淡或进展性较弱的工作推向新的高度，成为人们讨论的热门话题。特别是大模型，这里特指一些预训练模型，包括语言模型、图像模型和多模态模型。对话系统也不断发展，从早期的个人助手助理，到问答引擎，再到聊天机器人和智能音箱，也在持续发展。为什么这次ChatGPT能够引起如此大的关注？其中原因有几个。

ChatGPT的能力非常强。之前的模型理解能力存在很大局限性，一个特别明显的问题就是，问着问着聊天机器人就会回答说“我不懂你在说什么”或者“我不知道什么意思”。ChatGPT在回复过程中，回复的内容非常长且多样化，甚至可以拒绝回答一些敏感话题。它能够根据人的干预和反馈进行优化，动态调整回复内容，这使得用户体验得到了很大的提升。

各行各业都在谈论ChatGPT的原因有很多：其一，GPT具有类似于一个行走的百科全书的特点，对各行各业的知识有一定的了解。此外，除了能够做简单的问答聊天外，ChatGPT还可以完成自然语言任务和生成代码等工作。它开启了一个AIGC新时代。AIGC就是让人工智能来生成一些内容。之前可以用文本生成图片，现在也可以用文本生成文本、用文本生成代码或其他任意形式的数据。

ChatGPT的成功也得益于大量的数据和预训练，这使得它的性能得到了大幅提升，参数量呈现出指数级的增长。此外，大模型达到一定规模之后，从量变达到质变，产生涌现现象也使得ChatGPT具有了复杂推理和新任务处理的能力。这些能力使得ChatGPT可以在少量示例下完成任务，类似于人类的举一反三的能力，对应到情境学习（In-Context Learning）的能力，甚至无样本的直接开挂能力。

ChatGPT引入了大规模强化学习，使得它可以与人的价值观和偏好进行对齐，进一步提升了生成的质量和多样性，从而能够达到一个至少初步看来，可以使用的效果。这是ChatGPT能够成功的技术方面的原因。

营销也是GPT模型引起轰动的重要原因之一。首先，OpenAI本身非常善于营销，像Sam Altman等都在这方面做得非常出色。在这个过程中，他们非常了解互联网上存在的饥渴营销方式，这包括微软Bing的Waiting List（候补名单）策略，这些策略在很多方面都能够让用户产生期望感。其次，GPT模型可以通过收集用户的提问，以一种Prompt的提示形式来进一步优化模型和发现新的场景，从而进一步提高运营效率。这种策略可以形成一个类似于互联网的部署飞轮，从而使得GPT模型可以快速吸引更多的用户，形成更多的线上真实情况输入和数据，进一步拉大与后来者的差距，这与谷歌在搜索引擎领域的成功有着相似之处。GPT模型还有其他技术方面的优势，具体内容可以进一步探讨。

刘焕勇：我认为ChatGPT之所以能够引起轰动，主要有六个方面的原因。

第一，ChatGPT已经完全超越了UIE（信息抽取的大一统模型）的范畴，真正实现了以深度学习的方式将多个模型大一统。对于工业界的落地应用而言，这是一个重大的突破。在使用ChatGPT之前，我曾使用过一种很火的叫UIE的工具，该工具将多个任务处理为一个统一的处理方式。然而，ChatGPT的出现将这种处理方式扩展到了一个更高的层面，成为一个“全能”的工具，可以用于编写代码、发送电子邮件、制作表格、对话等，甚至可以解决数学问题和编写公式。

第二，ChatGPT是从自然语言处理（NLP）领域发展而来，实现了从垂直领域到开放领域的转变。开放领域需要标注很多语料去做，现在我们给ChatGPT少量的Prompt它就能做得很好，对于企业或个人在开放领域的落地应用具有推动作用，能够节约成本，尤其是大家比较关注的标注成本。

第三，GPT能够以问答（QA）的方式进行对话，回答流畅自然，这主要得益于它对上下文的管理。在使用中我们发现，它在理解语境和上下文刻画方面做得非常好，甚至你“调戏”ChatGPT时，你说它错了，它不但不认为自己错了，还会为自己辩解，这其实说明它已经具备一定的思辨能力。

第四，ChatGPT预示了生成模型的大爆发时代已经来临，它已经能够解决许多任务。

第五，ChatGPT实现了更好地与人类的互动，有点类似于马斯克公司研发的机器人能够更好地和人类互动并收到反馈。

第六，从使用者的角度来看ChatGPT能够打动用户的是它实现了从企业到个人助手的转变，ChatGPT可以作为助手解决用户的问题。这种平民化的服务吸引了许多人，在社区中，许多人的家人也在使用ChatGPT解决问题。

ChatGPT会不会产生自我意识？

王文广：在这种趋势下，ChatGPT是否会产生自我意识？

刘焕勇：关于意识这个问题，某国外的学术机构进行了研究。该文章认为，语言模型已经具备了意识。

但在回答这个问题之前，我们需要先定义什么是意识。对于人而言，意识可以感知周围的事物并进行思考。然而，像这种语言模型，虽然在现象级的意识表现上接近，但从本质上来说，它只是一个模仿人类语言的模型。

在生产过程中，它是根据给定的语料逐词生成文本。虽然内部使用了技术搜索算法，但它仍然停留在语言概率性问题的层面。因此，与我们真正意义上的意识相比，它仍有很大的差距。

王昊奋：首先，关于“意识”，行业并没有一个明确定义，因为这个问题涉及多个学科的交叉。

目前，人工智能是以数据驱动为主，而深度学习则是当前人工智能时代的主要技术。除此之外，神经科学和认知科学等学科也在探讨意识的机理和基础理论，但实践和实验远远领先于理论，因此我们看到的更多是现象。虽然我们不能下结论说这些现象就代表了ChatGPT已经具有意识，但对于探索意识这个问题仍然非常有意义。

在人工智能方面，即使是无监督学习也可能引发某种形式的智能体或触发意识的迸发，从而实现通用人工智能（AGI）。大型语言模型的出现，它的基础是简单的自监督任务，通过预测下一个token或者下一个词的方式来不断地进行自回归模型训练。这种模型可以从互联网上获得大量的语料库，包括各种代码。这种简单统一的自监督范式使得模型可以完成大量数据的训练，这相比之前非常依赖监督的技术来说进步非常显著。

其次，需要探讨意识是怎样形成的，GPT里面用的是Alignment，这就用到了大规模的强化学习，包括本身的奖励评分和策略优化的算法。如果大家用到New Bing就会发现它在所谓的观察方面更加出色。无监督学习或自监督学习，打下了很强的基础，强化学习面对外部环境的反馈，和人交互时，更加拟人化，并形成各种人设和表现。这是因为它具有上下文理解的能力，可以刻画非常长距离的上下文。

在这个过程中，GPT模型的变化会随着不同的输入和反馈而发生变化。从观察来看，它是一个无监督或自监督的基础基座，加上强化学习优化后好像具有了一定的意识。但这种意识是如何形成的还需要进一步研究，需要脑科学和其他科学家的帮助来解读和揭示其背后的真正可解释的答案。与此同时，GPT模型基于2017年谷歌的“Attention is all you need”的Transformer模型，其多头自注意机制和跨层协同对应到归纳、复制、挖掘各种模式、改写等能力，这些能力可能让其产生类似于涌现的意识。目前这方面的研究还相对初期，需要更多地探究和解释。

因此，我们还需要更多的研究来了解什么是意识，以及GPT模型是否有意识。

强化学习和大模型结合如何擦出更多火花？

王文广：大规模强化学习说起来很容易，但做起来非常难。强化学习上一次获得较大关注还是在AlphaGo爆发的时期。AlphaGo是基于强化学习和围棋规则的输入，通过自我对弈不断学习成长，最终演变成AlphaZero，能够击败全世界顶尖人类围棋选手的AI系统。这说明强化学习非常强大，但强化学习在自然语言处理方面研究很多，真正发挥效果的不多。这次ChatGPT出来以后，人们发现强化学习和大模型结合起来，能够产生非常惊艳的效果。这里面有没有一些值得学习的点？未来的研究方向是什么？

王昊奋：强化学习是人工智能中的一个分支，相较于传统的有监督学习和无监督学习更为复杂。在强化学习的过程中，需要定义智能体、环境和奖励等概念，这也是训练强化学习模型的难点。强化学习在游戏领域得到了广泛应用，如象棋、德扑、麻将等，还有一些游戏公司使用强化学习模型来做决策或协同。然而，对于非游戏领域的应用，如何评价模型的回复好坏是一个挑战，因为场景相对复杂、主观性较强。为了解决这个问题，需要建立一个评价模型，并且该评价模型依赖于大量高质量的训练数据。虽然ChatGPT在技术细节上没有公开，但可以参考其前身InstructGPT。

关于问答语料的奖励函数模型，有许多需要注意的细节。首先，可以参考之前的一个变种版本——InstructGPT，这个过程中有很多工作，包括对奖励模型中分数或奖励函数的相关性、流畅度、安全性等指标的控制。由于生成模型本身具有一定的随机性，可以通过调整温度等参数获得多个结果进行排序，但其排序结果的一致性和打分需要依赖于受训练过的人和相关的标注规范。

然而，在过去的训练中，这些方面的工作做得不够好，导致了一些问题的出现。例如，由于暴露偏见的问题，一些策略可能只是局部最优解，难以训练出一个好的策略，很容易训练出不好的策略，回答特别机械或者胡说八道。此外，在保持混淆度低、相关性好的同时，涉及的一些敏感问题使得模型更难训练。从算法、数据标注和工程等方面，这个模型都需要做出很多突破。虽然它使用的技术不是最新的，但它善用了以前的强化学习技术，在很多方面都取得了成功。因此，我们需要从中思考并借鉴相关的经验。

刘焕勇：强化学习是一个通过奖惩机制不断试错的过程，它的应用在棋牌类游戏场景已经有了一定的成果。

不过，强化学习目前还存在两个主要问题。

其一是难以训练，即使使用GitHub上面代码进行训练，都很难收敛。

其二是数据标注的质量问题，包括标签的设定和数值等方面。

为了解决这些问题，像OpenAI这样的公司雇用廉价的劳动力来标注数据。目前OpenAI精确的数据标注量还没有公开，我们预估这个量应该会很大。对于国内的相关研究人员来说，在使用强化学习进行算法研究时，也会面临这些问题。尤其是随着强化学习的代码公开，门槛降低，各大公司将竞争奖励机制的数据标注和定义规范，以及评估标注数据的质量等方面。因此，强化学习在未来的发展中仍需要解决这些问题。

中国有没有机会做出和ChatGPT相媲美或者赶超的大模型产品?

王文广：想做出ChatGPT并不是一件容易的事情。它是一个AI的大工程，并不是三两个算法工程师外加几台服务器就可以搞定的。为了帮助模型训练，微软专门给OpenAI提供了他们的超级集群，OpenAI的算法工程师需要在集群基础上把各种算法组合起来。很多算法也不是OpenAI自己搞出来的，DeepMind在强化学习方法做得也非常深，但是OpenAI将这些都融合在一起。还包括从外部找廉价劳动力进行数据标注，还可能有一些在公共渠道中无法获取的其他信息。这些组合起来就是一个非常大的工程，对我们做出媲美ChatGPT的模型来说是一个很大的挑战。中国在其他领域做出很多成功的大工程，如“两弹一星”、高铁等，那么在AI领域，中国是否能够延续这样的神话，做出媲美或超越ChatGPT这样的AI出来?

刘焕勇：回答这个问题时需要考虑多个因素。例如，我们在做量化分析时会使用多因子模型。这个问题包括很多因素，其中最重要的两个因素是外部和内部环境。

在外部环境方面，如知识图谱，国外有Palantir，而国内也有很多公司在做和Palantir类似的研究，但是由于外部环境的问题，这个问题实际上具有一定的风险性。

在内部环境方面，一般来说，我们会从数据、算法和算力这三个方面去考虑。

- 在算法方面，特别是在近几年开源浪潮下，有更多的开源代码被发布，包括一些公益的和科研机构的代码，这使得算法的问题不大。此外，中国也在这方面投入了很多，包括科研机构的开放和强大的编码能力。
- 在算力方面，虽然需要花费大量资金，但这个问题也可以得到解决。然而，硬件方面的算力可能会过滤掉一些公司，只有有一定资历的公司才有能力去做这样的事情。
- 除了算法和算力，数据也是一个重要的因素。例如，从GPT-1到GPT-2、GPT-3再到ChatGPT，国外这些模型的效果非常好，我们可以看到现象级的涌现效果。国内有些公司也做了很多模型，但与GPT相比在用户体验上的差距仍然很大。这个问题实际上源于数据，因为在深度学习中，有一些规律需要遵守，例如我们需要准备什么样的数据来训练模型。由于数据的困难程度很高，这成了一个巨大的壁垒。数据多样性和规模是中国企业进军人工智能领域时需要攻克的主要难题。大规模数据的积累是企业进军人工智能领域的首要条件之一，而多样性数据则是关键之二。以GPT模型为例，它几乎什么都能干，该模型训练时所使用的数据分布十分广泛，包括书籍、对联、网上对话和论文等不同来源的数据。而这种广泛的数据来源保证了模型在多个领域中的应用能力。对于中国企业而言，如何解决数据多样性问题也将成为其发展人工智能的重要挑战之一。

数据的质量对于人工智能技术的发展至关重要。在如何防止生成有害或敏感信息方面，我认为，首先在模型训练前需要加入一套固定机制进行过滤，而训练完成后，还需要通过一次过滤来确保模型生成的信息符合规范。

中国企业在发展人工智能技术时需要关注外部环境和内部环境两个大方向。在政策方面，政策支持可以帮助企业营造良好的生态环境，同时企业也需要提高算力、算法和数据方面的能力，并解决数据质量问题。对于中国企业而言是有机会做出媲美或超越像ChatGPT这样的人工智能工具的。

王昊奋：随着科技的不断发展，大型工程的复杂度也变得更高。在人工智能时代，由于从机械到电子再到信息数据时代，变量变得更多，因此优化问题也变得更加复杂。在工程领域，大家都关注国外的一些公司，如OpenAI和其他一些制造大型模型的国外公司，它们都在使用分布式的机器学习训练框架。对于大数据时代而言，过去有Spark和DataBricks等公司，现在又出现了一些新的公司，推出了如Ray这种开源的分布式机器学习框架。这些框架的使用虽然简单，但要在系统层面实现优化却非常困难，因为在多机多卡的情况下，不仅需要考虑数据的并行，还需要考虑模型的并行、MoE的变形等复杂因素。此外，在机器学习的过程中还需要考虑pipeline流水线等优化，这也是一项重要的工作。在智源青园会中，潞晨科技推出的Colossal-AI，是一个开源的项目。通过这个系统，可以将显存的使用量降低，从而减少使用卡的数量，同时仍然可以进行训练。这需要对体系结构进行优化，并对存储和计算进行优化，这也是很多专家正在研究的方向。

如今的人工智能系统，单纯讲算法已经不再具有太大的意义。人工智能系统底层的一些框架、异构计算等都非常重要。因此，未来的工程师需要掌握的知识点也会越来越多。现在一些公司已经从最初的做AI转向做AI系统。在AI系统中，很多底层的技术都非常重要。这些技术包括之前使用的各种开发框架，如Torch等，以及曾经非常热门的异构计算，即神经网络的虚拟机。

此外，在大模型时代中，分布式机器学习框架和优化策略也非常重要。这些技术需要软硬件结合，而且很多都是从机器学习领域的优化策略中演化而来的。对于大模型来说，如何高效地训练模型和部署模型也是非常关键的问题。在微调模型方面，近年来，像Stable Diffusion这样的高效方式已经使得微调变得更加容易。这种技术的发展不仅在图像领域有很多应用，而且也会逐渐渗透到大规模语言模型领域中。除了微调和精调，人工智能技术的发展还需要解决强化学习的价值观的问题。

随着人工智能技术的发展，ChatGPT成了人们关注的热点话题。然而，对于想要进入这个领域的人来说，并不是所有人都适合从事通用的GPT模型研究。相反，更多的人可能会从事垂域的类GPT模型的研究。在这种情况下，模型特化变得尤为重要。因此，我们需要大量的基础软件来配合计算力，如操作系统、编译器、数据库等。

其次，数据也成了人工智能领域中非常重要的元素。从以模型为中心的AI转变为以数据为中心的AI，已经成为人工智能发展的趋势。在ToB领域，如果我们没有足够的数据或者无法获取数据，那么更新模型、优化模型、发现问题和快速部署都将成为难题。此外，云计算和边缘计算的协同也会在这个过程中发挥重要作用。为了解决数据量不足的问题，我们可以采用数据增广或者数据合成的方法。对于大模型来说，模型规模的增大会导致互联网数据被消耗殆尽，因此只能通过自我生成数据来继续训练模型，就像游戏中的NPC和NPC之间相互对话。

同时，算力也是实现这一目标的必要条件，但不是最“卡脖子”的东西。一些国家队、互联网大厂、活下来的现金充裕的AI公司、游戏公司和区块链领域的老手都有可能成为人工智能领域的领军者。然而，基础软件和生态系统建设的缺失可能会成为阻碍人工智能发展的最大瓶颈。相比之下，算力反而不是最大的瓶颈。我国在超算领域的积累和相关尝试为人工智能领域的发展提供了有力支持，但还需要更加畅通的基础软件和开源生态系统，以便更好地推动人工智能技术的发展。

简单来看，我们首先要在算法上进行创新和优化，其次是数据的质量与治理，最后则是信念和坚持。

另外，英文是互联网上最主流的语言，英文的数据更多而且质量相对较高，但高质量的中文数据不足。因此，数据的质量和治理是中国版ChatGPT发展的一个制约因素。OpenAI在人工智能领域的成功经验是坚持创新和信仰，并且不断积累经验和技术。这也是中国版ChatGPT需要学习和借鉴的。中国版ChatGPT需要坚持信念和自己的信仰，这在学术界和科研领域尤为重要。

中国版ChatGPT需要走出自己的路，并反向输出，否则就会永远跟随别人的老路走下去。这是中国版ChatGPT发展的一个大问题。中国版ChatGPT需要在数据、游戏规则、工程和生态等方面寻求创新，并不断优化和改进自己，才能做出一个真正有竞争力的人工智能产品。

AGI=大模型+知识图谱+强化学习？

王文广： 在ChatGPT出现之前，RPA（机器人流程自动化）并不容易被不懂相关技术的人使用，但现在通过知识图谱和大模型的支持，可以有自然语言描述业务逻辑，生成自动化流程，从而真正实现自动化。这是一个非常大的机遇，因为微软的Power Automation也在做类似的事情。

如果我们忘记过去，只看现在，我们会发现一切都是机会。对于不同的公司和组织来说，ChatGPT可能是机遇，也可能是危机。ChatGPT对OpenAI和微软来说是一个机会，而对谷歌则是危机并存。

从个人技术成长的角度来看，我们不应该过于沉迷于历史上的技术和概念，而是应该从目前的技术水平出发，思考如何利用它们实现个人价值和目标。当前的技术发展充满了机遇，例如可以利用技术进行个人博客的推广、营销和其他各种有益的事情。此外，技术的发展也为创业等更大的事业提供了良机。因此，我们应该积极抓住这些机遇，发挥技术的作用。

在讨论人工智能的发展方向时，我们已经涉及知识图谱、大模型、强化学习等多个方面。对于熟悉人工智能历史的人来说，这些技术实际上是人工智能三大范式的总结：连接主义、符号主义和行为主义。强化学习则是行为主义研究的重点之一，知识图谱和神经符号学继承了符号主义的思想，大模型则代表了连接主义的成果。这三个方面的组合已经在一些产品中得到了应用。当然ChatGPT目前没有将知识图谱集成进去，但像谷歌的Bard和Meta的Toolformer等做到了。从认知科学、认知神经科学等角度来看，人类智能可能就是这三个主义的组合。

因此，我提出了一个公式：AGI（通用人工智能）=大模型+知识图谱+强化学习，这可能是通用人工智能的基础。虽然这个公式可能不完全准确，但它可以启发我们思考人工智能的未来发展方向。

王昊奋： 这三个参数可以作为一个未知函数的三个变量。大模型虽然已经证明了其性能的优越性，但它存在一些其他问题，比如站在ESG（环境、社会和公司治理）的角度而言，它对环境不友好；其次，知识图谱并不一定是体现知识的唯一方式，因为数据和知识需要相互支持，知识的组织表征和推理能力是知识图谱中的重要方面；最后，一个合格的智能体不仅需要知识和相对聪明的系统，还需要持续进化。行为主义、强化学习、巨声智能等方法都是重要的要素，它们之间存在千丝万缕的关联。

因此，一个合格的智能体需要具备获得认知能力的大量数据和学习知识的能力，还需要具备持续学习的能力，并且可以从感知、认知、决策三个方面进行综合考虑。

另外，更重要的是将GPT个体部署到各个领域中，如数字人、助理和虚拟人等，形成一个复杂的社会结构，类似于人类社会中的群体行为和属性。这种情况下，对于多个智能体的协作、竞争和互补等复杂行为的涌现现象，需要考虑更大的社会范畴。因此，定义单个智能体的能力需要叠加成多个智能体，或者考虑整个社会域中的一些智能体，这将会更有意思。

总之，GPT这个概念可能会在文化广泛传播的情况下扩散到更广泛的领域。

刘焕勇：我们不需要急于对通用人工智能下定义。其实在GPT出现之前，我们对这个东西并不知晓。就当前时间来看，它可能是一个最好的范例，但其中仍然存在很多问题。如果我们进行一些映射，例如对于一个智能体，它可能具备一定的模仿能力，就像小孩一样，他们有模仿能力。这种模仿能力实际上可以连接到当前的大规模语言模型，该模型通过大量的训练可以模仿人类的语言表达形式。知识图谱会有一些常识性的东西，它能规范并且控制住这种模仿能力。

另外，强化学习实际上是一种有反馈的学习方式，可以与周围的人产生各种关系，这种反馈意识可以帮助它更快地学习。如果将这个过程持续下去，至少有一些模仿，那么我认为这是一个比较好的范式。其中存在的问题，在不久的将来可能会有其他解决方案。

王文广：我们知道现有的模式，包括两位老师也都认为，至少目前比较智能的智能体应该将这三大主义融合在一起，包括知识图谱、大型语言模型和强化学习的组合。虽然我们不知道它的确切组合方式，但某种组合对于当前的智能体来说是必要的。在现实中，包括骨科和病理学等领域也正在融合这三者，这已经在某种程度上实现了。

未来，我相信国内的许多公司都在努力制造类似百度的文心一言等智能体，他们也在考虑如何将这些点融合在一起。

如何做到和GPT同级别或者超越它的大模型？

王文广：做到至少与GPT同级别，甚至超越它的大模型，这个难度有多高？我们需要多少资金才能实现这一目标？

王昊奋：要想实现至少与GPT同级别、甚至超越它的大模型，难度非常高。

在训练大模型时需要大量的数据，并且数据要具有多样性，涉及的任务数也要丰富，每个任务所涉及的样例也要足够多。另外，还需要强大的算力支持，通常需要使用大量的GPU来进行训练。对于数据量，如GPT-3，其训练所需的token数量达到了5,000亿，从davinci到text-davinci，我们可以看到训练中使用了大量来自包括维基百科、图书等内容的数据。对于ChatGPT这样的模型，还需要大量的对话数据和问答数据作为输入，这是一个动态变化的过程。token的数量是决定模型的容量因素之一。数据的多样性，包括涉及的任务数，也非常关键。要想出彩，还需要遵循scaling law（标度律）。

在算力方面，GPT-3训练需要1万个V100 GPU，根据V100和A100的算力计算，相当于3,000个左右的A100，1,000块这样的卡在公有云上训练一个月可能也能训练出来。原本训练一次需要花费460万美元，现在可能就变成了150万美元左右，不过之前总的训练费用大概是1,000万美元。大家如果去看OpenAI首席执行官Sam Altman的访谈的话就会发现，未来随着可控核聚变等技术的应用，数据和算力的成本会逐渐下降。

另外一个重要的事情是ARK Invest(方舟投资)的报告，他们对这一领域做了许多预测。基本上可以考虑到2030年左右，同等规模的模型训练成本可能会减少60%左右。

刘焕勇：大规模模型训练需要以经济代价和时间成本为基础，我们应该以发展的眼光去看待这个问题。

- 经济代价包括模型规模、使用的硬件（如A100计算卡）数量和训练时间等因素，这些可以通过计算来得出具体的成本，大家可以去看一些权威解读。
- 除了经济代价，时间成本也是一个很大的问题。因为模型训练需要很长的时间，而且需要花费大量的人力和物力来标注、定义和收集数据。时间代价可能会因为不同的人而有所不同，如果时间周期拉得很长，这个代价就会很大。我们可以查看一些报告，例如数据集标注的时间和花费，来计算出时间成本。时间成本带来外部资本的变化，也是一个需要考虑的问题。

我们应该用发展的眼光去看成本和代价的问题，并将其分为不同的阶段和领域。如果我们要做一个完全通用的ChatGPT生成模型，那么它的成本将会很高，难度也会很大。

因此，我们可以选择分阶段和分领域的方式来研发ChatGPT模型。比如我们不要求它有其他功能，只要能聊天就可以，这样成本就会比较低。例如，我们可以在第一个阶段解决QA问题，在第二个阶段解决代码生成问题，在第三个阶段再解决绘制表格和计算公式的问题。这样做的好处是成本会比较低，接受度也会比较高。

虽然ChatGPT让人耳目一新，但我们最好先不要做过多评判国内谁会先做出来，以及实现的难度有多大。我们应该扎扎实实从技术角度去实现，不管是学术界还是工业界，应该把这个技术应用好，把底层的基础设施建设好，走出一条中国的道路才是我们需要关注的问题。

王昊奋：从用的角度来看，自ChatGPT出现以后，尤其是ChatGPT整合到了New Bing以后，三大流派至少有了一个比较夯实的基座，在上面做一些延伸的事情，开启了一个新的阶段。我相信会有很多有趣的场景被挖掘出来。从自建的角度来讲，我们如果想造一个和ChatGPT类似的东西的话，多说无益，做就可以了。上半年会有若干和ChatGPT类似的产品出来，但这并不是终点，而只是一个起点，最后一定能走出一条适合我们的道路。垂类的GPT的难度和价值还未被真正解锁，这才是我们下一步要去探索和开启的东西。

王文广：随着ChatGPT、New Bing和谷歌Bard的出现，我认为融合了行为主义、连接主义和符号主义的通用人工智能的雏形已经出现。

未来我们还要不断研究如何将这三者更好地组合起来，帮助我们实现更加通用的智能，提升智能化水平。我们希望社会能够发展越来越好，生活能够更加美好，每天工作四个小时、每周工作三天，其他的所有事情交给AGI来实现，那么我们的日子就过得舒服，就能够去享受我们的生活。希望随着大家的努力，曙光可以变成正午的阳光！

ChatGPT 还没达到“基础模型”状态，国产大模型“速胜论”不靠谱！

整理 | 张红月

“自然语言是人工智能皇冠上的一颗明珠”。在经历寒冬、阴霾，甚至大家纷纷看不到希望之际，ChatGPT犹如一场春雨，为AI甚至NLP研究者带来了新希望。来自学术界、产业界和投资界的知名专家学者，就ChatGPT引发的新AI浪潮、大模型“基础模型”论、“国产类ChatGPT”所存在的差距与挑战展开高端对话。

马少平

中国人工智能学会副监事长
清华大学教授

周明

澜舟科技创始人兼CEO
CCF中国计算机学会副理事长

宗成庆

中国科学院自动化研究所研究员
IEEE/ACL Fellow

戴雨森

真格基金管理合伙人

杨浩

华为人工智能科学家
北京邮电大学博士

曹峰

中国信息通信研究院云计算与大数据
研究所人工智能部副主任

ChatGPT火爆给AI带来新希望

主持人(曹峰)：ChatGPT引发火热关注的原因是什么？继AlphaGo之后，又一轮人工智能浪潮究竟有着怎样的价值和意义？

马少平： ChatGPT能取得成功，个人觉得与这三方面有关系：

- 意图理解能力，简言之就是对问题理解的突破；
- 语言生成能力；
- 多轮对话的管理能力。

从AlphaGo可以看到AI在专用任务上能做得很好，而现在大模型在相对通用的任务中也表现出色，这可能是引起大家特别关注的原因。

周明： 在过去几年，AI逐渐走向寒冬。去年国内AI领域投资基本为零，就在满眼雾霾之时，ChatGPT带来了希望之光，照亮了前进的路，也为NLP领域带来不少信心和新机会。

在一次哈尔滨工业大学鉴定会上，我曾表示：“自然语言是人工智能皇冠上的一颗明珠”。彼时，在场专家学者纷纷表示这句话总结得非常精准。它并非出自比尔·盖茨，但在他引用过后，意义被加深了。

宗成庆： ChatGPT引人关注的原因有两方面，一是生活角度，如今人手一部或多部智能手机，大家上网方便且喜欢看新鲜的信息；其次，从自然语言处理的角度看，人们体验ChatGPT时，发现它生成的句子非常像“人话”，对比以往的对话系统，效果惊人，它的应用领域非常广泛，影响的社会面非常大，包括教育界、法律界、学术界。另外，ChatGPT对用户意图的理解非常准确，几乎能够准确地回答大多数问题。

戴雨森： 我觉得主要分为三点。

- 体验门槛特别低，普适性强。关于自动驾驶、AlphaGo，不接触围棋、不使用自动驾驶的人很难体会其神奇之处。但ChatGPT只要你能对话，就能亲身体会，不只是文本续写或者吟诗作对，具有很强的普适性。
- 传播性强。可通过简单的聊天截图传播，大量对话截图让大家发现它有很多神奇能力。
- 给人的想象空间巨大。语言是人类思维的载体，甚至是思维本身的体现。体验过ChatGPT的用户会忍不住思考它对自身行业、工作的影响，这种脑洞会让人不自觉地传播、交流，从而为它带来更多关注。

杨浩： ChatGPT引发的新一轮AI浪潮，其意义主要有两方面。第一，ChatGPT把AI与To B的链接转换成了To C，使人人皆可体验，给大家带来信心；第二，很多人工反馈的数据进入系统会使其更好地演进，这样的应用场景更有意义。在一些ICT场景，网络设备运维日志时，当我们发现数据的整体意图没问题，只要补充一些领域数据，就能提升普通用户对人工智能的连接，拔高AI能力的天花板。

多种工作或被ChatGPT替代但也无须神话它

主持人(曹峰)：当前ChatGPT没有太多行业特色或者行业应用趋势，未来在大模型的驱动下，哪些行业最有可能被颠覆或是广泛使用它？

周明： 我们目前在做“孟子大模型”，秉承“两条腿走路”的原则，左腿是自己训练出大模型，右腿是把大模型用好。希望这两条腿分开前进，不要互相绊住。

训练大模型需要智慧，用大模型也是，这两种智慧并不完全一样。用大模型的人需要站在用户角度、行业角度对大模型提出要求。有人不停吹捧大模型必须要大才有效果，但代价是需要更多的服务器。而用户的需求可能小一点的模型就可以满足。

如何做好垂直领域的模型？把模型体积降下来，无须追捧ChatGPT全智能的能力。各行各业都有很好的应用，如金融行业非常讲究降本增效，从客服、营销、文案合同审核、智能投研、智能投顾、搜索图谱，都要用到大模型，因此金融机构最好有一个适合各业务场景的大模型，基于数据和业务场景，用简单的方式接入，可快速提供答案和反馈，同时不停迭代。同时，金融行业讲究实时，在落地时，需要大模型对接所有业务场景，及时、快速、安全地运作，而数据自我封闭的ChatGPT并非最优解。

其他行业亦然，均会涉及认知智能、自然语言处理理解、问题求解、数据库访问、动态跟踪、客户推荐等要求，把技术推广开，进而影响整个业界更为重要。

宗成庆： 哪个行业会首先受到冲击？其实任何一个领域、行业都可能受到冲击，其中最容易被冲击的还是NLP研究者。ChatGPT发布后很多人问我：ChatGPT做得这么好，做NLP研究还有什么用？我自己不担心失业，一方面ChatGPT还没有发展至无问题可研究的地步；另一方面，任何重复性强的工作都会被AI技术替代，这是不可逆转的趋势。

戴雨森： 分享一下我对ChatGPT的认识。

- 它是“超级缝合怪”。95%以上的工作者可能都是在做“缝合怪”，比如设计师把已有的素材缝合在一起，程序员把已经写过的代码组件缝合在一起，作家把已有的语料缝合在一起。语言模型、扩散模型可以瞬间把全人类已经有的东西缝合在一起。当生成式模型变得很强大，人们会更在意原创的价值，“超级缝合怪”的出现将导致原创思维特别重要。

■ 它是超级界面。以前人类操作计算机、手机要服从计算机的范式，如键盘、鼠标或者触摸屏。但人最核心的交互方式其实是语言，与Siri等智能助手无法实现真正的自然语言交流，就是卡在语义理解、多轮对话等地方，但ChatGPT让我们看到人和机器能够真正交流，而不用服从于机器范式，由机器服从于人的范式。

■ 它是超级陪伴。人的陪伴是很有价值的，陪玩、陪聊的出现与火热一定程度上能说明这一点。“元宇宙”的概念火过一段时间，但后来发现它没意思，因为没有人的元宇宙是一片荒芜。Meta human也曾很受欢迎，很重要的原因是它能够像人一样去沟通。当我们看到ChatGPT的对话越来越像人，并且难以被区分，就会发现在不远的未来，人的陪伴性价值能够被部分替代，尤其是在游戏、社交或者针对老年人和小孩的陪护场景里。也许这个脑洞比较大，但从投资机构的角度来讲，ChatGPT提供了一种可能性。

杨浩：接下来被替代的一定是重复工作者。另外，虽然ChatGPT实力很强，但它的算力瓶颈非常高，真正要复现这个模型其实难度很大。如何集中周围的资源，产学研合作搭建环境去分析出ChatGPT的缺陷，将会是一个很大的突破点。而不是人云亦云只看到它的好，要能找到它的“不好”并分析明白，那是更大的突破。

马少平：我对应用相对了解得比较少。从人工智能的应用原则来说，有以下三点考虑。

■ ChatGPT万一出现错误，对系统不会带来大的伤害。ChatGPT诞生之初能带来哪些应用？我首先想到的便是陪老人聊天，或者与游戏相关的内容，错了也没有太大影响。

■ 可以辅助决策，但最终决策者还是使用者自己。就像用输入法输入一串拼音，最终要哪个字，由你自己决定，这样的输入法才能用。

■ 具体应用中允许出现一定误差，但差值可以由人工决定，只要在原则之内。就像生产线上的产品检测，只要能满足错误率就可以。

当下大模型还没达到“基础模型”状态

主持人(曹峰)：李飞飞等科学家最初称大模型为“基础模型”，怎么理解“大模型”到“基础模型”概念理念上的变化？当大模型真正成为基础，对技术研发、产业应用、行业推广有哪些影响？

杨浩：从学术阶段到应用、商业阶段，我对“基础模型”的理解主要有两点。

第一，作为基础模型要形成一定的范式。现有的人工智能模型大都基于Transformer，应用的开放瓶颈大幅度降低，可推动业界发展。规范化的操作将产生更大的价值。

第二，它将推动上下游行业的提升。比如大家关心的华为芯片，我们也有一些探索，面向特定算法，在GPU和CPU之间数据交互时能耗大幅度降低，这里有两个典型的应用，一个是使手机续航更长，二是算起来更快、不发烫。算法不是越便宜越好，而是越好用越好。商业上的很多产品或许没有学术界产品做得那么精致，但优点是简单好用。

戴雨森：从投资的角度来看，有了基础应用之后就可以做应用和中间层了，这是直观感受，也是学术定义。

如今ChatGPT很好地做到了API化，让人不需要自己训练模型，只要调动其能力就可以。使技术“积木化”“乐高化”的做法，在“基础模型”底座上搭应用对一些场景化应用特别有帮助。

宗成庆：“基础模型”是基于网上公开、通用、常识性数据训练而来，类似于全科医生，什么病都可以看，但遇到真正的某方面病痛时，还得专科医生对症下药，尤其是在一些需要很深专业知识的领域。

周明：我对“基础模型”有不同看法。两年前李飞飞提出它时，GPT-3刚出现，ChatGPT还没有问世。理想的情况是一些大公司把基础模型构建完成之后，大家在上面垒新的应用。但到目前为止，即使是ChatGPT，也不敢称之为“基础模型”，我的观点如下。

基础模型是什么？至少满足以下几点：

- 功能比较强大；
- 像电力一般稳定，否则谁也不敢用；
- 对于每个使用者是安全的；
- 合乎伦理道德，现在ChatGPT有很多地方不符合；
- 对垂直领域能综合支持；
- 能解决速度、并发、及时更新等问题；
- 对用户无代码编程各方面的支持。

我个人认为，现在没有一个模型达到“基础模型”的状态，大家不要迷信ChatGPT，离李飞飞提出的伟大理想还差得很远。

“基础模型”确实重要。任何一个国家一定要建立自己的基础模型体系来实现安全性、并发性等一大堆需求。当下还没有定论，只能探索出一套适合自身国情和市场的基础模型，这是万里长征第一步。也许需要10年、20年才能大体形成一组可以放心使用、稳定应用的基础模型。

从追赶到超越，首先得学会平视OpenAI

主持人(曹峰)：ChatGPT的诞生也凸显了我国与国外的差距，我国的大模型目前发展到了什么阶段？遇到了什么困难？可否从技术、产业、学界角度，分享一下对其未来发展的建议？

周明： 对科技界年轻人、NLP界研究者而言，这是一个非常好的阶段。从事自然语言超30年，我们从过去一行一行写代码、满眼都是类（泪）、无人支持的筚路蓝缕，到今天得到了大数据、算力的支持，最终ChatGPT验证了自然语言的可行性。美国做得很好，但我们自有一番广阔天地。未来的路还很长，选对了路就勇敢地走下去！

宗成庆： 我想起一个更犀利的问题：为什么中国没有做出ChatGPT？这个句式适用于任何一个高新技术。我国与美国的确有差距，但在自然语言处理方向，差距相对较小，近几年进步非常大。从市场应用角度来讲，自然语言处理在中国市场并不落后，我们也有信心做好。

戴雨森： 投资就是一场贝叶斯，对世界的认知会随着我们对信息的获取发生变化。在iPhone问世之前，投移动互联网和移动开发的都没戏，当它出来后，大家就都投。短时间内有浮躁、泡沫、大声量很正常，因为我们对世界的认知、对未来的预估也发生很大变化。希望泡沫下面还有啤酒。

这次技术变革带来了直接的应用价值，美国的亚马逊等企业已经获得了明显的商业化成果，这波趋势会很持久，也会很漫长。

要学习赶超OpenAI，首先要平视它。目前人们对它的认识大体分为两派，一是神化OpenAI，觉得它很遥远。因为我们在语料、芯片、算法上都有短板，可能做不出来。另一个是速胜论，认为我们有很多这方面的研究，很快就可以实现，甚至可以超越ChatGPT。从追赶到超越的过程中，需要给国产大模型一些时间。首先，我国自然语言模型与其差距并不大；其次，做出ChatGPT并不需要非常完美的技术，而语言模型过了某个阈值，就能够在很多地方产生作用。现在面临的不是跨越不了的鸿沟，只是一个代沟。这不是一个快速见效的事情，就像天使投资的周期是10年以上，但我们对未来充满期待。

杨浩： 从垂直领域比较来看，如机器翻译，ChatGPT不如目前专门训练的机器翻译模型；以质量评估为例，相对于专业的译员，大模型还有很大的发挥空间，我们还有很多机会。

从科技向善角度来看，ChatGPT会带动整体上下游和芯片的思考，华为构建了“M+D”的生态，“M”指的是MindSpore深度学习平台，“D”是指芯片相关内容。有些芯片的价格是对手的1/4，但整体性能是它的1/2，这时候就能有所收益。华为盘古大模型一开始是基于“D”芯片训练，不完全是基于GPU，因此这里面可发展的空间很大。那些割裂社会、把技术卡断的只是少数人，路总是越走越宽。

深入解读AIGC数据生成学习新范式 Regeneration Learning

文 | 谭旭

在AIGC取得举世瞩目成就的背后，基于大模型、多模态的研究范式也在不断推陈出新。微软研究院作为这一研究领域的佼佼者，与图灵奖得主、深度学习三巨头之一的Yoshua Bengio联合推出了AIGC新范式——Regeneration Learning。这一新范式究竟会带来哪些创新变革？本文作者将带来他的深度解读。

AIGC（AI-Generated Content）在近年来受到了广泛关注，基于深度学习的内容生成在图像、视频、语音、音乐、文本等生成领域取得了非常瞩目的成就。不同于传统的数据理解任务通常采用表征学习（Representation Learning）范式来学习数据的抽象表征，数据生成任务需要刻画数据的整体分布，因此需要一个新的学习范式来指导处理数据生成的建模问题。

为此，微软研究院的研究员和深度学习/表征学习先驱Yoshua Bengio一起，通过梳理典型的数据生成任务和建模流程，抽象出面向数据生成任务的学习范式Regeneration Learning。该学习范式适合多种数据生成任务（图像、视频、语音、音乐、文本生成等），能够为开发设计数据生成的模型方法提供新的洞见和指导。

为什么是Regeneration Learning?

什么是数据理解与数据生成?

机器学习中一类典型的任务是学习一个从源数据X到目标数据Y的映射，比如在图像分类中X是图像而Y是类别标签，在文本到语音合成中X是文本而Y是语音。根据X和Y含有信息量的不同，可以将这种映射分成数据理解（Data Understanding）、数据生成（Data Generation）以及两者兼有的任务。图1显示了这三种任务以及X和Y含有的相对信息。

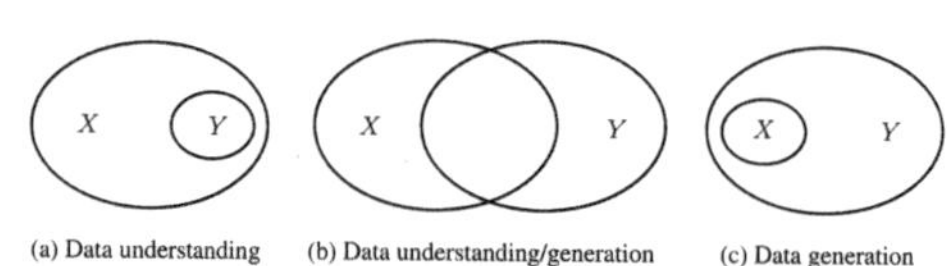

Types	Information	Tasks
Understanding	$X \gg Y$	image classification, objective detection sentence classification, reading comprehension
Generation	$X \ll Y$	text generation or image synthesis from ID/class
Understanding/Generation	$X \not\gg Y$ and $X \not\ll Y$	text to speech, automatic speech recognition, text to image generation, talking-head synthesis

图1 机器学习中常见的三种任务类型以及X和Y含有的相对信息量

X和Y的信息差异导致了采用不同的方法来解决不同的任务：

- 对于数据理解任务，X通常比较高维、复杂并且比Y含有更多的信息，所以任务的核心是从X学习抽象表征来预测Y。因此，深度学习中非常火热的表征学习（Representation Learning，如基于自监督学习的大规模预训练）适合处理这类任务。
- 对于数据生成任务，Y通常比较高维、复杂并且比X含有更多的信息，所以任务的核心是刻画Y的分布以及从X生成Y。
- 对于数据理解和生成兼有的任务，它们需要分别处理两者的问题。

数据生成任务面临的独特挑战

数据生成任务面临的独特挑战包括：

- 因为Y含有很多X不含有的信息，生成模型面临严重的一对多映射（One-to-Many Mapping）问题，增加了学习难度。比如在图像生成中，类别标签“狗”对应不同的狗的图片，如果没有合理地学习这种一对多的映射，会导致训练集上出现过拟合，在测试集上泛化性很差。
- 对于一些生成任务（如文本到语音合成、语音到说话人脸生成等），X和Y的信息量相当，会有两种问题，一种是X到Y的映射不是一一对应，会面临上面提到的一对多映射问题，另一种是X和Y含有虚假关联（Spurious Correlation，比如在语音到说话人脸生成任务中，输入语音的音色和目标说话人脸视频中的头部姿态没有太大关联关系），会导致模型学习到虚假映射出现过拟合。

为什么需要Regeneration Learning?

深度生成模型（如对抗生成网络GAN、变分自编码器VAE、自回归模型AR、标准化流模型Flow、扩散模型Diffusion等）在数据生成任务上取得了非常大的进展，在理想情况下可以拟合任何数据分布以实现复杂的数据生成。但是，在实际情况中，由于数据映射太复杂，计算代价太大以及数据稀疏性问题等，它们不能很好地拟合复杂的数据分布以及一对多映射和虚假映射问题。类比于数据理解任务，尽管强大的模型，比如Transformer已经取得了不错的效果，但是表征学习（近年来的大规模自监督学习，如预训练）还是能大大提升性能。数据生成任务也迫切需要一个类似于表征学习的范式来指导建模。

因此，我们针对数据生成任务提出了Regeneration Learning学习范式。相比于直接从X生成Y，Regeneration Learning先从X生成一个目标数据的抽象表征Y'，然后再从Y'生成Y。这样做有两点好处：

- $X \to Y'$ 相比于$X \to Y$的一对多映射和虚假映射问题会减轻；
- $Y' \to Y$ 的映射可以通过自监督学习利用大规模的无标注数据进行预训练。

Regeneration Learning的形式

Regeneration Learning的基本步骤

Regeneration Learning一般需要三步。

步骤1：将Y转化成抽象表征Y'。转换方法大体上可分为显式和隐式两种，如表1中Basic Formulation所示：显式转换包括数学变换（如傅里叶变换、小波变换），模态转换（如语音文本处理中使用的字形到音形的变换），数据分析挖掘（如从音乐数据抽取音乐特征或从人脸图片中抽取3D表征），下采样（如将256×256图片下采样到64×64图片）等；隐式转换，如通过端到端学习抽取中间表征（一些常用的方法包括变分自编码器VAE、量化自编码器VQ-VAE和VQ-GAN、基于扩散模型的自编码器Diffusion-AE）。

Formulation	Category	Method	Data Conversion ($Y \to Y'$)
Basic	Explicit	Fourier Transformation	Speech/Image (e.g, Wave→ Spectrogram)
		Grapheme-to-Phoneme	Text (e.g., learning→'lɜːrniŋ)
		Music Analysis	Music (MIDI→Chord/Rhythm)
		3D Image Analysis	Image (Face to 3D Co-efficient)
		Down Sampling	Speech/Image (e.g., 256*256→64*64)
	Implicit	Analysis-by-Synthesis VAE VQ-VAE/VQ-GAN DiffusionAE	Image/Speech/Text ($Y \to Z$)
Extended	Factorization	AR	Image/Speech/Text ($Y \to Y_{1:t}$)
	Diffusion	DDPM	Image/Speech/Text ($Y_0 \to Y_t$)
	Latent Diffusion	VAE + DDPM	Image/Speech/Text ($Y \to Z_0$, $Z_0 \to Z_t$)

表1 $Y \to Y'$转换的不同方法

步骤2：从X生成Y'。可以使用任何生成模型或者转换方法，以方便做XY'映射。

步骤3：从Y'生成Y。通常采用自监督学习，如果从Y转化为Y'采用的是隐式转换学习（如变分自编码器），那可以使用学习到的解码器来从Y'生成Y。

如表1中Extended Formulation所示，一些方法可以看成是Regeneration Learning的扩展版本，如自回归模型AR、扩散模型Diffusion，以及迭代式的非自回归模型等。在自回归模型中，Y_{<t}可以看成是Y_{<t+1}的简化表

征；在Diffusion模型中，Y_{t+1}可以看成是Y_{t}的简化表征，和基础版的Regeneration Learning不同的是，它们都需要多步生成而不是两步生成。

Regeneration Learning和Representation Learning的关系

如图2所示，Regeneration Learning可以看成是传统的Representation Learning在数据生成任务中的对应：

- Regeneration Learning处理目标数据Y的抽象表征Y'来帮助生成，而传统的Representation Learning处理源数据X的抽象表征X'来帮助理解。
- Regeneration Learning中的$Y'\rightarrow Y$和Representation Learning中的$X\rightarrow X'$都可以通过自监督的方式学习（如大规模预训练）。
- Regeneration Learning中的$X\rightarrow Y'$和Representation Learning中的$X'\rightarrow Y$都比原来的XY更加简单。

Regeneration Learning的方法研究以及实际应用

研究机会

Regeneration Learning作为一种面向数据生成的学习范式，有比较多的研究问题。如表2所示，包括如何从Y获取Y'以及如何更好地学习X→Y'以及Y'→Y等。[1]

数据生成任务中的应用条件

Regeneration Learning在语音、音频、音乐、图像、视频、文本等生成中有着广泛的应用，包括文本到语音合成、语音到文本识别、歌词/视频到旋律生成、语音到说话人脸生成、图像/视频/音频生成等，如表3所示。

总的来讲，只要满足以下几点要求，都可以使用Regeneration Learning：

- 目标数据太高维、太复杂。
- X和Y有比较复杂的映射关系，如一对多映射和虚假映射。
- X和Y缺少足够的配对数据。

数据生成模型在Regeneration Learning范式下的表示

下面简单梳理了近年来在AIGC内容生成领域的一些典型的模型方法，如文本到图像生成模型DALL-E 1、DALL-E 2和Stable Diffusion，文本到音频生成模型AudioLM和AudioGen，文本到音乐生成模型MusicLM，文本生成模型GPT-4、ChatGPT，它们都可以被看作是采用了Regeneration Learning类似的思想，如表4所示。

机器学习/深度学习依赖于学习范式指导处理各种学习

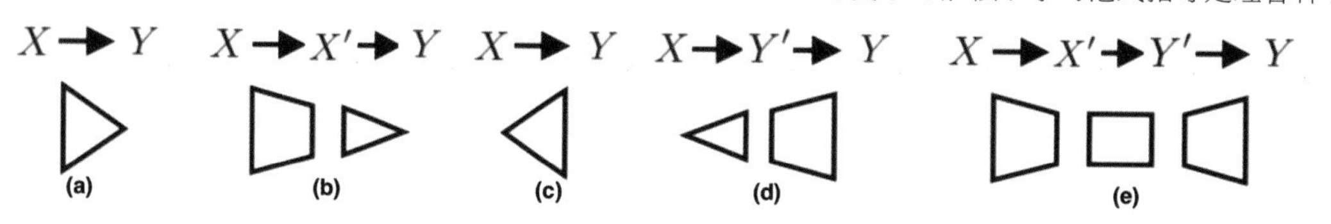

(a) Presentation ($X\rightarrow$)　(b) Representation ($X\rightarrow X'\rightarrow$)　(c) Generation ($\rightarrow Y$)
(d) Regeneration ($\rightarrow Y'\rightarrow Y$)　(e) Representation + Regeneration ($X\rightarrow X'\rightarrow Y'\rightarrow Y$)

Paradigm	Original	Compact	Self-Supervised Learning	Easy Mapping
(b) Representation Learning	X	X'	$X\rightarrow X'$	$X'\rightarrow Y$
(d) Regeneration Learning	Y	Y'	$Y'\rightarrow Y$	$X\rightarrow Y'$
(e) Combination	X, Y	X', Y'	$X\rightarrow X', Y'\rightarrow Y$	$X'\rightarrow Y'$

图2 Regeneration Learning和Representation Learning的对比

Perspective	ID	Research Questions
$Y \to Y'$	1	How to design better analysis-by-synthesis methods (beyond VAE, VQ-VAE, DiffusionAE, etc) to learn Y'?
	2	How to design better learning paradigms other than analysis-by-synthesis to learn Y'?
	3	How to leverage unpaired data Y and/or paired data (X, Y) to learn Y'?
	4	How to better trade off the difficulty between $X \to Y'$ and $Y' \to Y$ mappings when learning Y'?
	5	How to disentangle semantic meaning and perceptual details to learn a more semantic instead of detailed Y'?
	6	How to determine the discrete or continuous format of Y' for each data generation task?
$X \to Y'$ $Y' \to Y$	7	How to design better generative models to learn $X \to Y'$ and $Y' \to Y$ mapping?
	8	How to leverage the assumption of semantic conversion and detail rendering to design better methods?
	9	How to leverage large-scale self-supervised learning for $Y' \to Y$ mapping?
$X \to Y' \to Y$	10	How to reduce the training-inference mismatch in regeneration learning?

表2 Regeneration Learning的研究问题

Task	X	Y	Y'	$Y \to Y'$ & $Y' \to Y$
Speech Synthesis	Text	Waveform	Spectrogram / Code	STFT & Vocoder / Codec
Speech Recognition	Speech	Character	Phoneme	G2P & P2G
Text Generation	Text/Knowledge	Text	Template	Text2Template & Template2Text
Lyric/Video to Melody	Lyric/Video	Melody	Music Template	Music Analysis & Generation
Talking-Head Synthesis	Speech	Video	3D Face Parameters	3D Face Analysis & Rendering
Image/Video/Sound Generation	Class/Text	Image/Video/Sound	Latent Code	Codec Extraction & Generation

表3 一些利用Regeneration Learning的数据生成任务

Model	X	Y	Y'	$X \to Y'$	$Y' \to Y$
DALL-E	Text	Image	Visual Token	AR	VQ-VAE Decoder
DALL-E 2	Text	Image	CLIP Latent	AR/Diffusion	Diffusion
Stable Diffusion	Text	Image	VAE Latent	Diffusion	VAE Decoder
AudioLM	Audio Prompt	Audio	Semantic/Acoustic Token	AR	VQ-VAE Decoder
AudioGen	Text	Audio	Audio Token	AR	VQ-VAE Decoder
MusicLM	Text	Music	MuLan/Semantic/Acoustic Token	AR	VQ-VAE Decoder
GPT-3/ChatGPT	Text Prompt	Text	Text Prompt	Chain-of-Thought Prompting	

表4 最近比较受关注的数据生成模型及其在Regeneration Learning范式下的表示

问题，如传统的机器学习，包括有监督学习、无监督学习、强化学习等学习范式。

结语

本篇文章介绍了微软亚洲研究院机器学习组在AIGC数据生成方面的研究范式工作，首先指出了数据生成面临的挑战以及新的学习范式的必要性，然后介绍了Regeneration Learning的具体形式、与Representation Learning的关系、当前流行的数据生成模型在该范式下的表示，以及Regeneration Learning潜在的研究机会。希望它能够很好地指导解决数据生成任务中的各种问题。在这一研究方向上，我们还开展了模型结构和建模方法以及具体的生成任务方面的研究，欢迎继续关注我们的其他内容！

谭旭

微软亚洲研究院高级研究员，研究领域为深度学习及AI内容生成。发表论文100余篇，研究工作如预训练语言模型MASS、语音合成模型FastSpeech、AI音乐项目Muzic受到业界关注，多项成果应用于微软产品中。研究主页：https://ai-creation.github.io/

参考文献

[1]Regeneration Learning: A Learning Paradigm for Data Generation. https://arxiv.org/abs/2301.08846

NLP奋发五载，AGI初现曙光

文 | 王文广

ChatGPT掀起的NLP大语言模型热浪，不仅将各家科技巨头和独角兽们推向风口浪尖，在它背后的神经网络也被纷纷热议。但实际上，除了神经网络之外，知识图谱在AI的发展历程中也被寄予厚望。自然语言处理是如何伴随人工智能各个流派不断发展、沉淀，直至爆发的？本文作者将带来他的思考。

自ChatGPT推出以来，不仅业内津津乐道并纷纷赞叹自然语言处理（Natural Language Processing, NLP）大模型的魔力，更有探讨通用人工智能（Artificial General Intelligence，AGI）的奇点来临。有报道说Google CEO Sundar Pichai发出红色警报（Code Red）并促使了谷歌创始人佩奇与布林的回归，以避免受到颠覆性的影响。同时，根据路透社的报道，ChatGPT发布仅两个月就有1亿用户参与狂欢，成为有史以来用户增长最快的产品。本文以ChatGPT为契机，介绍飞速发展的自然语言处理技术。

从机器翻译到ChatGPT：自然语言处理的进化

自然语言处理的历史可以追溯到1949年。而由克劳德·艾尔伍德·香农（Claude Elwood Shannon）的学生、数学家Warren Weaver发布的有关机器翻译的研讨备忘录被认为是自然语言处理的起点，比1956年达特茅斯会议提出“人工智能”的概念还略早一些。

20世纪五六十年代是自然语言处理发展的第一阶段，致力于通过词典、生成语法和形式语言来研究自然语言，奠定了自然语言处理技术的基础，并使得人们认识到了计算对于语言的重要意义。这个阶段代表性的成果有1954年自动翻译（俄语到英语）的“Georgetown–IBM实验”，诺姆·乔姆斯基（Noam Chomsky）于1955年提交的博士论文《变换分析（*Transformational Analysis*）》和1957年出版的著作《句法结构（*Syntactic Structures*）》等。

在20世纪六七十年代，对话系统得到了发展，如Shrdlu、Lunar和Eliza等。麻省理工学院的Shrdlu采用句法分析与“启发式理解器（heuristic understander）”相结合的方法来理解语言并做出响应。Lunar科学自然语言信息系统（Lunar Sciences Natural Language Information System）则试图通过英语对话的方式来帮助科学家便捷地从阿帕网（ARPANET，因特网的前身，由美国国防部开发）获取信息，这倒像是当前爆火的ChatGPT雏形。Eliza是那时对话系统的集大成者，集成了关键词识别、最小上下文挖掘、模式匹配和脚本编辑等功能。

随着自然语言处理任务愈加复杂，人们认识到知识的缺乏会导致在复杂任务上难以为继，由此知识驱动人工智能逐渐在20世纪七八十年代兴起。语义网络（Semantic Network）和本体（Ontology）是当时研究的热点，其目的是将知识表示成机器能够理解和使用的形式，并最终发展为现在的知识图谱[1]。在这个阶段，WordNet、CYC等大量本体库被构建，基于本体和逻辑的自然语言处理系统是研究热点。

进入20世纪末21世纪初，人们认识到符号方法存在一些问题，比如试图让逻辑与知识覆盖智能的全部方面几乎是不可完成的任务。统计自然语言处理（Statistical NLP）由此兴起并逐渐成为语言建模的核心，其基本理念是将语言处理视为噪声信道信息传输，并通过给出每个消息的观测输出概率来表征传输，从而进行语言建模。相比于符号方法，统计方法灵活性更强，在大量语料支撑下能获得更优的效果。

在统计语言建模中，互信息（Mutual Information）可以用于词汇关系的研究，N元语法（N-Gram）模型是典型的语言模型之一，最大似然准则用于解决语言建模的稀疏问题，浅层神经网络也早早就应用于语言建模，隐马尔可夫模型（Hidden Markov Model，HMM）和条件随机场（Conditional Random Fields，CRF）（见图1）是这个阶段的扛把子。在搜索引擎的推动下，统计自然语言处理在词法分析、机器翻译、序列标注和语音识别等任务中广泛使用。

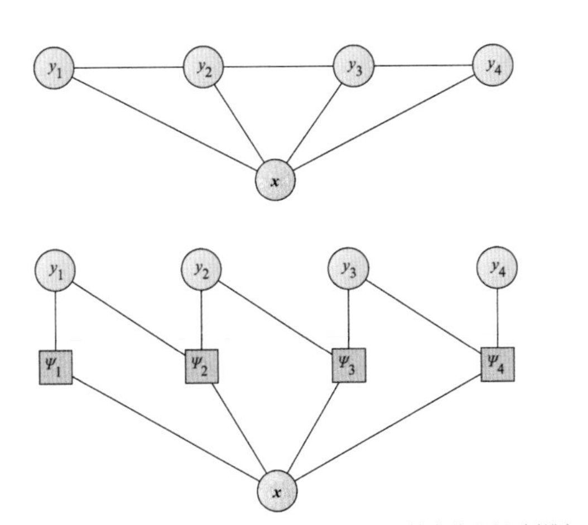

图1 条件随机场（来自《知识图谱：认知智能理论与实战》）

从这个阶段开始，中文自然语言处理兴起，中国的机构紧紧跟上了人工智能发展的潮流。由于中文分词、词性标注和句法分析等工作与英语等西方语言有着很大的不同，许多针对中文语言处理的方法被深入研究并在推动自然语言处理的发展中发挥着巨大作用。

2006年起，深度学习开始流行，并在人工智能的各个细分领域“大杀四方”，获得了非凡成就，自然语言处理也开始使用深度学习的方法。随着2013年Word2vec的出现，词汇的稠密向量表示展示出强大的语义表示能力，为自然语言处理广泛使用深度学习方法铺平了道路。从现在来看，Word2vec也是现今预训练大模型的“婴儿”时期。

随后，在循环神经网络（Recurrent Neural Network，RNN）、长短期记忆网络（Long Short-Term Memory，LSTM）、注意力机制、卷积神经网络（Convolutional Neural Network，CNN）、递归神经网络（Recursive Neural Tensor Network）等都被用于构建语言模型，并在句子分类、机器翻译、情感分析、文本摘要、问答系统、实体抽取、关系抽取、事件分析等任务中取得了巨大成功。

2017年发布的Transformer（变换器网络）极大地改变了人工智能各细分领域所使用的方法，并发展成为今天几乎所有人工智能任务的基本模型。Transformer基于自注意力（self-attention）机制，支持并行训练模型，为大规模预训练模型打下了坚实的基础。自此，自然语言处理开启了新的范式，并极大推进了语言建模和语义理解，成就了今天爆火出圈的 ChatGPT，并让人们能够自信探讨通用人工智能。

NLP奋发五载

由于Transformer的出现，大语言模型的兴起，以及多种机器学习范式的融合，近五年自然语言处理有了极大的发展。从现在来看，这个起点当属2018年ELMo、GPT和BERT的出现。尤其是，BERT通过巨量语料所学习出来的大规模预训练模型不仅学会了上下文信息，以及语法、语义和语用等，甚至还学会了部分领域知识。BERT在预训练模型之上，针对特定任务进行微调训练，在十多个自然语言处理任务的评测中遥遥领先，并在机器阅读理解顶级水平测试SQuAD1.1中表现出惊人成绩，在两个衡量指标上都首次并全面超越人类。

下面从三个维度来介绍自然语言处理的奋进五年——

大模型的突飞猛进、算法的融会贯通，以及应用的百花齐放。

大模型的突飞猛进

图2展示了自2018年至今具有一定影响力的大模型，其中横轴是模型发布时间（论文发表时间或模型发布时间的较早者），纵轴是模型参数的数量（单位是百万，坐标轴是底为10的对数坐标轴），名字为黑色字体的是国外机构发布的大模型，红色字体的是国内机构发布的大模型。可以看到，这五年来预训练大语言模型的参数规模实现了从1亿到10,000亿的“野蛮”增长，增长速度几乎每年翻10倍，“智能时代的摩尔定律”由此而生。

深入分析大模型的情况，有两方面总结：

- 机构方面，Google和DeepMind发布了BERT、T5、Gopher、PaLM、GaLM、Switch等大模型，模型的参数规模从1亿增长到10,000亿；OpenAI和微软则发布了GPT、GPT-2、GPT-3、InstructGPT、Turing-NLG和M-Turing-NLG等大模型，模型的参数规模从1亿增长到5,000亿；百度发布了文心（ERNIE）系列，包括ERNIE、ERNIE 2.0、ERNIE 3.0、ERNIE 3.0-Titan，参数规模从3亿增长到2,600亿。总体来说，随着模型的增长，有能力训练和发布大模型的企业在减少。除了上面提到的几家之外，还有芯片大厂NVIDIA依靠充足的算力，大力出奇迹，国内的智源研究院和鹏城实验室等机构也发布了悟道、盘古等大模型，表现不俗。
- 大模型成本高昂，时间成本和经济成本巨大。以模型参数为1,750亿的GPT-3为例，用于训练模型的原始语料文本超过100TB（压缩包为45TB），包含网页、书籍、英文维基百科等。原始语料文本经过处理后，形成了超过5,000亿个词元（西方语言的词、中文的字等）的训练语料。GPT-3模型的训练和评估采用的算力是微软和OpenAI一起打造的超级计算集群，集群有28.5万核CPU、1万个V100 GPU，以及400Gbps的网络带宽。建造这个超级计算集群的费用超过20亿元。如果租用微软或其他云厂商的集群来训练GPT-3，训练一次GPT-3大约需要耗费280万～540万美元（价格因不同云厂商而有所不同）。因训练花费不菲，在GPT-3的论文*Language Models are Few-Shot Learners*中提到“发现了Bug但由

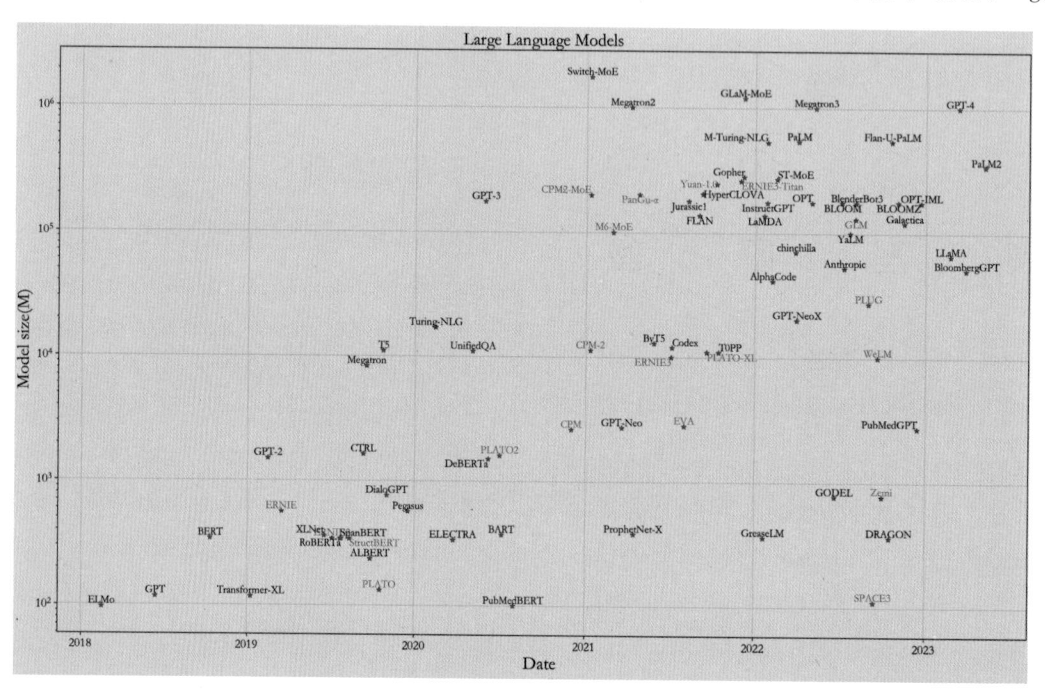

图2 自然语言大模型的奋进五载

于训练费用问题而没有重新训练模型（Unfortunately, a bug in the filtering caused us to ignore some overlaps, and due to the cost of training it was not feasible to retrain the model.）”。

算法的融会贯通

自然语言处理在这五年的高速发展，除了模型越来越大、训练语料越来越多之外，核心还是多种不同类型的人工智能技术的高速发展，以及在自然语言处理领域对这些技术的融会贯通。这些人工智能技术包括但不限于语言模型、对话系统（Conversational AI）、思维链（Chain of Thoughts）、强化学习（Reinforcement Learning）和人类反馈强化学习（Reinforcement Learning from Human Feedback，RLHF）、情境学习（In-Context Learning）、无监督学习（Unsupervised Learning）等。除此之外，算力的增长、大数据处理技术的发展也提供了必不可少的支撑。

语言模型

这里简要介绍三类代表性的语言模型，分别为BERT所使用的掩码语言模型、GPT系列所使用的自回归语言模型，以及ERNIE系列所使用的引入了知识图谱等专家知识的语言模型。

掩码语言模型（Masked Language Model，MLM）是一种双向语言模型，模拟了人类对语言认知的双向语言模型。举个例子，人们快速阅读时，些许的文字错误并不会影响理解，这是由于人们会自动补全。掩码语言模型正是模拟了这一特点，比如对于“一枝红杏出墙来”这句话，将其一部分掩盖住后，原句变为“一枝红■出墙来”，如何判断“■”掩盖的部分？人们能够自然地意识到“■”掩盖的是“杏”。掩码语言模型便是为了让模型能够像人一样“猜出”被掩盖的部分。BERT通过Transformer的编码器来实现掩码语言模型。同时，如图3所示，BERT使用了多任务学习方法来从大规模语料中训练出模型，并在具体任务中进行微调（Fine-Tuning）。

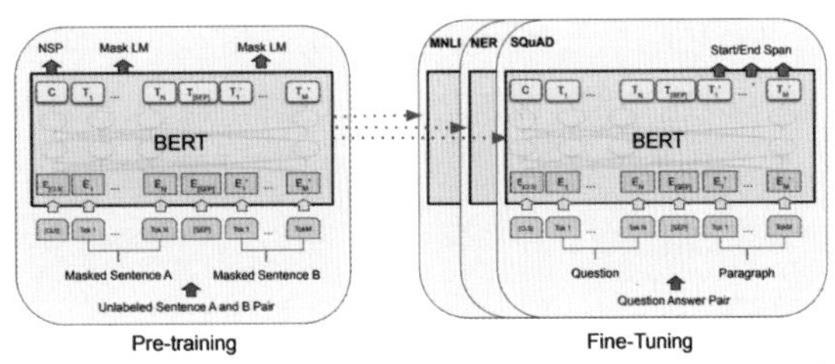

图3 BERT的预训练和具体任务的微调示意图[8]

与BERT不一样的是，GPT系列通过Transformer的解码器实现了自回归语言模型（Autoregressive Language Model），采用多任务训练的方法训练模型。自回归在时间序列分析中非常常见，比如ARMA、GARCH等都是典型的自回归模型。在语言模型中，自回归模型每次都是根据给定的上下文，从一组词元中预测下一个词元，并且限定了一个方向（通常是正向，即在一个句子中从前往后依次猜下一个字/词）。同样以“一枝红杏出墙来”为例，在自回归语言模型中，给定“一枝红”的上下文来预测下一个“杏”字，紧接着给定“一枝红杏”来预测下一个“出”字，然后是根据给定的“一枝红杏出”来预测“墙”字，如此循环，直到完成整个序列的预测并输出。有多种不同的方案来选择模型预测的输出标记序列，如贪婪解码、集束搜索（Beam Search）、Top-K采样、核采样（Nucleus Sampling）、温度采样（Temperature Sampling）等。除了 GPT系列之外，Transformer-XL、XLNet等大模型也采用了自回归语言模型。

ERNIE在采用了BERT类似的模型架构之上，加入了知识图谱，使得模型能够用先验知识来更好地理解语义。还是以“一枝红杏出墙来”为例，ERNIE能够更好地理解“红杏”，并知道它是一种“植物”。也因此，相比与BERT和GPT，ERNIE能够在更小的模型下获得相对更好的效果。尤其值得一提的是，这一点在中文场景中更加明显。

情境学习

在GPT-3中，仅仅给出几个示例就能够很好地完成许多自然语言处理任务的方法，被称为情境学习。情境学习（In-Context Learning）随着GPT-3流行起来。直观地说，情境学习就是给模型一些包含任务输入和输出的提示，并在提示的末尾附加一个用于预测的输入，模型根据提示和预测输入，来预测任务的结果并输出。因此，情境学习有时也被称为基于提示的学习（Prompt-Based Learning）。

从图4可以看出，情境学习的预测结果在大模型的情况下效果表现得非常好，但在小模型的情况下表现糟糕。简单地说，大模型使得情境学习变得有用。这是由于情境学习依赖语言模型所学习到的概念语义和隐含的贝叶斯推理，而这基于大规模预训练模型对潜在概念的学习，从文档级语料学习了长距离依赖并保持长距离的连贯性、思维链和复杂推理等。也因此，情境学习在大模型之前很罕见，可谓连实验室的玩具都谈不上。而在大模型的支撑下，在许多自然语言处理任务的基准测试（如LAMBADA文本理解测试集和TriviaQA问答测试集）中，情境学习相比其他模型非常具有竞争力。

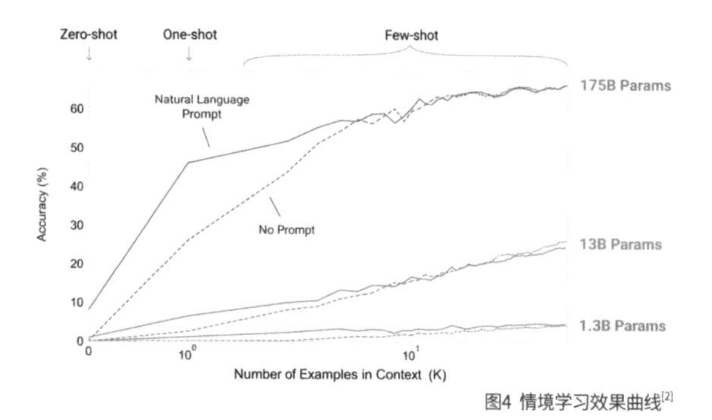

图4 情境学习效果曲线[2]

从应用来看，情境学习最为津津乐道的两个特点是：

- 情境学习能够有效地使模型即时适应输入分布与训练分布有显著差异的新任务，这相当于在推理期间通过“学习”范例来实现对特定任务的学习，进而允许用户通过新的用例快速构建模型，而不需要为每个任务进行微调训练。
- 构建于大语言模型之上的情境学习通常只需要很少的提示示例即可正常工作，这对于非自然语言处理和人工智能领域的专家来说非常直观且有用。

这两个特点使人们能够用一个模型来实现不同的任务，为类似ChatGPT这样的准AGI提供了技术基础。也正因此，人工智能领域念叨多年的通用人工智能终于露出了一丝曙光。

人类反馈强化学习

人类反馈强化学习通过人工智能模型在进行预测（推断）的过程中以人的反馈来实现模型学习，使得模型输出与人类的意图和偏好保持一致，并在连续的反馈循环中持续优化，进而产生更好的结果。

事实上，人工智能发展过程中，模型训练阶段一直都有人的交互，这也被称为人在圈内（Human-In-The-Loop, HITL），但预测阶段则更多是无人参与，即人在圈外（Human-Out-Of-The-Loop, HOOTL）。在这五年的奋进中，人类反馈强化学习使得自然语言处理在推断阶段能够从人的反馈中学习。这在自然语言处理领域是一个新创举，可谓人与模型手拉手，共建美好新AI。

从技术上看，人类反馈强化学习是强化学习的一种，适用于那些难以定义明确的用于优化模型损失函数，但却容易判断模型预测效果好坏的场景，即评估行为比生成行为更容易。在强化学习的思想中，智能体（Agent）通过与它所处的环境交互进行学习，常见在各类游戏AI中。例如，鼎鼎大名的AlphaGo，在2017年乌镇互联网大会上打败了围棋世界冠军柯洁，其核心技术就是强化学习。

人类反馈强化学习并非从自然语言处理开始的，如2017年OpenAI和DeepMind合作探索人类反馈强化学习系统与真实世界是否能够有效地交互，实验的场景是Atari游戏、模拟机器人运动等。这些成果随后被OpenAI和DeepMind应用到大语言模型上，通过人类反馈来优化语言模型，进而使模型的输出与预期目标趋于一致，如InstructionGPT、FLAN等。这些成果表明，加入人类反馈强化学习使生成文本的质量明显优于未使用人类反馈强化学习的基线，同时能更好地泛化到新领域。

图5所示是人类反馈强化学习的框架图。奖励预测器是学习出来的，这一点与传统强化学习有所不同。在传统

强化学习中，奖励函数是人工设定的。在InstructionGPT中，强化学习算法使用了近端策略优化（Proximal Policy Optimization，PPO）来优化GPT-3生成摘要的策略。

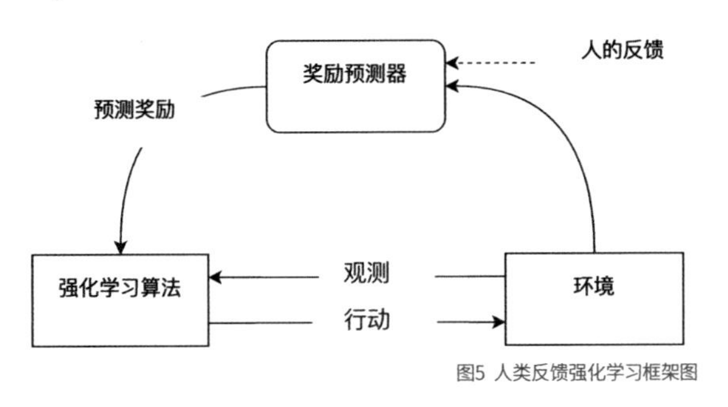

图5 人类反馈强化学习框架图

应用的百花齐放

近年来，所有自然语言处理的任务都有了长足进步，效果飙升，许多任务都超越了人类专家的水平。在斯坦福问答数据集2.0（SQuAD2.0）评测中，最新的模型EM分数和F1分数分别为90.939和93.214，相比人类专家86.831和89.452的分数高了4.73%和4.21%。在斯坦福对话问答CoQA数据集的评测中，最佳模型的分数达到90.7，相比人类专家的分数88.8，高出近2%。在机器翻译中，自2017年至今，WMT2014英译德评测集的BLEU分数从26增长到35以上，德译英则从23增长到35以上。在其他诸如文本分类、文档分类、对话生成、数据到文本（Data-to-Text）、看图说话（Visual Storytelling）、视觉问答、情感分析、实体抽取、关系抽取、事件抽取、自动摘要、OCR等任务中的效果增长都非常显著。

在这五年中，行业应用也愈加广泛。金融、医疗、司法、制造、营销、媒体等各行各业都是使用自然语言处理技术提升效率、降低风险。基于自然语言处理最新技术的综合性平台智能文档处理系统（Intelligence Document Process System，IDPS）开始流行，万千企业开始使用智能文档处理系统进行文档智能比对、关键要素抽取、银行流水识别、风险审核、文档写作等，实现了诸多脑力劳动的智能化。

同时，依托自然语言处理进行实体、关系、事件等知识的抽取，构建出领域专业知识图谱，并以语义检索、智能问答、归因分析、知识推理等为各行业提供了丰富的应用，如赋能智能制造的故障排查，金融行业的智能投研和智能投顾，政府和企业的舆情分析，营销和售后的智能客服和智能运营，媒体的资讯分类、自动摘要和事实校验等。

随着近五年自然语言处理技术的发展，许多原来无法完善服务的场景也有了切实可见的应用，影响着360行的亿万工作者。由OpenAI的Codex大语言模型提供支撑的GitHub Copilot为数千万的程序员提供效率工具。ChatGPT参与沃顿商学院的工商管理硕士课程的期末考试并获得了B档成绩，展现出了非凡的能力。同样的场景出现在许多大学中，如北密歇根大学有学生使用ChatGPT写课程论文获得了全班最高分。更有甚者，ChatGPT已经成为许多科学论文或出版书籍的共同作者，如ChatGPT名列*Performance of ChatGPT on USMLE: Potential for AI-Assisted Medical Education Using Large Language Models*这篇12个作者中的第三位，Gautier Marti则在其出版的书籍*From Data to Trade: A Machine Learning Approach to Quantitative Trading*中将ChatGPT列为共同作者。

AGI初现曙光

人类对智能化的追求可谓孜孜不倦，自远古时期对智能化的想象，如三国演义中诸葛亮的木牛流马，到每一次人工智能蓬勃发展时期，都会对通用人工智能进行想象和期待。但直至ChatGPT出现之前，所有的人工智能产品都局限于某一特定领域。例如：

- 用于实体抽取的系统，无法用于对话。
- 用于问答的系统可以在SQuAD2.0获得高分，但在没有进行微调等重新训练模型的情况下，在命名实体识别或翻译的评测中就表现得很差劲。
- AlphaZero在围棋上打遍天下无敌手，但没法用来做其他事情，如人脸识别或者事件分析等。
- AlphaFold2能够解决蛋白质折叠这种专业大学教授都

难以搞定的超难问题，但面对幼儿园小朋友也能很好地解决的“12+23”等算术问题则显得无能为力。

■ 有一些试图以通用智能助手形式提供的人工智能产品则经常被戏称为“人工智障”。

当我们细数过去种种人工智能产品的优势和不足，就容易看出ChatGPT所展现出来的“超能力”。不仅能流畅地进行对话，还在这个过程中完成多项自然语言处理任务，包括基于提示的情感分析、编写代码、翻译、报告撰写和摘要等。更进一步的，论文*ChatGPT: The End of Online Exam Integrity?* 认为，ChatGPT能够展现批判性思维能力，并以最少的输入生成高度逼真的文本，潜在威胁了在线考试的诚信。其本质是：ChatGPT展现出了超强的能力，这种“超能力”恰如人类的大脑，能在许多领域进行推理，并以接近或超越人类的水平完成多项认知任务，这正是人们所说的通用人工智能。

支撑起ChatGPT超能力的，正是自然语言处理技术奋进五载的大综合。从技术角度，就是在无监督大规模预训练语言模型的基础上，使用标注语料进行有监督的训练。在此基础之上，通过训练一个奖励预测模型，以及使用近端策略优化来训练强化学习策略，并在面向用户的应用中使用了人类反馈强化学习技术来实现对话理解和文本生成。ChatGPT 涵盖了机器学习的三大范式——有监督学习、无监督学习和强化学习。这也许和人类大脑的行为类似。

■ 无监督学习——婴儿期人类大脑，遗传和3岁以下认知世界的模式。

■ 有监督学习——从幼儿园开始不断学习各类技能和知识。

■ 强化学习——从现实环境的反馈中学习。

正是这些技术的总和所展现出的强大能力，让ChatGPT为通用人工智能带来曙光。许多业内大佬也纷纷为此站台，例如：

■ 微软联合创始人比尔·盖茨在2023年1月11日的Reddit AMA（Ask Me Anything）的问答帖中对一些热门科技概念发表了看法，他表示自己不太看好Web3和元宇宙，但认为人工智能是“革命性”的，对OpenAI的ChatGPT印象深刻。微软也准备再向OpenAI投资100亿美元，并表示旗下全部产品都接入ChatGPT以提供智能服务。

■ 此前力推元宇宙的Meta态度也有所改变，扎克伯格在2022年度报告投资者电话会议上表示“我们的目标是成为生成式人工智能的领导者（Our Goal is to be Leader in Generative AI）”。面对投资者对元宇宙是否被抛弃的疑问，扎克伯格的回答是“今天专注于人工智能，长期则是元宇宙（AI today and over the longer term the metaverse）”，想想经济学家凯恩斯那句名言“长期来看，我们都死了”吧。

■ Google创始人回归并全力支持类似ChatGPT产品的开发，同时向Anthropic投资3亿美元。Anthropic由OpenAI的多名资深研究人员创立，其产品与OpenAI的类似，如Claude。

■ 许多学者认为，通用人工智能到来的时间会加速，也许，2035年就是一个通用人工智能的“奇点”时刻。

也许有人认为夸大其词或危言耸听。毕竟，ChatGPT也仅仅展现了语言方面的能力，对其他诸如视觉、语音等完全不涉及。而即使在语言方面，ChatGPT表现弱智的地方也很多，深度学习的代表性人物Yann LeCun也激烈批评大语言模型的问题“人们严厉批评大语言模型是因为它胡说八道，ChatGPT做了（与语言大模型）同样的事（People crucified it because it could generate nonsense. ChatGPT does the same thing.）”。事实上，这个表现有点像幼儿园的小朋友的“童言无忌”，而这不也正是“智能”的表现吗？解决这个问题有现成的人工智能方法——知识图谱等符号人工智能方法和基于知识的人工智能方法。这些方法在近几年也发展迅速。一旦ChatGPT拥有一个知识图谱来支撑“常识”，其能力下限将极大地提升[3]，“童言无忌”变得成熟，那么语言领域的通用人工智能可谓来临。

进一步的，跳出自然语言处理，从更广泛的人工智能视角来看，这几年的进展也非常大。比如通过文本提示生成视频的扩散模型（Diffusion Model，DM），在图像生成上提升了视觉保真度，同样引发了视觉领域的爆火出圈；语音合成方面，VALL-E模型支持通过语音提示，合成符合输入语音音色和情绪的逼真声音。尤其是，这些不同领域的人工智能，包括视觉、图像处理、语音识别、语音合成、知识图谱、时间序列分析等，也全部都在采用Transformer来实现。这使得ChatGPT或类似系统加入语音、视觉等变得容易，进而构建出跨模态、多才多艺的通用人工智能。

结语

可以想象，未来五年到十年，融合语言、视觉和语音等多模态的超大模型将极大地增强推理和生成能力，同时通过超大规模知识图谱和知识计算引擎融入人类的先验知识，可极大提升人工智能推理决策的准确性。这样的人工智能系统既能够像人一样适应现实世界不同模态的绝大多数任务，完成任务的水平甚至超越绝大多数普通人，又可以在各种富有想象力和创造性的任务上有效辅助人类。

这样的系统正是人们想象和期待了数千年的智能系统，而这也会被称为真正的通用人工智能。进一步，随着人形机器人、模拟人类的外皮肤合成技术等各类技术的发展，这些技术互相融合，科学幻想中的超人工智能的来临也将成为现实。在通用人工智能如灿烂阳光洒满每一个角落时，蓦然回顾，会发现AGI的第一道曙光是2022年年底的ChatGPT。正所谓“虎越雄关，NLP奋发五载；兔临春境，AGI初现曙光。”

王文广

达观数据副总裁，高级工程师，自然语言处理和知识图谱著名专家，《知识图谱：认知智能理论与实战》作者，人工智能标准编制专家，专注于知识图谱与认知智能、自然语言处理、图像与语音处理、图分析等人工智能方向。曾获得多个国际国家级、省部级、地市级奖项，拥有数十项人工智能领域的国家发明专利和会议、期刊学术论文。

参考文献

[1]王文广. 知识图谱：认知智能理论与实战[M]. 北京：电子工业出版社，2022

[2]Tom Brown, Benjamin Mann, Nick Ryder et al. Language Models are Few-Shot Learners.[C] In Advances in Neural Information Processing Systems 33 (NeurIPS 2020). 2020. P1877—1901

[3]Wolfram|Alpha as the Way to Bring Computational Knowledge Superpowers to ChatGPT. StephenWolfram. https://writings.stephenwolfram.com/2023/01/wolframalpha-as-the-way-to-bring-computational-knowledge-superpowers-to-chatgpt/. 2023.

文生图模型的关键问题和发展趋势

文 | 刘广

文生图（Text-to-Image Generation）是AIGC的一个主要方向。近年来，文生图模型的效果和质量得到飞速提升，投资界和研究界都在密切关注文生图模型的进展。这一领域还有什么样的问题或者进展？本文从四个不同角度介绍了这一领域目前面临的关键问题和研究进展。

2021年年初，OpenAI团队提出了CLIP模型并开源了模型权重，核心动作有三个：通过对比学习进行图文匹配学习、开源CLIP模型权重和发布CLIP Benchmark评测。从此，文图多模态领域开始受到广泛关注并迅速发展。文生图应用最早出现的标志是OpenAI推出DALL-E，自此各大公司纷纷推出文生图模型，实际生成效果和效率，相对于从前基于自回归（Auto Regressive)和对抗网络（GAN）等来生成文生图均提升显著。

DALL-E的应用技术是Diffusion Model，主要用于生成图像、音频、文本等数据。它通过模拟数据的去噪过程，来生成新的数据。与生成对抗网络（GAN）相比，Diffusion Models的生成过程更加稳定，生成的数据也更加真实。AIGC-Text to Image的发展如图1所示。

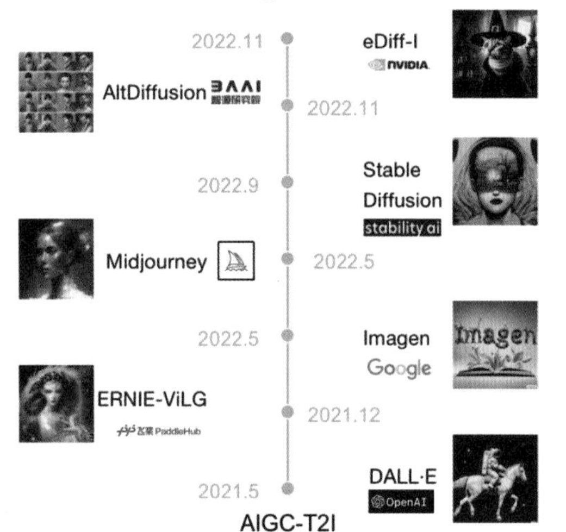

图1 AIGC-Text to Image 的发展

从2022年5月Stable Diffusion（SD）开源开始，SD作为迅速火出圈的AI技术，以极快的速度获得了大量开源社区关注，开始引领AIGC行业发展。那么，为什么Stable Diffusion能够这么快火出圈？其根本还是在于生成的效果好和效率高，极大地降低了创作门槛和成本。这里列了SD在Discord上的几个例子（见图2），其中的图片都可以在Nvidia Tesla A100机器上通过3～4s的时间生成出来。

图2 Stable Diffusion在Discord上的案例

虽然SD取得了很大的成功，但其本身存在一些问题会影响生成效果。

■ 问题一：模型的机器评价与人工评价之间缺乏一致性。通过机器评价指标，如FID值等，评价结果往往和真实的生成效果并不一致，因此不能很好地评价不同模型的效果。而人工评价标准难以统一并有高昂的成本。

■ 问题二：如何在生成过程中实现更高效的控制。如何提高生成图像和文本输入之间的一致性，特别是在使用简短的提示句来生成图像时，目前难以有效地控制所生成图片与文本之间的相关性程度。

■ 问题三：如何进行个性化模型定制。如何定制一个文生图模型，是行业应用的关键。快速进行新概念、风格、人物的学习，是文生图落地到各应用场景的第一个拦路虎。

■ 问题四：高质量文图数据集的缺乏。数据的重要性不言而喻，大量高质量的文图数据是文生图发展的血液，没有数据再好的算法也发挥不了作用。

如何评价文生图模型的效果

如何评价文生图模型的效果是生成类模型面临的共性问题之一。通常，生成类模型的评价分为机器评价和人工评价两种。机器评价方法如Bleu等，人工评价如ChatGPT中的人工评价等。然而，机器评价结果不完全符合人工评价结果，因此高机器评价并不一定代表生成效果好。

文生图的模型评价也面临同样的问题，现在用于文生图模型评价的机器评价指标如FID值等，其指标的评价结果跟真实的图片生成效果并不一致，因此机器评价的结果并不能够很好地评价不同的文生图模型效果。但是，由于机器评价的便利性和客观性等原因，还是有很多评价基准在采用机器评价指标。如ArtBench，提供了很多不同艺术风格标注数据的数据集，也在用FID指标等机器评价方法来评价不同模型的效果。

从ArtBench的评测结果中可以看到，基于GAN模型生成的图片可以获得最高的FID值，说明GAN生成跟训练数据同分布图片的能力更强。但同时这种能力也限制了GAN模型的泛化能力，使GAN只偏向于生成更像训练数据中的样本。在2021年NeurIPS上刊载的OpenAI团队的文章*Diffusion Models Beat GANs on Image Synthesis*，指出了有引导的Diffusion 模型可以在各种机器评价指标上效果比GAN更好。

上文提及，机器评价指标好就真的意味着生成的图片质量更高吗？结果并非如此。人工评价可能是更加合适文生图模型的评价方式。但是人工评价没有统一的标准，成本比较高。文章*Human Evaluation of Text-to-Image Models on a Multi-Task Benchmark*提出了一套人工评价的标准。让人从三种Prompt的难度以及三种不同的task维度来对比不同的文生图模型的图片生成效果（见表1），如SD和DALL-E 2。难度的定义用论文中的原文表述是："In that case, the task may be easy: generating 1-3 objects, medium-generating 4-10 objects, and hard-generating more than ten objects."

Difficulty Task / Model	Easy SD	 DALL-E 2	Medium SD	 DALL-E 2	Hard SD	 DALL-E 2	Average SD	 DALL-E 2
Counting	74.8	91.8	52.2	51.4	36.1	54.0	54.4	65.7
Faces	72.5	93.5	74.0	74.3	64.2	77.2	70.2	81.7
Shapes	70.8	67.1	56.8	46.0	45.1	57.3	57.6	56.8

表1 不同的文生图模型的人工评测结果

论文也给出了人工评价的结果，在数量（Counting）和人脸（Faces）两个类别的任务上，DALL-E 2占优势，而在形状（Shapes）这个类型的任务上，SD占优势。从这篇文章给出的结果来看，当前文生图模型中的第一梯队水平模型，在数量和形状方面，还是明显弱于人脸的生成任务。因此，我们可以从这篇文章中总结出现在文生图模型存在的语言理解问题，那就是数量和形状在理解能力上偏弱。

文本理解能力可以通过更大更强的语言模型来解决，如Google提出的Imagen，使用了更大的文本模型T5（Text-To-Text Transfer Transformer），并在解码和超分模型中都引入文本信息来生成具有更丰富细节的图片。为了评价文生图模型的效果，Imagen团队也同时提出了一个文生图的评价基准DrawBench。该基准主要从两个维度来评价文生图的效果：image-text alignment和sample fidelity。其实验指出，用T5作为文本编码器的Imagen模型在这两个维度上都有提升。但是，从上述实验的结果可以得出，在Image框架下将文本编码器从CLIP的文本塔换成T5，会有一定的alignment提升，但不是特别明显。所以更大的语言模型会带来一定的alignment提升，但没有预期的高。

整体来看，文生图模型的评价是AIGC继续发展的基石，评价体系急需建立。

可控生成

从上述论文对文生图的评价结果可以看出来，达到可控生成任重而道远，其中最关键的一点是alignment，还有很大的提升空间。因此，我们可以得到文生图的第二个关键问题——可控生成。通过Prompt输入来生成图片时，生成的图片和文字之间的alignment会比较弱，例如：

- 同时输入多个实体不能实现完全生成；
- 实体之间的关系不能体现；
- 颜色和数量不能体现；
- 文字显示不出来。

在现行的研究中，也提出引入对文本理解更好的模型来解决可控问题的方法，如*EDiff-I*。这篇文章延续了Imagen的思路，既然T5文本理解对于可控生成有帮助，那就把它集成进来，发挥出1+1>2的效果。

但是，从文本模型角度来改进可控生成所需资源比较多，首先需要一个更强的文本模型，然后才能训练得到更好的文生图模型。因此，一些研究便从可控编辑的角度来解决这个问题，如一项名为P2P (Prompt-to-Prompt Image Editing with cross attention control) 的研究便期望通过微调Prompt达到可控生成的目标（见图3）。

*InstructPix2Pix*这篇文章的思路跟P2P思路很像，也是通过图像编辑来实现可控生成。不一样的是，这篇文章用GPT-3来做Prompt微调。从图片编辑这条线上进行研究，效果的确很惊艳，但是评价偏弱，没有很好的评价标准和体系，还是很难继续推进。图像编辑算法Paint by Example提出了另外一种思路：将可控生成的难度降低，提供一个样本图片，结合图像修复技术来达到局部可控生成。其技术思路很直观，同时提供机器评价和人工评价的结果。

总的来说，这个方向的改进可能会引发下一波文生图应用热潮，但因为评价方法的缺失，进展难以衡量。

个性化模型

本文首先从评测的角度探讨了文生图模型的关键问题：可控生成。接着从应用的角度出发，重点研究如何定制一个文生图模型，这是落地各行业应用的关键所在。在影视、动漫、漫画、游戏、媒体、广告、出版、时尚等行业使用文生图模型时，常常会遇到新概念、风格、人物缺失的问题。例如，若需要生成某位明星A的中国风肖像，但该模型并未见过此明星的肖像，也无法识别中国风，这将严重限制文生图模型的应用场景。因此，如何快速新增概念和风格，成为当前研究的重要方向之一。

说到这里，大家第一时间想到的肯定就是DreamBooth、Textual Inversion和美学梯度。

DreamBooth本身是为Imagen设计的，通过三张图就能够快速学习到新概念、风格、人物，但是现在已经迁移到了Stable Diffusion。这个技术有很多个不同的版本，其核心思想是在小样本上微调的同时尽量减少过拟合。

Textual Inversion是从文本编码器的角度来解决新概念引入的问题，它提出新风格和概念的引入需要从文本理解开始，新的风格和概念如果是OOV (Out Of

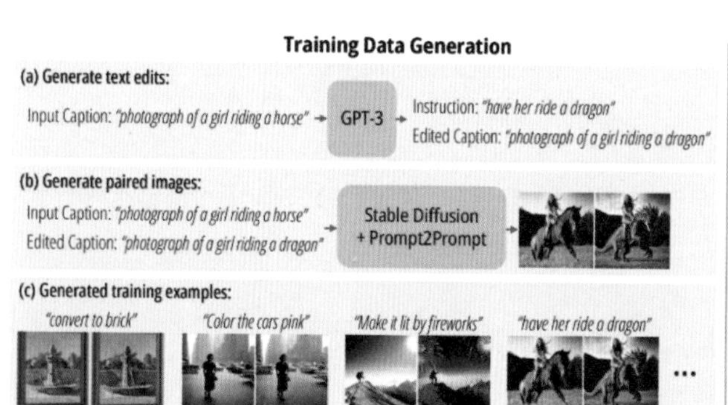

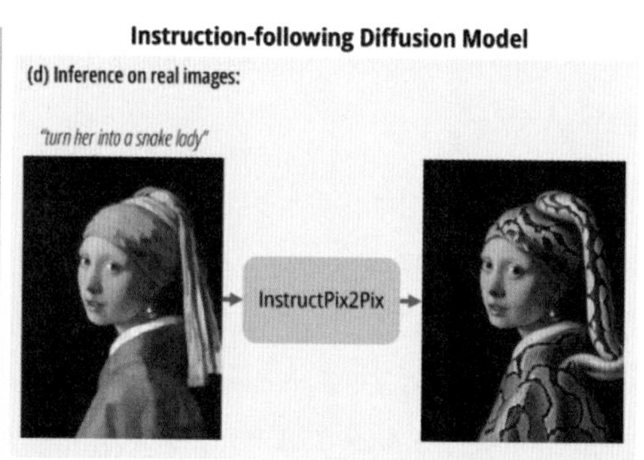

图3 通过微调Prompt达到可控生成的目标

Vocaburary，未登录词），那就在文本编码器上增加这个词汇来解决概念引入的问题。其思路是整个模型的所有参数都不需要调整，只需要增加一个额外的token及其对应的embedding即可，即插即用。

美学梯度方法跟之前inpainting的可控生成思路很类似，针对新的风格，我们先降低难度，给出一些新风格的样例（这里是embedding），然后让生成朝着与这个样例更接近的方向展开。

总而言之，这条线上的研究现在也没有什么评价标准和体系，处于方兴未艾的阶段，但离落地很近，基本出来效果就可以直接创业。

高质量数据集

数据的重要性不言而喻，大量高质量的文图数据是文生图发展的血液，没有数据再好的算法也发挥不了作用。数据集不是开源一堆URL提供下载就完成了，其中包括水印识别、NSFW（Not Suitable For Work）图片识别、文图匹配过滤等多种预处理操作，甚至包括说明文字的生成、改写和优化等操作。这个方向国外的LAION团队做得非常扎实，国内也有一些公司开源了数据集。表2列出了部分产品，仅供参考。

Dataset	Language	Availability	Size	Style
LAION5B	Multilingual	Yes	5B	general
COYO-700M	English	Yes	700M	general
Danbooru2021	English	Yes	4.9m	anime
DIFFUSIONDB	English	Yes	14M	Stable
Noah-Wukong	Chinese	Yes	100M	general
Zero	Chinese	Yes	23M	general
TaiSu	Chinese	Yes	166M	general

表2 国内外开源文图数据集

综上，现在英文的文图数据在数量和质量上都比中文和其他语言的更高，希望未来有十亿级别的高质量中文数据集出现。

结语

文生图模型是当前人工智能领域最具潜力和前景的研究方向之一。未来，随着计算能力的提高和技术的进一步发展，文生图模型的应用前景将会更加广泛和深远。然而，其应用过程中的一些问题，如模型评价缺乏一致性、控制生成过程效率低下、定制个性化模型困难以及高质量文图数据集缺乏等，需要进一步研究探索解决方案。

随着文生图模型的不断发展和完善，我们可以预见到未来人机交互方式的改变。在智能化时代，文生图模型的应用将会极大地改变人们与计算机交互的方式，让计算机更加“懂人”，进一步提升人机交互的效率和质量，也有望成为人工智能真正走向“人性化”的关键一步。总之，文生图模型作为一项研究热点，具有极其广泛的应用前景，未来也将在技术创新和产业应用中扮演越来越重要的角色。

刘广

北京邮电大学智能科学与技术博士，北京智源人工智能研究院NLP和多模态研究中心算法研究员。FlagAI核心贡献者，主要研究方向是预训练大模型和多模态文图生成等。在人工智能领域顶级学术会议和国际学术期刊上发表论文数篇，发明专利申请十余项。

产业级深度学习框架和平台建设的实践与思考

文 | 胡晓光 于佃海 马艳军

作为人工智能的核心基础技术，深度学习具有很强的通用性，推动人工智能进入工业大生产阶段。作为中国首个自主研发、开源开放的产业级深度学习框架和平台，截至2022年11月，飞桨汇聚了535万开发者和20万家企事业单位。产业级深度学习框架和平台该如何建设？百度飞桨团队带来了他们的实践和思考。

以深度学习框架为核心的深度学习平台是人工智能时代技术研发必不可少的基础软件，可类比智能时代的操作系统。深度学习框架向下通过基础操作的抽象以隔离不同芯片的差异，向上通过提供简单易用的接口以支持深度学习模型的开发、训练和部署，可极大地加速深度学习技术的创新与应用。

作为人工智能重大共性关键技术，国家“十四五”规划纲要将深度学习框架列入前沿领域“新一代人工智能”的重点科技攻关任务。放眼全球，人工智能领域知名研究机构和相关高科技公司也都对深度学习框架给予了极大关注。谷歌公司推出的TensorFlow和Meta公司（原Facebook）推出了PyTorch（现已转入Linux基金会）是其中代表性产品。

2016年，百度开源了深度学习框架PaddlePaddle，并于2019年发布中文名“飞桨”。时间回到2012年，深度学习技术潜力初露端倪，百度就开始在语音识别、语义表示和OCR文字识别等领域切入展开深度学习技术研发和应用，其深度学习框架研发始于2013年。百度在深度学习领域领先布局，驱动力在于它看到了共性技术需求——以深层神经网络为主体的深度学习技术，在编程和计算上可以很好地进行通用技术抽象，使建设一个通用开发框架具备可行性。

接下来将从深度学习框架和平台核心的技术、生态建设、平台建设的三个关键点，以及趋势和展望四个部分，详尽介绍百度是如何进行深度学习底层框架架构和建设的。

深度学习框架和平台核心技术

深度学习平台适配对接底层硬件，为各类深度学习模型的开发、训练和推理部署提供全流程支撑，通用性是深度学习平台的基础要求。从面向算法研究和一般开发来讲，需要有很好的灵活性。从面向产业应用来讲，高性能非常关键，同时需要考虑实际应用的各种复杂环境、严苛要求，并进一步降低门槛。以下重点介绍产业级深度学习平台所需的四个方面的核心技术，并结合国内外主流平台剖析其中的挑战和业界实践。

动静统一的开发范式

如何对深度学习计算进行抽象表达，并提供对应的编程开发模式和运行机制，是深度学习框架的关键且基础的功能。这也被表述为深度学习框架的开发范式，会同时影响开发体验和执行效率。

根据神经网络计算图创建方式和执行机制的不同，深度学习框架开发范式有两大类。一类是以TensorFlow 1.0版本为代表的静态图开发范式，需要把神经网络模型提前定义为完整的计算图，用不同批次的数据进行训练时，计算图会被反复执行，但不再发生变化。另一类是以PyTorch为代表的动态图开发范式，用不同批次的数据进行训练时，计算图被即时创建和执行，每个批次数据所使用的计算图可以动态变化。

动态图模式具有更友好的开发调试的编程体验，已经成为业内默认的主流开发范式。但也存在一些局限性，如由于缺乏静态全图表示导致难以序列化保存模型，从而难以脱离训练环境部署，并且难以进行全局性能优化等，而这些在静态图模式下是非常容易实现的。因此，理想的方式是兼顾动态图和静态图的优势。

百度团队于2019年提出了“动静统一”的方案并沿着这一技术路线进行研发。“动静统一”体现为以下几方面：动态图和静态图统一的开发接口设计、底层算子实现和高阶自动微分能力、动态图到静态图执行模式的低成本转换、动转静训练加速，以及静态图模式的灵活部署。这一方案兼顾了动态图的灵活性和静态图的高效性。

然而，如何支持灵活的Python语法是动转静的一大挑战。由于缺少静态图的执行模式，PyTorch的TorchScript的转换技术，需要将Python代码转换为自定义的IR表示，由于它所支持的Python语法低于40%，许多模型无法转换部署。而得益于完整的动态图和静态图实现，飞桨的动转静技术自动将动态图的Python代码转换为静态图的Python代码，然后由Python解释器执行并生成静态图，可支持90%以上的Python语法，新模型的动转静直接成功率达92%。

AI for Science场景的高阶微分方程求解需求，对应着框架的高阶微分能力，对动静统一提出了进一步的挑战。国内外主流框架均在这一能力上进行了布局和探索。以飞桨为例，通过基础算子体系定义的算子拆分规则将复杂算子拆分成基础算子，通过基础算子的变换规则，进行前向自动微分和反向自动微分两种程序变换，实现高效计算高阶导数，具备通用性和可扩展性。拆分后的基础算子组成的静态计算图，通过神经网络编译器技术，实现Pass优化、算子融合和自动代码生成。以流体力学领域常用的Laplace方程求解任务为例，基于神经网络编译器优化技术性能可提升3倍。

超大规模训练技术

深度学习的效果通常随着训练数据规模和模型参数规模的增加而提升。在实际产业应用中，大数据+大模型如何高效训练，是深度学习框架需要考量的重要问题。而预训练大模型的兴起，使得训练的挑战进一步加大。比如2020年发布的GPT-3模型参数量就已高达1,750亿，单机已经无法训练。

大规模训练能力已经成为产业级深度学习平台竞相发力的关键方向，而这一能力的建设和成熟非常依赖真实的产业环境应用打磨。以飞桨为例，已具备完备可靠的分布式训练能力，建设了端到端自适应分布式训练架构，以及通用异构参数服务器和超大规模图学习训练等特色技术。

端到端自适应分布式训练架构

在深度学习模型参数规模日益增大的同时，模型特性和硬件环境也复杂多样，这使得大规模训练的技术实现和性能效果的迁移成本很高。飞桨统筹考虑硬件和算法，提出了端到端自适应分布式训练架构（见图1）。该架构可以针对不同的深度学习算法抽象成统一的计算视图，自动感知硬件环境并抽象成统一的异构资源视图。采用代价模型对两者进行联合建模，自动选择最优的模型切分和硬件组合方案，构建流水线进行异步高效执行。

通用异构参数服务器技术

有一类特殊的深度学习大规模训练任务，广泛应用于互联网领域的搜索、推荐等场景，不但数据量大，特征维度极高且稀疏。这类任务的分布式训练一般采用参数服务器技术来解决超大规模稀疏参数的分布式存储和更新问题。但如果想对千亿、万亿规模参数的模型实现高效支持，需要在参数服务器架构设计和计算通信策略上

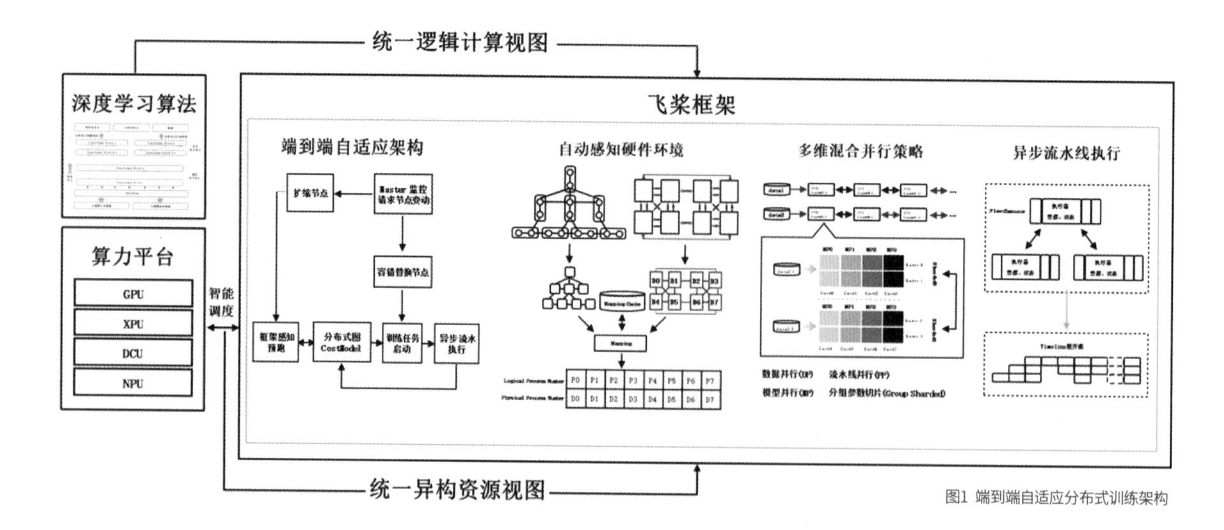

图1 端到端自适应分布式训练架构

全面创新突破。

为此，飞桨在支持万亿规模的CPU参数服务器和GPU参数服务器的基础上，于2020年推出支持AI硬件混布调度的异构参数服务。由不同类型的计算单元负责不同性质的任务单元，可以综合利用不用硬件的优势，使整体计算成本降至最低。考虑到扩展性问题，进一步将其中的基础模块通用化，提升二次开发体验，便于产业应用中广泛定制开发。以新增支持昆仑芯XPU的参数服务器为例，在复用通用模块的基础上，只需增加三个硬件相关的定制模块，就能使开发量从原来的万行减少至千行。

超大规模图学习训练技术

除传统深度学习任务之外，大规模图学习正日益受到更多关注。现实世界中很多实体及关系可以通过节点和边构成的图来描述，如网页和网页链接组成的网络、路口和道路组成的交通路网等。由数百亿节点和数百亿边构成的庞大图，对算法和算力都提出了巨大挑战。结合图学习特性和计算硬件特点而推出的基于GPU的超大规模图学习训练技术PGLBox，通过显存、内存、SSD三级存储技术和训练框架的性能优化技术，单机可支持百亿节点、数百亿边的图采样和训练，并可通过多机扩展支持更大规模。

多端多平台高性能推理引擎

推理部署是AI模型产业应用的关键环节，被视为AI落地的最后一公里，面临“部署场景多、芯片种类多、性能要求高”三方面的挑战。部署场景涉及服务器端、边缘端、移动端和网页前端，部署环境和性能要求差异巨大。芯片种类方面，既有X86/ARM不同架构的CPU芯片和通用的GPU芯片，也包括大量的AI专用XPU芯片和FPGA芯片。性能方面，因为推理直接面向应用，对服务响应时间、吞吐、功耗等都有很高的要求，因此建设一整套完整的推理部署工具链至关重要。以下以飞桨的训推一体化工具链为例（见图2），分析如何解决推理部署的系列难题。

针对部署场景多的问题，我们提供原生推理库及服务化部署框架、轻量化推理引擎、前端推理引擎，旨在全面解决云、边、端不同场景的部署问题。为了进一步提升推理速度，我们通过模型压缩工具PaddleSlim支持量化、稀疏化、知识蒸馏和结构搜索等模型压缩策略，并提供自动化压缩功能。通过解耦训练代码、离线量化超参搜索、算法自动组合和硬件感知，实现一键模型自动压缩，大大降低了模型压缩的使用门槛。

针对芯片种类多的问题，我们设计了统一硬件接入方案NNAdapter和训推一体基础架构，可支持一次训练、随处部署，满足基于广泛推理硬件的部署需求。NNAdapter支持将不同硬件的特性差异统一到一套标准化开发API上，可以实现将模型部署到已适配飞桨的所有推理硬件上。此外，支持完善的模型转换工具

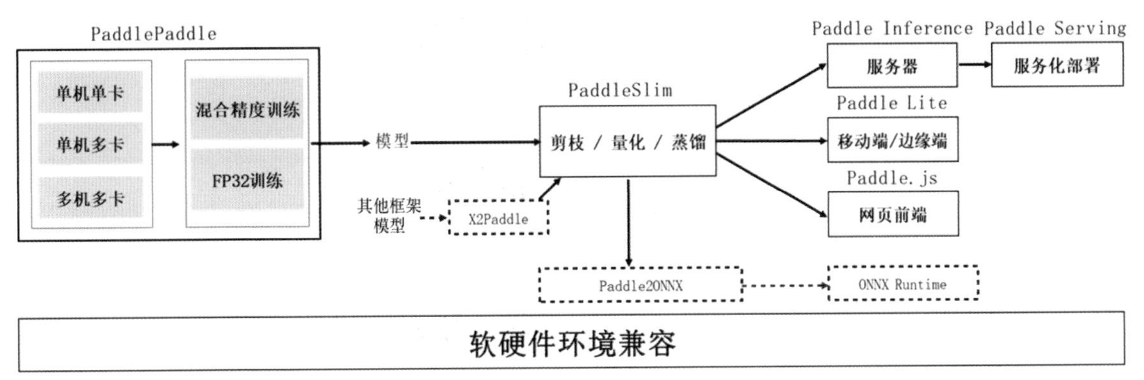

图2 飞桨训推一体化工具链

X2Paddle和Paddle2ONNX，以兼容生态中不同后端和不同平台的模型表示。

针对性能要求高的问题，分别从硬件特性、算子融合、图优化、低精度和执行调度等五个角度对不同场景进行全面优化。对于文心千亿大模型服务器端推理，得益于算子多层融合、模型并行、流水线并行、大模型量化和稀疏化压缩等多种策略。在智能手机移动端ARM CPU推理场景上，通过Cortex-A系列处理器的硬件特性优化、计算图优化和模型全量化等多种技术，满足多样化的应用场景对性能的苛刻要求。

由于推理部署所涉及的工具较多，用一个统一工具解决以上问题可进一步提升开发效率。FastDeploy AI部署工具，通过一站式工具可进一步简化整个推理部署过程，加速AI应用落地。

产业级模型库

虽然产业级深度学习平台提供了从开发训练到推理部署全流程的能力支持，但我们同时注意到，在实际的AI产业应用中，很多用户往往基于已有模型复用或二次开发。伴随技术的快速发展，学术界涌现了大量的算法，但开发者依然面临匹配场景需求的模型难找、模型精度和速度难平衡、推理部署应用难等共性挑战。基于此，飞桨研制了产业级模型库。

目前，模型库支持算法总数超过600个。包含覆盖自然语言处理、计算机视觉、语音、推荐、时序建模、科学计算、生物计算、量子计算等领域。以计算机视觉为例，针对图像分类、检测、分割、字符识别等不同任务，发布PaddleClas、PaddleDetection、PaddleSeg、PaddleOCR等端到端开发套件。其中，特别包含42个深度优化、精度与性能平衡的PP系列模型，以及文心系列大模型。

深度学习框架和平台生态的建设

深度学习平台下接芯片，上承应用，在人工智能技术体系中处于贯通上下的腰部核心位置。也正因如此，深度学习平台必须在生态建设过程中持续迭代演进，与上下游协同构建完整的人工智能生态体系。生态建设的成效很大程度上依赖深度学习框架和平台的核心技术和功能体验。同时，生态建设本身也能加速框架和平台功能体验的优化和核心技术的创新。因此，准确把握二者关系，选择合适的时机和运营方式来建设生态至关重要。

首先，深度学习平台需要广泛地跟硬件芯片适配和融合优化，作为基础设施共同支撑广泛的AI应用，因此构建基础软硬件生态是首要。企业作为人工智能应用的主体，在整个生态体系中发挥着重要作用。深度学习平台要成为企业智能化升级中的共享底座，才能更高效推动人工智能更广泛的应用落地。产业智能化升级需要大量的AI人才，亟须企业与高校合作开展产教融合的人才培养。因此，围绕高校等建设的教育生态也至关重要。同时，深度学习平台的发展离不开开源社区所搭建的环境，在与社区共创、共享中才能加速发展。

结语：趋势和展望

当下，人工智能呈现出显著的融合创新和降低门槛的特点。知识与深度学习的融合、跨模态融合、软硬一体融合、AI+X融合将会更加深入，深度学习平台将为人工智能的融合创新提供基础支撑。同时，生成式AI和大语言模型技术的快速发展，人工智能的应用门槛再度降低，将极大加速人工智能的产业落地，助力实体经济的发展，深度学习平台+大模型将在其中发挥关键作用。

随着大模型和AI for Science等技术的发展，人工智能的潜力会更大释放。通过持续技术创新突破和产品能力提升，建设更加繁荣的AI生态，产业级深度学习平台和大模型协同优化，将更好地支撑人工智能技术创新与应用，推动产业加速实现智能化升级，让AI惠及千行百业。

胡晓光

百度深度学习技术平台部杰出研发架构师，有10多年的深度学习算法和框架工程研发实践经验。现负责飞桨核心框架的技术研发，设计了飞桨框架2.0全新的API体系，形成了飞桨API动静统一、高低融合的特色；牵头研制飞桨产业级开源模型库，并实现大规模产业应用；研发飞桨高阶自动微分机制，并结合编译器和分布式训练技术更高效地支持科学研究和产业应用。

于佃海

百度飞桨深度学习平台总架构师，百度集团机器学习平台TOC主席，中国计算机学会（CCF）高级会员。构建了百度首个大规模分布式机器学习训练系统，最早将机器学习技术引入百度搜索排序，建设了百度最早的机器学习基础算法库和实验平台。曾获中国电子学会科技进步一等奖、北京市科学技术进步奖一等奖、CCF杰出工程师奖。

马艳军

百度AI技术生态总经理，总体负责深度学习平台飞桨（PaddlePaddle）的产品和技术研发及生态建设，主要研究方向包括自然语言处理、深度学习等，相关成果在百度产品中广泛应用。在ACL等权威会议、期刊发表论文20余篇，多次担任顶级国际会议的Area Chair等，并曾获2015年度国家科技进步二等奖。2018年被评为“北京青年榜样·时代楷模”。

技术揭秘：腾讯混元AI大模型是如何训练的？

文 | 腾讯机器学习平台部

大模型参数规模水涨船高，但其训练优化充满各种挑战，对底层算力的依赖、海量存储的需求便是横亘在面前的难题。本文深入分享了腾讯混元大模型团队对训练优化的思考与实践，其基于ZeRO策略，自研ZeRO-Cache框架，用最小化成本训练大模型，将机器的存储空间“压榨”到极致，希望能够为所有从业者提供一条值得学习与借鉴的路径。

Transformer模型凭借出色的表达能力在多个人工智能领域均取得了巨大成功，如计算机视觉、自然语言处理、语音处理等。与此同时，随着训练数据量和模型容量的增加，模型的泛化能力和通用能力持续提高，研究大模型成为近两年的趋势。如图1所示，近年来NLP预训练模型规模已经从亿级发展到了万亿级参数规模。具体来说，2018年BERT模型最大参数量为340MB，2019年GPT-2为十亿级参数。2020年发布的百亿级规模的大模型有T5和T-NLG，GPT-3则直接达到了千亿参数规模的是GPT-3。在2021年年末，Google发布了Switch Transformer，首次将模型规模提升至万亿。

然而，GPU硬件发展的速度难以满足Transformer模型规模发展的需求。如图2所示，近四年来，模型参数量增长了10万倍，但GPU的显存仅增长了4倍。万亿级的模型训练仅参数和优化器状态便需要1.7TB以上的存储空间，这至少需要425张A100(40GB)，还不包括训练过程中产生的激活值所需的存储。在这样的背景下，大模型训练不仅受限于海量的算力，更受限于巨大的存储需求。

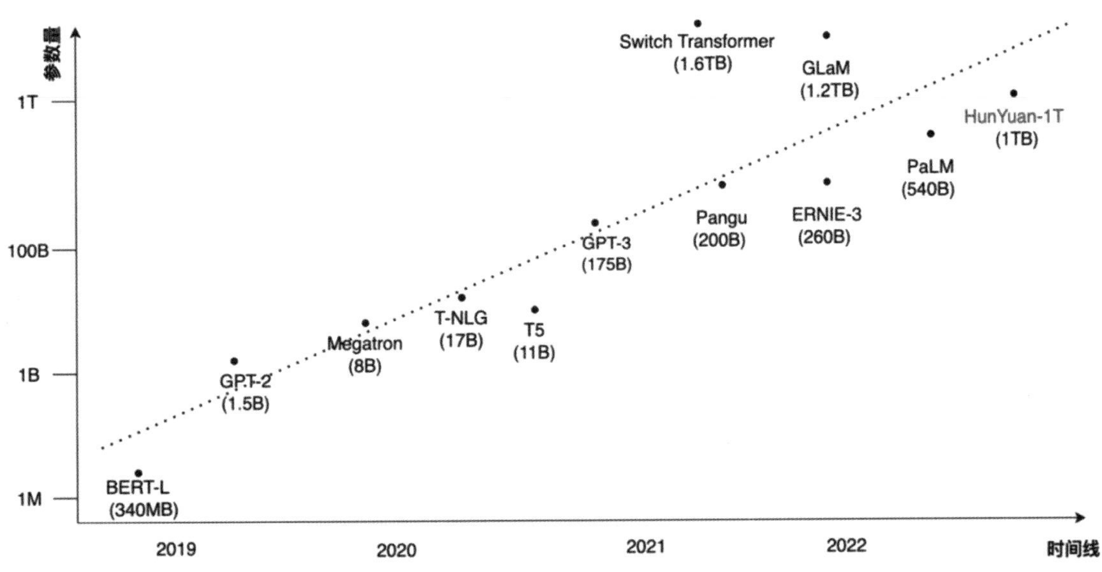

图1 NLP预训练模型规模的发展

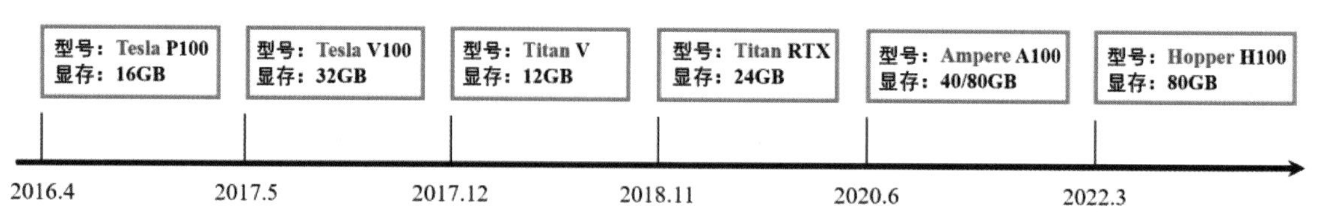

图2 GPU显存增长趋势

大模型训练优化遇到的挑战

多级存储访存带宽不一致

在大模型训练中，激活值、梯度位于GPU中，模型的FP16/FP32参数、优化器状态位于CPU中甚至是SSD中，模型的前向和反向在GPU上进行运算，而参数更新在CPU做运算，这就需要频繁地进行内存显存以及SSD之间的访问，而GPU访问显存带宽为1,555GB/s，显存与内存数据互传的带宽为32GB/s，CPU访问内存、显存和SSD的带宽分别为200GB/s、32GB/s、3.5GB/s，如图3所示，多级存储访问带宽的不一致很容易导致硬件资源闲置，如何减少硬件资源的闲置时间是大模型训练优化的一大挑战。

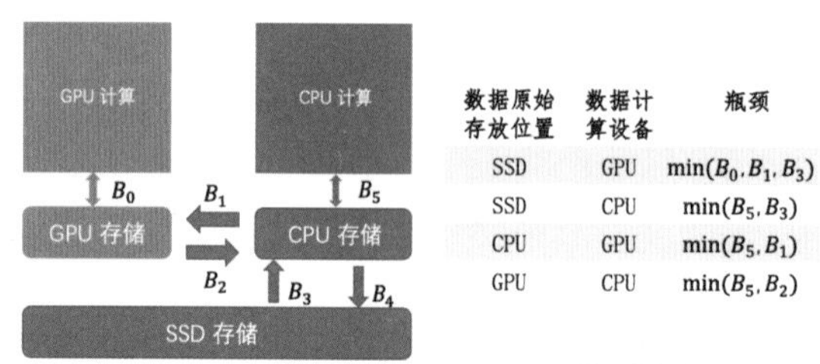

图3 多级访存带宽不一致

模型状态冗余存储

大模型训练时的模型状态存储于CPU中，在模型训练过程中会不断复制到GPU，这就导致模型状态同时存储于CPU和GPU中。这种冗余存储是对本就捉襟见肘的单机存储空间的一种严重浪费，如何彻底去除这种冗余，对低成本训练大模型至关重要。

内存碎片过多

大模型拥有巨量的模型状态，单张GPU卡不能完全放置所有模型状态，在训练过程中模型状态被按顺序在CPU和GPU之间交换，这种交换导致GPU显存的频繁分配和释放。

此外，大模型训练过程中海量的Activation也需要频繁分配和释放显存，这些行为会产生大量的显存碎片，过多的显存碎片会导致Memory Allocator分配效率低下并造成显存浪费。

带宽利用率低

在大模型分布式训练中，多机之间会进行参数all_gather、梯度reduce_scatte和MoE层AlltoAll三类通信，单机内部存在模型状态H2D、D2H以及SSD和Host之间的数据传输。通信和数据传输带宽利用率低是训练框架在分布式训练中最常见的问题，合并通信和合并数据传输作为解决带宽问题的首选手段在大模型训练中同样适用，但它们需要更多的内存和显存缓存，这加剧了大模型训练的存储压力。

依托机器学习的多模态实践

基于以上种种问题，太极AngelPTM应运而生，设计目标是依托太极机器学习平台，为NLP、CV和多模态、AIGC等多类预训练任务提供一站式服务。主要由高性能框架、通用加速组件和基础模型仓库组成，如图4所示。

- **高性能框架**：包含大模型训练框架ZeRO-Cache、高性能MoE组件，以及3D并行和自动流水并行策略。
- **通用加速组件**：包含可减少显存并提高精度的异构Adafactor优化器，可稳定MOE半精度训练loss的Z_loss组件，选择性重计算组件和降低通信代价的PowerSGD组件。
- **基础模型仓库**：包含T5、BERT、GPT和Transformer等基础模型。

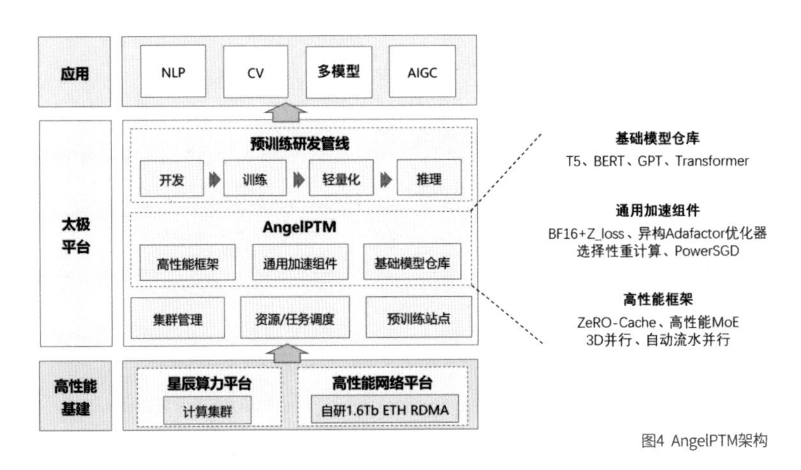

图4 AngelPTM架构

ZeRO-Cache优化策略

ZeRO-Cache是一款超大规模模型训练的利器，如图5所示，它通过统一视角去管理内存和显存，在去除模型状态冗余的同时扩大单个机器的可用存储空间上限；通过Contiguous Memory显存管理器管理模型参数的显存分配/释放进而减少显存碎片；通过多流均衡各个硬件资源的负载，引入SSD进一步扩展单机模型容量。

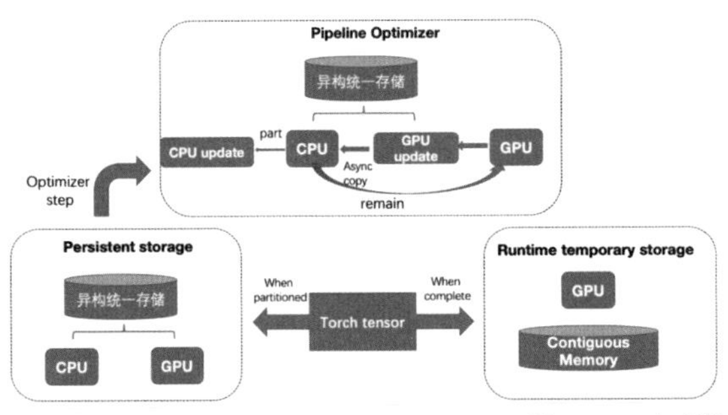

图5 ZeRO-Cache概图

统一视角存储管理

大模型训练时模型状态都位于CPU内存中，在训练时会复制到GPU显存，这就导致模型状态的冗余存储(CPU和GPU同时存在一份)，此外大模型的训练中会用到大量的pin memory，它的使用会提升性能，但同时也会导致物理内存的大量浪费，如何科学合理地使用pin memory是ZeRO-Cache要着重解决的问题。

本着极致化去冗余的理念，我们引入了chunk对内存和显存进行管理，保证所有模型状态只存储一份，通常模型会存储在内存或者显存上，ZeRO-Cache引入异构统一存储，采用内存和显存共同作为存储空间，击破了异构存储的壁垒，极大扩充了模型存储可用空间，如图6(a)所示。

在CPU时原生Tensor的底层存储机制让实际占用的内存空间利用率极不稳定，对此我们实现了采用Tensor底层分片存储的机制，在扩展单机可用存储空间的同时，避免了不必要的pin memory存储浪费，使得单机可负载的模型上限获得大幅提升，如图6(b)所示。

ZeRO-Cache显存管理器

PyTorch自带的显存管理器可以缓存几乎所有显存进行二次快速分配。在显存压力不大的情况下这种分配方式可以达到性能最优，但对于超大规模参数的模型，会导致显存压力剧增，且由于参数梯度频繁地显存分配导致显存碎片明显增多，PyTorch Allocator尝试分配显存失败的次数增加，训练性能急剧下降。

为此，我们引入了 Contiguous Memory显存管理器，如图7所示，其在PyTorch Allocator之上进行二次显存分配管理。模型训练过程中参数需要的显存分配和释放都由Contiguous Memory统一管理，在实际的大模型训练中显存分配效率和碎片有显著提升，模型训练速度有明显提升。

PipelineOptimizer

ZeRO-Infinity利用GPU或者CPU更新模型的参数，但大模型只能通过CPU来更新参数。由于CPU更新参数的速度与GPU更新参数有数十倍的差距，且参数更新几乎占到整个模型训练时间的一半，在CPU更新参数时GPU空闲且显存闲置，会造成资源的极大浪费。

如图8所示，ZeRO-Cache会在模型参数算出梯度之后开

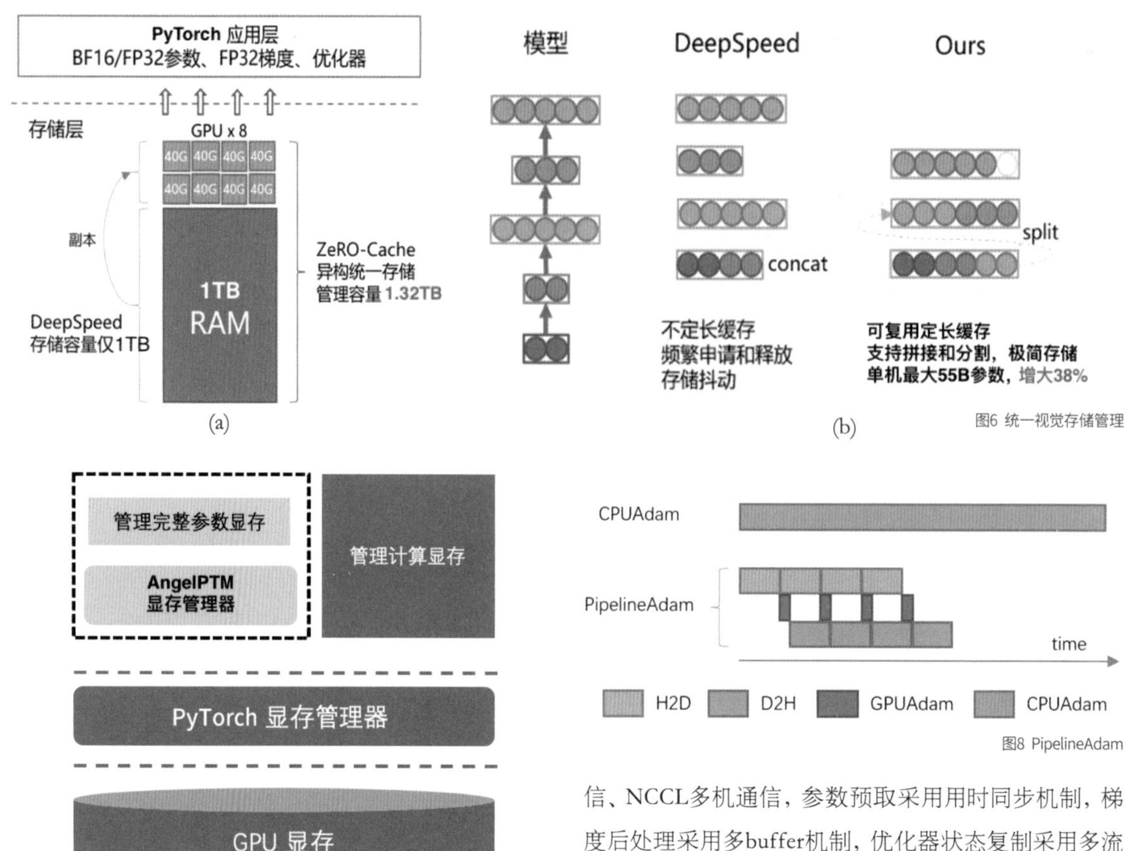

图6 统一视觉存储管理

图7 ZeRO-Cache 显存管理器

图8 PipelineAdam

始缓存模型的优化器状态到GPU显存，并在参数更新的时候异步Host和Device之间的模型状态数据传输，同时支持CPU和GPU更新参数。ZeRO-Cache pipeline模型状态H2D、参数更新、模型状态D2H，最大化地利用硬件资源，避免硬件资源闲置。

此外，我们自研了异构Adafactor优化器，支持CPU和GPU同时进行参数的更新，可以减少33%的模型状态存储空间，还可以提高模型训练精度。

多流异步化

大模型训练过程中有大量的计算和通信，包括GPU计算、H2D和D2H单机通信、NCCL多机通信等，涉及的硬件有GPU、CPU、PCIE等。ZeRO-Cache 为了最大化地利用硬件，多流异步化GPU计算、H2D和D2H单机通信、NCCL多机通信，参数预取采用用时同步机制，梯度后处理采用多buffer机制，优化器状态复制采用多流机制。

ZeRO-Cache SSD 框架

为了更加低成本地扩展模型参数，ZeRO-Cache进一步引入了SSD作为三级存储，针对GPU高计算吞吐、高通信带宽和SSD低PCIE带宽之间的GAP，ZeRO-Cache放置所有FP16参数和梯度到内存中，让向前向后的计算不受SSD低带宽影响。同时通过对优化器状态做半精度压缩来缓解SSD读写对性能的影响。

结语

大模型训练中资源、显存、并行优化策略选择一直困扰着大模型框架的使用者。本文通过阐明大模型训练优化过程中遇到的四大挑战，从腾讯混元所依托的大规模预训练机器学习的实践入手，针对性地说明了通过统一视角存储管理，解决多级存储访存带宽不一致的问题。当面对模型状态存在冗余存储的浪费时，通过ZeRO-Cache pipeline来最大化地利用硬件资源，避免资源闲置；遇到内存碎片过多的情况，通过引入显存管理器进行二次显存分配管理。最后，为解决带宽利用率低的问题，ZeRO-Cache在多流异步的基础上，引入chunk机制管理模型状态通信和数据传输，在梯度后处理时引入多buffer机制重复利用已分配缓存。

未来，降本增效仍然是大模型训练的题中之义。我们也将持续探索通过更少的资源高效实现大模型训练的路径，让大模型训练远离显存OOM的困扰，自动适配最优3D并行和ZeRO机制。

从AI计算框架到融合计算框架——MindSpore的创新与实践

文 | 金雪锋 于璠 孙贝磊 李锐锋

AI框架的作用在于如何将数学逻辑通过接口训练转化为模型，进而落地视觉和语音识别等通用技术场景。当下，AI框架仍面临着诸如动态图和静态图的割裂、单机编程与分布式编程的割裂、AI计算与科学计算的割裂等多方面挑战。作为国内较成熟的技术框架，华为MindSpore是如何在落地实践中解决这些挑战的？

AI框架是算力、算法和大数据发挥作用的联结枢纽，它为开发者提供良好的编程接口，提升了算法开发效率，同时与底层硬件协同，充分发挥芯片的算力，加快数据处理和模型训练的推理速度。

不过，虽然已经有了近十年发展，AI领域的算法、模型和应用快速迭代更新，尤其是大模型和AI4Sci持续突破，但AI框架仍面临三个方面的关键挑战。

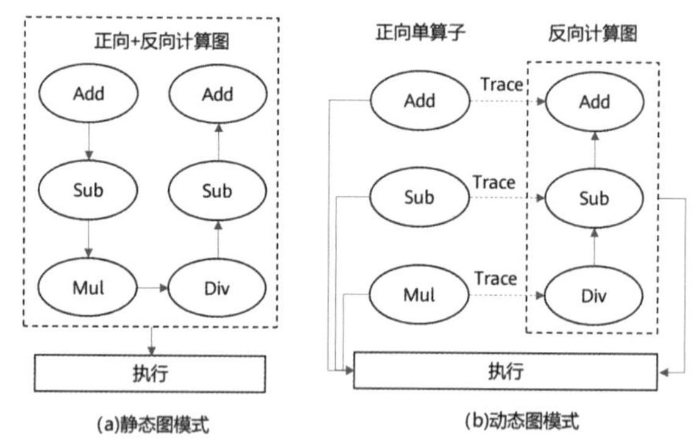

图1 静态图和动态图执行模式

AI框架面向未来的挑战

动态图和静态图的割裂

AI框架将用户通过前端语言（主要是Python语言）构建的AI模型转换为计算图的形式，下发给硬件执行。按照构建计算图的方式，AI框架分为静态图和动态图两种类型（见图1）：静态图在执行前先进行构图和编译优化，在整图的基础上生成反向计算图，如图1(a)所示；动态图则是边执行边构图，通过Tracing的方式实现自动微分，如图1(b)所示。静态图适合挖掘硬件性能，但是编程和调试体验较差。动态图更符合算法开发人员的编程调试习惯，更好地兼容Python生态，但是大多数场景下动态图性能比静态图差，并且部署环境限制较多。

虽然现在的AI框架能够同时支持动态图和静态图两种模式，但这两种模式无法自由切换。例如，在不修改代码的前提下，Timm库的动静态图切换成功率不足50%。这就导致用户在通过动态图进行开发调试，然后将代码改为静态图模式，在此基础上进行大规模训练和推理部署。为了兼顾开发效率和执行性能，AI框架需要提供动态图和静态图统一的编程范式，让用户无须修改模型代码即可实现动态图和静态图的自由切换和无缝兼容。

单机编程与分布式编程的割裂

AI模型规模呈指数级增长，当前已经达到十万亿参数，预计很快会增长到百万亿。除了模型规模变大，AI模型也在向多模态、稀疏化的方向演进[1-3]。未来，有望实现一个模型支持下游众多任务，如OpenAI发布的ChatGPT、谷歌发布的PaLM等。而另一方面，如图2所示， AI芯片的算力增长速度远落后于AI模型的增长[4]。为了解决算力供应问题，业界大多采用超大规模AI集群的方式，例如鹏城实验室构建的4,096颗昇腾910训练芯片的AI计算中心——鹏城云脑-II，微软甚至构建了由28.5万个CPU核心和1万张GPU加速卡组成的Azure AI超算平台。

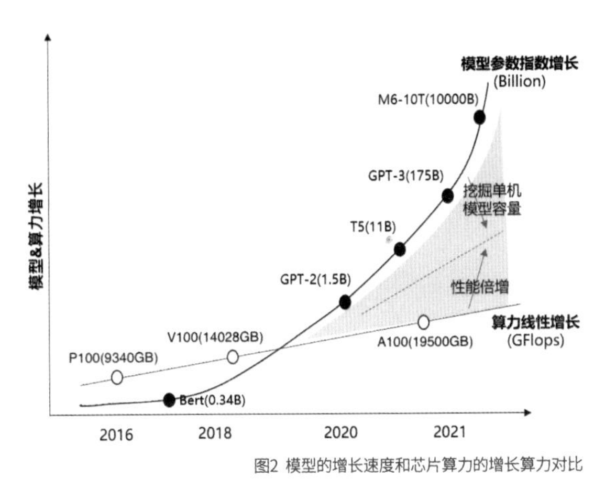

图2 模型的增长速度和芯片算力的增长算力对比

超大模型和超大集群对AI框架提出了挑战。

- 内存墙：万亿参数模型，需要几千张加速卡才能训练起来。
- 计算墙：成百上千张加速卡需要高效协同，才能发挥峰值算力。
- 通信墙：模型切分方式和集群拓扑结构难以匹配，通信会成为性能瓶颈。
- 效率墙：万亿参数分布到上千张加速卡中，手工编写分布式并行代码效率极低。
- 调优墙：训练时间长达数月，由于是人工收集和分析训练数据，手动调优几乎不可能。上述挑战如果交给算法开发者解决，编程会极为复杂，且需要花费大量时间尝试不同的模型切分策略，以达到最优的性能。

为了最大程度减少算法工程师在大模型编程和性能调优上的负担，需要实现全自动并行方案，让用户像在单机上编程一样实现大规模集群的算法编程。而框架需要根据算法结构和集群配置，在合理的时间内搜索出高效的分布式并行策略，以方便开发者随时调整模型算法和硬件配置。

AI计算与科学计算的割裂

AI与科学计算的结合为科学计算问题的求解带来了新的范式。传统科学计算法采用数值方法求解，在求解复杂问题时，面临维度灾难导致的计算量暴增问题，导致“算不起”（需要上万计算节点的超算中心，求解成本太高），甚至是“算不动”（计算量超出可获取的算力，无法求解）。AI方法不需要从零开始计算，可以利用科学计算领域已积累的数据，学习各种复杂条件下的映射关系。这种通过神经网络逼近高维微分方程求解的方式，避免了维度灾难，可以实现数量级的性能提升，甚至可以解决传统数值方法无法解决的问题。例如，DeepMind发布的AlphaFold2[5]，在蛋白质折叠预测方面取得了接近实验水平的92分。

现有的AI模型的编程范式不能完全支撑解决科学计算任务。图3(a)是以PyTorch为代表的面向对象（OOP）的编程范式：构造类→实例化对象→对象调用，这种模式更符合深度学习算法工程师的习惯。但是在科学计算领域，存在大量复杂的数学函数表达和转换，OOP模式会使编程不符合数学表达习惯且代码烦琐。因此，以JAX为代表的科学计算领域的框架，提供了如图3(b)所示的函数式（FP）编程范式：构造函数→函数变换→函数调用。这种模式让数值公式表达更直观，且容易进行函数的组合和转换。

```
class Network(nn.Module):
    def __init__(self):
        super().__init__()
        self.Linear = nn.Linear(10, 20)
    def forward(self, inputs):
        return self.linear(inputs)
net = Network()
loss_fn = nn.MSELoss()
opt = optim.Adam(net.parameters(), lr)
logits = net(inputs)
loss = loss_fn(logits, targets)
loss.backward()
opt.step()
```

(a)面向对象编程

```
def loss(W, b):
    preds = predict(W, b, inputs)
    label_probs = preds * targets + \
        (1 - preds) * (1 - targets)
        return -jnp.sum(jnp.log(label_probs))

key, W_key, b_key = random.split(key, 3)
W = random.normal(W_key, (3, ))
b = random.normal(b_key, ())

W_grad, b_grad = grad(loss, (0, 1))(W, b)
```

(b)函数式编程

图3 面向对象的编程模式和函数式编程模式

在AI+科学计算领域，一个问题的端到端解决方案需结合AI方法和传统数值方法。为了减少框架切换的开销，框架需要同时支持面向对象的编程范式和函数式编程范式。

MindSpore的技术创新实践

MindSpore[6]于2020年9月发布1.0版本，经过两年迭代，构建了全场景协同、原生大模型支持等架构。为了解决前面所述的动态图和静态图割裂、单机和分布式编程割裂、AI计算和科学计算割裂的三大挑战，MindSpore2.0版本将升级为AI融合框架，实现动静态融合表达、单机和分布式融合编程、AI+科学计算融合编程和加速等特性，为开发者提供新的编程和开发体验，加速AI在科学计算等新领域的探索和应用。MindSpore整体架构分为四层（见图4）：

- 模型层，为用户提供开箱即用的能力，该层主要包含了预置的模型和开发套件，以及图神经网络（GNN）、强化学习等领域拓展库。
- 表达层，为用户提供AI模型开发、训练、推理的接口，支持用户用原生Python语法开发和调试网络，提供动静态图融合表达的能力和面向对象+函数编程的融合编程新范式。
- 图算编译优化是AI框架的核心，它将前端表达编译成执行效率更高的底层语言，同时进行全局性能优化，这其中包括了自动微分、自动并行等硬件无关优化，以及图算融合、算子生成等硬件相关优化，保障用户在单机和分布式状态下有一致的编程体验。
- 运行时，按照上层编译优化的结果对接并调用底层硬件算子，同时通过端边云统一的运行时架构，支持包括端云联邦学习和云云联邦学习在内的端边云AI协同。

动态图和静态图融合

静态图的表达可以看成是一种静态领域特定的语言（DSL），而Python是一个动态类型的语言，想让二者完全兼容挑战巨大。但是AI业务特征是有比较固定的范式，比如以张量（Tensor）计算和自动微分为中心，最终的计算都会形成张量流，这在一定程度上可以降低动静图转换的难度。目前，业界有两种路径实现静态图。

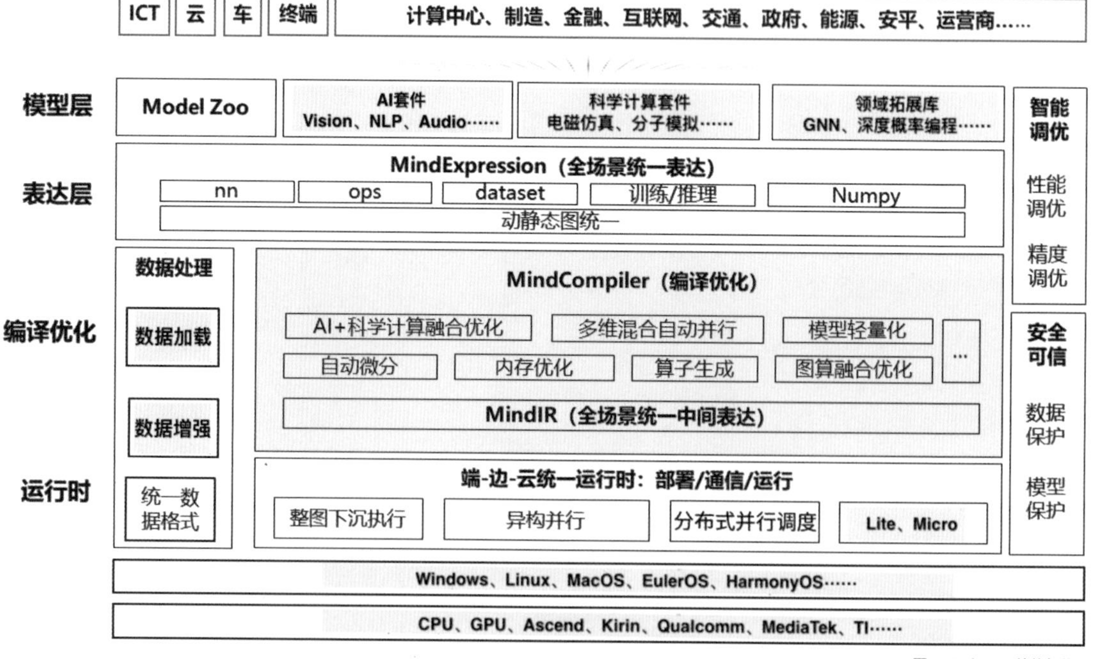

图4 MindSpore整体架构图

基于跟踪（Tracing）机制获取计算图，即解析Python执行序，逐步构建计算图，该模式获取的静态图是一个平铺的执行流，难以处理控制流的情况。例如，if/else的场景只能根据判断条件Tracing到一个分支；

通过Python语法解析，一次性获取完整静态图，该方法理论上可以保留Python完整语法，包括复杂控制流和Scope信息等，但是将全量的Python语法和数据结构转化为静态图的表达是极具挑战的。更难的是Python是动态的，所以这个AST到静态图的转换需要复杂的类型/值推导。MindSpore采用解析Python AST获取静态图的模式，通过以下四个创新支持动态图和静态图的融合。

- 静态图Fallback：静态图在语法表达上存在诸多限制，而Python语法是高度灵活的，因此静态图的表达难以支持全量Python的语法和数据结构。MindSpore采用Fallback方案支持Python的语法，该方案主要分为3个步骤（见图5）。

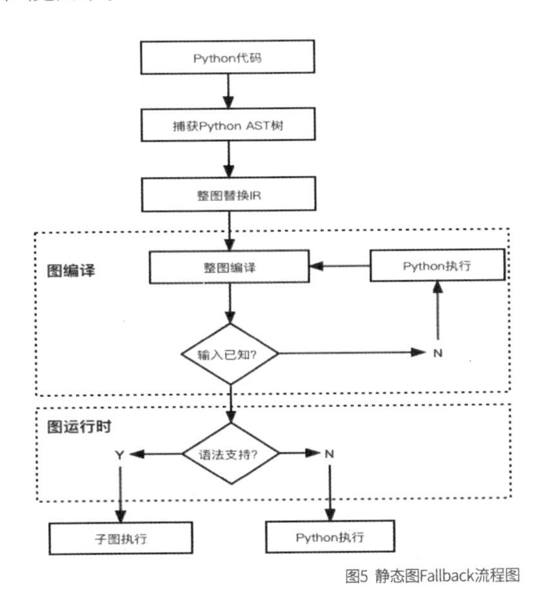

图5 静态图Fallback流程图

Step-1，识别不支持的Python语法：在语法解析阶段和静态分析阶段，如果发现是不支持的Python语法，编译器会记录相关的Python表达式语句，生成解释节点，并插入ANF IR表示中。

Step-2，编译期处理解释节点：在编译期的推导阶段，如果已有信息足以推导出该解释节点的值，则通过回调Python解释器的方式，执行相应的Python表达式语句，获取执行结果并传回给编译器。如果已有信息不足以推导，则将该解释节点下发到运行期。

Step-3，运行期处理解释节点：在运行期，对下发的解释节点进行推导和实际执行。解释节点在运行期的执行也是通过回调Python解释器的方式去执行Python表达式语句。

通过本方案，MindSpore静态图可支持很多难支持、未支持的Python原生语法，如NumPy等第三方库接口、Python内置函数等，显著扩充静态图的语法表达能力。

- 类型推导：作为一门动态语言，Python可以灵活表达各种编译器变量类型不确定的计算，例如张量的大小依赖于具体计算的动态Shape场景。这种表达的灵活性给用户带来便利，却给基于类型分析的静态图分析和优化带来了困难。为了解决这个难题，MindSpore提供了符号计算的功能，并把原本基于数值类型的推导功能加强，以支持动态类型场景下的符号计算。在基于符号计算的动态类型推导中，MindSpore在不定长输入、动态轴和不定长输出等场景中引入符号参数，并在算子输入、输出关系比较确定的范围内通过符号计算推导张量的类型信息。在随后的静态图优化中，MindSpore把基于数值的匹配模式推广到基于符号表达式的匹配模式。如此，MindSpore在保持Python表达动态性的同时，在最大限度范围内寻找静态图优化机会，加速计算。

- 多数据类型动态Shape：动态图不存在动态Shape的问题，但是静态图的挑战则非常大。由于Shape的不确定性，编译器无法常量折叠，Shape相关的计算也需要纳入计算图。MindSpore的解决思路是扩展对Python原生Tuple/List/Scalar数据类型的支持，将对应的操作按照原始数据类型加入计算图，保留原汁原味的类Python编程体验。MindSpore天然支持Tuple/List/Scalar相关语法表达的识别、解析和表达，并增加了新数据类型计算的后端算子实现。在执行层面，考虑到计算量很小以及与

InferShape的计算，这类算子会被分配到CPU上，降低内存复制开销。Python的Tuple/List数据类型非常灵活，可以承载String、Tuple of Tuple、Tuple of List等各种数据的组合。

■ 控制流微分：MindSpore使用基于函数式的代码变换法实现自动微分。通过解析Python AST获取完整的静态图后，将程序自动分解为一系列可微分的基本操作，而这些基本操作的微分规则已预定义好，最后使用链式法则对基本操作的微分表达式进行组合,生成新的程序表达来完成微分。对于用户程序中的每个函数调用，MindSpore都会转换成一个反向传播函数（bprop），bprop根据原函数的输入、输出以及给定的关于输出的导数，计算出关于输入的导数。由于每个基本操作的bprop都已预定义好，我们可以应用链式求导法则以及全微分法则反向构造出用户定义的整个函数的bprop。对于涉及控制流的用户程序，MindIR实现了条件跳转、循环和递归等操作的函数式表达，再运用上述法则进行组合，即可支持控制流的自动微分。

在上述四个技术创新的基础上，MindSpore静态图可以支持更多的Python语法和更灵活的Python表达，从而可以更大范围地支持动、静态图的无缝转换。

单机与分布式融合

MindSpore提出自动并行的方式实现单机和分布式融合编程，需要解决三方面的问题：

■ 支持足够多的并行策略，满足大模型高效训练的要求。在现有硬件下，简单的数据并行和模型并行甚至无法让大模型跑起来。

■ 感知模型和硬件全局信息做到全局配置优化，动态图模式难以获取全局信息，静态图模式虽然能获取全局信息，但是处理动态网络结构时面临巨大挑战。

■ 能够在合理时间范围内搜索出最优的并行策略，模型参数量超过千亿，在数千张卡的超大集群上进行数十种维度切分，目前业界SOTA水平需要接近一个小时，这为模型性能和精度的调试带来巨大障碍。

自动并行的首要条件是框架能支持足够丰富的并行策略，才能充分挖掘单卡（Scale In）和集群（Scale Out）的算力。在单卡算力挖掘方面，MindSpore通过卡上内存和主存间的高效Tensor Swap，加上正向重计算技术，增加了单机单卡的模型容量，同时将部分计算任务分配到主机CPU，挖掘异构算力的优势。在集群算力挖掘方面，MindSpore支持十多种并行策略，包括数据并行、模型并行、算子并行、优化器并行、流水线并行等，同时允许这些并行策略相互组合，以混合并行的方式实现不同种类模型（Transformer类、卷积类、推荐类等）在不同规模集群（8～4,096卡）下的高效并行。

进一步，MindSpore提出了SAPP（Symbolic Auto Parallel Planner）方案探索全自动并行（见图6）。SAPP将AI计算图转置成拓扑解耦并可自由组合拆分的符号化COST函数原语，通过函数等价转换，拼装成COST函数原语，用SMSG双递归方法找出最优的混合并行策略。MindSpore全自动并行不但为算法人员摆脱了繁重的系统编码和调优，还能快速推演出传统方案难以找到的性能更优混合并行策略[7-8]。如在盘古大模型中，SAPP仅用

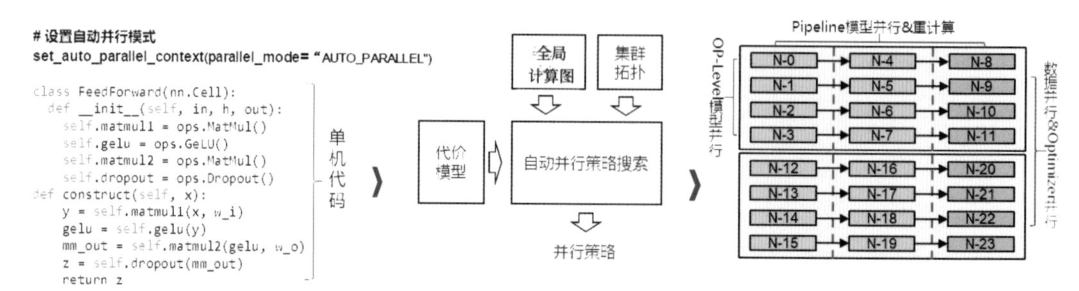

(a)单机式的分布式AI编程新范式　(b)自动搜索并行策略，生成并行计算图　(c) 按照并行策略切分子图，并下发执行

图6 MindSpore自动并行将单机模型代码自动进行分布式并行加速

5分钟找出了比专家花1个月占用大集群找到的最优性能还快10%的混合并行策略，大大节省了人力、物力，降低成本的同时提高生产率。

AI与科学计算融合

AI方法与科学计算的融合需要解决三方面挑战。

■ 支持AI方法和科学计算方法统一建模，灵活对接。AI方法呈现小数据、大算子的规则计算特征，而科学计算方法呈现大数据、小算子的非规则计算特征，二者的融合需要实现两种计算模式统一优化。

■ 提供易用的开发库或者套件，降低领域知识带来的使用门槛。

MindSpore通过如下创新解决上述挑战。

■ 面向对象+函数式融合编程：MindSpore采用了函数式自动微分，可以实现面向对象和函数式的融合编程。如图7所示，用户可以使用面向对象的模式定义神经网络，加上损失函数之后，通过函数式微分接口value_and_grad对神经网络进行反向求导。而针对函数式风格定义的数学函数，则可以直接将该函数作为value_and_grad的入参进行求导。两种编程模式的求导方式是统一的，且可以在同一个脚本中混合使用。

```
class Network(nn.Cell):
    ...

model = Network(w, b)
loss_fn = nn.BCEWithLogitsLoss()

def forward_fn(x, y):
    z = model(x)
    loss = loss_fn(z, y)
    return loss
                                  对神经网络反向求导
grad_fn = ops.value_and_grad(forward_fn, ...)
loss, grads = grad_fn(x, y)
```

```
def function(x, y, w, b):
    z = ops.matmul(x, w) + b
    loss = ops.binary_cross_entropy_with_logits(z, y)
    return loss
                                  对函数求导
grad_fn = ops.value_and_grad(function, (2, 3))
loss, grads = grad_fn(x, y, w, b)
```

图7 面向对象和函数式融合编程

■ 神经网络和数值计算融合计算优化：MindSpore提供了NumPy、SciPy、Pandas等Python原生的数值计算和数据科学接口，与原有的神经网络编程接口共享一套底层编译和优化底座。该能力的关键挑战是将非张量计算转化为张量计算，统一纳入计算图进行优化，实现端到端自动微分。图8所示为通过AI方法（GNN）和数值方法（SciPy）混合解决EDA场景问题的示例代码。用户通过面向对象的方式定义和实例化GNN模型，然后调用Scipy的gmres函数对GNN的输出结果进行处理，实际上GMRES的底层已经是完全基于MindSpore底座构建，相比原有的Python接口性能可以有数量级的提升。在训练阶段，用户可以使用函数式编程的方式统一求导，实现整图计算优化。

```
class GNN(nn.Cell):        AI网络-GNN：用于拟合P矩阵，
    ...                    作为scipy.gmres求解器的输入

gnn_model = GNN()
loss_fn = nn.MSELoss()
optimizer = nn.LBFGS()

科学计算-sci_gmres接受P矩阵作为输入，预测出x_predict
def sci_gmres(P, A, b, x0, maxiter):
    dot_fn = vmap((lambda x, y: x*Y), 0, 0)
    A_dot = dot_fn(P, A)
    b_dot = dot_fn(P, b)
    out = linalg.gmres(A_dot, b_dot,...)
    return out

def forward_fn(A, b, x_true):
    graph = matrix_to_graph(A)
    P, x0 = gnn_model(graph, A, b)
    x_predict = sci_gmres(P, A, ...)
    loss = loss_fn(x_predict, x_true)

AI网络(GNN)+科学计算(sci_gmres)统一入图，执行反向微分。
grad_fn = ops.value_and_grad(forward_fn,
                ..., optimizer.parameters)

@ms.jit 训练+优化，整图优化加速
def train_step(A, b, x_true):
    loss, grads = grad_fn(A, b, x_true)
    optimizer(grads)
    return loss
train_data = load_data()

for A, b, x_true in dataset:
    loss = train_step(A, b, x_true)
    print(f"loss:{loss}")

@ms.jit AI网络+科学计算即时编译推理，端到端加速求解
def predict(A, b, atol=1e-5):
    graph = matrix_to_graph(A)
    P, x0 = gnn_model(graph, A, b)
    x_predict = sci_gmres(P, A, b...)
    return x_predict
```

图8 神经网络和数值计算融合计算优化

■ 融合计算领域包：为用户提供数据集、数据前后处理、SOTA模型算法库，以及训练模型等开箱即用的能力。MindSpore已经在生物制药、流体仿真、电磁仿真等方面取得了突破性进展。以生物制药为例（见图9），MindSpore联合北京大学昌平实验室、深圳湾实验室等联合构建了MindSPONGE套件，提供了蛋白类药物和化合物类药物设计常用的模型和算法，同时提供了常用

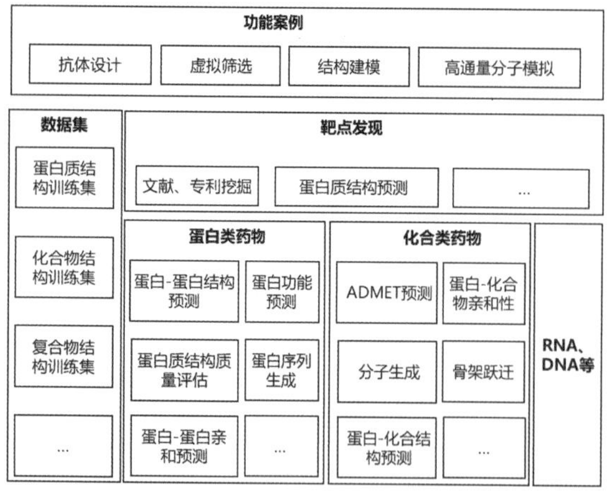

图9 MindSPONGE架构图

的数据集、典型的应用案例等。MindSPONGE发布了全流程（检索、预测、评估）蛋白质结构预测工具MEGA-Protein，支持8,000+长度序列，可以涵盖99.99%以上的自然界蛋白序列预测需求。

结语

AI框架的发展受到应用、算法、硬件等多个方面的驱动。随着大模型、AI4Sci等的快速发展，AI框架面临新的挑战，需要平衡动静态图效率和性能，提升分布式编程和执行效率，兼容AI和数值计算两种计算模式。本文结合AI开发中的痛点问题和AI未来趋势，从动态图和静态图融合、单机编程和分布式编程融合、AI计算和科学计算融合三个方面，介绍了MindSpore 2.0在融合计算框架方面的技术创新思路，以及为用户带来的新体验。

金雪锋

华为中央软件院架构与设计管理部部长，华为科学家，负责华为基础软件的架构设计工作，担任昇思MindSpore首席架构师。

于璠

中国科学技术大学计算机博士毕业。华为工作13年，现任华为软件领域科学家/昇思MindSpore技术总经理。获得中国软件协会卓越工程师/OSCAR开源人物，获聘哈尔滨工业大学客座教授/西电华山学者，主持科技部2030人工智能重大专项，主导华为AI系统核心算法/云计算资源调度/SDN大规模路由等架构和算法的设计和落地，发表专利和论文40余篇。

孙贝磊

中国科学技术大学博士，主要研究方向为分布式AI系统、大模型训练和推理、可预测实时系统等。现为昇思MindSpore 技术规划，负责长期技术演进洞察和竞争力规划。

李锐锋

昇思MindSpore研发总监，17年华为公司基础软件和运营管理经验，分布式并行软件实验室高级项目群总监，主要负责AI基础软件MindSpore、OS、编译器的开发和技术生态工作。

参考文献

[1] Brown T B, Mann B, Ryder N, et al. Language models are few-shot learners[J]. arXiv preprint arXiv:2005.14165, 2020.

[2] Fedus W, Zoph B, Shazeer N. Switch transformers: Scaling to trillion parameter models with simple and efficient sparsity[J]. arXiv preprint arXiv:2101.03961, 2021.

[3] https://github.com/NVIDIA/Megatron-LM

[4] Reuther A, Michaleas P, Jones M, et al. AI Accelerator Survey and Trends[C]//2021 IEEE High Performance Extreme Computing Conference (HPEC). IEEE, 2021: 1-9.

[5] Jumper J, Evans R, Pritzel A, et al. Highly accurate protein structure prediction with AlphaFold[J]. Nature, 2021, 596(7873): 583-589.

[6] https://www.mindspore.cn/

[7] Chong Li, Gaétan Hains. SGL: towards a bridging model for heterogeneous hierarchical platforms. Int. J. High Perform. Comput. Netw. 7, 2, 139-151. 2012.

[8] Haoran Wang, Thibaut Tachon, Chong Li, et al. SMSG: Profiling-Free Parallelism Modeling

下一代AI：数据和模型的合作共生

文 | 王昊

当我们在讨论通用人工智能时，实现的可行性路径究竟为何？本文作者从数据和模型的合作共生，来探讨如何将人类智慧注入模型，并促进模型自我学习和进化。在他看来，人类基于直觉和经验所获取的知识有限，而基于推理的知识则是无限的，未来人工智能的发展也会基于无限推理的逻辑进行探索。

在深度学习发展的第三波浪潮中，ChatGPT引发了人们对人工智能前所未有的关注。它的出现意味着基于指令学习和人类反馈的AI技术成为人工智能领域的关键。然而，当前所展示的能力还远不是AI的最终形态，无论是产业界还是学术界都对其未来的发展抱有极大期待。换句话说，ChatGPT等技术也许只是人类进入下一代AI的起点。

数据危机

从目前自然语言领域发展趋势来看，模型尺寸越大，所具备的能力就越强，模型参数的量级正在接近人类神经元连接数。训练一个强大的大语言模型的前提，就是要有充足的高质量数据。OpenAI训练GPT-3（1,750亿参数），使用了接近500B tokens的高质量语料，Google训练PaLM（5,400亿参数），消耗了780B tokens。足够多的高质量语料可以帮助同等规模的模型学习到更强的能力，Google和DeepMind分别使用了1.56TB（注：$1TB=1\times10^{12}B$）和1.4TB tokens来训练更小的LaMDA（370亿参数）和Chinchilla（700亿参数），这些模型的能力大幅超过更大尺寸的模型。

但另一个问题随之而来，全世界有多少可用的高质量文本？按照估计，这个数字可能在4.6TB和17.2TB个tokens之间。也就是说，目前人类已使用的高质量文本和存量在同一数量级，且未来人类对更多高质量文本的需求量（指数级）远超于数据产生的速度（每年1%~7%）。除了文本，人类对于视觉数据的消耗速度也很快，据估计，现有数据将在2030—2070年间被使用殆尽。因此，将数据比作AI的战略资源再恰当不过。

模型危机

基于当前大模型结构，人们总是可以通过增大数据量和模型参数来训练更大的模型。但是，如果训练数据更多，模型更大，智能就能从模型中产生吗？我想，答案是否定的。

长期以来，人们认为机器学习模型或深度神经网络不过是从海量数据中学习到了数据的概率分布，所以根本不存在具备认知一说。即使进入预训练模型时代，即利用海量无标签数据进行自监督学习来提升模型的基础能力，然后针对具体任务数据微调模型，在解决给定问题的主要流程上仍然和过去基本相同。

具体来说，首先需要收集与特定问题和领域相关的原始数据；其次，根据问题人工标注数据；第三，在带标签的数据集上基于预训练模型继续训练（这个过程还包括在预留验证集上选择模型，以及在预留测试集上测试模型的泛化性能）。

渐渐地，人们发现对于定义的各种任务，数据收集和标注可能占据了80%或者更多的工作量。尤其是在以Transformer为主的深度神经网络结构成为主流，且训练方式差别不大的情况下，数据质量已经成为提升模型性能的瓶颈所在。人们尝试利用合成数据来解决数据来源单一和数据量不足的问题，但极难避免合成数据带来的数据领域偏移。从这一点来看，仅从合成数据角度出发，不仅无法彻底解决单一任务的数据问题，让模型具备智能更无从谈起。

在自然语言处理领域，超大语言模型的出现为人类带来了更多的可能性。大模型不仅在理解、问答、生成等方面的性能显著提升，还初步具备了推理能力，让人看到了大模型拥有认知能力的潜能。

针对具体任务对大模型进行微调的代价太大，人们转而用输入少量示例的方式启发大模型进行情境学习（In-Context Learning），或者直接通过提示进行零样本(zero-shot)推理。在黑盒大模型内部，似乎存在着另外一套不同于人类的思考语言，所有的文字生成、逻辑推理、编程能力等都依赖这套不可知的语言。自然语言是人类智慧延续的根本，大模型与人类的认知必须建立在相同的语言逻辑之下，才能真正为人类服务。

数据和模型的共生

黑盒的学习机器对执行认知任务有天然的限制。人类水平的人工智能无法从一个黑盒中出现，它需要数据和模型的共生。

早期探索

人类第一次关于数据和模型共生系统的成功实践是AlphaZero。在仅知道棋局规则的前提下，它利用卷积神经网络结合树搜索算法生成下一步棋子位置。

这套系统的精妙之处在于不需要提前准备数据，训练模型的所有数据完全来自模型的生成，模型本身也完成了一次次迭代进化。

人们一直试图让模型通过数据学习，来构建出一套模型内部的信息表示机制，而不仅仅是输入和输出间的映射。生成对抗网络（GAN）是文本与图像数据和模型共生的例子。判别器给生成模型提供人类世界和生成模型样本差别的反馈，使合成的数据能够一步步接近真实数据分布，只不过这个指导过程是通过多次对抗完成的。

观察以前数据和模型共生系统的成功实践，发现几乎都是两个玩家有限的零和博弈，它们可以通过具有足够计算和模型能力的自我博弈来解决，最终收敛为一个最优策略。然而要实现人类水平的人工智能，零和博弈远远不够，必须通过建立模型间的合作机制，从复杂的现实世界中学习。

人类反馈

研究表明，模型通过完全自我博弈学习到的策略，与人类社会潜在的规范并不一致。所以，在涉及语言的任务中引入多智能体的合作可能产生与人类不兼容的语言特性和行为，这种合作机制必须以人类反馈作为前提。

语言生成模型有一个特点：文本输入、文本输出。这对将人类和模型纳入同一个闭环系统来说有天然的好处。人类可以将文本提示作为模型输入，然后观察生成模型的输出并给予相应的评估和修正，这些结果可以继续输入给生成模型。在模型处理复杂任务时，可以人为将复杂任务拆解成多个连续的中间任务，这些任务都是靠接收上一步的输出和产生对下一步的输入串联在一起的，人们可以在每一个步骤上施加反馈。

ChatGPT在语言上实现了文本数据和生成模型的合作共生。为了解决模型和人类认知失配的情况，它使用真实的人类反馈数据训练排序模型，并以此模型作为模拟环境来与生成模型交互，实现让模型用自己生成的数据来训练自己。

初想之下，这些做法似乎没有本质上的创新，也根本不可能使模型接近人类认知的范畴。以打分器模拟人类反馈，在GAN相关的研究工作中似乎也是这个思路。只不过GAN多用二分类，对样本只有好(服从真实样本分布)与坏（服从生成分布）的区别。仔细分析人类思考和学习的方式，就能反应过来上面说法的不合理之处。人类的价值判断不是二元的，没有绝对的好与坏，一切都是相对的。ChatGPT引入相对排序的方式实际上更符合人类价值判断标准，从有限的人类反馈中拟合出一个具有连续状态的世界评估模型，尽管这不是一个完美的环境，但相较好与坏的二元论，已经有本质区别。

用模型生成数据训练模型

“用自己生成的数据训练自己”听上去似乎不合理。学界有观点称，“我们所能知道的一切都可以包含在百科全书中，因此只要阅读百科全书的所有内容就能让我们对所有事物都有全面的了解。”按这种说法，只要语言模型够大，大到能够记忆人类所掌握的绝大部分知识，那么语言模型就具备了足够的智能来解决任何问题。显然现在的语言模型已经大到了这个量级，却在很多方面展示出非常有限的能力。另外，如果将语言模型比作一个知识库，它已经记住了这个世界的绝大部分知识，模型生成的数据不是已经包含在知识库之中吗，那用这些生成数据作为训练数据又有什么意义?

对一个见过海量数据的大语言模型来说，最重要的是，要设计相当多的难题和任务引导模型解决人类实际遇到的困难，这样才会强化模型本身的认知理解，逐渐形成对知识融会贯通的能力，也就是一种人的智力。引入多样的指令和任务，可以帮助大模型在解决问题的能力上，远胜普通的预训练模型。

人们常常忽视生成语言模型和人类之间类似的一点，那就是不确定性。对人体来说，神经递质中离子或分子的量子行为，导致神经元有是否激发的不确定性。正是大量神经元集体的随机性让人类拥有了自由意志，持续形成新奇的想法，也正是这些想法促进了人类的进步。对于生成语言模型来说，同样存在着随机性，它发生在模型生成的采样阶段。在模型的采样阶段引入随机性，可以让我们得到非常多样的输出结果，这些结果会遵守一定的事实，同时又引入新的观点。这些新的观点并非只是知识的堆砌，而是一种知识内化，可以形成逻辑自洽、知识上融汇的观点。尤其是在大型语言模型上，这种现象更加明显。

由此可以看出，在大型语言模型上，用自己生成的数据训练自己并非没有意义。首先借助这种方式，人类能从根本上解决大模型的数据危机问题。此外，人们不仅用这种方式教会大模型解决各种问题，还开始尝试以类似的方式使大模型自我反思、自我验证和自我提升，这是未来能够让模型变得更加智能的重要途径。

结语

在早期，人们主要依靠直觉和经验来获取知识，但这种知识是有限的，因为我们只能凭借有限的感官和思维能力来理解世界。后来，借助假定和推理的方式，人类创建了各种模型和理论，以解释自然现象和社会现象。这种基于推理的知识是无限的，因为它不仅依赖于我们已经知道的事实和理论，还可以通过不断实验和验证来扩展和改进。

未来，人工智能的发展也会基于对无限推理的探索。能够区分有限和无限，是大模型真正具备类人智能的标志。数据和模型合作共生，正是人类能够将人类智慧注入模型，并促进模型自我学习和进化的最好方式。这让人们看到了实现通用人工智能的可能途径。

王昊

IDEA研究院认知计算与自然语言研究中心，文本生成算法团队Leader。北京大学博士，发表10余篇论文。

结构化数据自动机器学习的实践

文 | 蔡恒兴

结构化数据在各行业都有着广泛的应用场景，但建模和分析需要经过复杂而烦琐的流程，而AutoML能够极大地提高建模效率、降低使用门槛。本文作者对结构化数据自动机器学习的核心技术与挑战进行了深入介绍，并基于此带来了工程创新与实践。

结构化数据是指以表格或数据库的形式存储的数据，每一条记录都有固定的字段和数据类型（见图1）。这种数据可以通过编程语言或数据库管理系统进行组织和管理，它是一种区别于图像、语音等的存储格式。除了最常规的形式外，结构化数据还可以通过多模态形式展现。例如，结构化数据中的某一列可以是长文本的内容（结构化数据+文本），也可以指向图片的路径，将图片的信息结合结构化数据来进行分析（结构化数据+图片）。

	用户标识	性别	职业	教育程度	婚姻状态	户口类型	标签
0	f34cf3be330734cac1cdc5503d06be5b	1	4	4	1	1	0
1	a6ef3c341d386d3d75aefa9500355625	1	2	4	1	4	0
2	6ee809a636411b5322646e98157ed017	1	2	4	1	4	0
3	dc68a34468131dd4f9a27c75e6dd5026	1	2	4	1	1	0
4	824e90bd82f905216cc03ad62c8195b3	1	2	3	3	1	1

图1 结构化数据示例

当前，结构化数据结合机器学习的应用场景有很多，如预测贷款是否会逾期（二分类问题）、预测房屋的租金价格（回归问题）等常规的分类和回归问题。也包括多模态场景，如结合病人的基本信息和病理照片来对疾病进行诊断。

但从操作上来讲，如图2所示，从收集数据开始，继而进行特征工程、模型训练和融合，以及线下模型评估，到最后线上的模型应用，是结构化数据的机器学习建模的完整流程。整个过程需要反复迭代，根据线下的模型评估和线上的效果来优化前面的特征工程和模型参数等，这也就导致通过机器学习专家建模的方式面临人才短缺、成本较高、经验难以复制等问题。

在此背景下，就有了自动机器学习（AutoML）的概念。

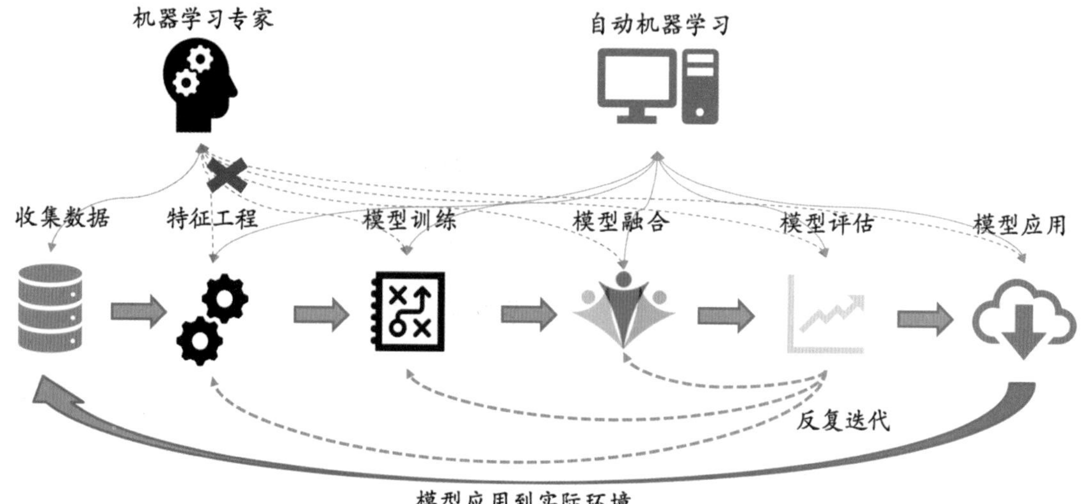

图2 结构化数据的机器学习建模流程

使用自动机器学习时，用户只需要收集数据，配置一些基础的数据信息，AutoML就可以完成从特征工程到模型应用一系列的操作，能够极大地提高建模效率，同时也避免建模过程中不必要的人为失误，降低机器学习的使用门槛。

现有结构化数据AutoML解决方案

结构化数据自动机器学习策略

目前主流的结构化数据自动机器学习的策略是采用元特征结合知识库的形式。我们首先回忆一下人类的机器学习专家是如何解决结构化数据问题的：人类专家在很多不同的数据集上都有建模经验，当面对一个新的数据问题时，人类会进行知识迁移，参考过去在类似问题上的解决经验。对于自动机器学习，元特征结合知识库的策略也是同样的思路。首先，对数据提取一些元特征，如数据大小、样本是否不平衡、每一列特征的类型，以及其他更加复杂的统计指标等。根据这些元特征，结合预设的知识库，来生成一个不错的机器学习配置，其中包括每个阶段模型算法的选择，以及模型超参数的设置等。当前，很多结构化数据场景下的AutoML产品基本都是采取这种思路。典型如下：

- AutoML Tables 是谷歌推出的一款自动机器学习工具，它可以帮助用户自动构建、评估和部署机器学习模型。AutoML Tables使用谷歌的机器学习引擎，可以自动进行数据预处理、特征工程和模型训练等任务。它支持多种类型的表格数据，包括回归、分类，并且可以自动识别数据中的时间序列和地理位置等信息。通过AutoML Tables，用户可以简化机器学习的流程，提高模型的效率和准确性。
- H2O AutoML 是基于H2O.ai的开源框架，它包含许多机器学习算法的前沿和分布式实现。这些算法在Java、Python、Spark、Scala和R.H2O中可用。H2O还提供了一个使用JSON实现这些算法的Web GUI。在H2O AutoML上训练的模型可以很容易地部署在Spark服务器、AWS等上。
- AutoGluon-Tabular 是一个由AWS提供的开源软件库，用于自动机器学习中的表格数据。它可以自动识别数据集的类型，并使用适当的模型进行建模和调参。它还提供了一组预设的模型和超参数组合，可以在几分钟内获得高质量的模型。

面临的挑战

当前的自动机器学习产品主要面临以下几个挑战：

- 不支持多表输入。当前的自动机器学习产品大部分都不支持多表输入，在多表输入场景下需要先将多张表处理成一张大的宽表。但在实际业务场景中，常常面临数据存储在多张表中的情况，支持多表输入是业务方非常需要的一项功能。
- 回归场景下，特别是时序数据效果一般。在使用这些自动机器学习的产品时会发现，大多数产品可能在分类场景下效果不错，但在面对回归问题时，尤其是时间序列预测的问题时效果相对一般。
- 对多模态数据（图片、文本等）不支持或效果不佳。在一些结构化数据场景中，往往会存在一些多模态数据（如图片、文本信息），如果能将这些多模态的信息加入模型中进行考量，会提升最后的效果。但当前的自动机器学习产品往往很难支持多模态的输入。

我们的工程实践

在这样的背景下，针对结构化数据开发，我们进行了自动机器学习的开发实践，并开源了端到端的AutoML解决方案——AutoX，可以帮助用户提升机器学习建模效率，同时获得和有经验的算法工程师相媲美的效果。图3展示了AutoX的整体技术方案，包含了机器学习的全流程，从数据预处理、数据增强、自动拼表、特征工程到模型与模型融合，以及最终的部署上线。

核心技术栈

实际上，对于结构化数据而言，从数据预处理到最后的模型融合，流程中的每一步都对最终的结果有相应的影响，这里选择几个重点的技术进行介绍，包括特征搜索空间、特征选择和集成学习。

特征空间

数据和特征决定了机器学习的上限，而模型和算法只是逼近这个上限而已。在结构化数据中，好的特征工程能让效果有明显的提升。同理，在设计结构化数据的AutoML中，也需要投入大量的精力，来丰富特征的搜索空间。如图4所示，我们对绝大多数结构化数据场景下会用到的特征进行了总结归纳和分类。

特征选择

特征选择主要分为以下两类：

第一类是冗余、无效或者低效特征。这类特征会导致时间和空间上的问题，当中间过程的特征太多，会导致硬盘或内存爆炸的情况发生，以及后续模型的执行时间过

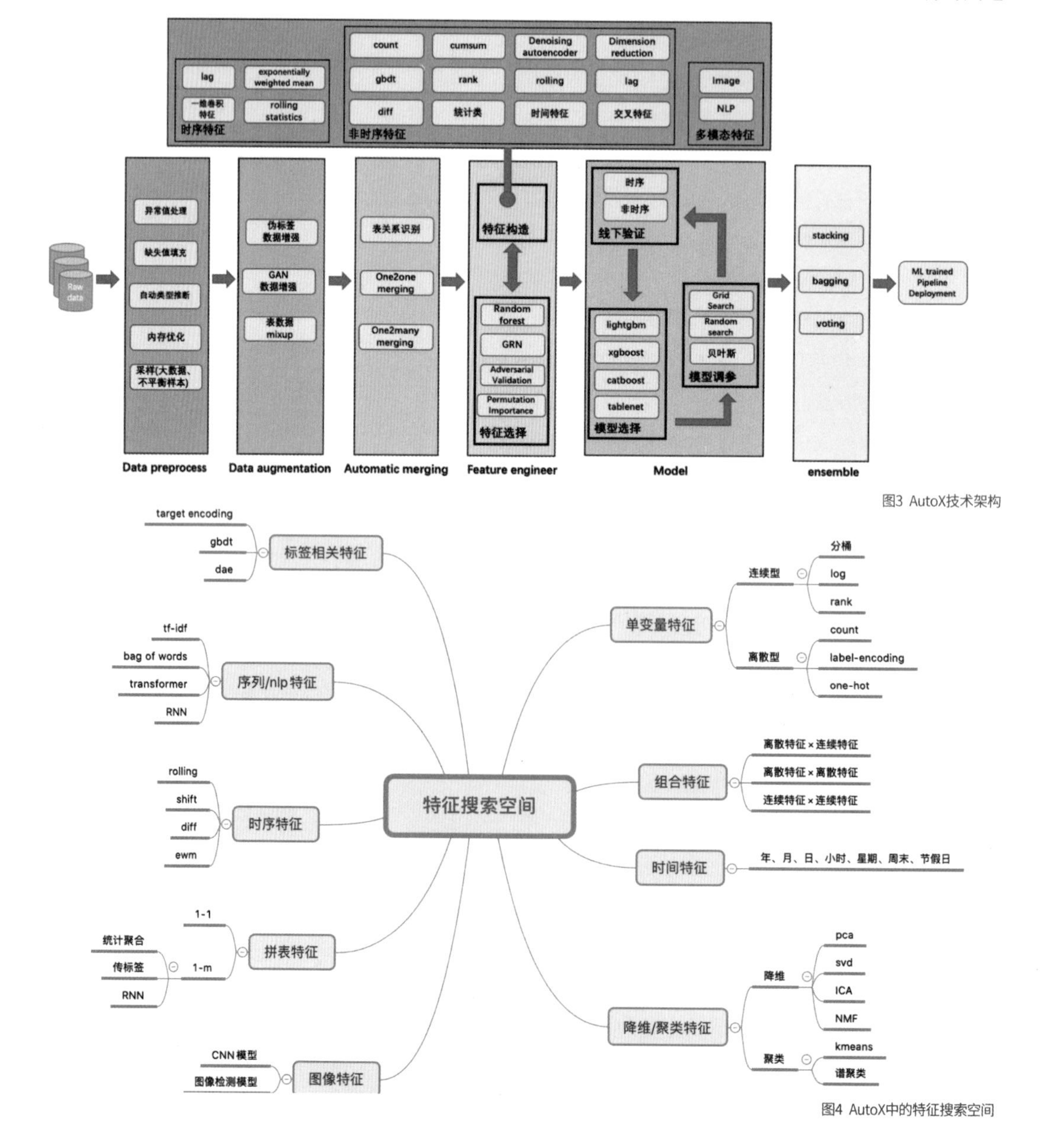

图3 AutoX技术架构

图4 AutoX中的特征搜索空间

长。对于冗余特征，我们通过计算相关系数和互信息，并设置对应的阈值来进行过滤。而无效或低效特征的过滤则使用了方差过滤法、Permutation Importance过滤法和模型特征重要性过滤法。

第二类是过拟合特征，生成这类有害的特征会导致模型效果下降。对于这些特征，我们使用了Adversarial Validation和Null Importance两种策略进行过滤。

集成学习

结构化数据场景中，集成学习对结果的影响较大。常见的集成学习策略包括投票法、平均法、加权平均法、Stacking、Blending。在结构化数据AutoML中，一般会使用多层的融合策略。图5表示了我们在AutoX中采用的集成学习策略，最下层使用一个模型生成元特征来和原始特征进行拼接。第二层和第一层采用了同样的策略，使用一个模型生成元特征，和之前获取的拼接特征进行拼接。注意，此时第二层元特征学习过程使用了之前第一层生成的元特征。最后，第三层使用多个模型进行加权融合。

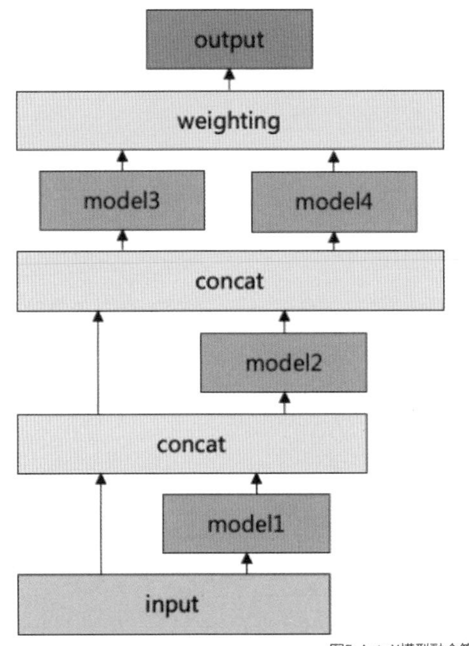

图5 AutoX模型融合策略

结语

结构化数据已在众多应用领域确立了其不可替代的地位，未来其重要性将会更加凸显。然而，随之而来的是在处理和分析这些数据时面临的挑战。对此，自动机器学习为我们提供了一种行之有效的解决策略。通过自动化的机器学习流程，我们能够提高建模效率，降低技术使用门槛，并极大地减少人为因素引入的错误。

然而，值得注意的是，当前的AutoML解决方案依然存在一些局限性。例如，处理复杂问题的能力还不足，针对特定业务的定制化选项相对有限，在大规模数据处理上也面临挑战。这些局限性在一定程度上阻碍了AutoML在更广泛的场景中得到应用。因此，我们需要明确未来的发展方向，针对这些问题寻求解决方案，以适应不断增长和多元化的业务需求。

展望未来，我们期待AutoML能够不断拓展其处理数据类型的边界，不仅可以适应现有的结构化数据，还能处理涉及多模态、多源的复杂数据类型。同时，我们也期望AutoML能够更深入地融入业务流程中，适应更多的实际应用场景，进一步推动机器学习和AI技术的广泛应用和普及。

总的来说，我们坚信，在科研和工程相互借力的过程中，结构化数据的自动机器学习必将迎来更大的突破。这不仅会推动AutoML技术本身的发展，也会为人类社会带来更多的便利和价值，我们期待在这一领域看到更多令人振奋的进步。

蔡恒兴

现任第四范式高级算法科学家，AutoX团队负责人，硕士毕业于中山大学。发表英文期刊和会议论文多篇，拥有授权专利十余项，国内外数据挖掘竞赛获得冠军十余项。

深入AutoML技术及工程实践

文 | 李兴建　赵鹏昊　徐彬彬

数据驱动的机器学习技术已经在很多任务上得到应用，机器学习专家收集样本训练出模型之后，便可由机器自动完成指定的分析任务。然而，随着更多差异化业务需求的出现，以及大量机器学习新算法的发明，这一工作变得愈加复杂。从筛选清洗样本，到选择模型种类，从制定学习策略，到观察调试迭代，一个典型的机器学习模型开发，不仅严重依赖算法专家的经验，也加大了开发的成本和周期。由此，自动机器学习（AutoML）应运而生。

如果说机器学习是对人类常识经验（如视觉理解、语言理解）的自动化替代，AutoML则是对人类专家经验（尤其针对机器学习建模这一特定任务）的自动化替代。通过应用AutoML，开发者可以更加聚焦和业务有关的问题，例如业务系统中是否存在适合机器学习解决的问题，以及如何定义学习任务、评价模型的效果等。如图1所示，AutoML可以自动化或简化机器学习这一环节，但往往并不适合业务建模的工作。

传统的AutoML主要关注数据清洗、模型选择、特征选择、超参优化等任务的自动化实现。其中，特征选择对于支持向量机（SVM）、决策树（Decision Tree）等经典模型尤为重要，这是由于预先定义的特征空间中，往往存在大量和所关注的预测任务无关的干扰特征，自动选择有价值的特征能同时提升学习的效果和效率。而对于深度学习而言，随着预训练大模型的普及，深度学习任务的自动化特别依赖对预训练模型的有效利用，即迁移学习技术。相比经典机器学习算法，深度学习是一种黑盒模型，自动化地迭代改进依赖模型可解释性技术，而神经网络结构搜索（Neural Architecture Search，NAS）可以自动化设计适合某种任务的网络结构。

AutoML算法基础

AutoML不是某一类具体的技术，它涉及所有对机器学习开发自动化有帮助的技术。本章节侧重对于深度学习尤为重要的AutoML技术，简要探讨如下四类：深度迁移学习、超参优化、可解释性和神经网络结构搜索。

深度迁移学习

迁移学习是一类利用某些辅助任务来帮助目标任务学习的方法。深度神经网络虽然有强大的表征能力，但需要

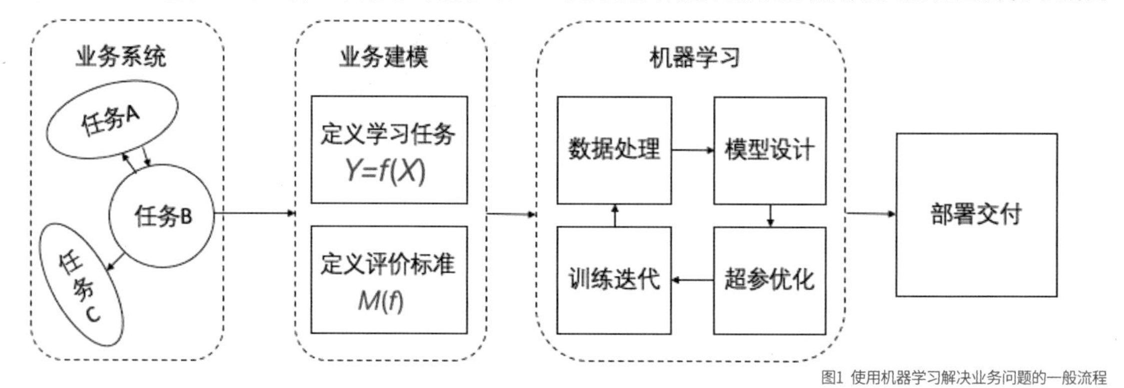

图1 使用机器学习解决业务问题的一般流程

庞大的数据集才能够发挥出它们的学习能力。然而，对每个新任务都去收集并标注这样大量的数据是十分困难的，深度迁移学习则可以解决这一问题。基于深度学习的AutoML平台普遍采用深度迁移学习的方式，来实现对定制化任务的自动训练。

深度迁移学习通常分为两个步骤，即预训练和微调。预训练的步骤在通用的大规模数据集上进行，使模型获得可以迁移的知识，为网络参数找到一个好的先验起始点。如基于千亿数据量级参数的ChatGPT模型，已可以在问答等众多复杂的自然语言处理任务上取得惊人的效果。预训练效果的提升，一方面通过增加参数来提升模型的表达能力，另一方面则通过自监督学习等新的学习模式实现对海量未标注数据的有效利用。

预训练大模型的发展降低了微调步骤的难度，但对于AutoML而言仍有相当的挑战。一个典型的AutoML平台需要以自动化的方式完成对预先未知的下游任务的训练，有时候能获取的标注样本非常有限，且考虑到部署成本，难以一味地通过增加预训练模型参数来提升效果。一类有效的思路是遵循统计学习的原理，通过合理引入先验偏置来提升微调后模型的泛化能力。常规的机器学习一般采用“奥卡姆剃刀”原则，倾向于选取数值偏小的参数，如常用的岭回归（Ridge Regression）等算法。深度迁移学习则有所不同，考虑到预训练大模型已经学习了大量的通用知识，其本身参数是一个更合理的先验位置。而对于一些预训练知识难以覆盖的特定领域，如医疗、工业等，深度迁移学习还需要克服负迁移的挑战。

自动超参优化

神经网络的训练涉及大量超参配置，但这一工作往往依赖有经验的算法工程师，调优过程费时费力。自动超参优化属于黑盒优化，指的是优化目标的具体表达式及其梯度信息均未知的优化问题，因此无法利用优化目标的本身特性求得其全局最优解，也无法直接利用参数的梯度信息，只能通过不断地将数据输入黑盒函数中，然后通过得到的输出值来猜测黑盒函数的结构信息（见图2）。相比白盒优化，黑盒优化要更困难，特别是在深度学习中，训练过程需要一个庞大的数据集，这使得对超参数的单独一组值的性能评价就非常昂贵。

图2 黑盒模型示意图

网格搜索（Grid Search）是最基本的黑盒优化方法，用户为每个要优化的参数执行一个有限的值集，然后在这些参数的笛卡尔积所构成的网格上进行性能评估。由于需要评估的次数随参数数量的增加呈指数增长，导致这种方法很难被用到参数数量多的高维黑盒优化场合。一个简单的可以替代网格搜索的方法是随机搜索法，即在参数的可能取值中随机抽取进行性能评估，直到给定的计算资源耗尽为止。当其中一些参数比其他重要得多时，随机搜索算法往往比网格搜索方法更有效。上述两种方法由于完全不使用和任务有关的信息，因而相对比较低效。一种改进的方案是贝叶斯优化，它使用贝叶斯定理来指导搜索。在每次迭代时，该方法利用之前观测到的历史信息（先验知识）来进行下一次优化。通俗来讲，算法会更倾向于在历史表现较好的超参附近去找最优解，这样一来搜索的效率就大大提高了。此外，自动超参优化也经常采用受生物进化启发设计的遗传算法。

模型可解释性

以深度学习模型为代表的人工智能，虽然在大量任务上取得了效果上的突破，但这种黑盒模型以堆积神经元为主要特征，其决策过程缺乏足够的可解释性，人们无法直观地理解。如果要自动化地完成深度模型的设计、训练和部署使用，则更有必要从内部对其进行解释，发现存在的问题并进行相应改进，提升性能和效率。也希望提升模型的可靠性和安全性，让使用者更加信任人工智能。具体而言，对于深度学习模型的解释，可以从样本、特征、参数、行为等多种角度切入，解释一些具体的问题。例如：模型对某个样本响应特定输出的主要依据是什么？一个训练数据中最重要的特征是哪些？训练数据中的哪些样本可能导致某个测试样例的预测错误？

解释模型决策依据的一类经典方法是利用博弈论，即在知道合作成果的前提下，如何确定每个参与者的贡献，如使用典型Shaply Value法。对于一个样本，大量的特征输入到模型中产生了最终的输出，每个特征的单独贡献是多少，就可以用这种方式计算，直观上就是将每个特征与其他一些特征随机组合，观察输出的变化，从而确定谁是关键特征、谁是滥竽充数者。对于深度学习模型，这种归因分析可更高效地使用基于梯度的方法计算。另一类可解释性方法是基于微分理论，如经典的Influence Function（影响函数），通过计算加权一个样本对参数的影响（梯度）来计算其对另一个样本预测结果的影响，尤其是一些业务中的糟糕情况（Bad Case）。

神经网络结构搜索

深度学习特有的神经网络结构是AutoML关注的一个热点问题。现有的网络结构一般依赖人工设计，如基于卷积计算的ResNet网络、基于Transformer的ViT（Vision Transformer）等结构。而对于网络结构和学习任务之间的关联，则缺乏严谨的理论刻画。神经网络结构搜索（NAS）技术可以采用黑盒和白盒两种思路：

- 黑盒思路，即将神经元的类型和连接视为超参，采用遗传算法等方式搜索。它的局限是计算代价大，因为需要对每个采样出来的结构进行评估。
- 白盒思路采用可微搜索的方式，先构建一个包含所有操作和连接的超图，以稀疏优化的方式求解出其中最优价值的子网络。相比之下，这一方式可以边评估边优化，更为高效。

AutoML算法实践

实际的AutoML平台产品一般遵循上述算法原理，配置一套或多套通用的自动化算法。其中超参优化应用非常广泛，不仅能用于普通的模型训练超参数（如学习率等），也可以用在自动设定特征工程、数据增强策略、大模型混合并行策略等更多应用场景中。然而要达到针对各类不同任务可实用的AutoML效果，还需要大量的技术迭代。以下着重从超参优化和网络结构搜索两个角度，探讨AutoML的实践经验。

针对视觉任务的超参搜索

视觉任务一般在深度学习框架下完成，因而存在很多需要人为调整的“超参”，高度依赖人为经验设置来提高模型效果的参数。常见的超参包括学习率（learning_rate）、批样本数量（batch_size）等。在超参搜索的过程中，由于模型复杂、计算成本很高，且每个超参数都有较大的取值范围，导致搜索空间十分庞大，这将导致超参搜索的资源消耗巨大。因而需要结合具体任务，对搜索空间进行更加精细的设计。

以物体检测任务为例，高频修改的参数包括学习率、批样本数量、权重衰减系数（weight_decay_coeff）、锚框缩放尺度（anchor_scale）、锚框比例（anchor_ratio）等，可以选择不同搜索算法搜索最佳的超参数组合。此外，针对需要搜索的超参数，需先定义其参数类型和取值范围，以及采样的策略。例如，batch_size可定义为随机整数，搜索空间即为自定义范围上下界中的所有整数；learning_rate可定义为平均采样，搜索空间即为上下界中按默认步长平均采样得到的值，也可定义为对数平均采样，即在对数尺度上采样，该参数类型适用于权重衰减系数等参数范围有尺度差异的超参数。

针对表格数据的超参搜索

表格数据即输入为结构化数据的机器学习任务。不同于其他机器学习任务，表格数据所包含的特征是人工预先指定，并不能保证都与学习目标有必要的关联，所以AutoML在表格数据上更加关注特征层面。在实践中我们发现，针对不同的任务与数据集，不同特征工程的效果可能相差较大，需要人工的探索性分析和大量的尝试。为了实现自动化，AutoML平台可以提供多种不同的特征工程算子，以便自适应地对不同数据集进行处理，有一定经验的用户也可进行手动配置。同时为了减少重复计算，需要能够对新生成的特征实现增量选择。

对于其他类型的超参数，表格数据模型同样面临搜索空间较大的挑战。虽然有相同的数据形态，但每类模型需要重点关注的超参各不相同。为此，我们引入超参搜索预训练的思想，由平台实现使用大量且多样的数据集进行超参搜索实验，为每类模型找到适合自己的“先验”搜索空间，将AutoML的计算开销前移，即从用户任务提前到平台任务，提升下游适配的效率，同时也为参数调优带来了非常可观的效果提升。同样，有经验的用户也可根据实际需求手动调整待搜索的模型和对应的搜索空间。

网络结构搜索和性能优化

神经网络结构搜索（NAS）也是AutoML的一种应用。通过设定神经网络的搜索空间，用某种策略搜索出最优的网络结构，其优劣性可以通过精度、时延等指标来衡量。以分类模型MobileNetV3为例，该网络由多个Block组成，每个Block包含不同数量的Layers，即为深度（Depth），每个Block的Layer数量范围可设置搜索范围为2、3、4；每个Layer的通道数由expansion ratio（扩展比）控制，即为宽度（Width），一般每个Layer的expansion ratio搜索范围是3、4、6；同时每个Layer有不同大小的卷积核，即Kernel Size（卷积核尺寸），一般可设置的搜索范围为3、5、7。不同Block和Layer的Depth、Width、Kernel Size取值范围共同构成了网络的搜索空间。将时延定为搜索目标，搜索出满足时延约束的网络结构。

AutoML 工程架构

接下来，让我们一起来看，典型的AutoML工程架构是怎样的。首先，AutoML系统核心部分包含experiment、trial、controller、exp-pod、trial作业、manager、tuner这几个概念：

- experiment 是基于Kubernetes CRD自定义的搜索实验资源，用于描述一次搜索的实验配置，包括优化目标、参数搜索空间、搜索策略等配置信息，以及单次搜索实验的运行时间、状态、搜索结果等搜索状态信息。
- trial 是基于Kubernetes CRD自定义的作业资源，与搜索实验中单个作业（训练或预测）相关，包含了当前作业的元信息，如使用的超参数配置，运行实验的时间、状态和指标等。
- controller 是一个常驻进程，监听experiment的状态，并进行响应的操作，管理experiment的生命周期。
- exp-pod 是一次搜索实验的运行实例，包含两个容器，分别为manager和tuner。
- trial作业是一次搜索实验中单个作业的运行实例，可以是直接通过Kubernetes创建的资源，如job或任意crd，也可以是其他训练服务创建的任务。此外，每个trial作业可以是分布式的。
- manager 是一个生命周期与搜索实验进度关联的进程，负责管理一次搜索实验的运行，向tuner获取超参数，调用内部trial scheduler发起trial job等。
- tuner 是一个生命周期与搜索实验进度关联的进程，根据manager提供的参数搜索空间和搜索策略，产生一组组超参数反馈给manager。

搜索作业流程机制

基于上述组件，这里介绍一个搜索作业的全流程运行机制。

图3展示了用户发起一次搜索实验后系统的运行机制，主要流程包括：

- 用户（可以操作集群的工程师）或业务上游创建experiment YAML，利用客户端工具向集群提交任务。
- controller监听到有experiment CR产生，创建experiment pod和service。
- experiment pod内manager和tuner启动，manager向tuner发送搜索实验配置并索取超参数组，当搜索的trial个数或运行时间达到设置的上限，manager和tuner则优雅结束。
- manager根据tuner返回的一组组超参数，创建trial CR

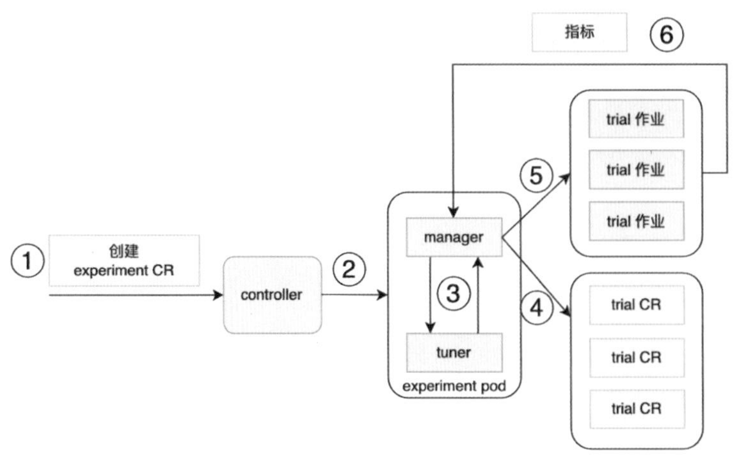

图3 搜索作业运行机制

用于保存trial的元信息。

■ manager内通过Kubernetes客户端或其他作业服务客户端发起trial作业并轮训其状态，若trial作业状态变化则更新对应的trial CR。

■ trial作业运行结束前向manager汇报指标，manager将最终指标更新到trial CR中，并将中间指标汇报给tuner，用于判断trial是否要早停。

AutoML工程架构特点

一个实用的AutoML工程架构一般需要具备以下特点：

■ 容错机制：由于自动超参搜索任务具有整体运行时间长、训练模型次数多的特点，在单次实验运行的过程中，可能会受显存等资源的限制导致训练失败，而让部分实验无法成功运行。为了保障整体搜索任务的效果和可用的模型产出，在工程架构上增加失败容忍阈值和重启搜索（加载历史搜索的Check Point）功能，并将trial作业运行与manager作业管理拆解到不同的模块，提高搜索任务成功的可能性。

■ 搜索实验扩展性：AutoML默认支持搜索实验trial的单机或分布式运行，同时为保证兼容性，trial的定义支持Kubernetes中的job或任意crd资源，不同的使用者可结合自己的需求自定义trial描述。

■ 支持早停与采样：AutoML整体搜索架构支持内部自动早停，当搜索的实验效果达到用户设定的预期时，整体架构会主动停止搜索流程成功结束。同时支持设定最长的搜索时长，减少用户的等待时间。在大数据量的搜索任务时，可支持用户设定采样比例，减少搜索阶段的耗时，尽快搜索出合适的超参。

■ 云原生&轻量化：AutoML整体的工程架构基于云原生设计，无额外的第三方依赖，可兼容部署于不同的环境（公有云、私有化等）。

结语

AutoML技术为机器学习应用带来了工业化般的变革，取代低效能的人工建模和调优。建立于多维度算法理论和复杂工程架构的AutoML平台，自动将模型以标准化产品的方式生产出来，而各行业的使用者只需负责准备好合适的数据原料，通过精细分工，整体业务效率得以提升。作为专业的模型生产者，AutoML平台仍需要提升算法和工程架构对更多数据领域的鲁棒性。

李兴建

百度大数据实验室资深研发工程师。在计算机、人工智能领域知名会议和期刊，如ICML、ICLR、IEEE Transactions等发表研究论文20余篇，拥有多项发明专利。曾获得北京市通信行业协会高级工程师职称、国家知识产权局中国专利审查技术专家、第二十一届中国专利优秀奖。

赵鹏昊

资深研发工程师，百度EasyDL/BML平台算法负责人。硕士毕业于上海交通大学，在百度深度参与了EasyDL、BML开发平台的建设。负责平台中视觉、文本、机器学习模型的调研、接入等工作。

徐彬彬

资深研发工程师，百度EasyDL/BML平台训练工程负责人。硕士毕业于东南大学，在百度深度参与了EasyDL、BML开发平台的建设。负责平台中模型训练工作流编排、分布式训练、超参搜索服务的调研与研发工作。

AI编程：边界在哪里？

文 | 王千祥

从AI编程的本质出发，回顾其突破过程，展望其边界。华为云智能化软件研发首席专家王千祥通过对当下最新技术报告尤其是微软研究院报告的分析认为，目前最先进的大模型在很多情况下已经超越典型程序员的编程能力，但距离顶尖程序员还有很大差距。

AI编程不仅仅局限于代码生成，现有大模型的能力已经覆盖代码补全、代码修复、代码翻译、代码解释、代码调试等环节。未来，这些工具必将覆盖设计、迁移、测试、运维等研发全流程中。

程序自动生成必须与AI结合

软件工程人员一定要尽快学习AI知识，尤其是大模型方面的文章，尽量看原文，掌握第一手的准确资料。

从20世纪70年代至今，程序自动生成工作已经发展近50年，其目标是将编程过程自动化。简单而言，就是根据用户表述的意图自动产生计算机程序。编译器是目前最成功的程序自动生成工具，最早的Fortran编译器于1950年问世，它使用接近自然语言的方式（高级编程语言）来编写程序，并通过编译器生成机器代码。

基于第一性原理，著名学者Sumit Gulwani认为程序合成有两个主要挑战：程序空间与用户意图。

程序就是一个字符序列，所有字符的排列组合构成了巨大的程序空间。如何在庞大的空间中找到目标程序？程序搜索技术是核心。大模型 (Transformer) 的序列预测能力很强，是目前最有效的程序搜索技术，它可以把程序生成问题转化成程序搜索问题。

如何准确地表达用户意图一直是一个挑战。最早的尝试是基于形式化的逻辑描述，但这种描述要求很高，甚至比编写程序的难度还大。第二种方法是通过输入/输出来表达意图，但这种方法往往不充分，很难准确表述用户意图，并且只适用于少量的应用场景。最好的方法是采用自然语言表达用户意图。但是实现这种方法很困难，人类的思维存在局限且经常考虑不够全面，通常需要多次交互才能清楚地表述意图。因此，这个方向的研究也非常缓慢，几十年都没有突破性进展。

深度神经网络出现后，许多研究人员都期望将它应用于程序合成问题。尤其是看到AlphaGo在围棋领域的表现后，多家顶尖企业的研究人员受到了很大的鼓舞，开展了一系列基于深度神经网络的研究。但当时（2016年前后）许多尝试的效果都有很大的局限性，仅停留在实验室阶段。并且这些研究都在特殊语言上开展，无法应用到主流的编程语言上，如C、Java、Python等。

AI编程的突破

2021年，基于GPT的代码生成取得了突破性进展。这项技术主要分为两个阶段（见图1）：训练阶段，关键问题在于学什么和怎么学，要学习已有的、大量的、含注释的代码；生成阶段，将自然语言输入提交给线上的GPT模型，就可以得到自然语言对应的代码。

做编程竞赛类题目是目前测试程序员编程水平的主要途径，也是测试AI编程能力的金标。2021年7月公开发表的OpenAI Codex是第一个在编程竞赛题目上表现惊艳的AI。

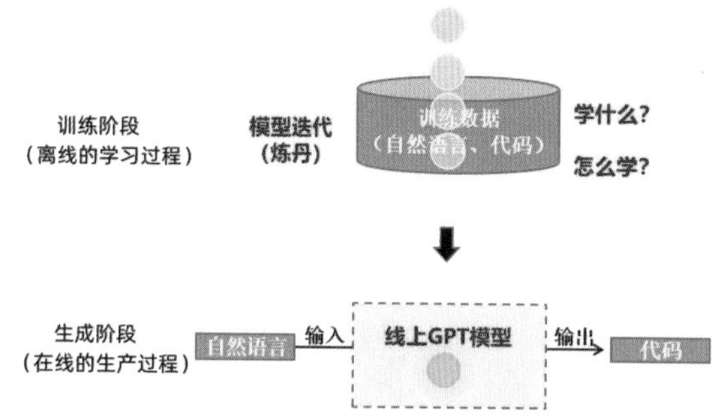

图1 基于GPT的代码生成原理

OpenAI的研究人员手工编写了164个编程题目（类似于LeetCode），构成了HumanEval数据集。每个题目包括函数头（function signature）、自然语言描述（docstring、body）以及几个测试用例。这个数据集目前是最有影响力的代码生成能力标准，对于推动AI在编程领域的应用和发展具有重要意义。

如图2所示，Codex在HumanEval上一次通过率为28.81%，但如果允许提供100个候选，准确率可以提高到72.31%。这表明机器学习模型已经具有非常强大的编程能力。

	PASS@k $k=1$	$k=10$	$k=100$
GPT-NEO 125M	0.75%	1.88%	2.97%
GPT-NEO 1.3B	4.79%	7.47%	16.30%
GPT-NEO 2.7B	6.41%	11.27%	21.37%
GPT-J 6B	11.62%	15.74%	27.74%
TABNINE	2.58%	4.35%	7.59%
CODEX-12M	2.00%	3.62%	8.58%
CODEX-25M	3.21%	7.1%	12.89%
CODEX-42M	5.06%	8.8%	15.55%
CODEX-85M	8.22%	12.81%	22.4%
CODEX-300M	13.17%	20.37%	36.27%
CODEX-679M	16.22%	25.7%	40.95%
CODEX-2.5B	21.36%	35.42%	59.5%
CODEX-12B	28.81%	46.81%	72.31%

图2 Codex在HumanEval上的表现

华为云技术创新LAB与诺亚语音语义LAB于2022年7月联合发布了Pangu-coder。它在HumanEval数据集上表现也很出色（见图3），其中三项重要指标当时在业界排名第一。然而，随着ChatGPT等其他模型的出现，Pangu-coder的表现逐渐被超越。

基于Pangu-coder代码大模型，华为云在2022年11月的HDC大会上发布了面向程序员的智能编程插件CodeArts

MODEL	SIZE	n_{ctx}	n_{vocab}	DATA (GB)	TRAIN TOKENS	HUMANEVAL (%) PASS@1	PASS@10	PASS@100
GPT-NEO	125 M	2 K	50 K	1,254	300 B	0.75	1.88	2.97
CODEX	300 M	4 K	50 K	729	400 B	13.17	20.37	**36.27**
ALPHACODE	302 M	1.5 K+768	8 K	715	354 B	11.60	18.80	31.80
CODEGEN MULTI	350 M	2 K	50 K	1,595	512 T	6.67	10.61	16.84
CODEGEN MONO	350 M	2 K	50 K	1,812	665 T	12.76	23.11	35.19
PANGU-CODER	317 M	1 K	42 K	147	211 B	17.07	24.05	34.55
CODEX	679 M	4 K	50 K	729	400 B	16.22	25.70	40.95
ALPHACODE	685 M	1.5 K+768	8 K	715	-	14.20	24.40	38.80
ALPHACODE	1.1 B	1.5 K+768	8 K	715	590 B	17.10	28.20	45.30
GPT-NEO	1.3 B	2 K	50 K	1,254	380 B	4.79	7.47	16.30
CODEX	2.5 B	4 K	50 K	729	400 B	21.36	35.42	**59.50**
PANGU-CODER	2.6 B	1 K	42 K	147	387 B	23.78	35.11	50.57
CODEGEN MULTI	2.7 B	2 K	50 K	1,595	1,012 T	14.51	24.67	38.56
CODEGEN MONO	2.7 B	2 K	50 K	1,812	1,331 T	23.70	**36.64**	57.01
GPT-NEO	2.7 B	2 K	50 K	1,254	420 B	6.41	11.27	21.37
GPT-J	6 B	2 K	50 K	825	402 B	11.62	15.74	27.74
CODEGEN MULTI	6.1 B	2 K	50 K	1,595	1,012 T	18.20	28.70	44.90
CODEGEN MONO	6.1 B	2 K	50 K	1,812	1,331 T	26.13	42.29	65.82
INCODER	6.7 B	2 K	22.6 K	216	52 B	15.20	27.80	47.00

图3 Pangu-coder在HumanEval上的表现

Snap。2023年5月，华为云与CSDN联合发布了面向CSDN用户的Snap版本。Snap目前还在持续迭代中，支持IntelliJ、PyCharm、VSCode等业界主流的IDE。

AI编程的边界

如图4所示，在HumanEval数据集上，Codex模型的通过率为28.81%，而GPT-4模型已经达到了67%。这表明GPT-4模型的性能已经实现了急速飞跃。在业界知名的编程竞赛系统Leetcode上，GPT-4的表现也很亮眼：从easy、medium、hard三类题目的表现看，通过率分别达到了76%、26%、7%。

	Codex	GPT-3.5	GPT-4
HumanEval	28.8	48.1	67.0
Leetcode (easy)		12 / 41	31 / 41
Leetcode (medium)		8 / 80	21 / 80
Leetcode (hard)		0 / 45	3 / 45
Codeforces Rating		260 (below 5th)	392 (below 5th)

图4 GPT-4技术报告

根据微软研究院的相关报告，AI的测评结果具有一定的随机性，每次表现都可能不同。AI编程的边界究竟在哪里？通过对上述公开技术报告的分析可以发现：最新的大模型在很多情况下已经超越了典型程序员的编程能力，但与顶尖程序员相比还有很大差距。这也表明，AI的代码生成能力仍存在一定局限性，需要我们持续探索。

英伟达CEO黄仁勋在2023年GTC大会采访时表示："世界各地的软件工程师已经在使用Copilot来辅助编写软件，就在过去的六个月里，我们已经体验到Copilot将生产力提高了近两倍。请记住，软件工程师是世界上最昂贵的工程师之一，如果能把他们的生产力提高两倍，这将创造出难以置信的价值。"

AI编程的背后有大模型加持，但其实AI编程还给大模型注入了特有的能力。爱丁堡大学博士生符尧认为"代码给了大模型推理能力"。代码生成本身具有很强的逻辑性，可以帮助AI模型更加高效地进行推理。

AI编程作为人工智能的重要领域，已经在计算智能和感知智能方面取得了一定的成果。随着大型语言模型的出现和发展，AI编程工具的能力和效果得到了极大提升，很可能会推动AI技术从感知智能向认知智能发展。

与自然语言相比，编程语言更加精确和规范。程序的生成过程也更加容易判断其正确性。如生成一首朦胧诗，观众对此褒贬不一。但生成程序，对错可以通过执行测试用例自动判断。AI编程工具可以更加高效、准确地生成代码，提高程序员的生产力和代码质量。这也为人工智能的认知智能发展提供了更好的技术基础。

综上所述，AI编程作为人工智能的一个重要领域，有望成为推动人工智能从感知智能向认知智能发展的先锋。

展望未来，希望AI编程背后的新模型可以将统计方法与规则方法（常识）融合起来，从而更好地支持程序开发和AI技术发展。此外，AI编程工具还需要适时地从使用它的程序员那里得到反馈并学习，从而不断优化和改进自身的能力和效果。为了保证AI编程工具的健康发展，需要建立良好的生态环境。

王千祥

华为云智能化软件研发首席专家，中国计算机学会（CCF）软件工程专业委员会副主任。历任北京大学信息科学技术学院教授，博士生导师，中国计算机学会软件工程专业委员会委员兼秘书长。

基于预训练的代码理解与生成

文 | 卢帅

代码智能近年来引起了学术界和工业界的广泛研究，基于人工智能技术的自动化程序理解和生成可以极大地提高程序开发者的生产力。研究者们开发出大规模通用预训练模型，并将其使用到软件开发生命周期的各个方面，包括代码补全、代码搜索、代码审查、缺陷检测和修复等。在微软亚洲研究院高级研究工程师卢帅看来，未来的软件开发，已离不开人工智能技术的保驾护航。

代码智能背后的预训练

代码智能正逐渐成为技术圈关注的焦点，它巧妙地融合了人工智能与软件工程技术。其主要目标在于使模型掌握自动化代码理解与生成的技能，而其核心挑战则是如何让模型理解并推断代码背后的意图。如今，最好的AI解决方案便是采用预训练模型。

代码预训练的灵感来源于自然语言预训练。将代码语言视为自然语言，其预训练范式非常简单。

首先，我们可以从软件工程领域的开源社区如GitHub中获取高质量的代码库。接着，将这些代码库构建成一个预训练的语料库或数据集。最后，我们将所得到的源代码当成自然语言，甚至视为一串文本，直接输入模型中进行预训练，即可得到一个完整的预训练框架（见图1）。

行业中对GPT系列进行训练，以及GitHub Copilot、OpenAI发布的Codex等常用的代码补全工具都使用了预训练框架。

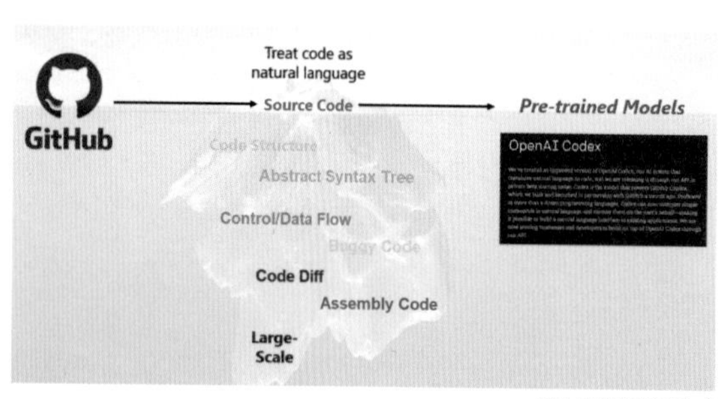

图1 代码预训练技术

不过，站在软件工程的角度来看，源代码和自然语言有着明显的区别，通过上述流程进行预训练，可能只探索到了源代码的冰山一角。

与自然语言不同，源代码具有非常明确的结构性。它可以解析成一个非常明确的抽象语法树，其中包含控制流信息和数据流信息。这些信息可以在预训练技术中让模型学习，从而促进模型对源代码的理解。

另外，源代码有多种类别。譬如会存在带Bug的源码，那么当有Bug的源码进入预训练模型时，是否会影响输出的内容。事实上，如果合理运用，预训练模型可能会帮助人们判断代码是否有错误，甚至修复错误。另外，Code Diff是代码审查场景中广泛使用的形式。此外，底层代码（如汇编代码）可能会让预训练模型学习到代码的底层逻辑等。

如何让模型理解和推断代码背后的意图？

在代码与训练模型上，微软亚洲研究院团队起步较早。

2020年年初，微软亚洲研究院提出了首个将文本和代码结合作为训练的模型——CodeBERT。随后，我们对其进行了不断的优化，加入一些代码特有的信息，并对一些特定的具体的代码应用场景做了较深入尝试，如Code Generation和Code Review。最后，为学术界提供了一个

Code benchmark数据集，方便大家评估和测试自己的模型（见图2）。

代码智能的核心挑战在于如何让模型理解和推断代码背后的意图。代码注释是人类常用的自然语言，因此在阅读代码时，如果代码前面有注释，模型理解起来就会变得容易。在预训练模型发展到编程语言之前，预训练模型已经在自然语言上获得了很多知识，如BERT。因此，模型快速扩展的关键是让自然语言和编程语言相连接。

在处理源代码时，我们可以提取与之相关的注释，将它们直接输入模型中。这种做法可以帮助CodeBERT模型更好地理解和推断代码背后的意图。这是微软亚洲研究院团队最初的尝试，未涉及代码的特殊性信息分析。微软亚洲研究院团队的下一步计划是将代码的特有结构信息融入预训练模型中，以进一步提高模型的表现能力。

基于对代码的结构性和可能蕴含代码中丰富的语义信息的数据流信息的考虑，我们将代码的结构信息融入GraphCodeBERT预训练模型中（见图3）。

首先，将一段源代码解析成其抽象语法树。其次，从抽象语法树中提取出变量序列，并分析变量在语法树上的路径关系，以抽取出变量之间的关系。如图3右侧所示，

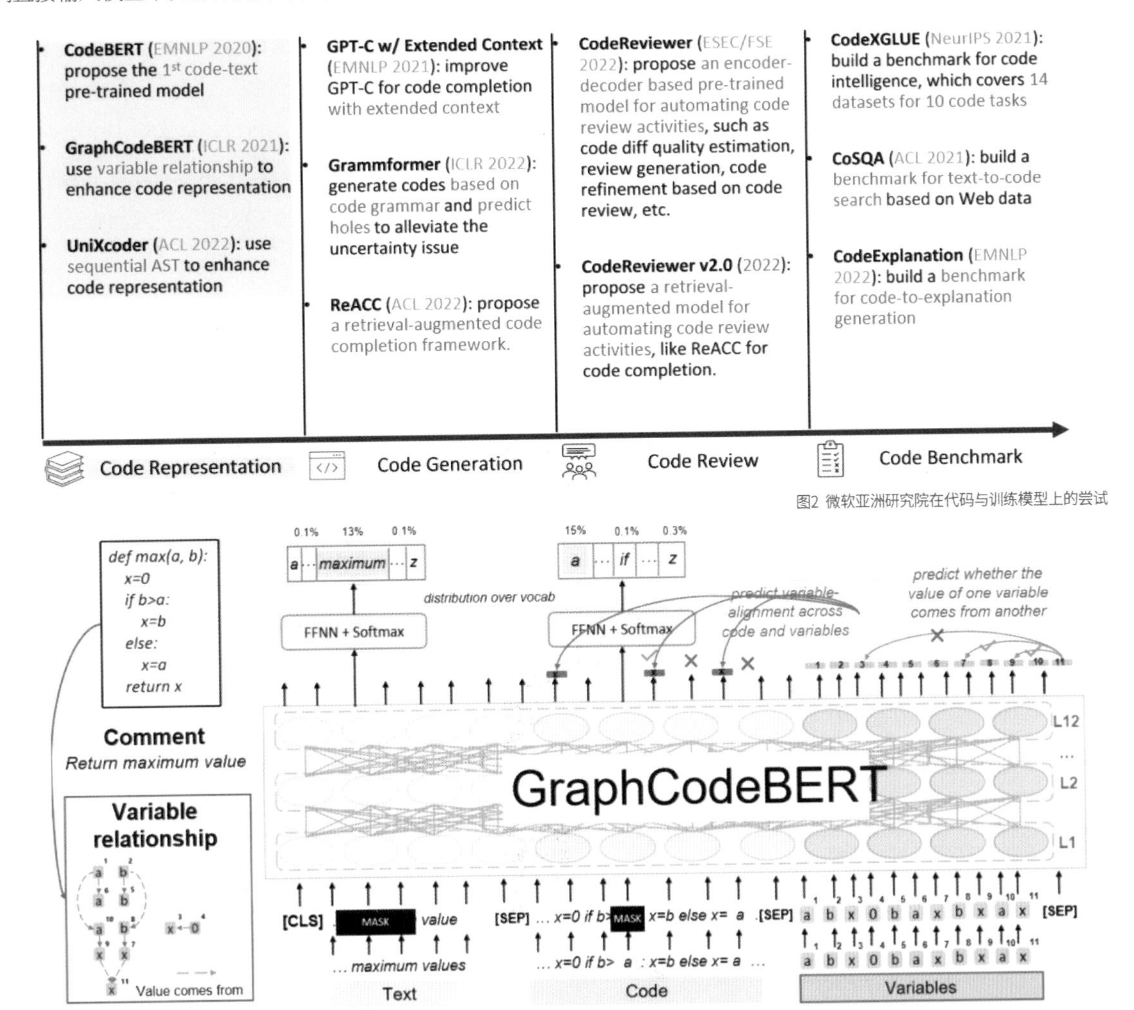

图2 微软亚洲研究院在代码与训练模型上的尝试

Daya Guo, Shuo Ren, Shuai Lu, Zhangyin Feng, Duyu Tang, Shujie Liu, Long Zhou, Nan Duan, Alexey Svyatkovskiy, Shengyu Fu, Michele Tufano, Shao Kun Deng, Colin Clement, Dawn Drain, Neel Sundaresan, Jian Yin, Daxin Jiang, Ming Zhou. **GraphCodeBERT: Pre-training Code Representations with Data Flow**. ICLR 2021

图3 GraphCodeBERT：代码+文本+变量关系预训练

代码在执行时，数据流会从哪个变量流向其他变量，这就包含了代码执行的一些语义信息。如果将其融入预训练模型中，可以增强模型对代码的理解能力。

如何将代码结构信息融入预训练模型？首先，在CodeBERT的基础上，将变量序列拼接到文本和代码中，并将GraphCodeBERT模型原来的注意力机制更改为仅可看见与自己相关的变量或有数据流向变量的注意力，从而使模型获得数据流信息。通过成功地建模语义信息，发现GraphCodeBERT模型在代码理解任务上的表现要比CodeBERT更好。

2022年，统一代码预训练模型框架UniXcoder发布（见图4）。在此之前，自然语言和代码的生成理解往往需要采用两种不同的范式。对于理解性模型，通常是采用纯编码器结构，如CodeBERT和GraphCodeBERT。如需进行生成任务，则采用解码器结构。基于这一背景，我们在UniXcoder中将这两种范式进行结合。

我们使用不同的预训练任务和注意力机制，使模型能够同时进行代码理解和生成任务。同时，我们也将包含结构性信息的抽象语法树融入UniXcoder的预训练中，以进一步提高模型的表现能力。

在GraphCodeBERT模型中，微软亚洲研究员团队曾设想将抽象语法树融入预训练模型中，但当时受到两个问题的限制。第一个问题是模型所能接受的输入长度是有限的。对于理解性模型来说，输入长度可能为512个词，而当时的输入长度需提高到1,024个词才能将语法树结构信息融入模型中。基于语法树结构比正常代码要长一两倍的情况，如果将其全部输入进模型，则输入长度就会爆炸。

第二个问题是Transformer结构的预训练模型无法直接处理树形结构的输入。因此，如果把树形结构信息输入Transformer结构的预训练模型中，就要把树形结构拍扁。一般来说，拍扁分为深度优先和广度优先两种方法。但无论采用哪种遍历方法，都会导致一定信息的丢失。为了解决这个问题，我们采用了深度优先遍历，并添加了左边界和右边界的特殊标记，使得抽象语法树输入模型后能与相应的序列一一对应。

在训练过程中，我们将代码和抽象语法树的信息随机输入模型中，使得模型在训练时可以同时学习序列化和结

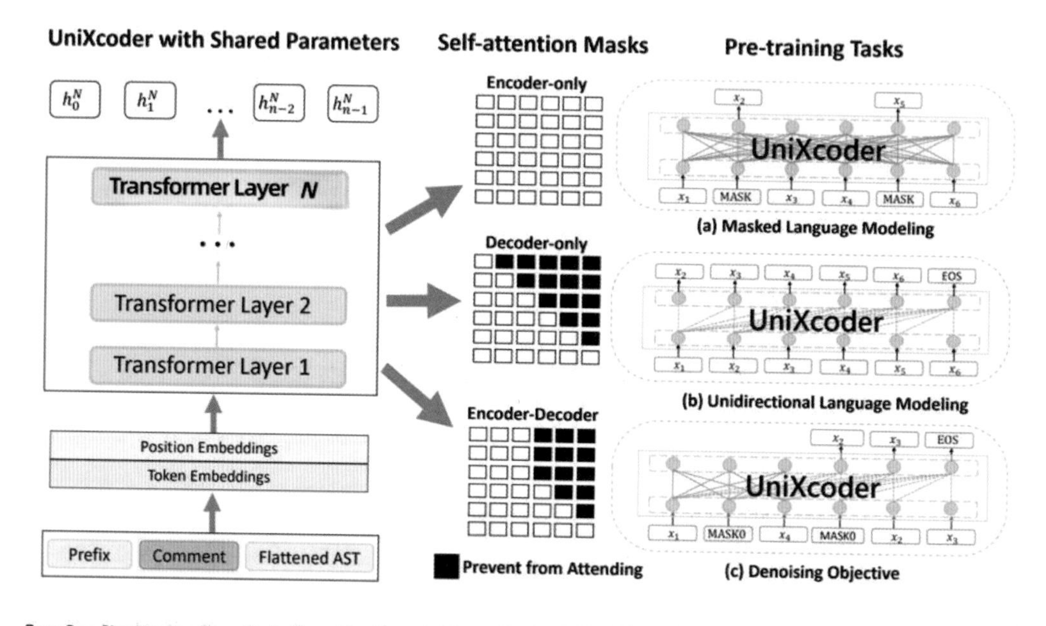

图4 统一代码理解和生成模型框架

构化的代码信息。多轮训练后，模型就可以同时具备代码理解和任务生成这两种能力。

UniXcoder在当时的10项常见的包括代码克隆、代码补全、代码生成、代码摘要生成等代码智能任务中，取得了非常不错的结果（见图5）。

在代码克隆检测任务中，UniXcoder表现出色。该任务是从候选代码库中搜索与当前代码具有相同功能的代码，对于代码预训练模型的理解能力要求很高。

Clone Detection	CodeNet (Puri et al., 2021)			
	Ruby	Python	Java	Overall
OpenAI-embedding	28.12%	23.55%	9.35%	20.34%
UniXcoder+SeqAST	29.05%	30.15%	16.12%	25.11%
UniXcoder+SeqAST+AST-ICT	33.72%	32.78%	18.91%	28.47%

图5 UniXcoder代码理解任务评测

UniXcoder的方法是将每个代码片段通过预训练模型输出为一个向量，并比较向量之间的距离，选择与当前搜索向量最相似的代码片段。

与OpenAI-embedding相比，UniXcoder的效果更好。这是因为AST提供了更丰富的代码信息，从而能更好地表示代码。

如何将预训练模型应用于具体的代码智能任务和场景中？

首先，代码生成场景中主要关注的就是代码补全。GPT-C提供了代码补全插件，可以在VSCode上下载使用，且能在10种编程语言上做代码补全（见图6）。

无论是哪种模型，基础的训练框架都是给定上文预测下一个token的训练范式。微软研究团队则更注重在预训练模型的基础上加入一些优化，使得其既适用于规模稍小的模型，也适用于规模更大的模型。具体优化步骤分为以下几个方面。

优化一：扩展上下文模型技术

基于模型输入长度的限制问题，提出了扩展上下文模型技术。

当时，GPT-C限制输入长度为1,024，而GPT-3和GPT-3.5最大支持的输入长度可能是4,096个token。需要注意的是，token并不是词。在训练模型时，每个词都需要经过一层词表编码到模型中。词表并不是按每个词来计算的，而是按某种特殊的子词计算的。

GPT-4发布了两个版本，一个版本支持4,096个token；另一个版本暂未发布，它可以支持32,000个token，大大提高了输入长度。但是，如果使用相同的训练框架来训练一个完全相同的模型，时间和内存开销将非常大。

因此，通过限制模型的输入长度，并根据一些手动规则定义优先级，可以将更重要的信息放入有限的输入长度中。这种方法在不增加模型复杂度的情况下，提高了模型的性能和效率。

具体而言，扩展上下文模型首先需要获取代码的具体语法树。其次，根据一些定义规则，对各语法单元进行优先级定义。如当前待补全函数的签名和注释、所在类的签名、文件import和所定义的全局变量等，都可能对当

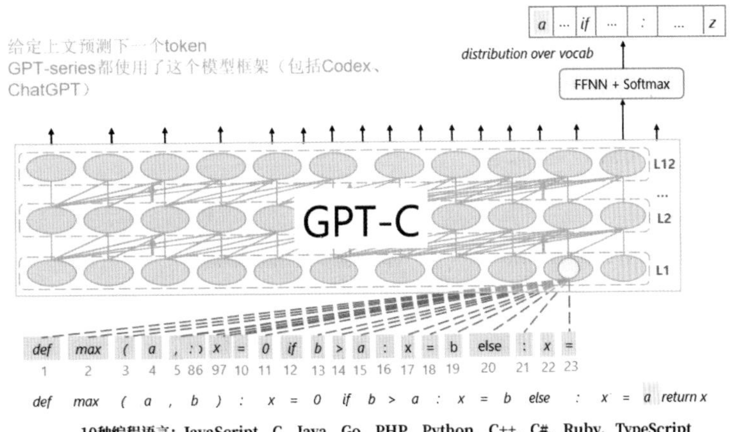

图6 GPT-C多语言代码补全模型

前所写函数有重要的作用。再者，基于判断，当前函数所在类的成员函数或全局属性的优先级可能排第三。最后，根据优先级获取上下文，将其填满模型输入窗口。这种方法比将上文直接输入更有效，可以确保更重要的信息被纳入考虑范围。

优化二：Grammformer 生成代码骨架

另一个优化方法是Grammformer，用于生成代码骨架。抛弃了从左到右生成的方式，让代码具有非常强的结构性。每一步都从生成式入手，能够保证语法正确性。这种方法解决了从左到右生成代码的缺陷，从而保证代码的语法正确性。

如图7所示，最下面的两个expression最初为空，我们需要选择接下来应该扩展哪个expression。通过从语法生成式入手，让模型去生成正确的代码结构。再不断地循环迭代，直到完成。由于语法树的叶子节点通常是数字、自定义标识符或变量名等，因此让模型进行推荐或留空有很多好处。

留空的好处在于，通常开发者在编写代码时很难预测需要定义的变量名是什么。如果模型提供了一个不太好的建议，反而会影响用户的体验，而留空能够增强用户体验。因此，在选择扩展哪个expression时，我们需要权衡推荐和留空的优劣，根据具体情况进行选择。

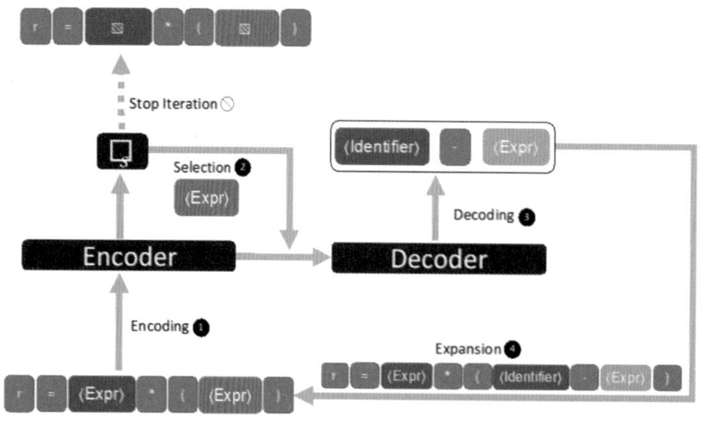

Daya Guo, Alexey Svyatkovskiy, Jian Yin, Nan Duan, Marc Brockschmidt, Miltiadis Allamanis. Learning to Generate Code Sketches. ICLR. 2022

图7 Grammformer生成代码骨架

优化三：ReACC 基于检索相似代码的补全模型

“在编写代码时，并不是所有的代码都是程序员自己原创的。”

ReACC是一种基于检索相似代码的补全模型。它的基本思想是将未完成的代码作为输入，再从一个大的代码库中检索出与当前代码在语义上相似的代码，并将其作为生成模型的输入。基于实际的代码库进行搜索和推荐，它可以提供更准确的代码补全建议。同时，程序员可以看到其他人是如何处理类似问题，可以帮助程序员学习如何编写更好的代码。

此外，预训练模型还可以通过代码审查进行自动化，CodeReviewer就是一个针对代码审查场景的自动化工具，通过人工智能和预训练模型来优化和提高开发效率。在代码审查场景下，可以通过以下三种任务来使用人工智能或预训练模型优化和提高开发效率。

- 评估代码更改的质量：在代码审查过程中，我们需要评估代码更改的质量，以确保代码的正确性、可读性和性能。
- 辅助生成代码审查意见：在代码审查过程中，审查人员需要提供有关代码更改的意见和建议。
- 代码优化：在代码审查过程中，审查人员需要对代码进行优化，以提高代码的性能和可读性。

综上所述，三个代码审查的重要步骤都可以用AI来提升效率。

如图8所示，开发人员添加了一个新的函数进行代码审查。如果审查人员反馈的信息量很少，那么开发人员可能无法理解审查人员的意见，也无法及时修复问题。但是，如果使用CodeReviewer，它可以基于预训练模型和机器学习算法来分析代码更改，并自动生成相关性强、有信息量的审查意见。

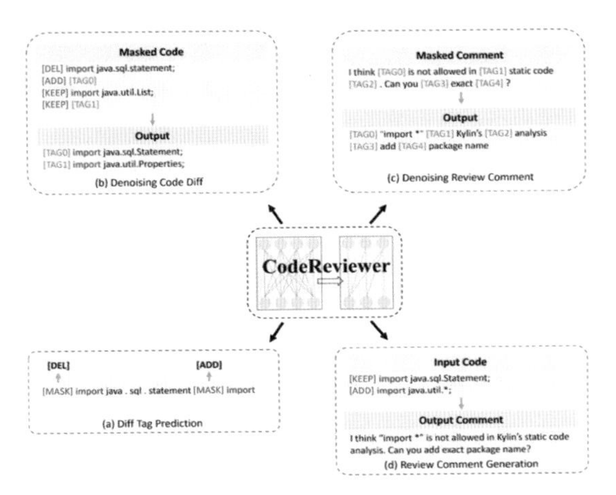

Zhiyu Li, Shuai Lu, Daya Guo, Nan Duan, Shailesh Jannu, Grant Jenks, Deep Majumder, Jared Green, Alexey Svyatkovskiy, Shengyu Fu, Neel Sundaresan. **CodeReviewer: Pre-Training for Automating Code Review Activities**. ESEC/FSE 2022

图8 预训练模型带来代码审查自动化

大模型时代仍需优化模型结构，覆盖更广泛的智能代码场景

GPT系列的前两代在代码场景中的表现非常有限，只能够完成一些简单的代码补全工作。但是，GPT-3的推出及其表现引起了广泛关注，GPT-4更是在参数量上取得了大幅提升，能够覆盖绝大部分的代码场景。

但目前GPT-4仍然存在一些问题，例如缺少代码语法树等信息、无法对项目级代码进行分析等。此外，个性化模型问题也是未来需要思考的方向之一。

在大型模型时代，GPT-4的优化方向已经从增加参数量转变为从数据优化和训练方式的角度。未来的发展趋势应是在探讨如何利用大模型来完成任务的同时，进一步优化模型的结构，以覆盖更广泛的智能代码场景。

卢帅

微软亚洲研究院高级研究工程师，毕业于北京大学，研究领域为代码智能，致力于用深度学习技术实现软件开发自动化，赋能程序开发者。主要研究专注于代码自动补全、程序语言预训练模型、代码审查等，研究成果发表于NeurIPS、ICLR、ICSE、FSE、ACL等学术会议。

大型语言模型（LLM）时代下的代码生成

文 | 郝逸洋

近一年，大型语言模型（LLM）对序列信息建模的能力有目共睹，创建了像 ChatGPT、GPT-4 这样惊人的产品。aiXcoder联合创始人兼CTO郝逸洋表示，如果AI作为操作系统可以直接控制硬件，程序员就能解放双手去编写驱动、操作系统和软件或研发新的硬件，这就是软件3.0的图景。

随着人工智能技术的飞速发展，大型AI模型在代码生成的应用中逐渐成为唯一的技术手段，大模型加持下的代码生成，相比于使用小模型或传统方法，可以进一步提高代码质量，生成结构良好、高效且错误较少的高质量代码，有助于开发人员节省时间，并降低软件开发成本。

2022年以前的代码生成模型

在2022年以前，我们专注于开发代码生成模型，主要采用语言模型的方式对代码模型进行训练。我们将代码视为自然语言，以程序续写模型的方式进行训练。在激活函数的选择、训练数据的选择和模型的最终结构等方面与常规语言模型存在细小的技术差异。

我们研究了产业界和学术界已有的产品和模型，发现它们的本质做法都很相似，如图1所示，aiXcoder、清华的CodeGEEX、华为的CodeArts Snap和阿里云智能编码插件Cosy等都属于国产品牌。此外，还有一些来自美国、以色列和加拿大的品牌。其中，最具影响力的可能是OpenAI的Codex，基于它做出的GitHub Copilot是我们所有人都需要追赶的目标。

- OpenAI Codex / GitHub Copilot
- aiXcoder
- CodeGEEX
- CodeArts Snap
- 阿里云智能编码插件（Cosy）
- Kite
- Tabnine / Codota
- 未产品化的诸多学术界模型

图1 2022年以前的代码生成模型

GPT-4带来代码生成新变革

代码生成是指用AI的方式去产生和补全代码，帮助程序员完成一部分的代码编写工作。在ChatGPT、GPT-4出来之前，我们用的办法很简单，就是将代码放到大型的自然语言模型里面去训练，用这个语言模型去生成代码。

GPT-3是一个1,750亿的模型，它是基于自然语言数据、代码数据、自然语言代码混合数据上训练而成的。OpenAI在GPT-3这样一个语言模型的基础上，用指令微调和RLHF去训练了一个ChatGPT，让它学到了对话的能力。OpenAI并没有公布GPT-4的训练细节，但从结果看，GPT-4支持更长序列、更多指令微调、多模态（图片输入）等操作，展现出更强的泛化能力。

GPT-4与代码生成

如图2所示，这是一个典型的代码生成样例，我们给出一段用自然语言描述的需求，再给它一个没有完成的代码片段，让GPT-4去完成这段代码，它完成得非常好。它不仅给出了代码结果，还给出了一段解释。

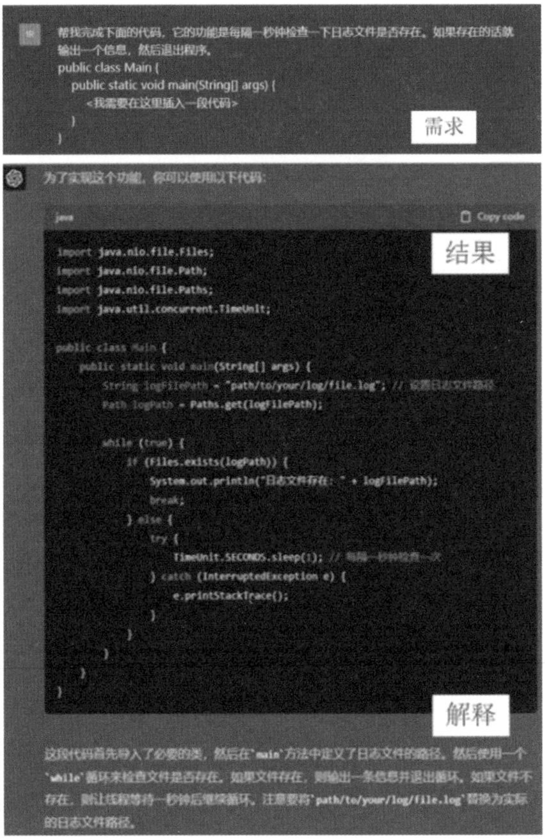

图2 GPT-4代码生成

GPT-4与代码错误检测与修复

输入一段有问题的代码，然后问GPT-4这段代码的问题是什么？如图3所示，它回答了这段代码实际的问题是什么，这段代码应该改成什么样子，还解释了一下修改之后的版本为什么是可以正常运作的。这是用户最后真正想要的一个结果。

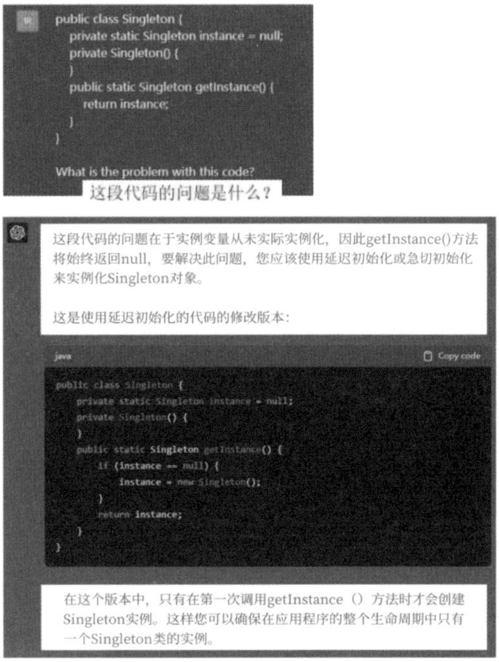

图3 GPT-4代码错误检测与修复

GPT-4与代码优化

如图4所示，在这个实验中，输入一段有缺陷的代码，循环100万次，往一个ArrayList里面放东西。我希望它能发现这个100万次有点大，并且知道它应该事先申请内存，而不是不断去动态增加。结果GPT-4并没有发现这个问

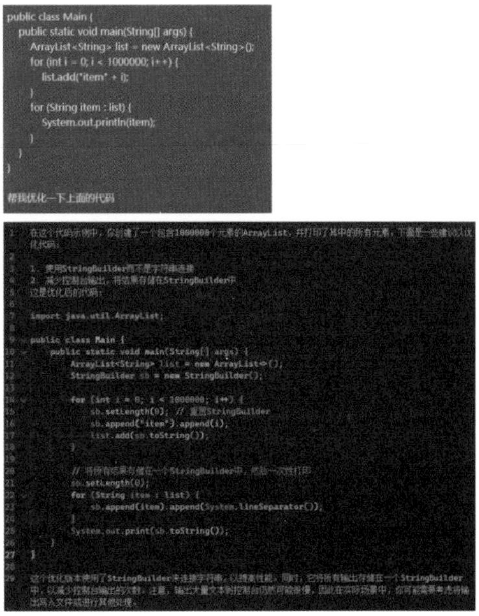

图4 GPT-4与代码优化

题，而是发现了两个其他问题。这跟用户想要的结果不一定是一致的，但它确实也对代码进行了优化，同时它也给出了综合的解释。

GPT-4对代码片段的理解能力

GPT-4对代码片段是有一定理解能力的，如图5所示，它可以告诉你这段代码究竟在做什么。

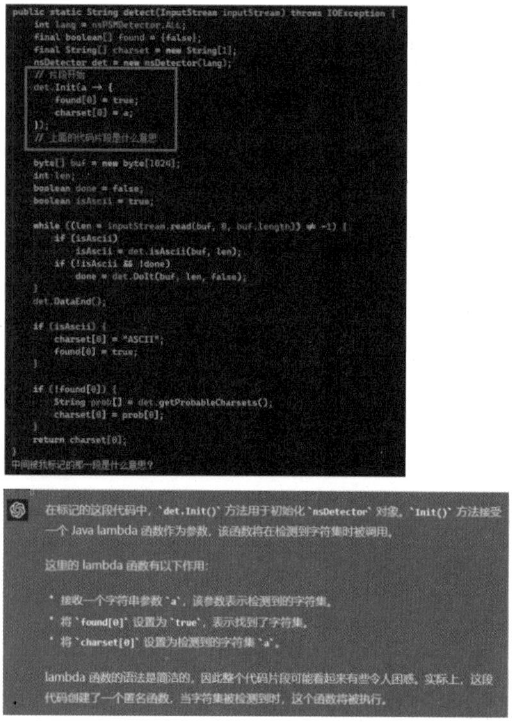

```
public static String detect(InputStream inputStream) throws IOException {
    int lang = nsPSMDetector.ALL;
    final boolean[] found = {false};
    final String[] charset = new String[1];
    nsDetector det = new nsDetector(lang);
    // 片段开始
    det.Init(a → {
        found[0] = true;
        charset[0] = a;
    });
    // 上面的代码片段是什么意思

    byte[] buf = new byte[1024];
    int len;
    boolean done = false;
    boolean isAscii = true;

    while ((len = inputStream.read(buf, 0, buf.length)) ≠ -1) {
        if (isAscii)
            isAscii = det.isAscii(buf, len);
        if (!isAscii && !done)
            done = det.DoIt(buf, len, false);
    }
    det.DataEnd();

    if (isAscii) {
        charset[0] = "ASCII";
        found[0] = true;
    }

    if (!found[0]) {
        String prob[] = det.getProbableCharsets();
        charset[0] = prob[0];
    }
    return charset[0];
}
中间被我标记的那一段是什么意思?
```

在标记的这段代码中，`det.Init()` 方法用于初始化 `nsDetector` 对象。`Init()` 方法接受一个 Java lambda 函数作为参数，该函数将在检测到字符集时被调用。

这里的 lambda 函数有以下作用:

* 接收一个字符串参数 `a`，该参数表示检测到的字符集。
* 将 `found[0]` 设置为 `true`，表示找到了字符集。
* 将 `charset[0]` 设置为检测到的字符集 `a`。

lambda 函数的语法是简洁的，因此整个代码片段可能看起来有些令人困惑。实际上，这段代码创建了一个匿名函数，当字符集被检测到时，这个函数将被执行。

图5 GPT-4对代码的理解能力

综上来说，GPT-4具有很泛化的代码功能，GitHub发布的Copilot X，本质上也是在做这样一件事情。除了刚才实验中提到的4个场景以外，Copilot X还增加了两个场景，一是文档的搜索；二是做Pull Request，描述的生成，这两个功能都和自然语言相关。

GPT-3加入了RLHF，获得了很好的对话能力。GPT-4这些能力是在GPT-3的基础上训练出来的。

GPT-3到GPT-4的代码错误检测

如图6所示，给GPT-3一段有问题的代码，并问它这段代码的问题是什么。前半部分它在描述我在做一件什么事情，后面就越说越不对劲。为什么GPT-3会有这样的行为呢？因为GPT-3就是一个往后续写的语言模型，输入一个问题，它续写的也是这个问题，并把问题更详细地描述了一遍。这些信息也有用，但并不是所期望的结果。

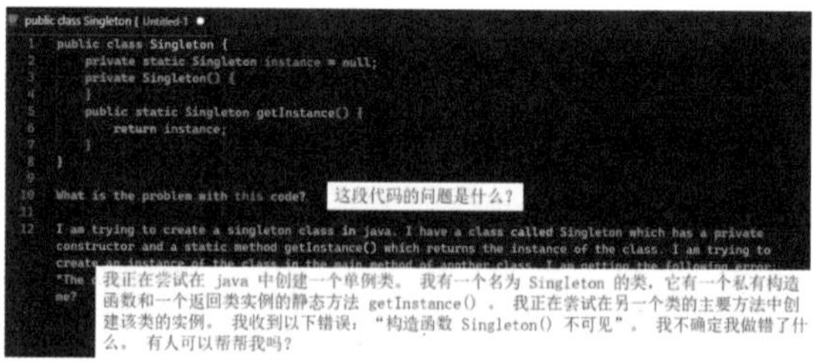

```
public class Singleton { Untitled-1
1   public class Singleton {
2       private static Singleton instance = null;
3       private Singleton() {
4       }
5       public static Singleton getInstance() {
6           return instance;
7       }
8   }
9
10  What is the problem with this code?
11
12  I am trying to create a singleton class in java. I have a class called Singleton which has a private
    constructor and a static method getInstance() which returns the instance of the class. I am trying to
    create ...
    "The ...
    me?
```

这段代码的问题是什么？

我正在尝试在 java 中创建一个单例类。我有一个名为 Singleton 的类，它有一个私有构造函数和一个返回类实例的静态方法 getInstance()。我正在尝试在另一个类的主要方法中创建该类的实例。我收到以下错误："构造函数 Singleton() 不可见"。我不确定我做错了什么。有人可以帮帮我吗？

图6 GPT-3代码错误检测

有一个办法可以避免出现这样的情况，比如输入一段代码，然后写上"Answer"，提示它要写答案了，让它去续写答案。这个操作叫作"prompt engineering"，针对我们的需求去专门构造一个提示，让模型可以根据提示去生成内容。这是在ChatGPT之前，我们去使用一个大型语言模型的方式。于是GPT-3也给出了答案，跟GPT-4的结果是一致的。如果我再告诉它接下来需要修复的问题是什么，它应该也可以用同样的方式给出答案。

所以我们可以看出来，GPT-4强就强在这里，它可以解决开发中遇到的各种问题（见图7）。

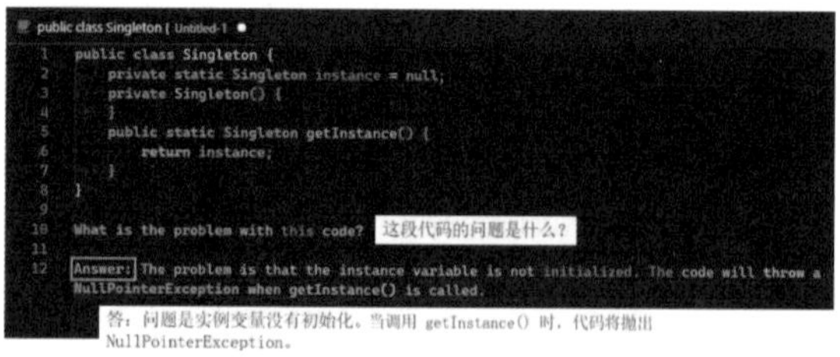

```
public class Singleton { Untitled-1
1   public class Singleton {
2       private static Singleton instance = null;
3       private Singleton() {
4       }
5       public static Singleton getInstance() {
6           return instance;
7       }
8   }
9
10  What is the problem with this code?
11
12  Answer: The problem is that the instance variable is not initialized. The code will throw a
    NullPointerException when getInstance() is called.
```

这段代码的问题是什么？

答：问题是实例变量没有初始化。当调用 getInstance() 时，代码将抛出 NullPointerException。

图7 GPT-4代码错误检测

GPT-4辅助开发的问题

在用GPT-4或者Copilot X去做代码辅助开发的时候，也会遇到一些实际的问题。

很难理解真实的业务逻辑

如果我们想做网页版的贪吃蛇程序，这对GPT-4是没有难度的，那真正有难度的是什么呢？写一个真正带业务逻辑的代码。例如，“我需要把用户购物车里的商品循环一下，把每一个商品的价格取出来，最后求一个和，获得一个总价，然后返回去。”这个逻辑普通的程序员理解和实现起来没有任何问题，但如果让GPT-4去做这件事情，会发现很困难。

困难在于自然语言描述的需求很难去写，为什么呢？因为你理解“购物车”是开发者定义的一个实体类，这个实体类跟你的数据结构、数据库有关系。但GPT-4所理解的“购物车”，并不知道是什么东西，开发者需要把数据结构告诉它。然后总价怎么去获取？它也不知道。开发者要对用户进行鉴权，需要用企业内部定义的一个库，去对用户的登录做校验。种种因素导致最后很难去跟它描述清楚这件事情，它生成的代码也很难直接使用。

慢

把一个问题抛给GPT-4让它去补完一段代码的时候，你会发现它生成完这段代码可能要1分钟甚至更长，生成完之后还需要进行修改。

信息安全

GPT-4部署在国外（美国），不受中国政府监管。

序列长度限制

默认情况下GPT-4有一个8,192序列长度限制，对整个项目来说会不够。整个项目很大、相关文件很多、依赖库也很多，需求文档开发者知道，但GPT-4不知道。

综上，我们可以看到，GPT-4带来了代码生成的新变革，支持更长序列、更多指令微调、多模态（图片输入）等操作，展现出更强的泛化能力。同时也面临不少问题，包括缺乏相关文件、依赖库和需求文档，以及速度较慢、信息安全威胁等。

代码生成模型与语言模型的区别

相较于语言模型，一个代码项目里的信息会大很多，除了输入和输出，代码生成模型的信息流向还包括同项目文件、依赖库、项目配置、数据库结构等整个综合的内容，这和语言模型是有区别的（见图8）。

- 普通的语言模型 – 信息流向
  - 前序文本输入
  - 后续文本输出

Can you please come here ?

History　Word being predicted

- 程序生成模型 – 信息流向
  - 当前文件前后
  - 同项目文件
  - 依赖库

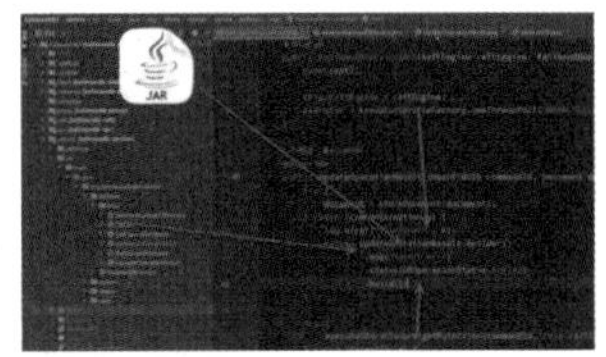

图8 普通语言模型与程序生成模型

普通的对话语言模型以问答、续写为主，代码生成模型则需要完成填空、补全、备份。代码生成模型会在当前光标所在的位置进行补全，并对IDE下拉框里生成的代码提示做一个排序。还可以通过读取上下文，去补全中间的代码，确保生成的代码和后面的功能是不重复、不冲突的（见图9和图10）。

- 普通的对话语言模型 – 交互方式
  - 问答、续写

Briefly explain chatGPT using a metaphor that would resonate with an audience of stock-market investors and avoiding AI jargon.

One way to explain chatGPT to stock-market investors is to compare it to a financial advisor who uses past performance data and market trends to make predictions about future investments. Just like a skilled financial advisor, chatGPT uses large amounts of training data to generate intelligent and informed responses to questions, providing valuable insights and suggestions to users.

- 程序生成模型 – 交互方式
  - 填空、补全、排序

图9 普通对话语言模型与程序生成模型

- 填空 – 使用双向信息来生成内容
- 补全 – 向后续写
- 排序 – 优化IDE弹框里的内容

图10 程序生成模型

训练任务的设计方式不同

这里举一个具体的例子：如图11所示定义一个，插入任务，给出前文、后文，让模型补出中间的内容。预训练模型最常用的一个办法是先确定一个长度，如1,024，在这个长度上随机挖出一个空，这个空叫作SPAN，让模型去生成SPAN里的内容。这是常用的一种训练方式，但它在代码生成模型中的训练效果并不好。

- 【上文】
  - 光标之前的内容
- 【下文】
  - 光标之后的内容
- 【SPAN】
  - 待补全的内容

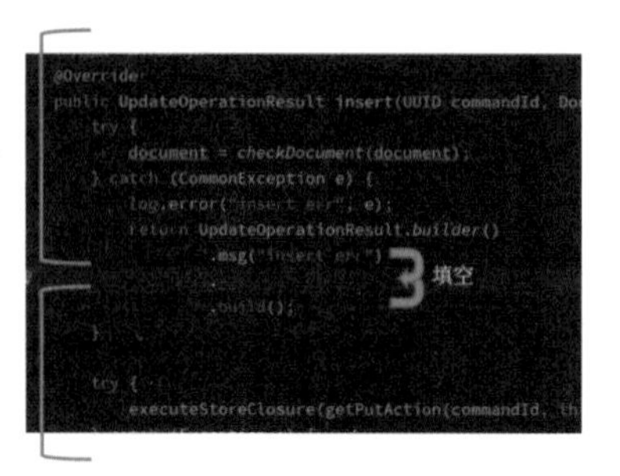

图11 程序生成模型

原因在于设置的这个SPAN，无论怎样生成，它都不会超过当前1,024的长度。在实际中使用这样一个模型时就会发现，无论前后文是什么，它都会努力用最短的代码去把前后文连接起来，因为训练的时候模型就没有见过很长SPAN的情况（见图12）。

- 方案一：区间中随机
  - 随机在文件中找一个1024长度的**区间**
  - 在其中随机找一个起点和一个终点，中间的部分作为【SPAN】
  - 前面的算作【上文】，后面的算作【下文】
- 问题
  - 【SPAN】长度永远不会超过1024
  - 在空白文件中效果很差，模型倾向于生成短文件的内容
  - 数据的筛选导致数据分布的差异

图12 插入任务案例

针对这种情况我们做了一个改进，随机在文件中设定一个1,024长度的区间，SPAN可以超出当前的范围，如图13所示。但这样的设置，如果超出了后文，那后文的信息就没有了；如果超出了前文，那前文的信息也没有了。但在实际的使用中，我们并不知道这个SPAN到底有多长，并且输入中一定包含上文和下文，最后导致模型生成的SPAN长度永远不会超过1,024。

- 方案二：允许SPAN超过当前区间
  - 在方案一的基础上，结束位置随机地超过当前区间
- 问题
  - 【SPAN】靠后，【下文】消失了
  - 变化的上下文长度和实际使用情况不匹配

图13 SPAN长度问题

于是我们最后设计了一套方案：强制保留上下文，也不限制SPAN的长度。但这个模型依然有问题。如图14所示，我们给局部的成员设置了一个值，但这个值是不存在的，我们期望模型能够定义这个不存在的值，并且补充出来。但实际上模型直接结束了当前函数，然后新建了一个函数，把代码给补上了。

- 方案三：强制保留一部分【下文】信息
  - 基于方案二，如果长度超过结尾，则拿出固定长度的下文加入到
- 依然有问题：

【上文】 【SPAN】 【下文】

图14 SPAN长度问题

这个操作比较讨厌的地方在于，你甚至没有办法通过多次采样的方式去获得左边你想要的结果。因为出现右边结果的概率非常高，而且看起来也非常对。这样的问题只能通过改变训练任务去解决，在设计训练任务的时候就要考虑到这种情况。

在训练GPT-3、GPT-3.5或者GPT-4的时候，OpenAI并没有考虑这些问题。如果把它当作一个背后自动触发的模型，让它去替代现在的Copilot，就会遇到这样的问题。

代码纠错的实时性

aiXcoder目前用一个几十万参数的模型就可以进行实时的代码纠错和修复（见图15）。GPT-4从能力上说是可以的，但是从实际效果来说还不行。第一它慢，无法实时进行处理；第二它很少见到拼写错误和拼写错误修改的相关数据。GPT-4有一定的泛化能力，但由于训练

aiXcoder

- 标点符号纠错
  - 用户手快的时候，会敲错键盘上的键
  - 举例：
    - br,read => br.read（逗号改成句号）
    - br.read()l => br.read();（字母L改成分号）
    - class X P => class X {（字母P改成左大括号）
    - br.read*(=> br.read()（乘号【shift+8】和左括号【shift+9】改成左右括号【shift+9】【shift+0】）
- 拼写错误纠错
  - 在键入关键字和标识符时可能会产生拼写错误，例如将 `MainClass` 写成 `MianClass` 或 `ManClass`。aiXcoder会把其猜测的可能正确的词放在推荐的列表中的顶部。
- 训练方法
  - 类似扩散模型（Diffusion Model），对正确代码做随机的两种扰动，然后让模型修复

```
public Map<String, String> toMap() {
    Map<String, String> res = new
    res.put("ChannelName", channelName);
    res.put("VERIFIER", blockVerifierString);
    return res;
}
```

图15 aiXcoder代码纠错

时是用网上抓取的页面和文件数据去训练，尤其是代码数据，提交上去的时候基本上是没有拼写错误的，所以训练的时候它也很难理解这个拼写错误应该怎么去修改。这可以通过人工反馈的强化学习的方式去训练它，但训练效果可能还不如用一个几十万参数模型去做这件事情。

综合来看，GPT-4在代码生成上还存在一些局限性：

■ GPT-4在某些需要实时反馈的代码纠错和代码补全场景中并不适用，只能写完代码后做一个整体性的分析。

■ 上下文序列有限，难以顾全中大型项目的全部上下文。在中大型项目中，一个30,000多的序列长度是很致命的，这让模型无法看见项目里的所有信息。

■ 代码项目的完整信息和网页爬取的文本差距大，整个项目的信息，包含项目配置、项目中各种文件放在一起，这样的数据分布，和我们从网页上直接爬取的单个文本/文件差异是很大的。OpenAI可以用RLHF的方式去把这些信息加进去，让它学到这些信息，但和我们直接去构造这样的数据相比，表现还是会差一些。

我们也是要汲取GPT-4在代码生成上的能力，增大模型的大小，逐步从百亿级增大到千亿级；加入更多的自然语言处理+代码的混合数据，针对编程中的各类场景专门构造指令数据集；解决代码中长序列依赖的问题，让它可以看见整个项目，包括项目外的文档信息；为开发者打造出综合性能更好的智能编程应用。

郝逸洋

本科就读于北京大学，硕士就读于早稻田大学。毕业后任职微软北京创新工程部语音技术组。2018年离开微软联合创办北京硅心科技有限公司，作为CTO负责智能编程机器人aiXcoder的研发工作。

基于LLM的自动化测试实践

文 | 王俊杰

随着人工智能技术的持续进步，大模型在解决代码生成问题方面取得了显著的成果。然而，这些模型也存在一些局限性，例如存在无法完全信任其生成的代码以确保100%的正确性等问题。那么，在自动化测试领域中，大语言模型的表现如何呢？本文作者认为目前的大语言模型对于测试人员来说是“刚刚好”的选择。

测试本就是为了找出Bug，即使AI无法全部找到，也能节省大量的人工工作量。此外，由于现在的大规模预训练模型可能还不够成熟，导致它们有可能会生成一些半对半错的内容（corner case）。这些corner case反而可能会有助于测试人员找到程序中的Bug。

图形用户界面测试（GUI testing）：移动应用的自动化测试

自动化测试的基本思路是通过随机或规则化的方式，对移动应用进行一些交互操作，如点击按钮、输入、滑动等，让应用进入下一个页面，并重复这个过程。最终目标是覆盖尽可能多的状态。如果自动化测试过程中应用崩溃了，那么我们即认为发现问题。

现在有许多来自工业界和学术界的相关自动化测试工具，但它们仍然存在着状态覆盖率非常低的问题。图1左边显示目前常用的自动化工具产生的状态覆盖情况，

- Monkey
- Fastbot2
- Droidbot
- Ape
- Stoat
- TimeMachine
- ComboDroid
- Humanoid
- Q-testing

- Low state coverage

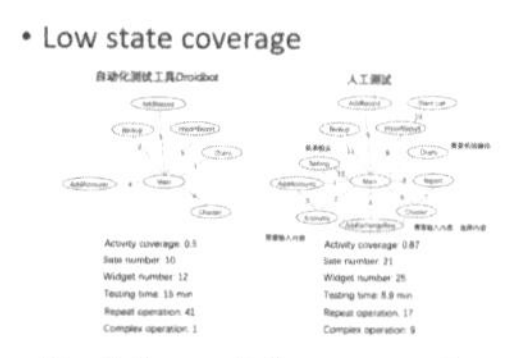

- Also influence follow-up practice
  - Auto UI issue testing with visual understanding

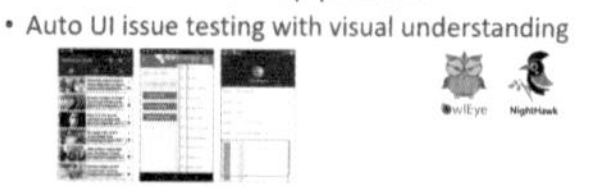

图1 移动应用自动化测试工具

右边是人工测试对状态的覆盖情况。可以看出，自动化工具基本上只是在常见的、比较浅层的一些状态上进行探索，对于深层的状态，它几乎无法覆盖。

导致自动化测试工具覆盖率低的原因有很多。首先，比如无法准确识别状态之间的差异，导致自动化不能做出准确的判断。其次，可能是路径规划算法不够智能，导致它会在一个较大的环路中循环，进一步降低覆盖率。

我们在研究中发现，有些自动化测试工具无法进入深层状态的原因可能与页面输入有关，通过对2,000多个热门App分析发现，有80%的应用都存在手动输入的页面，而当下的自动化测试工具都无法生成合适的输入。如图2所示的航班App自动化测试案例，自动化测试工具输入相关航班信息后，才能跳转探索后边的8个页面。

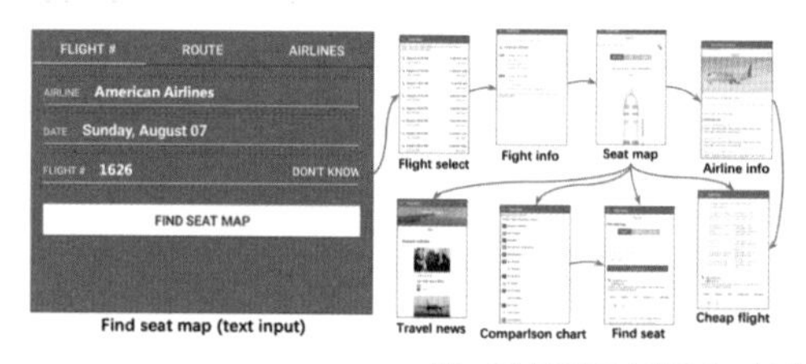

图2 自动化图像用户界面（GUI）测试

准确的测试输入对自动化测试的影响

许多GUI需要适当的文本输入才能进入下一页，文本输入的质量成为影响自动化工具测试覆盖率的主要障碍。有效的文本输入（如航班的出发地、电影名称、用户血

压信息等）具有多样性和语义要求等特点，实现文本输入生成的自动化是一项具有挑战性的任务，其难度主要体现在两个方面：一是输入时需要生成不同类型的特定值，如地图应用程序的街道地址；二是在同一GUI页面内需要体现文本之间的关联性，如航班搜索中出发和到达地需要不同的位置。如果文本输入不恰当，自动化测试工具将无法进入下一个UI页面，从而导致测试的充分性低下。

我们看到当下App的输入类型可以分为五大类，每个类型下可能还有一些子类型。例如，第一类与用户身份相关，需要输入用户名或工作情况；第二类与地理位置相关，需要输入正确的街道信息或国家信息；第三类与数字相关，需要输入价格、身高、体重等信息；第四类与查询相关，如需要搜索电影、音乐或购物地点；第五类与评论相关，需要输入一些消息。我们发现这些输入都与页面上下文有关。需要正确理解页面上的其他信息，才能知道输入部件需要输入什么样的内容。

由此可以看出，App页面上的输入类型非常多样且复杂，测试人员通过手工编写规则来实现几乎不可能，所以我们研发了基于LLM的测试输入自动生成技术。

基于LLM的测试输入自动生成技术

测试输入自动生成技术的基本思路是利用大规模的预训练模型自动生成测试输入，以便让应用程序能够正确通过测试。

如图3所示，最左端有一个需要输入UI界面。我们可以获取其层次结构文件，其中记录了页面中可用的所有信息。此外，根据上下文提取三种类型的信息，第一种类型与输入框相关；第二种类型是本地上下文，包括输入框附近的一些组件信息，可能会影响输入框中的内容；第三种类型是全局上下文，包括与应用程序本身相关的信息以及与页面相关的信息，这些信息可以帮助决定输入框中的内容。利用这些信息，我们可以自动生成测试输入，提高测试覆盖率和应用程序的质量。

回顾项目起步阶段，我们使用的GPT-3可能还没有包含大量移动App相关的知识，因此只使用上述方法可能效果不理想，为此，我们设计了一种灵活巧妙的方法对模型进行微调。基于一些与输入框类似的组件，这些组件实际上包含了一些预设的输入信息。例如，搜索列表可能已经将搜索内容列出来，弹出菜单也可能已经将内容列出来。此外，一些输入框内部可能也包含一些预设的输入内容。通过这些组件，我们可以自动提取与Prompt和Prompt Answer相关的数据，并用于模型微调来达到更好的效果。

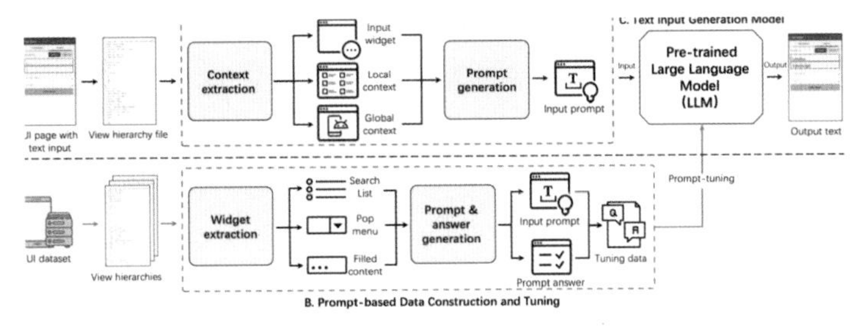

图3 基于GPT-3的UI逻辑

Prompt设计

如图4所示，这是Prompt的具体样式和三种类型的输入信息。第一种类型是与输入框相关的信息。我们对输入页面相关的信息进行了分词、词性标注等处理，保留了名词、动词和相关的一些重要副词。例如，我们可能得到的一个Prompt是“please input game name, the game name is”。第二句是名词和动词的组合，如“please search the food, the food is...”。

然而在某些情况下，测试输入框本身的内容可能不太多，如第四行的“from”。对于这种情况，我们需要使用一些额外的信息，如local context。我们可以查看local context的第二行，其中周围的一些组件可以提供一些额外的信息，例如告诉我们“this input is about one way flight, we need to search the flight information”。一旦我们知道了这些信息，就可以更准确地得到我们想要的输入。

• Set up linguistic patterns to generate prompts based on the current page

Id	Sample of linguistic patterns/rules	Examples of linguistic patterns/rules instantiation
	Patterns related to input widget: $\langle IWPtn \rangle$	
1	Please input $\langle widget[n] \rangle$, the $\langle widget[n] \rangle$ is	Please input game name, the game name is
2	Please $\langle widget[v+n] \rangle$, the $\langle widget[n] \rangle$ is	Please search the food, the food is
3	$\langle widget[n] \rangle$ + $[MASK]$ + $\langle widget[n] \rangle$	Your weight is [MASK] kg
4	$\langle widget[prep] \rangle$ + $[MASK]$	From [MASK]
	Patterns related to local context: $\langle LCPtn \rangle$	
5	This input is about $\langle local[n] \rangle$	This input is about the NBA team.
6	This input is about $\langle local[n] \rangle$, we need to $\langle local[v+n] \rangle$	This input is about one-way flight, we need to search the flight information.
	Patterns related to global context: $\langle GCPtn \rangle$	
7	This is $\langle app\ name \rangle$ app, in its $\langle activity\ name \rangle$ page, the input category is $\langle input\ category \rangle$.	This is a NBA sport app, in its search the NBA team page, the input category is query category.
	Prompt generation rules	
1	$\langle GCPtn \rangle$ + $\langle LCPtn \rangle$ + $\langle IWPtn \rangle$	This is a my movie app, in its search movie page, the input category is query category. This input is about your favorite move in this year. Please search the movie, the movie is
2	$\langle GCPtn \rangle$ + [$\langle LCPtn \rangle$ + $\langle IWPtn \rangle$]{n}	This is a money wallet app, in its personal income page, the input category is numeric category. This input is about your monthly income. Income is [MASK] dollar. This input is about your expenses. Expenses is [MASK] dollar.

Notes: “[n]”, “[v]”, “[v+n]” and “[prep]” means noun, verb, verb+noun and preposition in the related information.

图4 Prompt的具体样式

第三部分是global context，提供了更高层次的信息。例如，告诉模型这个App的名称、它在哪个UI页面上、输入的一些类别是什么。有了上述三种具体的信息，我们就可以为特定的输入框生成两条具体的规则。

■ 规则一

当只有一个输入框时，我会先提供一些高层次的信息，如App的名称、当前所在页面和输入框的类型，并提供周围的一些上下文信息。例如，输入我最爱的电影，请搜索这部电影。

■ 规则二

主要是针对页面上存在多个输入框的情况，如需要输入收入和支出等。我们会简单列出这些输入框，并为每个输入框提供相应的Prompt，以确保整个流程能够正常运作。

基于LLM的测试输入生成的例子

第一个例子，检索一个球队。第二列是我抽取到的信息，如App的名称、它所在的Activity名称，以及一些上下文信息。有了这些信息，就能够正确地输入。输入球队名称后，程序也能够正确地工作（见图5）。

第二个例子与上文提到的航班号信息类似，可能涉及一个航班相关的App，并需要在搜索航班的页面上进行往返查询，输入出发地和目的地等信息。同样，这种方法也能够提供一个比较准确的输入。

方法应用效果

通过率指的是输入模型能否通过单个页面。如图6右侧所示都是基线方法，其中包括基于规则、基于约束和五六年前的基于学习的方法。最后两行是我们基于LLM测试输入的方法。

团队对来自Google Play的106个应用程序进行了评估，结果显示，该方法生成文本的通过率为87%。团队还将文本生成方法与自动化GUI测试工具集成，与原始工具相比，集成后的工具可以多覆盖42%的应用程序活动和52%的页面，同时多检测82%的Bug，从而提升了自动化测试工具的测试覆盖率和缺陷检测效率。

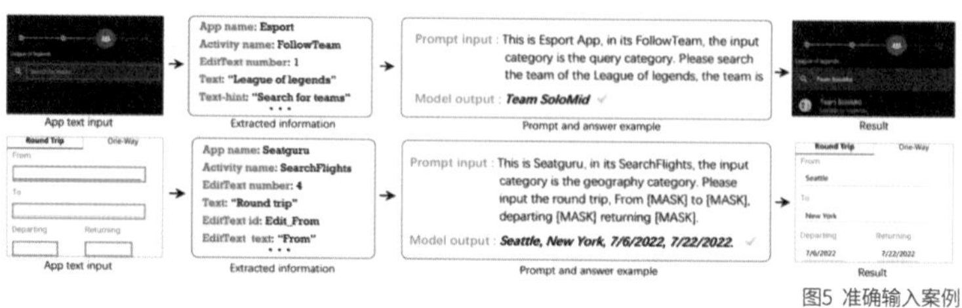

图5 准确输入案例

三个比基线方法更好的例子

■ 案例一

第一个例子涉及个人状态信息管理，需要输入一些与血压相关的信息，如测量日期和时间等。如图7a区所示，基于LLM的测试输入方法能够生成一个看起来非常合理的输入。倒数第三行是RNNInput，它是基于人工神经网络实现的模型，虽然也能生成一些输入并通过这些页

- Passing rate: 0.87
- Significant activity boost and 122% (51 vs 23) more bugs by added to GUI testing tools

TABLE III: Result of passing rate. (RQ1)

Method	Ident	Geo	Num	Query	Comm	All
Random-/rule-based method						
Stoat	0.10	0.10	0.05	0.15	0.60	0.20
Droidbot	0.10	0.05	0.00	0.15	0.60	0.18
Ape	0.20	0.15	0.10	0.12	0.65	0.24
Fastbot	0.15	0.10	0.05	0.12	0.65	0.21
ComboDroid	0.15	0.05	0.10	0.19	0.60	0.22
TimeMachine	0.10	0.15	0.05	0.15	0.65	0.22
Humanoid	0.15	0.10	0.05	0.15	0.60	0.21
Q-testing	0.10	0.15	0.10	0.15	0.65	0.23
Constraint-based method						
Mobolic	0.25	0.15	0.25	0.15	0.65	0.28
TextExerciser	0.45	0.15	0.40	0.23	0.70	0.38
Learning-based method						
RNNInput	0.35	0.40	0.25	0.50	0.75	0.45
QTypist (-T)	0.55	0.65	0.50	0.58	0.80	0.61
QTypist	**0.85**	**0.90**	**0.85**	**0.85**	**0.90**	**0.87**

TABLE IV: Result of activity and page number compare with automated GUI testing tool with QTypist.

Id	App name	Categ	Down	Triggered activity number M	M+QT	D	D+QT	A	A+QT	Triggered page number M	M+QT	D	D+QT	A	A+QT
1	Eskimi	Social	1M+	3	4 ↑33%	4	5 ↑25%	4	6 ↑50%	5	8 ↑60%	7	10 ↑43%	8	14 ↑75%
2	Recharge	Shop	1M+	5	5 0%	8	13 ↑63%	9	15 ↑67%	6	8 ↑33%	10	16 ↑60%	11	18 ↑64%
3	Scout24	Vehicle	10M+	4	7 ↑75%	10	17 ↑70%	12	19 ↑58%	5	9 ↑80%	11	19 ↑73%	14	24 ↑71%
4	Stock	Finance	1M+	5	9 ↑80%	12	18 ↑50%	10	18 ↑80%	7	13 ↑86%	15	23 ↑53%	16	26 ↑63%
5	Lite	Photo	1M+	4	6 ↑50%	6	11 ↑83%	9	12 ↑33%	5	8 ↑60%	12	19 ↑58%	14	23 ↑64%
6	Speedom	Vehicle	1M+	4	5 ↑25%	8	8 0%	8	13 ↑63%	5	6 ↑20%	9	9 0%	9	15 ↑67%
7	HeartRate	Health	1M+	5	5 0%	6	7 ↑17%	6	9 ↑50%	6	6 0%	7	9 ↑29%	8	14 ↑75%
8	Currency	Tools	1M+	3	3 0%	5	7 ↑40%	6	7 ↑17%	4	4 0%	6	8 ↑33%	7	11 ↑57%
9	Yandex	Shop	10M+	8	11 ↑38%	14	20 ↑43%	15	22 ↑47%	13	16 ↑23%	17	23 ↑35%	21	31 ↑48%
10	Atom	Finance	1M+	2	2 0%	3	4 ↑33%	3	5 ↑67%	4	4 0%	5	7 ↑40%	5	8 ↑60%
11	Coco	Comm	10M+	2	3 ↑50%	8	13 ↑63%	7	13 ↑86%	3	5 ↑67%	10	15 ↑50%	9	15 ↑67%
12	Saviry	Shop	100K+	4	7 ↑75%	8	12 ↑50%	9	13 ↑44%	8	12 ↑50%	15	23 ↑53%	18	29 ↑61%
13	WhiteMeet	Dating	100K+	7	8 ↑14%	10	13 ↑30%	10	16 ↑60%	10	12 ↑20%	15	19 ↑27%	16	25 ↑56%
14	Healthplus	Health	1M+	5	5 0%	7	7 0%	8	13 ↑63%	9	10 ↑11%	11	13 ↑18%	13	19 ↑46%
15	LINEC	Photo	10M+	5	7 ↑40%	12	17 ↑42%	11	18 ↑64%	6	9 ↑50%	11	19 ↑73%	15	27 ↑80%
16	FloorPlan	Art	5M+	4	5 ↑25%	7	7 0%	9	10 ↑11%	5	8 ↑60%	10	11 ↑10%	13	18 ↑38%
17	MoneyTK	Finance	10M+	4	6 ↑50%	8	9 ↑13%	9	13 ↑44%	7	8 ↑14%	15	20 ↑33%	17	26 ↑53%
18	Schoolca	Educat	1M+	2	2 0%	4	6 ↑50%	8	17 ↑50%	4	4 0%	8	10 ↑25%	8	13 ↑63%
19	Flipboa	News	50M+	3	4 ↑33%	4	5 ↑25%	7	7 0%	5	8 ↑60%	7	11 ↑57%	8	12 ↑50%
20	Healthplus	Fitness	1M+	4	4 0%	8	9 ↑13%	11	12 ↑ 9%	6	6 0%	13	19 ↑46%	15	20 ↑33%
21	BlaWM	Travel	1M+	5	6 ↑20%	12	14 ↑17%	15	17 ↑13%	5	6 ↑20%	18	25 ↑39%	21	27 ↑29%
22	Wldetector	Product	1M+	3	3 0%	8	9 ↑13%	12	16 ↑33%	5	6 ↑20%	15	16 ↑ 7%	17	18 ↑ 6%
23	CrAm	Educat	5M+	2	3 ↑50%	4	7 ↑75%	9	10 ↑11%	7	7 0%	8	15 ↑88%	11	16 ↑45%
24	InsTEAD	Game	100K+	4	5 ↑25%	7	8 ↑14%	9	12 ↑33%	6	9 ↑50%	11	19 ↑73%	10	19 ↑90%
25	FitNot	Connect	1M+	7	8 ↑14%	12	15 ↑25%	15	18 ↑20%	8	10 ↑25%	17	25 ↑47%	19	29 ↑53%
26	GPST	Navig	1M+	4	4 0%	6	8 ↑33%	8	11 ↑38%	6	6 0%	10	14 ↑40%	9	13 ↑44%
27	DMCRA	News	100K+	5	7 ↑40%	6	8 ↑33%	8	10 ↑25%	10	13 ↑30%	11	14 ↑27%	10	14 ↑40%
28	Metro	Navig	1M+	3	3 0%	4	4 0%	6	8 ↑33%	5	5 0%	6	6 0%	7	9 ↑29%
29	WallE	Finance	5M+	4	6 ↑50%	5	8 ↑60%	7	10 ↑43%	4	6 ↑50%	6	9 ↑50%	9	12 ↑33%
30	PocketM	Travel	100K+	4	5 ↑25%	6	7 ↑17%	9	12 ↑33%	7	8 ↑14%	9	11 ↑22%	12	16 ↑33%
Average boost					↑ 28%		↑ 33%		↑ 42%		↑ 30%		↑ 41%		↑ 52%

图6 通过率和基线方法

面，但实际上它生成的输入往往是不合理的，例如将两个血压值都设置为1。这种信息可能会对后续的信息管理、排序和展示产生负面影响。

- Passing rate: 0.87
- Significant activity boost and 122% (51 vs 23) more bugs by added to GUI testing tools

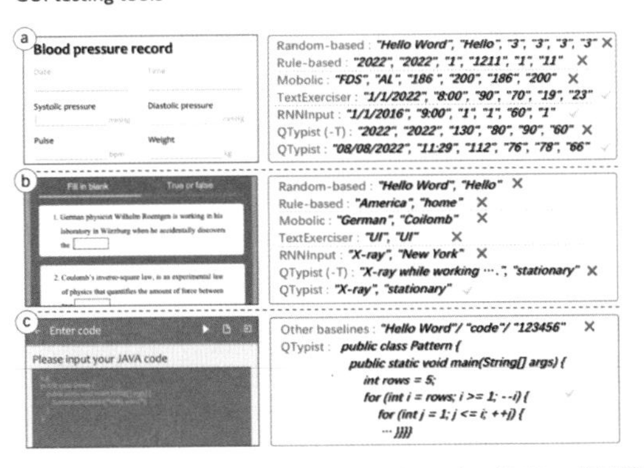

图7 个人状态信息管理与知识类问答App测试界面

■ 案例二

第二个例子是知识问答类App。第一个问题是关于德国物理学家伦琴的实验室发现了什么，正确的答案是X射线。第二个问题涉及物理学定律，需要输入一个比较专业的信息。即使对于一般的测试人员来说，正确输入也可能有一定难度（见图8）。

■ 案例三

第三个例子是关于输入代码，涉及代码编辑器相关的应用。我们的合作者在论文被录用后发了一条推特，评论中提出这个方法是否可以用于模糊测试（Fuzzy Testing）。虽然我们的方法旨在通过输入一些正确的信息使页面通过，但是Fuzzy的思路更多是如何生成一些可能导致App出现问题的输入。而团队也基于这个方向进行了一些探索，例如使用大规模预训练模型来指导App测试。当我们到达某个页面时，模型会告诉我们应该单击哪个按钮，然后规划出符合人类探索的自动化测试路径。

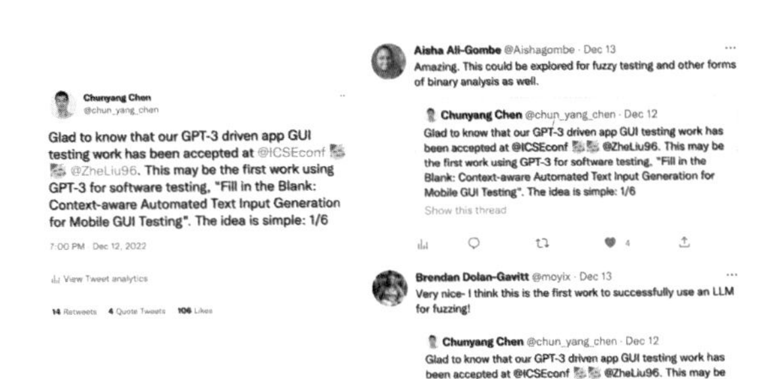

图8 评论界面

基于大语言模型测试输入的实践

这里主要分享三个方向，第一个实践方向与单元测试有关，其中包括以下四个工作。

■ 第一个工作是GitHub的研究，它基于Copilot生成自然语言描述并生成代码进行测试。

- 第二个工作是CODAMOSA，它生成单元测试用例。
- 第三和第四个工作是微软一个团队完成的CodeT。它的目标是在生成代码的同时生成一些测试用例，并使用这些测试用例来反向检查生成的代码是否正确，既能保证生成正确的代码，又能保证生成正确的测试用例。

总的来说，第一个方向是关于单元测试用例的生成，与代码最为相近，因为它直接生成一些代码片段。

第二个方向是关于单点输入生成，主要目标是通过单点输入生成来执行有效的测试。

第三个方向是与测试领域的特色最为相关。对于开发者来说，追求的可能是最正确的代码。但对于测试来说，它更注重多样性或覆盖率，希望生成一些不同的输入，并覆盖各种边缘情况，以实现测试目的。

基于以上三种方向来分享一些基于大语言模型测试输入下的代表性工作。

第一个是基于GitHub TestPilot的测试工作（见图9）。对于一个待测试的收入付费（PAYE）系统，首先，TestPilot会提取其中包含的API函数子集，以及一些文档信息，如注释和使用代码片段。其次，它会将这些信息输入一个Prompt中生成相应的Prompt，最后将其输入大型语言模型中生成候选测试用例。在运行这些测试用例时，系统可能会返回一些错误信息，这些信息将反馈到Prompt相关的模块中，并进行迭代循环的过程，直到生成的测试用例能够满足代码的要求。

这个工作只在一些小范围的数据集上进行了一些实验，并且使用场景相对有限。同时，它要求能够有效地提供反馈，并返回错误消息，这可能对许多用户来说是一项具有挑战性的任务。

- Key idea
  - LLM is provided with prompts that include the signature and implementation of a function under test, along with usage examples extracted from documentation.
  - If a generated test fails, TESTPILOT's adaptive component attempts to generate a new test that fixes the problem by re-prompting the model with the failing test and error message.
- Instruct + Feedback

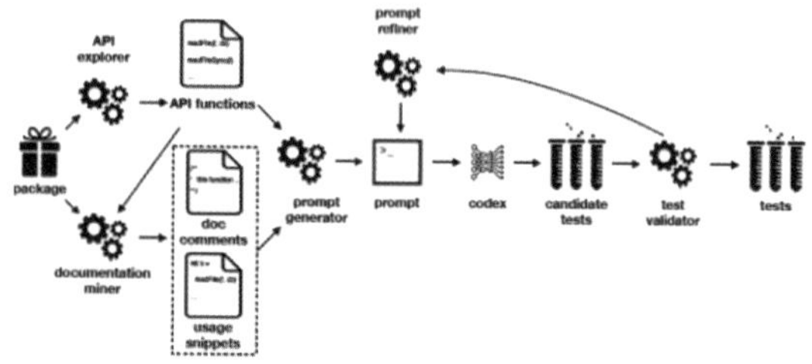

Fig. 1: Overview of the adaptive test generation technique we use in TestPilot.

(a) (b)

Fig. 2: Examples of prompts (highlighted) and the completions provided by Codex, comprising complete tests. Prompt (a) contains no snippets and the test generated from it fails. Prompt (b) contains one snippet and the generated test passes.

图9 大语言模型测试输入代表性工作TestPilot

- Generate random, complex SQL queries based on natural language inputs
- Learn and adapt the new functions

图10 大语言模型测试输入代表性工作Database Testing

第二个工作Database Testing（见图10），目前已经能够基于自然语言描述生成比较复杂的SQL语句。另外，现在的技术也能够学习并融入新的函数，如Jason functions。虽然在训练时可能存在一些挑战，但通过学习，ChatGPT能够快速了解如何使用Jason functions，并生成正确的测试用例。

第三个工作场景潜在地解决了测试Oracle的问题（见图11）。对于一条SQL语句，虽然执行完了，但是不知道执行结果是正确还是错误。以前有一种技术叫作TLP，它可以将一条SQL语句分解成三条SQL语句，让这三条SQL语句执行结果的并集能够与原始语句的结果一致，从而实现检查目的。现在，通过使用GPT-4技术，可以更加智能地生成符合要求的测试用例，并且能大大节省人的工作量。

第四个工作，即Query-Aware Table Creation（见图12），能够自动生成与查询相关的表格，从而大大减少了数据库测试时建立和维护表格的工作量。同时，也可以节省大量人力和时间成本，提高测试效率和准确性。

最后一个是测试用例生成的全局覆盖率工作（见图13）。这项工作主要是针对深度学习相关的库进行测试，目的是生成尽可能多的代码，然后运行这些代码，检查它们是否存在问题。这个测试工作面临两个挑战。首先，它需要一个多样化的API执行序列，以便覆盖尽可能多的情况。其次，生成执行序列本身也是一项挑战，因为这些序列的建立往往具有复杂的数据结构，需要特定类型的输入才能调用相应的API并输出结果，因此要达到比较完整的覆盖率是相当困难的。

它的核心思想可以分为两个步骤。首先，通过一个生成式的大语言模型生成一些初始的种子程序。其次，通过一些变异操作对这些种子程序进行修改和变异，再使用填充式的大语言模型来填充这些被变异掉的部分，从而生成更加多样化的代码。

第一步生成初始代码，我们可以得到一些可以调用API的代码，但这部分并不能充分体现测试领域的特色。因此，在第二步中使用了一些测试领域的技术，如通过变

- Generate random, complex SQL queries based on natural language inputs
- Learn and adapt the new functions
- Generate an equivalent SQL based on the Ternary Logic Partitioning (TLP) principle, *after nearly a dozen training sessions ->Test Oracle*

图11 Oracle 的问题

- Generate random, complex SQL queries based on natural language inputs
- Learn and adapt the new functions
- Generate an equivalent SQL based on the Ternary Logic Partitioning (TLP) principle, *after nearly a dozen training sessions ->Test Oracle*
- Query-Aware table creation statements

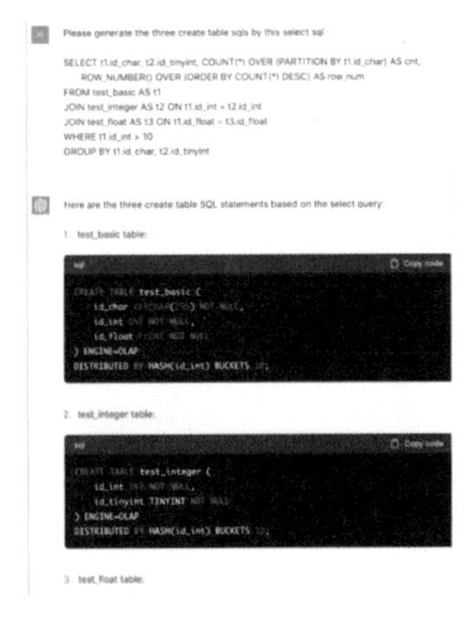

图12 Query-Aware Table Creation

Unit test case generation

- Adaptive Test Generation Using a Large Language Model, arxiv, Github
- CODAMOSA: Escaping Coverage Plateaus in Test Generation with Pre-trained Large Language Models, ICSE2023, Microsoft
- Leveraging Automated Unit Tests for Unsupervised Code Translation, ICLR2022, Facebook, UCL
- CodeT: Code Generation with Generated Tests, arxiv, Microsoft

Single valid input

- Fill in the Blank: Context-aware Automated Text Input Generation for Mobile GUI Testing, ICSE2023
- ChatGPT for database testing, https://celerdata.com/blog/chatgpt-is-now-finding-bugs-in-databases?s=05

Coverage from a global view

- Large Language Models are Zero-Shot Fuzzers Fuzzing Deep-learning Libraries via Large Language Models, ISSTA2023, UIUC
- μBERT Mutation Testing using Pre-Trained Language Models, arxiv, University of Luxembourg

图13 测试用例生成的全局覆盖率工作

异操作和填充式的大语言模型来生成更多样化的测试用例。这些变异操作包括变异掉某一部分代码、变异掉前缀或后缀、变异掉函数名等。由于这些变异操作可能导致代码不再符合上下文，所以该工作使用填充式的大语言模型来填充这些被变异掉的部分，生成正确且可执行的代码，从而达到全面覆盖的目的。

以上便是基于大语言模型测试输入的一些实践，那么在未来，基于大语言模型的自动化测试还存在哪些挑战呢？这里分享4个开放性问题，也欢迎大家讨论：

- 大语言模型如何与被测软件进行交互，特别是复杂软件，如自动驾驶仿真测试。
- 多样性/覆盖率问题。对于代码生成任务而言，用户希望得到最正确的一个结果即可，但对于测试任务，更希望达到多样和全覆盖，如何更好实现？
- 测试开发同步或者测试驱动开发。
- 未来软件开发形态可能是面对用户输入，大模型直接产生可用的软件，那如何保证大模型产出的软件是安全可用且满足用户需求？又应该如何对大规模，以及基于大模型的应用进行测试和质量保障？

王俊杰

中国科学院特聘研究岗位，主要从事智能化软件工程、软件质量等方面的研究，近年来主要关注移动应用测试、智能软件测试、众包测试等。在国际著名学术期刊/会议发表40余篇高水平学术论文，四次荣获ACM/IEEE杰出论文奖。主持和参与了多项国家自然科学基金项目、科技部重点研发计划等。

专题导读：通用人工智能下的应用颠覆

文 | 刘少山

最近发布的ChatGPT和GPT-4展示了通用人工智能（AI）的强大力量和生产力。通用人工智能的快速发展必将改变人类社会，正如当年工业革命改变人类社会一样。这一代技术人走到了一个历史的重要转折点，我们来到了人工智能曙光新十年，这个十年充满了机遇。在本期《新程序员006：人工智能新十年》应用专题中，我们将探索人工智能曙光新十年中的新应用，如果说基础通用人工智能模型是像水、电、煤、石油一样的社会基础架构，那么这些新应用将会是推进中国经济发展的核心驱动力。因此，发展好通用人工智能应用生态，让通用人工智能快速渗透生活的方方面面，对中国经济发展至关重要。

通用人工智能的应用带来的改变巨大，它将首先改变服务行业的人力结构，如会计师、银行出纳员、保险代理人、行政助理、客户服务人员等。如果说300年前蒸汽机的发明标志着工业革命的开始，那么今天ChatGPT的出现可能标志着服务革命的开始。更重要的是，通用人工智能仍在快速发展，我们可以预计，在不久的将来，人工智能将颠覆更多行业。

审视今天的中国，农业对GDP的贡献率为8%，工业为39%，而服务业则高达53%。此外，中国22.9%的劳动力从事农业，29.1%从事工业，48%从事服务业。因此，服务业对中国的经济发展贡献最大，人均GDP最高，对劳动力市场的影响也最大。想要将AI切实落地应用，第一个面临的挑战便是：在服务业中用好、用对通用人工智能，这也是其应用生态要承担的历史责任。

为此，《新程序员006：人工智能新十年》应用专题将集中探讨人工智能曙光新十年中的新应用。在过去十年，新能源汽车技术飞速发展，让我们成为世界新能源车强国，跻身最大产地和消费市场，对于新能源汽车的人工智能技术和应用的探讨将是本专题重点。在此基础上，再泛化到通用人工智能在各行各业中的通用情况。

智能汽车背后的核心技术

历史上，欧洲、美国和日本的汽车制造商在经济和技术上主导了内燃机汽车市场。而如今，新能源+人工智能技术让汽车产业进入历史性拐点。从内燃机升级至智能电动，为汽车行业新入场者提供了几十年一遇的机会，这个节点类似于21世纪前十年智能手机制造的崛起。

本部分内容梳理了当下智能驾驶的核心技术，感兴趣的读者可以根据技术框架找到适合自己的发展方向。

■ 通用人工智能会加速以智能电动汽车为代表的泛机器人行业的大发展。在《智能电动汽车行业的机遇及背后的核心技术》一文中，作者分析了赋能智能电动汽车行业的核心技术。智能电动汽车行业主要经历三个发展阶段：电气化、智能化和生态系统化。在电气化和智能化的基础上，不久之后汽车也将衍生出类似于智能手机App的应用生态系统。

■ 通用人工智能第一个赋能的功能点便是“感知”，最近各大无人驾驶公司都在探索基于Transformer的通用感知技术。在《自动驾驶感知技术的演进与实践》一文中，作者梳理了近年来深度学习和传感器的最新进展，特别是感知层涌现出各种新技术。值得注意的是，自动驾驶感知技术无论是纯视觉技术路线还是多传感器融合技术路线都在朝着特征前融合、端到端大模型以及打造高效数据闭环的方向发展，取得了长足进步。

■ 在通用人工智能对感知能力极大提升的同时，传统高精地图应该如何发展？在《感知和地图的融合：大势所趋的一体两面》一文中，来自硅谷的前沿研究专家基于近年来人工智能的学术进展和工业界实践，重新考虑自动驾驶的感知、地图和相关功能模块的技术架构，从算法、数据、研发流程等多个角度描绘未来的发展方向，也许这些预测和观点不完全正确，但支撑它们的技术逻辑值得我们探讨推敲。

■ 通用人工智能的发展离不开领先的芯片架构，如何让硬件设计服务于不同的软件算法？在《车载智能芯片的新十年》一文中，由当前计算机体系结构最领先的研究小组介绍车载智能芯片的最前沿发展趋势。

■ 在系统层，自主无人系统的安全性至关重要。对此，文章《通向可靠安全的自主无人系统》将探究自主无人系统跨层计算栈的错误来源，讨论错误对不同规模自主无人系统的影响和缓解方法，并展望了通向下一代可靠安全自主无人系统的挑战与机遇。

■ 作为单车智能的高级发展形式，车路协同可以实现更加安全的自动驾驶环境。《AI多源融合感知的车路协同系统实践》一文将介绍，车路协同技术如何在极端天气、不利照明、物体遮挡等情况下，弥补车端感知不足的缺陷，从而有效扩大单车智能的安全范围。

推荐、金融、制造、医疗、办公、文娱、体育……全面落地

除了智能汽车，通用人工智能的快速发展将赋能各行各业的生产力快速提升，许多新兴应用将在未来十年不断涌现。

首先，是知识图谱技术的不断普及。知识图谱的概念最早由Google在2012年提出，旨在架构更智能的搜索引擎，2013年之后开始在学术界和产业界普及，目前很多大型互联网公司都在积极部署本企业的知识图谱作为人工智能核心技术驱动力，知识图谱可以缓解深度学习依赖海量数据训练、需要大规模算力的问题，能够广泛适配不同的下游任务，且具有良好的解释性。

■ 通用人工智能会否改变现有的基于知识图谱的应用？在《面向推荐的汽车知识图谱构建》一文中，作者介绍了在汽车销售领域，围绕车系、车型、经销商、厂商、品牌等实体及相互关系，提供一种从零搭建领域图谱的思路。期待这篇文章为大语言模型在知识图谱领域应用提供更多的思考。

■ 在金融领域，知识图谱也被广泛应用。大语言模型会否也对金融应用带来大的改变与冲击？在《招商银行知识图谱的应用及实践》一文中，来自金融领域的人工智能专家介绍了如何运用人工智能更好地理解客户需求，提高业务效率和客户满意度，同时进行风险管理。特别是人工智能如何应用在招商银行的具体业务场景中。

人工智能对于制造产业的变革已无须赘言。尽管以机器视觉和深度学习为代表的技术在产业中的应用逐渐深入，要想进一步推进基于深度学习的机器视觉系统在工业制造领域的落地，打造出色的工业智能系统还面临很多挑战。

■ 《系统性创新，正成为AI变革智能制造的新动能》将结合具体工业场景，介绍当下人工智能在工业生产中，包括计算成像、小数据智能、AutoML、边缘智能与适应性模型加速技术，以及智能机器人等创新研究方向和落地应用。

人工智能在医疗领域的重点应用主要包括医学影像诊断、医疗机器人、智能健康管理、药物研发，以及智能诊疗。2022年，中国AI医疗行业市场规模达到22.2亿元。空间多组学技术被Nature评为年度值得关注的七大技术

之一。当人工智能应用于空间组学中，会为医学诊疗带来哪些突破?

■ 《人工智能技术在空间组学分析中的实践》一文将介绍空间组学的细胞类型注释、微环境分析，以及数据库构建等三项工作。

智慧办公经过多年发展，人工智能逐渐成为技术核心。在该场景中，文档类型图像被广泛使用，如证件、发票、合同、保险单、扫描书籍、拍摄的表格等，这类图像包含了大量的纯文本信息，以及表格、图片、印章等复杂的版面布局和结构信息，相信通用人工智能的发展将进一步推动智慧办公行业的快速发展。

■ 在《如何架构文档智能识别与理解通用引擎？》一文中，作者从复杂场景文档的识别与转化、非文本元素检测与文字识别、文本识别中的技术难点等多个方面对人工智能技术应用进行了深度解析。

互联网文娱业务在过去十年间快速发展，在线音视频业务平台生态和产品形态不断多样化，提供了播客、直播、社交、游戏等服务场景，让人工智能技术在这一领域中有了广泛的实践空间。近年来，随着深度学习框架推动产业化落地，越来越多的文字和音视频内容由人工智能生成。

■ 在《互联网音频业务全球化的人工智能技术实践和未来展望》一文中，作者对过去和当前互联网音频行业全球化中的人工智能技术实践进行回顾和总结，同时展望了未来技术在行业中的发展趋势。

体育一直被认为是传统行业，与科技离得比较远，但是通过2022年卡塔尔世界杯的VR裁判，让数亿球迷感受到了人工智能的“威力”。实际上，随着人工智能通用性的不断提升，在体育产业中也将越来越多地应用。

■ 在《从世界杯谈起，人工智能如何渗透体育？》一文中，作者介绍了“AI+体育”的最新发展。特别是计算机视觉、机器学习、图像识别等人工智能技术成为体育智慧化发展的基础底座，同时智能健身穿戴设备、智能专业体育辅助设备、智慧赛事运营、智慧体育馆空间等体育智能化的新技术、新产品和新服务也成功落地。

刘少山

加州大学计算机工程博士，哈佛大学肯尼迪政府学院公共管理硕士（MPA）。过去十年专注于无人驾驶技术，出版4本教科书，发表百余篇顶级论文，拥有超过150项国内外专利。是IEEE高级会员、IEEE无人驾驶技术委员会创始人、IEEE计算机协会杰出演讲者、ACM杰出演讲者。

感知和地图的融合：大势所趋的一体两面

文 | 吴双

假如你现在决定创建一家自动驾驶的技术公司，会在哪些方面与过去十多年的同行们做出不同的技术选择？本文试图基于近年来人工智能的学术进展和工业界实践，重新考虑自动驾驶的感知、地图和相关功能模块的技术架构，从算法、数据、研发流程等多个角度描绘未来的一些发展方向，也许这些预测和观点不完全正确，但支持它们的技术逻辑值得我们探讨推敲。

自动驾驶算法作为兼具系统性技术挑战和深远产业影响的领域，在过去几年中发展迅速。本文分两个部分进行探讨，第一部分简单描述笔者看到的大趋势，第二部分基于这些趋势，对感知和地图的发展方向进行推演。文中的个人观点权当抛砖引玉，欢迎探讨。

行业趋势

以2016年Waymo为代表的一批自动驾驶公司成立为参照，到现在已经过去数年。当时不少人预期大规模商业运营基本在2020—2022年这个时间窗口，然而2022年已经过去，自动驾驶有了技术的长足发展，但在商业上又比过去的预期要慢，究其原因，个人认为可以从商业、产品和技术三个方面分析：

■ 商业上，整个行业对自动驾驶的需求和理解没有共识。技术端公司认为“水到渠成”，结果是自己的“水”没到，产品和商业端的公司自然不会为“渠”买单，车企和运输业基本一切照旧。

■ 产品上，一方面简单地使用L2/L4进行产品分类，同时强行“插值”定义出莫名其妙的L3，忽视了用户体验和技术方案之间难以调和的矛盾。另外，热衷于对场景细分，希望通过简化产品需求来加快技术落地，但这和技术价值、研发投入产出效率的内在逻辑又背道而驰。

■ 技术上，一方面对AI技术的进展速度预计不足，另一方面对当年已有技术的能力边界过于乐观，这使得到目前为止自动驾驶技术架构演进较慢，本应该尽可能数据驱动的研发流程，其不可忽略的部分依然是由工程师的人力驱动。

站在当前这个时间点，回看自动驾驶在过去几年的进展，推敲其中的得失和经验教训，我们可以看到：

■ 技术能力、产品定义和商业应用三者要相互“匹配”。任何一个方面的冒进或滞后，不论是客观条件还是主观能力的原因，都会使得自动驾驶的进展显得“事倍功半”。作为从业者，我们要不断思考和调整工作的重心。

■ L2/L4这样简陋的产品定义是不够的，自动驾驶的产品定义需要围绕融合体验更加踏实和深入。作为连接技术和业务的枢纽，自动驾驶的产品应该在业务侧为技术代言，推进数据和硬件的迭代，同时在技术侧又能够精准地理解用户体验和技术指标之间的关系。另外，自动驾驶公司在场景细分方面将面临越来越多的挑战，没有清晰产品定位的自动驾驶公司会很快出局。

■ 自动驾驶作为一种智能技术，其发展路径必然遵循智能产品的内在逻辑：智能产品的壁垒来自基于用户和数据的持续迭代，因此数据闭环不可或缺。我们可以类比谷歌搜索引擎：作为第一个大规模商用的智能技术，它不是基于创始人Larry Page的PageRank算法开发完成之后就一成不变的，而是不断收集用户行为反馈，持续优化算法提升搜索质量，谷歌搜索的用户体验优势不仅来自早期算法领先性带来的产品优势，更来自后来不断扩大的用户数量。

基于这些观察，我们对未来自动驾驶技术的发展趋势有以下判断：

- 技术逻辑和产品定义的相辅相成将是自动驾驶公司长期成败的关键，没有产品思维的技术路线和架构将没有未来。同样，不考虑技术发展逻辑的自动驾驶产品只能迅速消失。
- 自动驾驶的技术架构将进入一个新的阶段，新的架构会更加注重对数据使用规模和效率的优化、架构可迭代性的考量，以及和多种硬件配置对接的成本。自动驾驶的技术研发模式将从线上为中心向线下为中心转变，这对数据基础设施、算法开发流程、模型选型和优化方式都产生了深远的影响。
- 感知和地图将越来越紧密融合，共享线上和线下的感知类模块，构成新的统一泛感知架构，从而进行更加高效的性能迭代。
- 人工智能领域最新的一些突破将在自动驾驶中很快得到应用，除了众所周知的围绕BEV的Transformer模型，包括NeRF（Neural Radiance Fields，神经辐射场）、大语言模型、增强和模仿学习、图神经网络等技术都将有用武之地，甚至成为核心技术之一。

接下来，我们聚焦感知和地图的融合，展开讨论这一判断背后的逻辑和技术观点。

数据规模

首先，我们从一个值得思考的问题开始：研发一个自动驾驶系统需要多少数据？

要回答这个问题，我们先考虑人类驾驶的水平。据美国官方数字统计，目前人类驾驶的事故死亡率约为每1亿英里1.1~1.3人，如果考虑所有事故，这个数字还要再乘以100。如果要验证一个自动驾驶系统的水平达到人类水平，也就是100亿英里左右一次事故，为了统计的置信度，每次测试里程数需要达到1,000亿英里的量级，如果系统有更新迭代就需要重复测试。

相比之下，Waymo有3,000万英里左右的路测里程数和100亿英里左右的仿真里程数。而特斯拉如果按照200万辆车和每年10,000英里左右的里程数估计，每年可能获得的数据量上限是200亿英里。如果我们将所有人类驾驶的里程数设为X_1，能够支持自动驾驶性能评估的里程数设为X_2，一个自动驾驶公司能够采集的路测里程数设为X_3，那么可以看到目前$X_1>X_2>X_3$，数据不足还是当前自动驾驶开发领域不可忽视的“房间里的大象”。

上面的分析指出：相比自运营车队，量产车能够获得的实际路测数据量要高两三个数量级，这是一个不可忽略的优势。从这个角度回头去看特斯拉放弃激光雷达，将自动驾驶所需的传感器和计算芯片标准化，并且在全部出厂车辆预装这些硬件，无论用户是否买单，都是合乎逻辑的，这是基于技术水平和硬件成本的合理产品决策，根本目的是保证充足的数据回流来支撑自动驾驶的持续迭代。至于当时甚嚣尘上的激光雷达和摄像头之争，则完全错过了问题的关键。当然，这个争议点也将逐渐淡出业界的关注，因为随着激光雷达在国内市场大规模落地，在Wright's Law的作用下，随着产量上升，成本将明显下降，它会逐渐成为传感器套装中的标配。

在自动驾驶开发中，数据不仅是测试和验证的必须项，在机器学习算法的训练和迭代中也不可或缺。如果说深度学习的突破让我们认识到数据对人工智能算法性能提升的重要性，那么Transformer、自监督学习和大规模语言模型的出现则更进一步地告诉我们，数据规模能带来算法性能的“质变”。这一技术的核心逻辑自然对自动驾驶的技术架构提出了要求，本文主要聚焦架构的泛感知部分，类似的逻辑同样可以用于分析泛规划部分的架构。

泛感知融合

在泛感知部分，常见的自动驾驶架构通常会分为感知、定位、高精地图等核心大模块，而感知模块内部又会根据传感器和模块功能进一步细分为少则七八个，多则数十个大大小小的神经网络模型，共同构成一个有序依赖的有向图。这样的系统设计范式将泛感知模块的开发分为两层，底层是功能模块，通过数据驱动的方式进行模型训练和测试，上层则是通过“分而治之”的原则人工设计的功能模块依赖关系图。上述混合架构能够利用工程师对感知问题的宏观认识，同时将独立而具体的任务交给基于标注数据和监督学习的神经网络，有利于快速开发功能完整的系统。但随着系统的迭代，尤其是当功能模块数量增加时，它暴露出两方面的问题：

- 每个模块需要充足的标注数据来提高算法性能，不同的模块需要各自进行数据集获取和维护，以及定制的标注，使得整体对数据集的需求在规模和类别上不断上升，长期难以维系。
- 算法模块间不同于传统软件工程，既有逻辑接口的依赖，还有数据分布的耦合，这使得上游模块的任何改变都可能带来下游模块的算法性能变化。这时候越是有全面的回归测试和集成测试，越难以进行单一模块的更新，整个系统表现出算法性能方面的脆弱性。

鉴于这些观察，以及深度学习方面的一些进展，一种新的架构范式在近两年间逐渐出现：

- 使用注意力机制进行多帧多传感器的时空信息融合，在BEV这样自然且稳定的空间中进行特征表征学习，构成独立于具体感知任务的骨干神经网络。训练目前主要基于监督学习和大量标注数据，随着规模的进一步增加，自监督学习的重要性将逐渐上升。
- 基于骨干神经网络输出的BEV空间特征进行针对特定任务的头部网络微调，这时候骨干神经网络保持不变。

这种架构和自然语言处理领域“一统天下”的大规模预训练+少量（甚至没有）微调的范式“异曲同工”，它的优点是：通过简化的架构降低了人工设计逻辑的比例；通过模型的学习能力进行信息的融合和传递；在多功能之间共享数据并对数据不需要过多定制化的标注。这些优点一起使得新的系统架构不仅让可利用的数据规模获得显著提升，还促使从数据中“提炼”模型的效率更进一步。

有了新的泛感知算法架构，我们得以用新的眼光看待感知和地图，发现它们是泛感知功能基于线上/线下、动态/静态两个维度进行区分的“一体两面”。

一体两面

感知和地图的异同：

- 感知是一个线上算法模块，基于传感器采集的数据流，不断更新对当前周边环境的估计。因此，感知通常为了兼顾车载系统计算资源的限制和基于安全考虑的计算速度要求，而简化部分功能。比如早期感知模块主要聚焦动态交通参与者的检测和跟踪，而将静态的路沿、交通标识等识别目标交由地图负责。
- 建图是一个线下算法过程，可以对传感器的数据进行相对不受数据时序、计算资源和流程复杂度限制的处理，以获得高精度的三维几何和语义地图信息。通常建图会默认去除动态物体，只关注静态地图元素。

通过这些异同，我们可以看到将感知和地图一分为二，实际上将泛感知的功能人为分拆到了线上和线下两个环境中，导致检测、分割和追踪等多个视觉任务有两个为不同目标优化的版本，各自迭代开发。

如果将感知和地图这“两面”合为“一体”，可以看到的收益是多方面的：

- 通过减少架构冗余，降低系统复杂度，提高研发的效率。
- 通过统一对动态和静态物体的处理，获得更好的整体算法性能。

- 打通线下和线上环境，方便架构共享和模型协作。

智能算法发展的大趋势是融合（多模态、多时序帧、多传感器）和规模化（大语言模型、预训练、自监督学习），感知和地图的“合二为一”是这一大趋势下的必然。我们在这一洞见的指导下，所有技术的规划和决策都应该围绕两件事：从更多的渠道获得更加多样、海量的数据；用统一的架构进行线下算法训练和优化，最终在车上运行的算法系统只是线下开发体系这一“冰山”露出海面的“一角”。

结语

本文从复杂智能系统研发和产品落地的内在逻辑推断当前自动驾驶技术发展的一些宏观趋势，并进一步展开剖析感知和地图这两个泛感知模块必然融合的观点。我们可以看到，自动驾驶产品在安全性和成本控制方面的严格要求与当下技术架构和开发范式之间还存在着一些难以调和的矛盾，这种张力的存在是创新的动力，我们需要全局思考业务—产品—数据—算法的链条，认识到自动驾驶解决方案不是传统工业化产品，可以一次性研发然后重复生产销售，而是要考虑技术—产品的演化逻辑，选择与之匹配的技术架构和研发范式，方能最终赢得市场。

吴双

英伟达自动驾驶部门主任工程师，前依图算法研发团队核心成员，前百度研究院硅谷人工智能实验室资深研究科学家和高级架构师。美国南加州大学物理博士，加州大学洛杉矶分校博士后，研究方向涉及人工智能的多个方面，在NeurIPS等会议中发表多篇学术文章，著有关于自动驾驶算法的中英文书籍。

车载智能芯片的新十年

文 | 甘一鸣　朱禹皓

车载智能芯片——无论以何种方式来定义，都将如这十年间手机智能芯片一样改变下一个十年的芯片产业。当我们设计下一代车载智能芯片时，通用的车载芯片能否满足不断进化的自动驾驶算法？该如何审视高效性、鲁棒性这两个几乎相悖的指标？我们希望本文能给读者以启发。

2016年，我刚到美国留学，买下了自己人生中的第一辆车。这是一辆2012年建造的黑色日产Altima。整辆车上没有一个显示屏，没有任何跟车、车道保持等辅助驾驶功能，我甚至说不出车上有哪些芯片是过去三十年半导体产业的结晶，而所有这些车载芯片的算力加在一起，也远远不如一台当时的旗舰智能手机。我猜即便是当时汽车产业的人可能也很难想到，在三年后的2019年，特斯拉会把一台14nm制程，由12个核心的ARM A72 CPU、ARM Mali G71 GPU，2个神经网络加速器，以及大量不同硬件加速单元构成的，总算力超过600 GFlops的，充满算力的“电脑”，装进每一辆从生产线走下来的特斯拉中。运行在这样一个充满算力的服务器上的，是特斯拉设计的“全自动驾驶”系统。无论有多么大的争议，特斯拉以及其余大量车企，带领着我们在自动驾驶这条路上开始头也不回地狂奔。

在三年后的今天，600 GFlops算力的车载芯片已经不再能称为行业领先了，特斯拉最新的车载芯片已达到72 TFlops。自动驾驶算法也得到大量更新，Transformer取代了传统的CNN（卷积神经网络）。更多的传感器，包括激光雷达、多输入摄像头等被广泛使用。快速发展的行业，让三年前最先进的自动驾驶系统，无论是硬件还是软件，都好似一个面对新款iPhone的黑莓手机，被时代的洪流抛在身后。

但整个行业还在进步。自动驾驶的任务变得更复杂，从基础的L2级别的辅助驾驶，进化到更有野心的L4、L5级别的全自动驾驶。随之而来的是更复杂的自动驾驶算法，算法驱动着硬件进化，我们每个研究者，与其说是站在自动驾驶这一宏大课题的“The beginning of the end”，不如说是刚刚达到了“The end of the beginning”。

通用性与专用性：一个算子的一生

智能车载芯片，一如智能手机芯片，在通用性与专用性之间达成了统一。在架构层面，一个多核心的通用芯片与多个专用硬件共同构成了片上系统。如神经网络加速器等专用硬件提供了大量的算力，为自动驾驶系统中的视觉识别系统等模块服务。

然而专用硬件仍然无法跳脱出通用性的问题，尤其对于硬件设计者而言，在当前这个算法演化要远快于硬件进步的时代，如何让硬件设计服务不同的软件算法？神经网络加速器给出了很好的范例：使用一个或多个通用的算子，来实现同一任务的不同网络，甚至不同任务对同一硬件的使用。

对于复杂的自动驾驶软件而言，以深度学习为核心的感知模块仅仅是其中的一个部分。其余如定位、规划、控制等模块至今尚未有一个明确的算子供硬件设计者使用。尽管有研究工作[1]试图在多种定位算法中寻找通用的计算模式，但绝大多数工作在为智能车载芯片设计专用定位或路径规划加速单元时，仍是简单地基于一个或多个算法来定制专用硬件。当自动驾驶软件向下一个版本迭代后，这一专用硬件很有可能将不再被使用。

对于通用算子的选择，硬件设计者需要考虑到以下两个维度：

第一，横向适配不同算法。不同服务提供商在其自动驾驶软件中，对于同一模块很可能使用完全不同的算法。硬件设计者可以通过使用在不同算法中都通用的算子来为不同的服务提供商设计硬件。

第二，纵向适配算法的不断演进。算法迭代的速度远超于硬件迭代的速度，而车载智能芯片在上车之后便很难更新换代。因此，为前后多代算法设计硬件平台也是我们需要考虑的范畴。

算子本身既可以作为一个或多个简单的操作，也可以是一种更复杂的中间介质。在这之中，因子图[2]作为一个通用的介质正逐渐得到人们的关注。

作为概率图的一种，因子图本身表示一连串的概率分布的乘积。因子图有两种节点，分别为因子节点和变量节点。在因子图中，所有的节点都通过有向的边连接起来。大量以优化为目的的自动驾驶软件中的算法模块，包括以SLAM为代表的定位算法[3]，感知模块中的跟踪算法[4]、控制算法[5]等，都可以被表示为因子图的形式并被求解。举个例子，如图1所示是一个简易的由因子图表示的动作规划算法，其中左图包括了五个不同的状态，右图展示了被求解的矩阵A，而虚线表示因子与矩阵中元素的对应性。

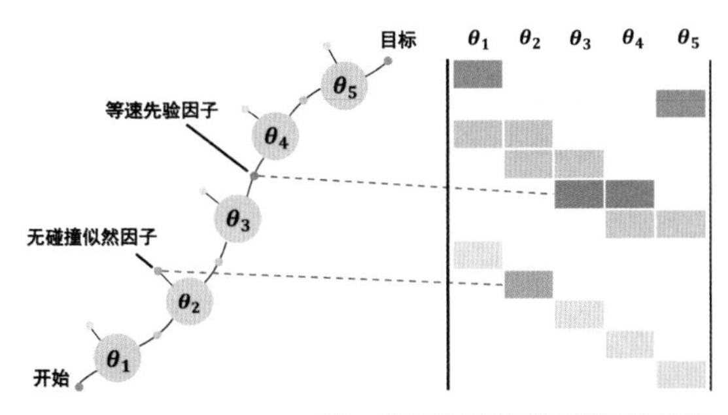

图1 一个简易的由因子图表示的动作规划算法

当然，在不同的算法中，因子图的构建和求解过程可能是不同的，但这并不会阻止因子图作为一个潜在的通用表示形式被挖掘。基于此，我们将因子图作为一种中间介质，为SLAM定位算法设计了一款专用硬件[6]，继而将因子图用于路径规划算法和控制算法，尝试设计一款利用因子图加速的通用硬件，来为多个模块的算法加速。

自动化：算子提取与硬件生成

无论在哪个时代，设计硬件都是一件成本很高的事。一款可商用的专用硬件加速单元，需要消耗硬件设计和测试团队长达几个月的开发设计与验证后才能投入使用，这也是车载智能硬件迭代速度要远小于软件迭代速度的原因。并且，不同于传统的操作系统等通用软件，迭代后的版本也往往兼容前一代或几代的硬件平台，车载智能软件的迭代很可能将上一代平台远远甩在身后。

硬件设计者可以依赖的没有其他选择，只有开发的敏捷化、快速化与自动化。传统的硬件生成（High-Level Synthesis）存在着许多问题，如无法对底层多核心或异构架构平台进行优化；无法理解算法的核心瓶颈，仍然需要硬件工程师进行大量的人工调整与修饰等。

当我们有了一个合适的算子作为中间介质去设计硬件后，硬件设计的自动化变得更接近于现实。这其中又可以分为以下两个部分：

第一部分是从已有的或新的算法中去提取算子，但这并非易事。软件开发者在设计算法时并不会为底层硬件考虑，算法设计以正确性、高效性为唯一目的。而在硬件设计者看来，很多自动驾驶模块中使用的算法都是杂乱无序的。从这样一个或多个算法中提取一个固定算子，并将这一过程自动化非常具有挑战性。以我们的研究为例，即便在确定因子图为统一的中间介质后，在为不同的算法设计以因子图为通用介质的加速器时，仍然需要大量的人工设计。

第二部分是由算子自动生成硬件。在我们的工作中[7]，已经开始初步使用自动化或半自动化的方法来为自动驾驶软件设计硬件。如图2所示，展示了一个半自动化的求解定位算法后端的硬件架构，其中D-Type舒尔消元、M-Type舒尔消元和Cholesky这三个硬件模块分解模块为

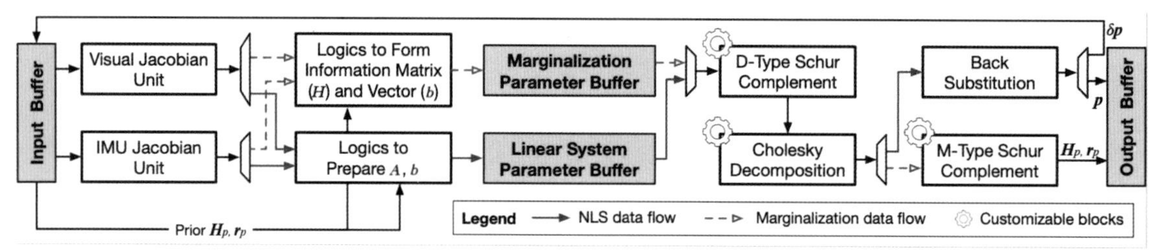

图2 一个半自动化的求解定位算法后端的硬件架构

自动生成硬件。

相比于High-Level Synthesis，我们通常会先手动为通用的算子设计一个优化的硬件模板，这个模板电路可以被应用到使用该算子的算法专用硬件中。同时，我们可以根据数据量的规模和场景的复杂程度动态地调整硬件设计。尽管存在着大量自动化的步骤，在更敏捷地开发硬件的路上，我们还有很多工作要做。例如，除了通用算子对应的硬件电路，算法或软件中还存在着大量其余的运算，这些运算对应的电路则需要我们人工进行设计。同时，对于专用硬件的数据存储方式，也需要根据计算模式去人工定制。

高效性还是鲁棒性?

和只以高效性为主要指标的智能手机芯片或服务器芯片设计不同，智能车载芯片的一个重要指标是在实时完成所需计算的同时，也要具备足够的容错能力，即系统的鲁棒性。车载系统的鲁棒性关系到至关重要的人身安全问题，这也是全自动驾驶能否真正被应用的关键所在。

然而，鲁棒性与高效性其实是一对相悖的指标。传统的容错计算在确保鲁棒性时通常添加备份资源这样的简单逻辑，无论是空间上的电路备份，还是时序上的重复计算，都试图通过对同样的计算内容做多次计算来保证结果的正确性。但这一逻辑本身就违背了计算系统的高效性，在空间上的电路备份增加了芯片面积和功耗，而时序上重复计算更是会带来时间上的负担，可能会导致车辆无法在很短的延时内作出符合环境变化的反应。

特斯拉和ARM等车载芯片设计者已经在真实系统中开始部署多机冗余系统。其中，特斯拉的“全自动驾驶”系统使用了两块相同的硬件部署了相同的自动驾驶软件，二者之间互为备份；ARM为自动驾驶设计的A系列芯片也提供了锁止选项，即两个CPU核心运行一样的任务，并在每一个时钟周期比较两块CPU核心的输出信号，通过输出信号的异同可以判断出CPU核心是否存在错误，若出现错误，则报警以供系统设计者做出选择。

我们希望能在高效性与鲁棒性之间搭设一个桥梁，提供一种既保证鲁棒性，又尽量降低对高效性造成损失的方案。这一点，我们从软件系统的复杂性中得到了启发[8]。自动驾驶软件是一个拥有多个不同模块数十种算法的复杂系统。不同的算法遇到错误后，对于整个系统的反馈也截然不同。我们发现，有的算法因为其设计，天然对于错误有着极强的鲁棒性。例如，对于感知模块中的算法而言，因为存在多个传感器分支的融合，单一传感器路径上的错误就可能被其他传感器的感知结果纠正。类似的，有些算法因为在运算过程中对输入信号进行积分后，与前值相加减得到新的结果，这一类算法对于错误的容忍度同样很高，当其输入信号出错后，其输出信号可能并不会影响到系统的最终运行结果。

在挖掘到这一信息后，利用自动驾驶软件内部不同的鲁棒性，可以帮助硬件设计者在确保鲁棒性的前提下，大幅降低硬件层面的负担。例如，在进行冗余计算时，硬件设计者可以对部分硬件进行备份，并将受错误影响较大的模块（如控制模块）调度到有备份的硬件上运行。而那些对错误不敏感、容错能力强的模块，则可以被调度到无备份的硬件上，以此来实现更好的运行速度。

车载智能芯片的下一个十年

经过过去数年间的突飞猛进，车载智能芯片已经获得了大量的关注，并被部署到了实际的生产、生活中。但无论是学术界还是工业界，对于车载智能芯片的未来发展，还有着相当多的问题需要我们解决。

首先是车载智能芯片的可编程性。同一家硬件厂商可能服务于不同的车厂，通常来说，不同车厂之间的自动驾驶软件的设计逻辑是不同的。硬件设计者有动力为自己的硬件设计一套通用的编程模型，以供不同的软件服务商使用。这一编程模型可以在更好地挖掘硬件算力的同时，给软件设计者提供接口。

其次是多车通信和车路通信。车路协同与多车协同被人们认为是实现最高级别自动驾驶的一个关键步骤，和其他车辆及路边处理单元分享信息可以更好地辅助车辆做出决策。即便硬件设计者和软件提供商可以就车路协同与多车协同达成接口的统一，这一设想仍然存在着不少问题。举个例子，和云计算一样，车车协同与车路协同存在的一个关键性问题在于个人数据的隐私性，车主是否乐见将本车信息与他人进行分享，分享之后又会引发何种安全性隐患，隐私计算是否会在其中扮演重要角色，这一系列问题都是学术界与工业界亟待解决的。

总体而言，不需要任何多余的宣传或者营销，自动驾驶及其硬件设计将成为我们这一个时代的“风口”。但关于如何设计效率够高的专用性硬件，如何做到敏捷开发，如何在兼顾高效性的同时保证鲁棒性等问题，依然有待从业者提出新思路去解决。我们作为相关课题的研究者，也非常期待与大家共同合作，为这些问题给出答案。

甘一鸣

于北京理工大学获得学士学位，加州大学圣巴巴拉分校获得硕士学位。现就读于罗切斯特大学，攻读博士学位。研究方向为计算机体系结构，细分方向为无人机器系统的鲁棒性、可靠性与高效性。

朱禹皓

现为罗切斯特大学助理教授，在UT Austin获博士学位。主要研究方向是视觉计算（包括虚拟现实、增强现实、无人车）的应用、算法和系统设计。

参考文献

[1]Gan, Yiming, et al. "Eudoxus: Characterizing and accelerating localization in autonomous machines industry track paper." 2021 IEEE International Symposium on High-Performance Computer Architecture (HPCA). IEEE, 2021.

[2]Loeliger, Hans-Andrea, et al. "The factor graph approach to model-based signal processing." Proceedings of the IEEE 95.6 (2007): 1295-1322.

[3]Zhang, Yanhao, Teng Zhang, and Shoudong Huang. "Comparison of EKF based SLAM and optimization based SLAM algorithms." 2018 13th IEEE Conference on Industrial Electronics and Applications (ICIEA). IEEE, 2018.

[4]Schoellig, Angela P., Fabian L. Mueller, and Raffaello D' andrea. "Optimization-based iterative learning for precise quadrocopter trajectory tracking." Autonomous Robots 33.1 (2012): 103-127.

[5]Rawlings, James B., and Brett T. Stewart. "Coordinating multiple optimization-based controllers: New opportunities and challenges." Journal of process control 18.9 (2008): 839-845.

[6]Hao, Yuhui, et al. "Factor Graph Accelerator for LiDAR-Inertial Odometry." Proceedings of the 41st IEEE/ACM International Conference on Computer-Aided Design. 2022.

[7]Liu, Weizhuang, et al. "Archytas: A framework for synthesizing and dynamically optimizing accelerators for robotic localization." MICRO-54: 54th Annual IEEE/ACM International Symposium on Microarchitecture. 2021.

[8]Gan, Yiming, et al. "Braum: Analyzing and protecting autonomous machine software stack." 2022 IEEE 33rd International Symposium on Software Reliability Engineering (ISSRE). IEEE, 2022.

通向可靠安全的自主无人系统

文 | 万梓燊

随着人工智能和自动化技术的蓬勃发展，自主无人系统（如自动驾驶、无人机、机器人等）逐渐应用于各种生活生产场景，这种持续部署也对系统可靠性设计提出了新的要求和挑战。自主无人系统是一个集计算和物理信息的复杂系统，传感器和计算栈（计算硬件和软件）存在潜在错误，且这些错误随着软件复杂度提升和半导体晶体管密度增加而不断出现。因此，系统容错能力（如环境、传感器、软件错误、硬件错误、对抗性攻击）对于自主无人系统的安全性至关重要，也有不少研究人员陆续提出多种评估标准、整体故障分析框架和轻量级故障缓解技术。在此背景下，本文探究自主无人系统跨层计算栈的错误来源，讨论错误对不同规模自主无人系统的影响和缓解方法，并展望了通向下一代可靠、安全的自主无人系统的挑战与机遇。

自主无人系统技术

闭环跨层自主无人系统计算栈

自主无人系统的计算通常以闭环形式进行。如图1所示，为实现智能化，自主无人系统与物理环境不断交互，此闭环循环过程包含了环境感知（输入数据）、规划决策（计算）和控制执行（输出动作），并跨越了算法、系统和硬件计算栈[1]。

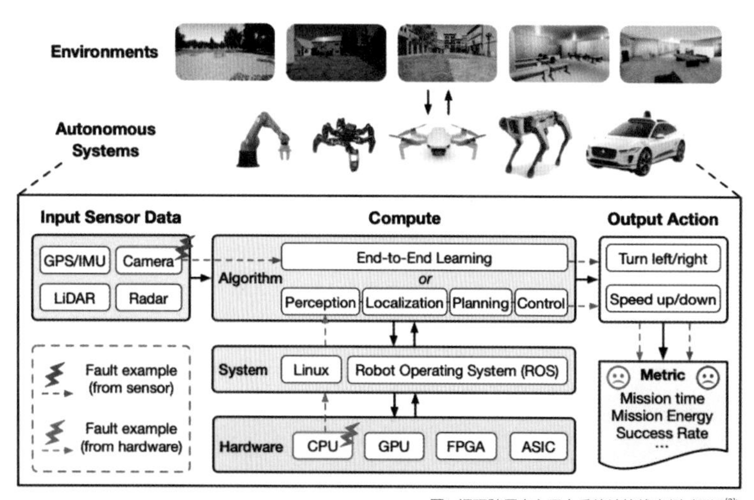

图1 闭环跨层自主无人系统计算栈实例（图源[2]）

算法层

一个典型的自主无人系统主要包含感知模块、定位模块和决策模块。

感知模块用于感知动态环境并基于传感器（如相机、IMU、GPS、激光雷达）构建对环境可靠且详细的表征。感知模块通常包含特征提取、立体视觉、目标检测、场景理解等任务。特征提取通过对图像特征点操作以提高图片处理的鲁棒性和计算效率，立体视觉通过视差计算得到场景的3D结构信息。近年来深度学习的快速发展让感知系统具备了更强大的计算和推理能力。

定位模块用于系统确定自身的位置和方向。SLAM是一种常用的建图定位算法，以及基于滤波的MSCKF VIO和OpenVINS。

决策模块主要包含路径规划和控制。其中规划的目标是找到从起始位置到目标位置的最佳无碰撞轨迹，并随环境变化而实时调整。控制器会连续跟踪实际姿态与预定义轨迹姿态的差异，以实现鲁棒的自主无人系统运动。基于采样的方法（如PRM、RRT）广泛应用于路径规划。

随着人工智能的发展，端到端学习模式能够通过强化学习或监督学习的方法，使自主无人系统直接从感知信息中学习并做出运动，不需要单独的建图和路径规划阶段。端到端学习简化了系统设计，但同时也面临着提高可解释性和弥合模拟—现实性能差距等挑战。

系统层

系统层主要包含实时计算操作系统和机器人系统（ROS）。ROS是专门为机器人应用提供通信和资源分配的系统，是一种分布式处理框架，并将计算封装到数据包和堆栈中。实时操作系统负责将工作负载映射到计算单元并在运行时实时调度任务。

硬件层

自主无人系统搭载不同计算硬件处理负载运算，常见的计算单元包括通用处理器（CPU、GPU）、可编程逻辑器件（FPGA）和专用集成电路（ASIC）。其中CPU和GPU具有较高的可编程性和灵活性，能处理复杂场景运算，FPGA和ASIC专注于特定应用场景下的能效提升[3-4]。随着系统运算复杂度不断提升，片上系统（SoC）和异构处理器架构近年来得到不断发展。对于边缘端系统，低功耗电路设计和架构技术也受到广泛关注[5-6]。

算法、系统和硬件计算栈形成闭环工作，以实现自主无人系统的智能化。

自主无人系统的潜在错误来源

与任何计算系统一样，不同错误源也会对自主无人系统的安全部署和运行产生影响，且无人系统的安全性和可靠性尤为重要。探究错误起源对于分析其在系统中如何传递并影响系统鲁棒性尤为重要。如图2所示，大体有以下四类。

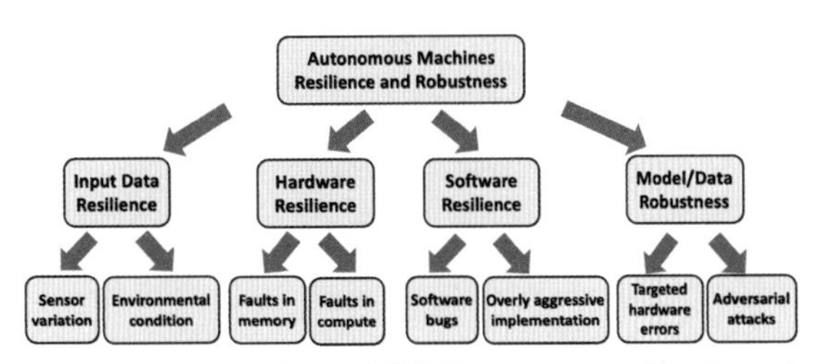

图2 自主无人系统错误来源实例（图源：MLCommons Resilience Research Working Group）

输入数据错误

输入数据错误可能来源于环境、传感器和其他智能体等状态。环境的亮度、对比度或遮挡都会给感知图像带来扰动从而影响感知精度。传感器自身的噪声可能改变数据并导致自主无人系统对环境的理解出现偏差。在交互系统（如多机系统、车路协同系统）中，其他智能体的错误传递信息也可能致使本机出现决策失误。

硬件错误

硬件错误包括由电磁辐射引起的软错误（Soft-error），由低电压引起的存储单元比特翻转，由超频或电负载电压下降引起的电路时序错误，由制造缺陷或老化引起的固定型故障（Stuck-at fault）。例如IBM的一项研究表明[7]，降低芯片工作电压会导致芯片上静态随机存取存储器（SRAM）发生位翻转，且会在电压缩放的情况下始终存在。这些硬件错误会影响计算和存储单元，并随着技术节点密度和数据流位宽的持续增加及电压的不断降低而加剧。

软件错误

软件错误主要包括计算机中的程序错误以及由近似或低精度计算引起的结果失准。网络通信路径中的时序错误（如数据丢包、数据无序、延迟传输）也可能导致系统出现计算错误。

攻击型错误

攻击性错误包括对抗性攻击和针对性硬件错误等。对抗性攻击会影响输入数据或神经网络模型的准确性，如通过篡改感知图像或误导输出动作，并延长计算延迟及功耗，从而降低系统性能；针对性硬件错误，如针对芯片存储单元的Rowhammer攻击、针对时序的CLKscrew攻击会污染存储数据和计算结果，降低系统的安全性和鲁棒性。

自主无人系统鲁棒性分析

近期Google和Meta（原Facebook）两家公司首次发文揭示了硬件计算栈错误对其数据中心的处理性能和安全性带来的负面影响，并指出这种影响随着半导体制程的缩放有加剧趋势[8-9]。因此我们以硬件计算栈错误为切入点，着重分析其对自主无人系统计算性能和可靠性的影响。

计算栈错误影响自主无人系统运行安全

自主无人系统通常有复杂的计算栈系统和硬件来支持感知、规划和机器学习任务，计算栈错误会对系统安全运行产生严重威胁。以无人车为例，来自伊利诺伊大学厄巴纳-香槟分校的研究人员[9]对百度Apollo3.0和英伟达专用自动驾驶系统DRIVE AV进行了鲁棒性研究，通过将系统硬件计算栈中的错误注入仿真器以及收集无人车的响应数据，研究人员发现了561个关键安全故障，并揭示这些计算栈错误会导致自动驾驶系统的油门、转向、车道类型判断值等出现错误，并引发行车事故。

计算栈错误对无人机系统安全性同样存在威胁，来自佐治亚理工学院、哈佛大学和卡耐基梅隆大学的研究人员在开源无人机仿真器PEDRA中探索了硬件计算栈错误对基于端到端学习的无人机系统的影响，并发现0.01%的计算栈错误便可致使自主导航飞行距离降低10%[10]，这种负面影响在多机系统中会随着机间通信而浮动，甚至加剧[11]。

前端计算单元高延迟高鲁棒性，后端计算单元低延迟低鲁棒性

自主无人系统大致由前端（感知定位）和后端（决策控制）计算单元组成，但二者展示出截然不同的计算复杂度和鲁棒性。以无人车为例，来自罗切斯特大学和普思英察的研究者[12]在基于Autoware的自动驾驶模拟器上证明前端计算节点的计算延迟多位于15~42ms，而后端计算节点延迟仅需不到1ms，前端延迟占比超过95%。硬件计算栈系统发生软错误时，若软错误发生在前端计算单元，传递比例仅为1%左右，而在后端计算单元发生，传递比例则可高达50%以上，对车辆的安全行驶造成严重威胁。

无人机系统也展示出类似特征，哈佛大学和佐治亚理工学院的研究人员[13]在基于开源无人机模拟器MAVBench中的研究也表明，无人机前端计算单元延迟占比79%，但软错误只导致<1%的自主导航任务失败。相反，后端计算单元延迟占比21%，却导致高达9%的自主导航任务失败。这主要是因为自主无人系统前端存在内在的错误屏蔽机制（如传感器融合和神经网络鲁棒性），而后端计算简单但直接控制输出动作。

智能故障注入和检测方法对自主无人系统安全性分析至关重要

故障注入（见图3）是一种用于测试和计算物理网络系统在错误下的弹性和处理能力的成熟方法，但在自主无人系统可靠性评估中却带来新挑战。由于软硬件计算栈的集成，传统的随机故障注入方法无法保证检测到所有关键安全故障，且将耗时数月甚至数年，因此，加速故障注入实验并减少开销至关重要。

核心优化思想是通过人工智能手段降低故障注入测试空间，并有效挖掘关键安全场景。例如，可以利用机器学习模型预测错误在自主无人系统计算栈中的传递概率，并优化随机故障注入为二叉树类故障注入方法以提高挖掘效率。此外，还可以将传统单级故障分析方法转换为多层级故障分析，或利用贝叶斯网络进行因果推理和反事实推理，以发现关键安全情况和故障，可比传统随机故障注入实现超过3,000倍的加速[14]。

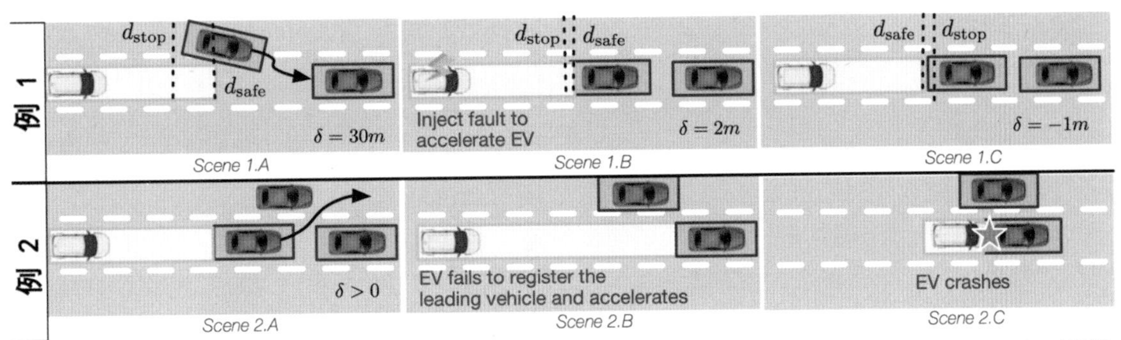

图3 示例场景：故障注入实验导致危险行车状态；特斯拉自动驾驶仪的真实例子与注入故障类似（图源[14]）

自主无人系统鲁棒性提升方法

针对计算栈错误对自主无人系统带来的可靠性影响，设计者可以采取不同的软硬件方法来检测并尝试消除其负面影响。本节着重分析四种传统计算机系统常用的鲁棒性提升方法，指出其在自主无人系统中的应用和挑战，并提出对下一代轻量级混合自适应保护技术的展望。

异常检测

异常检测通常指利用数据挖掘手段识别数据中的异常点。设计者可以利用自主无人系统通常处理连续输入/输出的特性进行异常点检测。例如，传感器的输入图像序列通常表现出时序一致性和连续性，正常行驶的车辆路径规划不太可能发出急转指令。因此，在无故障情况下，连续时序输出通常是有界的，而系统错误可能会打破这种时间一致性并被检测到。异常检测可直接在软件计算栈中插入代码，因此开销较小，但有时会由于系统输出动作的正确突变引发检测假阳性的现象并替代正确指令，导致无法完全消除计算栈的错误影响。

软件冗余

软件冗余（时间冗余）是指利用同一硬件多次执行部分代码。因为硬件计算栈软错误非常短暂，冗余执行可以帮助减轻软错误的影响，同时传感器数据中的时间冗余性也可用于检测计算栈错误[15]。软件冗余开销较小、无需对硬件进行改动，但这种时间冗余方法会增加计算延迟，对自主无人系统的实时性带来挑战。

硬件冗余

硬件冗余（空间冗余）是指在两个或多个硬件上执行相同代码，例如特斯拉的全自动驾驶芯片FSD中就引入了双模冗余（DMR），两套完全相同的硬件计算栈同步处理相同信息并检测结果一致性。其他常用方法还有三重冗余（TMR），输出端表决电路会根据结果屏蔽故障硬件。硬件冗余增加了硬件开销和成本，但对计算延迟基本没有影响，且可消除硬件软错误影响。对于边缘端小型系统（如无人机），硬件冗余带来的负载变化可能会降低系统的机动性能[16]。

检查点

检查点是指在系统执行过程中定期存储处理器状态，可在计算栈出现错误时利用回滚（Rollback）将处理器恢复到先前的安全状态。检查点和回滚机制通常会带来很大的计算延迟，一般并不适用于实时自主无人系统的保护。

混合自适应故障保护

根据计算栈错误对自主无人系统影响和不同软硬件故障保护方法的分析，我们认为下一代自主无人系统需要一种融合软硬件方法的轻量级自适应保护模式。例如，利用前端高鲁棒性、后端低鲁棒性的特征，设计者可以在前端感知定位计算单元应用软件保护方法，在后端决策规划计算单元应用硬件保护方法，从而实现整体保护机制的低延迟和低开销。

总结与展望

人工智能的发展让无人车、无人机等自主无人系统广泛应用于各种场景，其容错和检测错误的能力对确保系统运行安全性、可靠性和弹性至关重要。本文介绍了闭环跨层自主无人系统计算栈及其潜在错误来源，并探索了计算栈错误对系统计算性能和可靠性的影响及几种主要保护方法。展望人工智能新十年，通向下一代安全可靠自主无人系统需要具备智能故障分析方法、量化比较、鲁棒性基准测试框架和轻型自适应保护技术，并持续提升自主无人系统在集群智能和车联网场景中的安全可靠性。

万梓燊

佐治亚理工学院博士，哈佛大学硕士，哈尔滨工业大学工学学士。从事集成电路、计算机架构和边缘智能研究，专注于面向自主无人系统和人工智能应用的高能效高鲁棒性芯片、架构与系统研发。曾获DAC'20及CAL'20最佳论文奖、ACM学生科研竞赛冠军、Qualcomm奖学金、CRNCH博士奖学金等。

参考文献

[1]Krishnan, Srivatsan, et al. "Automatic Domain-Specific SoC Design for Autonomous Unmanned Aerial Vehicles." 2022 55th IEEE/ACM International Symposium on Microarchitecture (MICRO). IEEE, 2022.

[2]Wan, Zishen, et al. "Analyzing and Improving Resilience and Robustness of Autonomous Systems." Proceedings of the 41st IEEE/ACM International Conference on Computer-Aided Design (ICCAD). 2022.

[3]Liu, Shaoshan, et al. "Robotic computing on fpgas." Synthesis Lectures on Computer Architecture 16.1, pp. 1-218, 2021.

[4]Wan, Zishen, et al. "A survey of fpga-based robotic computing." IEEE Circuits and Systems Magazine 21.2, pp. 48-74, 2021.

[5]Wan, Zishen, et al. "Circuit and system technologies for energy-efficient edge robotics." 2022 27th Asia and South Pacific Design Automation Conference (ASP-DAC). IEEE, 2022.

[6]Liu, Qiang, et al. "An Energy-Efficient and Runtime-Reconfigurable FPGA-Based Accelerator for Robotic Localization Systems." 2022 IEEE Custom Integrated Circuits Conference (CICC). IEEE, 2022.

[7]Chandramoorthy, Nandhini, et al. "Resilient low voltage accelerators for high energy efficiency." 2019 IEEE International Symposium on High Performance Computer Architecture (HPCA). IEEE, 2019.

[8]Dixit, Harish Dattatraya, et al. "Silent data corruptions at scale." arXiv preprint arXiv:2102.11245, 2021.

[9]Hochschild, Peter H., et al. "Cores that don't count." Proceedings of the Workshop on Hot Topics in Operating Systems. 2021.

[10]Wan, Zishen, et al. "Analyzing and improving fault tolerance of learning-based navigation systems." 2021 58th ACM/IEEE Design Automation Conference (DAC). IEEE, 2021.

[11]Wan, Zishen, et al. "Frl-fi: Transient fault analysis for federated reinforcement learning-based navigation systems." 2022 Design, Automation & Test in Europe Conference & Exhibition (DATE). IEEE, 2022.

[12]Gan, Yiming, et al. "Braum: Analyzing and protecting autonomous machine software stack." 2022 IEEE 33rd International Symposium on Software Reliability Engineering (ISSRE). IEEE, 2022.

[13]Hsiao, Yu-Shun, et al. "Mavfi: An end-to-end fault analysis framework with anomaly detection and recovery for micro aerial vehicles." 2023 Design, Automation & Test in Europe Conference & Exhibition (DATE). IEEE, 2023.

[14]Jha, Saurabh, et al. "Ml-based fault injection for autonomous vehicles: A case for bayesian fault injection." 2019 49th annual IEEE/IFIP international conference on dependable systems and networks (DSN). IEEE, 2019.

[15]Jha, Saurabh, et al. "Exploiting temporal data diversity for detecting safety-critical faults in AV compute systems." 2022 52nd Annual IEEE/IFIP International Conference on Dependable Systems and Networks (DSN). IEEE, 2022.

[16]Krishnan, Srivatsan, et al. "Roofline model for uavs: A bottleneck analysis tool for onboard compute characterization of autonomous unmanned aerial vehicles." 2022 IEEE International Symposium on Performance Analysis of Systems and Software (ISPASS), IEEE, 2022.

智能电动汽车行业的机遇及背后的核心技术

文 | 刘少山

过去十年来，全球汽车行业仅汽车销售就享有近30万亿美元的市场规模，但直到今日，智能电动汽车在其中的占比还只有10%左右，这为未来增长留下了巨大的空间。同时，汽车行业正在经历电气化、智能化、生态系统化的演进，本文作者对智能电动汽车行业的市场机会与其相关的核心技术进行了梳理，希望对读者有所启发。

长久以来，欧洲、美国和日本的汽车制造商在经济和技术上都主导了内燃机汽车市场。今天，从内燃机汽车迅速过渡到智能电动汽车，为新入场者提供了几十年一遇的机会，这个时间点类似于2010年左右智能手机制造商的崛起和功能手机制造商的衰落。

在技术上，智能电动汽车行业正在经历三个发展阶段：电气化、智能化和生态系统化。电气化是以电力驱动车辆的过程，其中电池技术和供应链是关键的推动因素。在电气化的基础上，将自动驾驶等智能元素注入智能电动汽车中，使驾驶和乘坐体验更加方便和愉快。计算芯片、人工智能人才和数据是智能的关键动力。在人工智能和巨大算力的推动下，我们可以预见不远的将来，智能电动汽车上会衍生出一个应用生态系统，类似于智能手机应用促进了智能手机行业的繁荣发展。随着智能电动汽车生态系统的发展，许多使用场景和超越移动性的商业机会将出现。

在本文中，我们估算了智能电动汽车行业的市场潜力，并对当前智能电动汽车行业快速发展的核心技术进行梳理。期待感兴趣的读者可以根据本文中的市场机会和技术框架找到自己发展的方向。

智能电动汽车行业的市场机会

传统的汽车行业通过销售车辆和维修服务产生大部分收入和利润，与传统汽车行业相比，智能电动汽车行业为众多变现机会打开了新的大门。对于每个有机会变现的领域，我们比较了传统汽车业务和智能电动汽车业务之间的差异。虽然智能电动汽车本身是产品，但更重要的是，它们是新兴商业模式的平台。

- 汽车销售：汽车销售是传统汽车制造商最有利可图的商业模式。如开篇所言，智能电动汽车销售在未来有着非常大的增长空间。
- 二手车销售：在二手车交易市场，目前只有微不足道的比例属于智能电动汽车。由于智能电动汽车配备了更好的遥测数据跟踪能力，因此更容易跟踪和评估二手智能电动汽车的残值。利用其数据优势，智能电动汽车二手车市场是一个隐藏的变现机会，尚待开发。
- 售后服务和维护：根据美国汽车协会的数据，与非电动汽车相比，智能电动汽车的维护费用实际上更实惠。每辆智能电动汽车的维护费用约为每年949美元，而非电动汽车的维护费用为每年1,279美元。由于智能电动汽车的数据优势，智能电动汽车制造商可以获得每辆智能电动汽车产生的大部分数据，因此我们认为售后服务可以成为智能电动汽车制造商的另一个主要收入来源。

■ 汽车零配件：由于智能电动汽车的连接性和计算能力，这些智能电动汽车可以整合更多有趣的配件和小工具，如AR眼镜或VR头盔。我们预计在未来十年内，智能电动汽车的配件市场将快速增长，这为科技初创公司创造了一个高利润的领域。

■ 汽车保险：目前全球汽车保险市场规模约为7,500亿美元。由于智能电动汽车可以抓取司机的驾驶行为和车辆的详细运行数据，因此有机会彻底改变汽车保险业，并大大改善汽车保险业的效率，从而提高毛利率。关键问题是现有的保险公司很难获取到这些数据，这给每个智能电动汽车的制造商带来了新的变现机会，我们预期每个大型的智能电动汽车制造商可能会成立自己的保险部门以便变现。

■ 充电服务：充电是智能电动汽车的一种新的商业模式，人们已经预计充电将带来巨大的商机，预计到2030年，市场规模将达到至少150亿美元。与加油站业务一样，充电站也伴随着额外的商业机会，如咖啡、熟食、洗车和其他服务等。在这一点上，估算智能电动汽车充电站市场规模的最终规模，以及这些充电站将如何运营还为时过早。

■ 汽车数据：智能电动汽车能够产生巨大的数据量，高达2GB/s，为数据变现提供了一个黄金机会。智能电动汽车数据变现是一个新兴的领域，据预估很快可以达到4,000亿美元的市场规模。现在，智能电动汽车制造商需要用必要的技术来装备自己，以便在不断增长的用户数据上实现盈利。可能在不久的将来，每个智能电动汽车制造商都将设置一个内部的汽车数据服务提供商（CDSP）小组，负责从数据中创造一个新的收入来源。

■ 车载娱乐：全球视频流和游戏市场规模增长强劲，在未来，许多视频流和其他形式的娱乐将在智能电动汽车中进行。特别是专门为车内消费开发的内容，如短视频等，将有独特的增长机会。

■ 自动驾驶软件服务：当前，我们仍然处于自动驾驶变现的黎明阶段。2022年8月，马斯克宣布特斯拉高级司机辅助驾驶系统“全自动驾驶”（FSD Beta）套餐的使用费上涨至15,000美元。随着智能电动汽车销量不断增加，假设超过1,000万辆汽车激活自动驾驶服务，自动驾驶套餐销售在未来有可能成为1,000亿美元的业务。

■ 新型生态服务：这可能是智能电动汽车变现市场最大的一块蛋糕。目前全球汽车销售市场规模为2.86万亿美元，而随着智能电动汽车生态的成熟，新型生态服务很可能数倍于汽车销售市场规模。例如，随着自动驾驶技术的普及，必将会出现具有自主移动属性的诊所、娱乐室、办公室、餐厅、酒店等服务形态。

以上的各种方向叠加起来看，智能电动汽车及其生态很可能是一个接近10万亿美元的市场机会，其中每一个垂直的细分市场都将超过千亿美元，而且都需要依托技术的发展去实现。目前我们正在目睹智能电动汽车行业的快速发展，也有很多声音说现在进场已经晚了，但是我们都还在这个行业发展大潮的黎明阶段，其全盛时期远远没有到来。

智能电动汽车的核心技术

在前面，我们讲到智能电动汽车行业正在经历电气化、智能化和生态系统化的发展阶段。下面将简单梳理一下智能电动汽车的核心技术。

电气化技术

首先是电气化，它是用电力驱动车辆的过程，电气化的核心目标是最大限度地提高每次充电的行驶里程、充电速度和充电便利性。

电池

现有的电动车电池包含液体电解质，半固态甚至固态电池由于其紧凑的尺寸，将提供更高的单位面积能量密度，而固态电池技术正在积极开发中。2023年3月，由宁德时代研发的麒麟电池实现量产，该电池一次充电可实现1,000km的航程。而半固态和固态电池技术的发展将进一步扩大电池每次充电的可使用航程，从而彻底消除电动车用户的里程焦虑。

包装

电池包装技术对于智能电动汽车的空间利用、可靠性和安全性至关重要。主要由宁德时代开发的电池到电池组（CTP）技术，将电池单元直接集成到电池组中，以优化空间利用和能量密度。比亚迪开发的电池到车身（CTB）技术在CTP的基础上进行了改进，将电池背板集成到车身底板中，进一步优化车辆空间的利用。特斯拉开发的电池到底盘（CTC），是将电池单元直接集成到汽车底盘的过程。这样一来，电池就可以与电动车动力系统紧密结合。特斯拉预计，采用CTC技术可减少55%的成本和35%的空间占用。

快速充电

快速充电被视为消除智能电动汽车用户里程焦虑的一个解决方案，其主要技术制约因素是大功率充电基础设施。高功率充电基础设施的部署依赖于电网的升级，且通常需要政府的支持。例如，我国在充电基础设施项目上投入了大量资金，在高速公路上安装了非常多的大功率充电站，有效提高了智能电动汽车的普及率。

智能化技术

在电气化的基础上，智能驾驶舱和自动驾驶等智能可以被注入智能电动汽车中，使驾驶和乘坐体验更加方便和愉快。

自动驾驶

自动驾驶诞生以来，基于激光雷达的解决方案一直是主流。近年来，特斯拉已经证明了基于视觉的自动驾驶的可行性。具体来说，特斯拉利用变压器网络架构来实现高感知精度。许多公司效仿投资变压器架构，然而实际上，特斯拉的成功是基于巨大的数据量来完善其系统，而非网络架构。因此，自动驾驶技术的关键竞争点在于每个智能电动汽车制造商的数据收集能力和数据基础设施。

电子/电气（E/E）架构

E/E架构指的是将电子和网络组件融合到一个集成系统中，以满足不断增加的车辆功能的需求。当前热议的集中式E/E架构具有几个技术优势，包括硬件/软件分离，通过虚拟化更有效地利用计算资源，高速数据交换，可扩展和灵活的传感器和执行器接口。特斯拉是第一个提供集中式E/E架构的智能电动汽车制造商，而NVIDIA发布的集中式车载计算平台DRIVE Thor是汽车集中式计算机的一个例子。

新型生态服务技术

有了足够的计算能力，就可以在智能电动汽车上开发一个应用生态系统。随着智能电动汽车生态系统的发展，许多新的使用场景将出现。事实上，特斯拉的发展正是遵循这一路径。在特斯拉早期，电气化是关键的技术重点，当时特斯拉依赖外部供应链（如MobilEye）来提供智能解决方案。随着特斯拉获得更多的市场份额，以及他们的电池技术逐渐成熟，特斯拉将研发重点转移到智能（特别是自动驾驶技术上）。我预计，随着特斯拉部署更多的标准计算平台并在未来提高市场份额，重点将进一步转移到生态系统。

增强现实（AR）

AR技术有可能实现许多车内应用。通过增强导航、巡航控制和车道偏离警告，AR可以大大增强安全性。此外，通过结合AR和车对车（V2X）技术，司机可以即时获得附近的车辆信息，进一步提高安全性。而对于车内乘客来说，AR技术可以将车内空间变成一个娱乐室，在其中享受沉浸式游戏或表演。

健康

车内健康监控是一个很有前景的使用场景。以美国为例，美国人每年花在驾驶上的时间超过700亿小时，每个司机每天平均花52分钟开车。由于车内宽敞的环境，司机和乘客在汽车中所花费的时间，以及可以集成在汽车中的健康监控技术，智能电动汽车可以高效地监测司机和乘客的健康状况，利用这些车内数据，健康专家可以很好地提供健康建议。

总结

智能电动汽车及其生态很可能是一个接近10万亿美元的市场机会，而我认为这个机会必将在中国发扬光大。目前中国是智能电动汽车最大的供应链国，也是智能电动汽车的最大消费市场。如果我国的企业可以很好地聚焦技术发展，必将形成供应链、技术和市场的闭环。

正因为智能电动汽车行业显示出巨大的潜力，该行业的公司在确保其技术供应链的安全方面也在进行激烈的竞争。例如，比亚迪一直在全球范围内积极收购锂矿，以保证他们有足够的原材料用于电气化；特斯拉在计算技术方面投入了大量资金，并拒绝在智能方面依赖外部供应商……在智能电动汽车制造商中可以找到许多类似的案例。我预计，在未来几年内，智能电动汽车制造商将不断投资发展独立的供应链，这也将让在供应链中的许多初创公司受益。

对于智能电动汽车制造商领域的初创企业来说，在电气化和智能化领域的竞争将变得越来越困难，但在生态系统领域将出现许多机会，专注于几个深度应用场景才是明智之举。

刘少山

加州大学计算机工程博士，哈佛大学肯尼迪政府学院公共管理硕士（MPA）。过去十年专注于无人驾驶技术，出版4本教科书，发表百余篇顶级论文，拥有超过150项国内外专利。是IEEE高级会员、IEEE无人驾驶技术委员会创始人、IEEE计算机协会杰出演讲者、ACM杰出演讲者。

自动驾驶感知技术的演进与实践

文 | 耿秀军　李金珂　张丹　彭进展

感知系统是自动驾驶最重要的模块之一，被视为智能车的“眼睛”，对理解周围环境起到至关重要的作用。随着深度学习和传感器技术的演化，感知系统发展迅猛，涌现出各种新技术，性能指标不断提升。本文将围绕感知系统架构、方法和挑战，结合具体实践深入探究自动驾驶感知技术。

感知系统架构与方法

目标的检测与跟踪是感知系统的两大基础任务，主要利用不同传感器数据输入，完成对周围障碍物的检测与跟踪，并将结果传递给下游规划控制模块完成预测、决策、规划、控制等任务。

主流传感器

自动驾驶感知领域里常见的传感器主要有三类：摄像头、激光雷达、毫米波雷达。每种传感器都有其优缺点，也影响了不同公司对技术路线的选择。具体优势如下：

摄像头图像数据能以低廉的成本实现高分辨率的成像，并提供丰富的纹理信息，分辨率达到了800万像素。但摄像头对光照比较敏感，夜晚或极端天气下的图像往往给感知任务带来较大的挑战。

相对摄像头，激光雷达往往比较稀疏，机械激光雷达垂直分辨率通常仅为32线、64线、128线不等，虽然固态、半固态激光雷达在不断提升分辨率，但相较图像来说仍然比较稀疏。其优势是能够提供深度信息，即给出每个激光点的距离值。这一信息对于目标检测任务来说至关重要，因为目标检测任务需要得到周围交通参与者精确的位置信息。但也存在受限的应用场景，比如对雨、雪、雾等极端天气，甚至灰尘都比较敏感，难以穿透水珠、雪花、灰尘等，容易形成噪点，对此类场景下的感知有着不小的挑战。

毫米波雷达和激光雷达类似，同样能探测目标的位置和速度。和激光雷达相比，由于其波长较长，能够穿透微小颗粒，因此对极端天气等不是很敏感，在雨、雪、雾等天气条件下仍能产生不错的效果。但受其原理影响，毫米波雷达对静态障碍物检测效果较差，分辨率也较低。

目前，除特斯拉以纯视觉技术路线为主外，主流自动驾驶感知架构采用多传感器融合的方案，充分利用不同传感器的优势来提升感知精度。

主流目标检测方法

下面从2D、3D目标检测任务入手，介绍当前主流方法。

2D目标检测

2D目标检测是从图像中预测目标位置和类别的任务。2D目标检测网络可分为两个流派，即一阶段和二阶段网络。一阶段网络是直接在特征层预测目标的分类与位置，以YOLO系列为代表，其中YOLO7网络取得了速度和精度的平衡。二阶段网络以RCNN系列为代表，其思想是通过RPN网络生成候选区，再在候选区上进一步预测目标的分类和位置。二阶段网络由于需要首先生成候选区，其计算量往往较大，速度较慢，但能获得更高的精度。在自动驾驶领域，2D检测广泛应用于红绿灯检测、车道线检测等任务中。

3D检测任务

3D目标检测任务利用传感器输入预测目标的3D位置信息、尺寸、方向和速度，对下游规划控制模块的避障、预测决策至关重要。根据传感器输入的不同，可将其分为单模态和多模态方法。单模态只依靠一种传感器输入完成检测任务，如直接在2D图像上预测3D目标的纯视觉方法，以及在三维激光点云上完成检测的方法。多模态通过输入多种传感器数据，如图像、激光点云、毫米波点云，在网络层进行特征融合，完成3D目标检测任务。

单目3D目标检测

随着标注方法的升级，目标的表示由原来的2D框对角点进化成3D坐标系下bounding box（边界框）的表示，不同纬度表示了3D框的位置、尺寸、地面上的偏航角。有了数据，原本用于2D检测的深度神经网络也可以依靠监督学习用于3D目标框检测。

焦距适中的相机，FOV（Field of View，视野）是有限的，想要检测车身一周目标，就要部署多个相机，每个相机负责一定FOV范围内的感知。最终将各相机的检测结果通过相机到车身的外参，转换到统一的车辆坐标系下。

但在有共视时，会产生冗余检测，即有多个摄像头对同一目标做了预测，现有方法如FCOS3D[1]，会在统一的坐标系下对所有检测结果做一遍NMS（非极大值抑制），有重合的目标框仅留下一个分类指标得分最高。

统一多视角相机的3D目标检测

■ 自下而上的方法

此类自下而上的方法，预示着手头的信息看到哪儿算哪儿。图1展示的自CaDNN相关内容，很好地描述了这一类方法，包括Lift、BEVDet、BEVDepth。这类方法预测每个像素的深度分布，有的方法为隐式预测，有的方法利用LiDAR点云当监督信号（推理时没有LiDAR）。将多相机生成的深度图转换成车身四周的“点云”数据，有了点云就可以利用现有的点云3D目标检测器（如PointPillars、CenterPoint）。

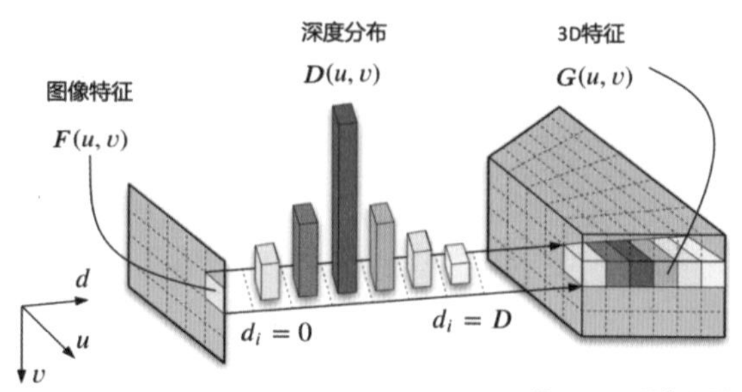

图1 CaDNN网络原理图

■ 自上而下的方法

此类方法先确定关注的地方，如特斯拉所采用的方法（见图2），简单来说就是先确定空间中要关注的位置，由这些位置去各个图像中“搜集”特征，然后进行判断。

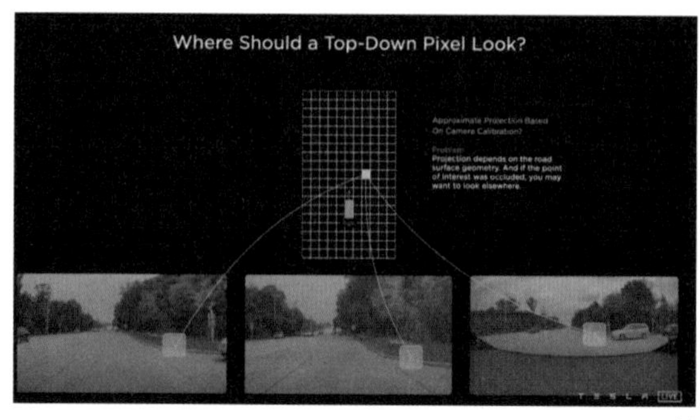

图2 特斯拉自上而下的方法[2]

根据“搜集”方式的不同衍生出了下面几种方法。

• 关键点采样

典型方法如DETR3D（网络架构如图3所示），由一群可学习的3D空间中离散的位置（包含于Object Queries），根据机内外参转换投影到图片上，来索引图像特征，每个3D位置仅对应一个像素坐标（会提取不同尺度特征图的特征）。

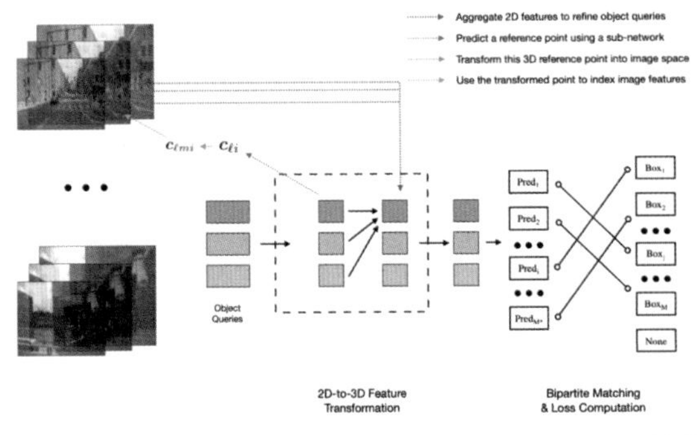

图3 DETR3D网络架构

• 局部注意力

典型方法如BEVFormer，该方法预先生成稠密的空间位置（含不同的高度，且不随训练更新），每个位置投影到各图片后，会和投影位置局部的数个像素块发生交互来提取特征（基于Deformable DETR），相比于DETR3D，每个3D点可以提取到更多的特征。

• 全局注意力

典型方法如PETR，该方法强调保持2D目标检测器DETR的框架，探索3D检测需要做哪些适配。PETR同样利用稀疏的3D点（来自Object Queries）来"搜索"图像特征，但不像DETR3D或BEVFormer把3D点投影回图片，而是基于标准的Attention模块，每个3D点会和来自全部图片的所有像素交互。

3D点云目标检测方法

点云能提供丰富的场景3D信息，广泛被自动驾驶企业所采用。根据神经网络对点云输入的不同表示，可将点云目标检测分为基于体素的方法，如SECOND、VoxelNet等；基于柱体的方法，如PointPillar等；基于点的方法，如PointRCNN等；基于点的方法往往计算量大，推理速度较慢，车端部署往往需要平衡速度和精度，SECOND和PointPillar是当前较为流行的方法。而依据检测头的不同，又可分为anchor-based方法和anchor-free方法，PointPillar和SECOND均为anchor-based方法。anchor-free方法以CenterPoint为代表，其思想是直接预测目标的中心点，而无须生成预描框。

多传感器融合方法

单模态目标检测往往受限于传感器的特性，目前自动驾驶领域中广泛采用多模态，即多传感器融合的技术方案。基于Frustum视锥的检测器F-PointNet，首先在2D图像上提取2D框，以此过滤出视锥区域的点云，再利用PointNet网络进行分类和位置预测，此方法依赖2D检测器的精度，并且速度较慢。

多传感器融合（MV3D）利用了图像、点云俯视图、点云平视距离图（Range Image）作为输入，分别对三种视图提取特征，并在俯视图上生成3D Proposal，利用3D Proposal提取对应的其他模态的特征图，最终将三种模态的特征融合，在融合后的特征层预测目标位置。

MV3D类方法在特征融合阶段各个模态的维度不尽相同，如图像特征为二维特征，而点云特征为三维，使得特征融合较为困难。近年来，基于BEV视图的融合方案逐渐流行，其基本思想是将各个模态的特征转换到BEV空间进行融合，BEV融合方法在多传感器融合方面占据了主导地位。目前依据网络架构不同，BEV融合方法主要可分为两类，一类是基于DETR-based方法，代表工作如FUTR3D等；另一类是BEV-based方法，如BEVFusio等。

目标跟踪

在自动驾驶感知任务中，除了需要预测目标的位置、分类等信息外，还要给出目标的速度和运动方向，即对目标进行连续的跟踪。当前目标跟踪主要有两种技术方案，一种是以卡尔曼滤波技术为基础，首先对目标进行关联，再利用卡尔曼滤波器预测目标的速度方向；另一种是以深度学习网络为基础，通过连续帧时序网络来预测目标的速度和方向。

感知技术的挑战与发展趋势

近年来目标检测算法飞速发展，精度获得了极大提升，但仍然面对诸多挑战，包括长尾问题、如何应对极端天气等。

长尾问题

感知任务是典型的长尾问题，这已成为业界共识。如何挖掘长尾问题案例，并持续提升技术能力是感知领域关注的重点。近年来业界广泛认同通过数据闭环的方式来解决长尾问题。基于学习的方法依赖数据的输入，而现实世界复杂多变，很难穷举出所有场景，这就依赖高效的数据闭环体系，有效挖掘长尾场景，积累足够的高价值场景数据，并能够快速完成模型的迭代更新。

极端天气的挑战

自动驾驶感知遇到的另一大挑战是极端天气。无人车要想不间断运营，不可避免会遇到雨、雪、雾等极端天气，而极端天气会对传感器数据造成极大影响，从而影响感知的准确性，甚至造成自动驾驶不可用。感知必须解决极端天气带来的挑战，从而实现全天候运行能力。夜间大雨天可能会造成摄像头成像模糊，此时从图像获得稳定感知结果异常困难。而激光雷达在极端天气下容易产生大量噪声，此时如何避免漏检和误检变得异常棘手。

感知技术的两大发展方向

从近年来业界的发展来看，感知技术的演进主要朝着两个方向发展。一方面是以搭建高效的数据闭环体系为主，解决长尾问题，通过云端大模型、大数据实现高效数据挖掘与模型迭代。另一方面不断发展车端模型架构，用更复杂的模型架构来提升感知精度，这一方面随着Transformer架构所展现出来的强大能力，以基于Transformer的BEV融合感知为代表，涌现出了不少优秀的工作。

驭势感知技术实践

多模态融合感知

在多模态融合感知方面，我们自研了图像、点云融合网络。图4给出了网络的示意图。我们以长时序点云和图像数据作为输入，分别利用2D和3D特征提取网络对应模态的特征，并在特征级进行融合。网络首先会在点云和图像特征上分别预测2D和3D目标位置及分类信息，最后通过将点云投影到图像上进行位置关联、深度搜索和3D位置修正等方法，最终输出融合的3D目标。

该融合网络的特点是轻量，可在嵌入式平台达到实时性能。我们充分利用了大规模的预训练模型来提升图像分支的能力。多模态融合感知网络一般需要同步的点云、图像数据，而此类数据往往比较稀缺，对数据同步精度

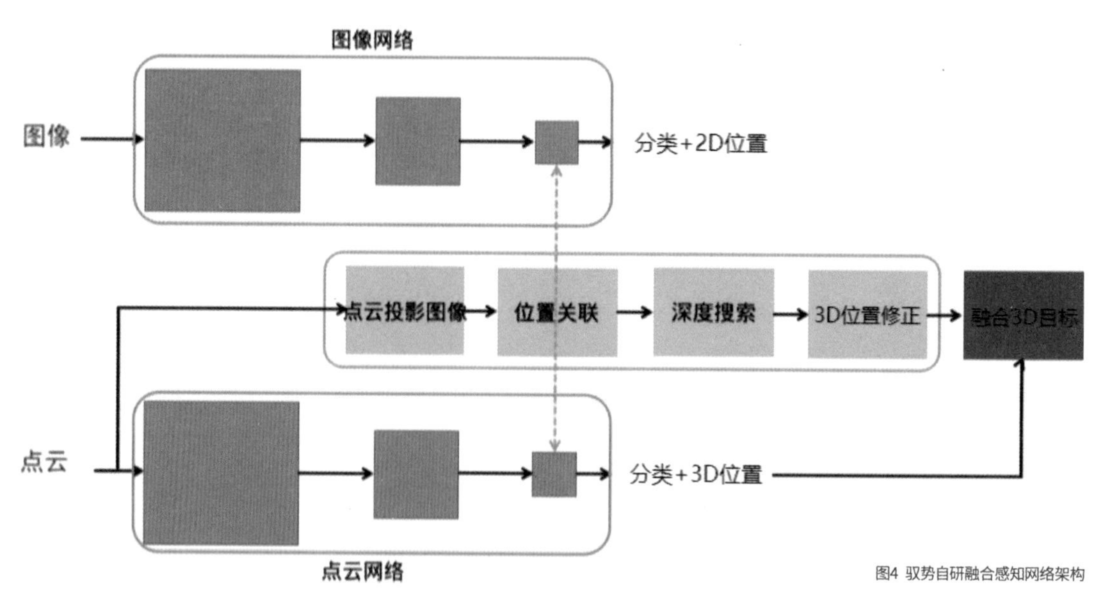

图4 驭势自研融合感知网络架构

要求较高，联合标注也更加昂贵，周期更长。自研网络在此方面显示出了非常高的灵活性。在量化评估中，发现该融合策略对感知距离和分类精度相较于纯点云网络提升非常明显，并且在雨天等极端天气场景下有非常强的鲁棒性。

视觉BEV感知

在BEV感知方面，我们自研了基于多相机的纯视觉BEV感知网络，其架构如图5所示。我们的框架以长时序、多视角相机捕捉到的图片为输入。时序多帧、多视角的图片会由图像基础网络，如ResNet生成多尺度的特征。整个框架是基于Query查询向量，经由Transformer网络完成特征收集。Query向量会经过Self-attention和Cross-attention来更新特征，经过多层解码器后，更新后的Query会被用来预测最终3D目标的类别、位置、大小、旋转和速度信息。我们设计了时空对齐且计算稀疏的Cross-attention模块，使得网络取得先进精度的同时又具备实时性的工业部署潜力。

全景分割

以往基于点云的实例分割任务主要分为proposal-base和proposal-free方法。proposal-based方法依赖于目标检测器的性能，而proposal-free方法因为采用启发式的聚类方法，耗时比较高。因此，我们提出了一种新颖的Panoptic-PHNet点云全景分割网络，该网络预测实例的中心点，而无须object-level任务的学习。其网络架构如图6所示。

数据闭环实践

数据闭环的目的是形成场景数据到算法的闭环，达到快速提升感知性能的目的。其涉及多个方面。例如，如何挖掘高价值场景数据、提升标注效率，以及模型的快速部署验证等。围绕这个目标，我们的数据闭环体系可概括为这几个方面：基于主动学习的数据挖掘、自动标注、半监督训练、云端训练部署体系等几个方面。图7总结了数据闭环体系的基本框架。

基于主动学习的数据挖掘

数据闭环的首要任务是如何发现Corner case场景。为解决这个问题，我们提出了基于主动学习的方法来识别系统未很好理解的场景。其基本思想是用不确定性来衡量模型的检测效果，筛选出不确定性高的目标场景。我们从不确定度和类别均衡两个维度来衡量场景的不确定性，其中，不确定度包含类别和位置的不确定度。

自动标注

点云数据的标注成本非常昂贵，同时标注周期也很长，影响模型的迭代效率。为此，我们提出了一种自动化的标注方法，使得标注效率成倍提升，大大缩短了

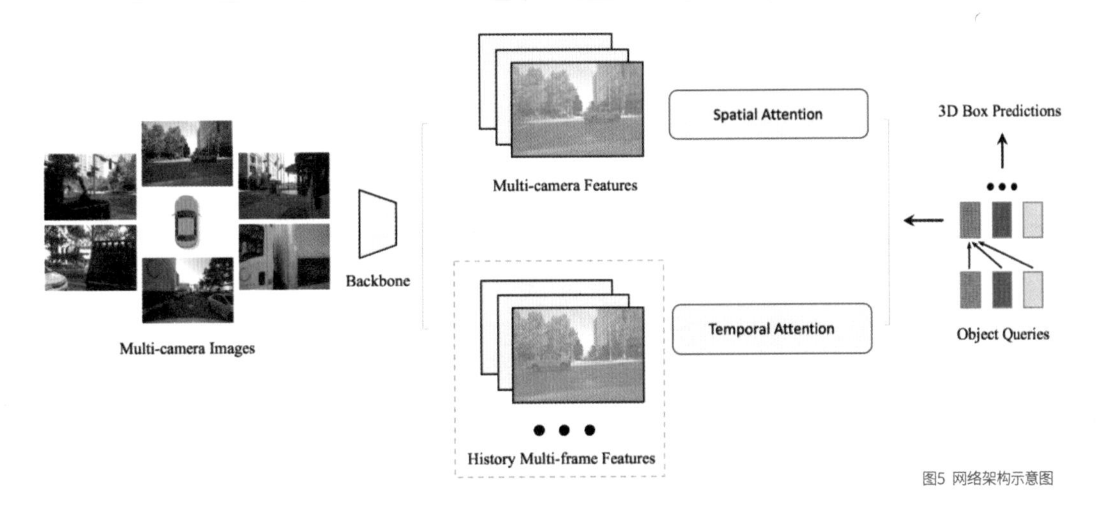

图5 网络架构示意图

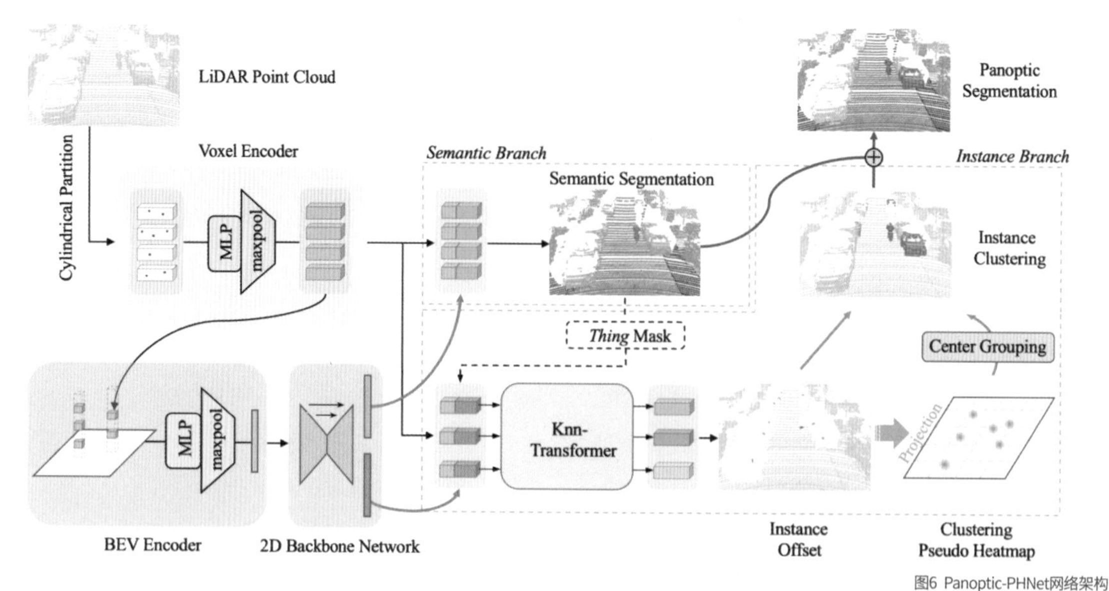

图6 Panoptic-PHNet网络架构

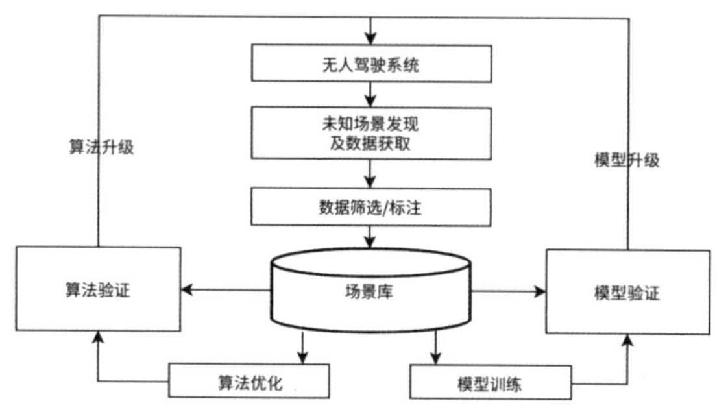

图7 驭势数据闭环框架

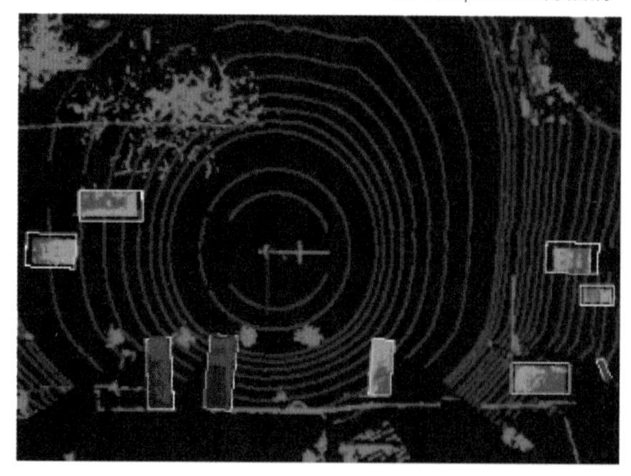

图9 自动标注效果图

模型迭代周期，同时节省了成本。其自动标注流程如图8所示。

图8 自动标注流程图

首先，我们利用时序大模型来寻找目标框，完成预标注。

其次，利用贴边算法来修正模型预标注框。

最后，标注员对预标注结果进行检查、修正，形成最终的标注结果。

通过效率评估，我们发现自动标注可提升标注效率达到人工标注的5~10倍，同时得到近似的模型精度。标注效率得到显著提升，图9展示了自动标注的效果。

半监督训练

自动、半自动标注工具能够显著提升标注效率，但大规模的数据标注仍然需要消耗不小的人力成本。因此，我们也在探索半监督、无监督的训练方法。我们期望能够利用少量的数据标注，对模型进行半监督的训练，同时模型精度能够达到全量数据标注的水平。

第一步，我们标注少量的数据，并用该少量标注数据训练Student网络和Senior Teacher网络。

第二步，用少量数据迭代后的Student2网络在Teacher网络，以及Senior Teacher的监督下使用未标注的数据进行半监督训练。

我们通过量化分析，发现通过半监督训练的网络精度能够获得和全量数据标注差不多的效果。并且通过半监督方法，可以进一步降低标注成本。

长尾问题案例

在开放道路中不可避免地遇到各种各样的Corner case，洒水车便是其中之一。洒水车产生的大量水雾在激光雷达点云上会产生大量的噪点，同时也会对摄像头成像产生巨大干扰。我们通过数据闭环积累了大量数据，通过多传感器融合和数据增强手段有效解决了此类问题。图10展示了当无人车穿越洒水车的场景，感知系统稳定感知到了左前方的洒水车，并成功穿越了水雾。

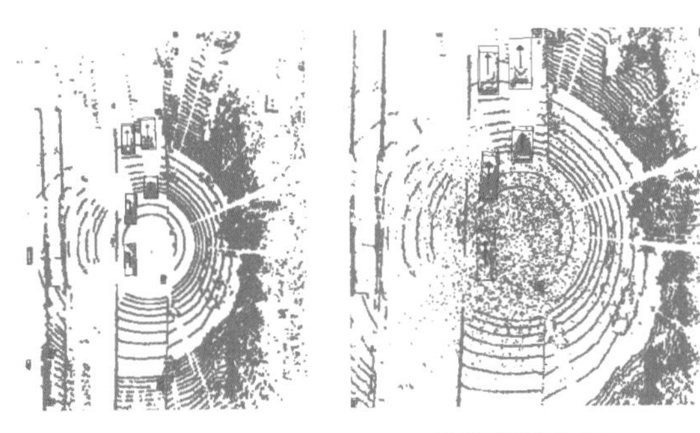

图10 雨天数据增强效果

此外，极端天气下的训练数据往往难于获取。为此，我们提出了一种数据增强策略，来模拟雨、雪、雾天的数据。如图11所示是在正常点云数据中引入数据增强后模拟的雨天数据。

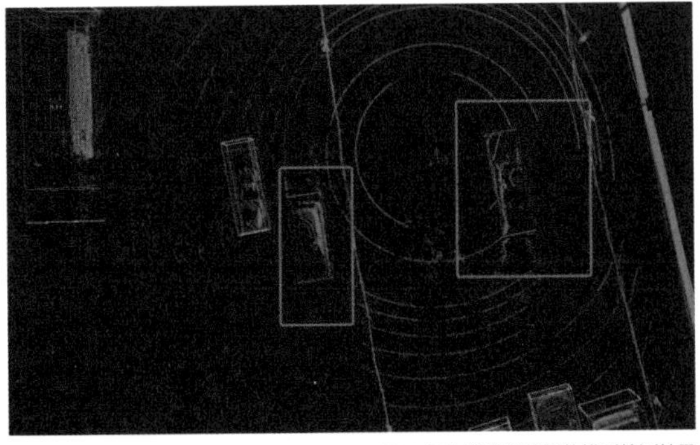

图11 引入数据增强后的模型检测效果

经过量化评估发现，在引入极端天气数据增强后，模型在极端天气数据上提升非常明显。在雨天数据上，引入数据增强后模型可正确检测出目标，而未引入数据增强模型则发生漏检。

总结与展望

自动驾驶感知技术无论是纯视觉技术路线还是多传感器融合技术路线都在朝着特征前融合、端到端大模型以及打造高效数据闭环的方向发展，也取得了长足进步。相信随着深度学习技术的发展和算力的不断提升，感知问题会得到更好的解决，推动自动驾驶向全天候、全无人的目标迈进。

耿秀军

驭势科技感知算法研发主管，2011年在电子科技大学获得计算机硕士学位。之后在英特尔亚太研发中心从事GPU图形系统研发工作。于2016年加入驭势科技至今，负责感知算法的研发、架构设计与优化工作，参与驭势科技多个无人驾驶项目的落地工作，拥有多项自动驾驶相关专利。

李金珂

驭势科技自动驾驶感知算法架构师，负责环境感知、目标检测、跟踪等高性能感知算法开发。曾开发全景分割算法Panoptic-PHNet获nuScenes panoptic challenge冠军，并于计算机视觉会议CVPR发表论文。

张丹

博士，2016年加入驭势科技，目前任定位感知部门总监。带领团队对自动驾驶定位和感知方面的算法、框架、产品和基础设施进行了持续创新和优化，为驭势自动驾驶产品在全场景、全天候、真无人的商业化落地奠定了坚实基础。拥有几十项国内外专利。

彭进展

驭势科技联合创始人，首席架构师，专注于为自动驾驶提供最优的系统解决方案，让自动驾驶实用、安全和可靠。曾是英特尔Edison芯片平台首席系统架构师和英特尔中国研究院机器人实验室主任，目前致力于无人驾驶商业化。驭势科技已在机场物流、工厂物流、微公交等多个无人驾驶领域进入商业化运营。

参考文献

[1] FCOS3D: Fully Convolutional One-Stage Monocular 3D Object Detection

[2] Categorical Depth Distribution Network for Monocular 3D Object Detection

AI多源融合感知的车路协同系统实践

文 | 彭垚　王斯硕　黄盛明　李朝光

作为单车智能的高级发展形式，车路协同可以实现更加安全的自动驾驶环境。然而，这一技术的实现仍面临不少痛点。在对问题深度剖析的基础上，本文作者给出了基于AI多源融合感知技术的创新实践。

在交通强国加强数字技术创新的战略背景下，人工智能技术已经成为加快推动智能网联、车路协同等新兴技术产业化应用的关键所在。

具体来看，自动驾驶分为单车智能自动驾驶（Autonomous Driving，AD）和车路协同自动驾驶（Vehicle-Infrastructure Cooperated Autonomous Driving，VICAD）两种技术路线。

从两种路线的关系来看，车路协同是单车智能的高级发展形式，能让自动驾驶行车更安全、行驶范围更广泛。例如，在极端天气、不利照明或物体遮挡等情况下，单车智能的感知和预测能力面临严峻挑战。此时，车路协同便可弥补车端感知不足的缺陷，从而有效扩大单车智能的安全范围。

虽然车路协同的重要性已被普遍认识，但行业目前仍然存在一些普遍的痛点问题，包括：

- 交通感知的实时性和精准性不足。单一类型路侧感知设备的感知范围和覆盖场景有限，多源感知设备存在融合计算时延较长、融合精度不足等问题。
- 交通感知的可靠性不足。过去，路侧感知系统更多是作为道路监控和交警执法所用，对系统的冗余和可用率要求不高。然而，作为车路协同感知系统，需要全天候保证高可用率，才能辅助单车智能达到高级别自动驾驶水平。
- 现阶段车路协同云控平台功能较弱。由于目前路侧感知的全面性和精准性存在各种问题，车路协同云控平台难以获得高可用的动态数据，导致数字孪生效果欠佳，难以真正辅助城市管理者和相关平台进行交通优化组织。

简而言之，要想让车路协同系统真正发挥作用，首先要解决路侧交通感知问题。

通过参与建设国内多个车路协同项目，从应用场景出发，结合自身积累的路侧感知技术经验，我们针对上述交通感知难点问题，深入分析问题背后的技术成因，并结合实际交付项目进行了技术攻关和落地实践。

在设施层，我们搭建了多源多维多层的路侧感知架构，包括云边协同的AI算力网络和雷视融合的感知终端套件，为数据获取和计算分析提供了基础保障。

在算法层，我们提出“多雷视组目标融合感知技术”和“BEV感知特征融合技术”，结合设施层提供的AI算力，有效地解决了交通感知的精准性、实时性和可靠性问题，从而实现交通对象的全时空、全天候的全息感知，为车路协同高级别自动驾驶及其他应用提供了基础保障。下面就以上两项技术分享我们的架构和心得。

AI多源融合感知技术

多雷视组目标融合感知技术

交通监控等应用场景常常使用多种传感器，以提高监控系统的时空可靠性。常用的传感器包括摄像头、激光雷达和毫米波雷达。传统上，摄像头因为高分辨率和低成本的优势被广泛应用。近年来，毫米波雷达也因为支持全天候运行、精度高、抗干扰等优势被越来越多地应用。

基于两者的优势，如何将雷视与视频数据高效融合成为当下的研究热点。单路雷视融合组（单个摄像头+单个毫米波雷达）虽然可以实现视野里目标的全天候观测，但无法完全覆盖路口等关键交通节点目标，容易存在交通盲区。为实现交通节点的完全覆盖并压缩交通盲区，我们提出了多雷视融合组目标融合技术方案，可以实现雷达与视频的融合，而且将多组雷视融合目标投影到BEV（鸟瞰视角）坐标系实现融合，实时推送融合目标。下面介绍该方案的两个主要技术点：雷视融合技术与多雷视融合组融合技术。

雷视融合技术

毫米波雷达数据与相机数据的坐标系不一致，为实现毫米波雷达目标与相机感知目标的融合，需要完成雷达数据到相机画面的投影，从而计算投影映射矩阵。确保将雷达与相机安装在同高度、同朝向的相邻位置上，实现雷达与相机的内外参标定。基于标定矩阵，结合后融合处理方法，实现图像与雷达之间的融合。提升目标检测的召回率与准确率，赋予检测目标更丰富的属性数据，基于融合信息完成事件检测与流量统计。

雷视内外参标定，首先，利用张正友标定法对相机做棋盘格标定，得到相机的内参矩阵；其次，为了应对雷达与视频设备间的数据传输时延，基于NTP服务器在路侧边缘设备进行视频帧和雷达帧的时间同步。接着，获取经过时序对齐的雷达点云－图像匹配对，通过雷达目标与视频像素的对应，完成雷达与相机之间的外参估计，将雷达目标点映射到相机图像上，完成雷达到相机画面的投影。通常情况下，标定通过人工选点来实现，但人工标定对数据的选择很大程度上影响了标定的精度。为了进一步提升标定的精度，我们通过图1的流程，基于三维视频目标检测技术自动感知物体，自主选择匹配点，从批量雷视数据中自动生成最优的映射矩阵与估算雷视相对时延，极大提升了雷视目标之间的匹配率。

为提升模型检测的鲁棒性，降低外界环境影响，我们实现了雷达与摄像头融合的多模态模型检测，包括雷达点云与相机图像进行目标检测。基于深度学习网络，我们优化了视频目标的检测，保持检测召回率与准确率的前提下，在边缘设备侧提升了检测的效率，降低检测延时。同时，通过车辆目标点的3D Bounding Box选取视频目标的路面投影中心点，将雷达目标点通过标定的转换矩阵映射到相机画面坐标系，通过最大匹配算法将画面中的视频目标与雷达目标进行目标融

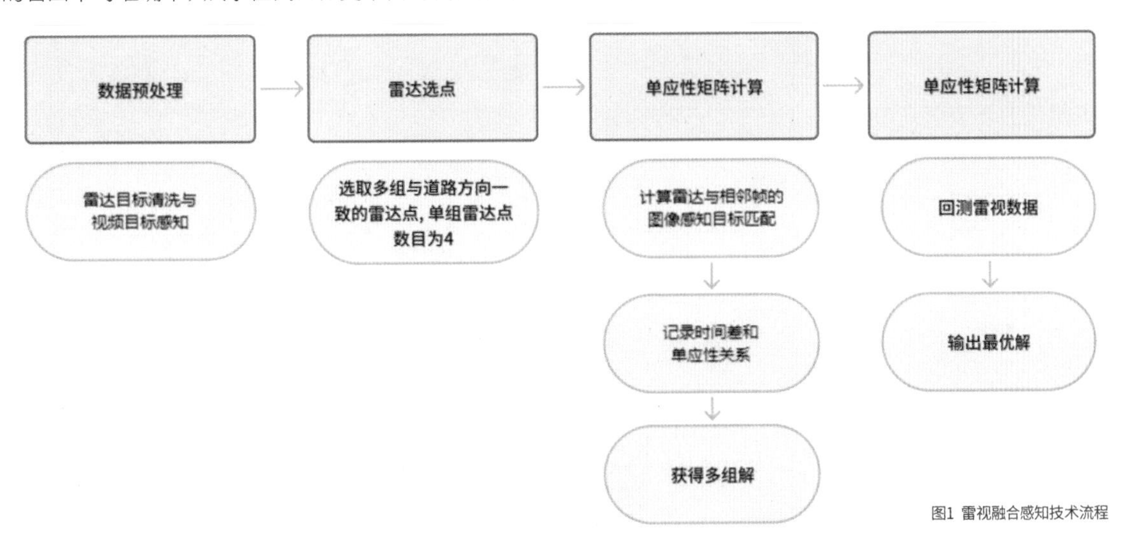

图1 雷视融合感知技术流程

合。完成融合后，再基于卡尔曼滤波算法实现对融合目标的实时跟踪。

基于雷视融合的车辆感知目标不仅具备车辆类别、车牌、颜色等属性，也具备了速度、距离、尺寸和方向等物理属性。基于这些车辆感知融合目标，我们在车路协同系统实现了急加减速、群体变道、群体变速、异常缓驶、物品遗落、停车等多种道路事件检测，提供了精准的流量（包括分车型与分车道流量），车头间距/时距、空间/时间占有率、排队长度与平均车速等信息，支持实时碰撞预警等功能，以智慧化手段辅助交通管理优化。

多雷视融合组融合技术

我们在规划方案时的基本思想是，将源自多设备的同一物体目标映射到统一的BEV坐标系后，根据相似性进行匹配。但目标在映射到统一的BEV坐标系时存在误差，容易造成多源同物体目标的匹配失败。为了解决该难题，并提升多源融合的准确率，我们提出了多源目标间的时空相似性。

首先，保证多源设备共享同一个NTP时间服务器完成设备间时间对齐，并提高对多源数据在传输与处理时间上的时延差异容忍度；其次，是将多源目标间的BEV空间距离与历史轨迹相似性作为其距离度量，按照车型与朝向进行修正，基于修正后的距离度量，利用最大匹配算法实现目标间的匹配。

多源感知融合目标还可能因为检测与融合误差存在投影位置与目标朝向的跳变，我们对这些跳变也进行了处理。对于位置跳变，实现了平滑滤波，从而还原了真实轨迹。对于目标朝向，虽然雷达提供了可靠的目标朝向，但也会存在跳变或者在目标速度较低时由于静态杂波滤除等原因丢失目标。为了解决此问题，通过利用目标的3D Bounding Box与目标轨迹等实时或者历史信息估计车辆朝向，与雷达朝向互为冗余，实现车辆目标的最优估计，从而保持车辆朝向的稳定性。

基于该方案的MEC（车路协同边缘计算单元）数据处理流程如图2所示。在边缘侧，接入工业相机与毫米波雷达，从车辆出现在视野中到MEC分析输出感知结果，端到端平均时延小于180ms，满足车路协同场景需求。

BEV感知特征融合技术方案

多雷视融合组目标融合技术方案是后融合方案，又称为决策层融合方案；BEV感知特征融合技术方案是前融合方案，又称为特征层融合方案，输入多个摄像头视频数据，有利于神经网络学习多个传感器之间的互补性。训练时BEV感知特征融合技术方案需要辅以激光雷达提供3D点云深度信息，训练完成后只需输入多摄像头视频信息就可以将所有目标都投影在BEV空间实现全息轨迹展示。

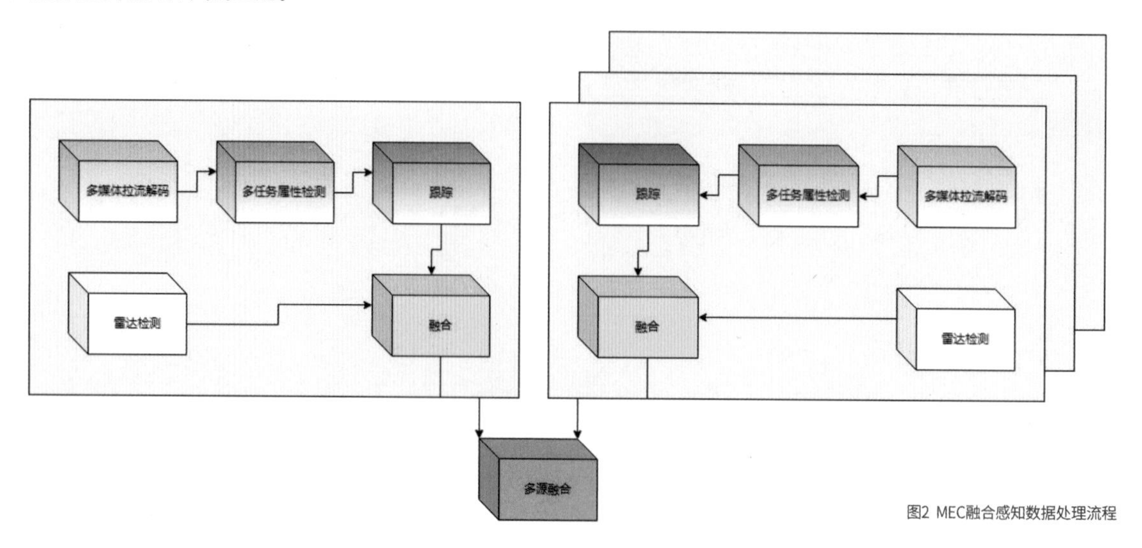

图2 MEC融合感知数据处理流程

多雷视融合组目标融合技术方案不仅可以实现对短暂遮挡物体的跟踪，还可以实现交通目标的运动预测碰撞预警，而且目标的运动预测是通过神经网络训练实现的，直接从感知端到运动预测输出，避免人为增加烦琐的逻辑规则来调整优化运动感知融合与预测效果。与多雷视融合组目标融合技术方案相比，BEV感知融合技术方案灵活性更强，不仅可以避免大量的定制化配置调整工作，还能配合我们的传感器设备转动检测与道路车道检测等技术，感知设备的安装位置或视角的变化并进行自适应调整。

BEV感知特征融合技术方案虽然灵活，但要实现通用泛化，对数据和标注都提出了很大的挑战。我们在与交通行业各业主单位的深入合作中不断积累感知数据，训练优化BEV空间模型，以此来提升BEV感知融合技术的泛化能力，实现多源融合感知技术在交通行业的开箱即用，赋能交通智慧化管理与车路协同。

总结

AI多源融合感知的车路协同系统可以有效提升未来交通的安全性和效率，从而推动交通新范式发展。利用基于人工智能的多源信息感知技术，能够有效识别出车辆、行人和其他交通参与者，并及时发出警报，从而有效保护交通参与者的安全。

此外，系统还能够收集交通信息，以支持实时的交通管理，改善交通流量，提升交通的整体效率。从这些感知数据中获得的信息有助于将道路和运输路线发挥到最佳容量，并为通勤者创造激励措施，帮助改善交通流量和移动行为，形成更安全、更绿色、更便捷的道路交通整体解决方案。

综上所述，基于AI多源融合感知的车路协同系统，通过对交通运输传统基建进行数字化、智能化改造和升级，实现人、车、路信息互联互通，促进各种运输方式融合发展，推动交通数智服务模式创新，最终建成安全、便捷、高效、绿色的现代综合交通体系，有助于打造具有吸引力、绿色且宜居的未来城市。

彭垚

闪马智能科技有限公司创始人、董事长兼CEO。超过十年的云计算、AI研究、智能产品的创新者，从前沿研究到商业落地转化的专家。2019年4月创立闪马公司。主导了核心产品“VisionMind视界心”视频行为事件平台研发上市，提出城市的“五大空间”智慧化管理理论，受到各个行业客户好评。

王斯硕

闪马智能科技有限公司高级咨询顾问。超过十五年的交通规划、设计咨询、智能交通产品经理、项目经理和解决方案工作经验，主导和参与了国内十余个城市交通、高速交通智慧化建设和管理项目，擅长城市交通规划、交通优化设计咨询、车路协同/智能交通产品级解决方案构建。

黄盛明

闪马智能科技有限公司高级系统架构师。曾于甲骨文深圳研发中心(2010—2015)担任高级工程师 / 深圳多翼创新科技有限公司(2015—2022)担任技术VP，目前在闪马智能负责数据多模态融合架构设计及其在车路协同场景的落地应用。

李朝光

闪马智能科技有限公司研发负责人。曾任职于IBM、华为等大型科技企业，IBM高端存储产品线闪存分层存储架构师和业务负责人，华为分布式全闪DORADO Cache总架构师，具有丰富的技术架构和研发管理经验。在存储、分布式系统、深度学习训练平台、智能交通系统、视频雷达融合处理等领域有丰富的技术积累。

面向推荐的汽车知识图谱构建

文 | 赵星泽　余淼　谢南　李本阳

领域图谱的应用主要集中在电商、医疗、金融等商业领域，而关于汽车知识的语义网络和知识图谱构建还面临缺少系统性指导方法等问题。本文作者以汽车领域知识为例，围绕车系、车型、经销商、厂商、品牌等实体和相互关系，提供一种从零搭建领域图谱的思路。

知识图谱的概念最早由Google在2012年提出，旨在架构更智能的搜索引擎，2013年之后开始在学术界和产业界普及，目前很多大型互联网公司都在积极部署本企业的知识图谱。

作为人工智能核心技术驱动力，知识图谱可以缓解深度学习依赖海量数据训练，需要大规模算力的问题，能够广泛适配不同的下游任务，且具有良好的解释性。

在汽车领域，汽车知识的语义网络和知识图谱构建已经成规模化地展开，但仍面临缺少系统性指导方法的问题。本文以汽车领域知识为例，数据源采用汽车之家网站，以汽车领域知识为例，围绕车系、车型、经销商、厂商、品牌等实体和相互关系，提供一种从零搭建领域图谱的思路。

如何进行图谱构建？

构建挑战知识图谱是真实世界的语义表示，其基本组成单位是"实体-关系-实体""实体-属性-属性值"的三元组（Triplet），实体之间通过关系相互联结，从而构成语义网络。图谱构建中会面临较大的挑战，但构建之后，可在数据分析、推荐计算、可解释性等多个场景中展现出丰富的应用价值。

构建挑战包括：

■ Schema难定义。目前尚无统一成熟的本体构建流程，且特定领域本体定义通常需要专家参与。

■ 数据类型异构。通常情况下，一个知识图谱构建中面对的数据源不会是单一类型，当面对结构各异的数据，知识转模和挖掘的难度较高。

■ 依赖专业知识。领域知识图谱通常依赖较强的专业知识，例如车型对应的维修方法，涉及机械、电工、材料、力学等多个领域知识，且此类关系对于准确度的要求较高，需要保证知识足够正确。

■ 数据质量无保证。挖掘或抽取信息需要知识融合或人工校验，才能作为知识助力下游应用。

构建后将获得的收益：

■ 知识图谱统一知识表示。通过整合多源异构数据，形成统一视图。

■ 语义信息丰富。通过关系推理可以发现新关系，获得更丰富的语义信息。

■ 可解释性强。显式的推理路径对比深度学习结果具有更强的解释性。

■ 高质量且能不断积累。根据业务场景设计合理的知识存储方案，实现知识更新和累积。

图谱架构设计

设计技术架构主要分为构建层、存储层和应用层三大层。架构图如图1所示。

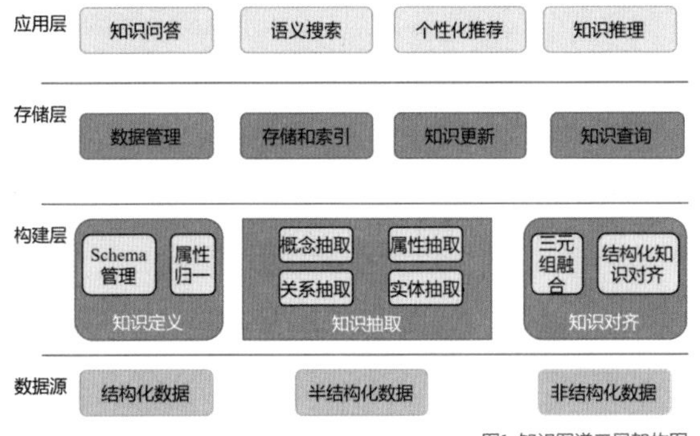

图1 知识图谱三层架构图

■ 构建层。包括Schema定义、结构化数据转模、非结构化数据挖掘，以及知识融合。

■ 存储层。包括知识的存储和索引、知识更新、元数据管理，以及支持基本的知识查询。

■ 应用层。包括知识推理、结构化查询等业务相关的下游应用层。

构建步骤和流程

依据架构图，具体构建流程可分为四步：本体设计、知识获取、知识入库，以及应用服务设计和使用。

本体设计

本体（Ontology）是公认的概念集合，本体的构建是指依据本体的定义，构建出知识图谱的本体结构和知识框架。

基于本体构建图谱的原因主要有以下几点：

■ 明确专业术语、关系及其领域公理，当一条数据必须满足Schema预先定义好的实体对象和类型后，才允许被更新到知识图谱中。

■ 将领域知识与操作性知识分离，通过Schema可以宏观了解图谱架构和相关定义，无须再从三元组中归纳整理。

■ 实现一定程度的领域知识复用。在构建本体之前，可以先调研是否有相关本体已被构建，这样可以基于已有本体进行改进和扩展，达到事半功倍的效果。

■ 基于本体的定义，可以避免图谱与应用脱节，或者修改图谱Schema比重新构建成本还要高的情况。

从知识的覆盖面来看，知识图谱可以划分为通用知识图谱和领域知识图谱。通用知识图谱更注重广度，强调融合更多的实体数量，但对精确度的要求不高，很难借助本体库对公理、规则和约束条件进行推理和使用。而领域知识图谱的知识覆盖范围较小，但知识深度更深，往往用于某一专业领域上的构建。

考虑到对准确率的要求，领域本体构建多倾向于手工构建的方式，如具有代表性的七步法、IDEF5方法等[1]，该类方法的核心思想是：基于已有结构化数据进行本体分析，将符合应用目的和范围的本体进行归纳和构建，再对本体进行优化和验证，从而获取初版本体定义。若想获取更大范畴的领域本体，则可以从非结构化语料中补充。考虑手工构建过程较长，以汽车领域为例，提供一种半自动本体构建的方式。

构建详细步骤如下：

首先，收集大量汽车非结构化语料（如车系咨询、新车导购文章等）作为初始个体概念集，利用统计方法或无监督模型（TF-IDF、BERT等）获取字特征和词特征。

其次，利用BIRCH聚类算法对概念间进行层次划分，初步构建起概念间层级关系，并对聚类结果进行人工概念校验和归纳，获取本体的等价、上下位概念。

最后，使用卷积神经网络结合远程监督的方法，抽取本体属性的实体关系，并辅以人工识别本体中的类和属性的概念，构建起汽车领域本体。

上述方法可有效利用BERT等深度学习技术，更好地捕捉语料间的内部关系。使用聚类分层次对本体各模块进行构建，辅以人工干预的方式，能够快速、准确地完成初步本体构建。如图2所示为半自动化本体构建示意图。

利用Protégé本体构建工具[2]，可以进行本体概念类、关

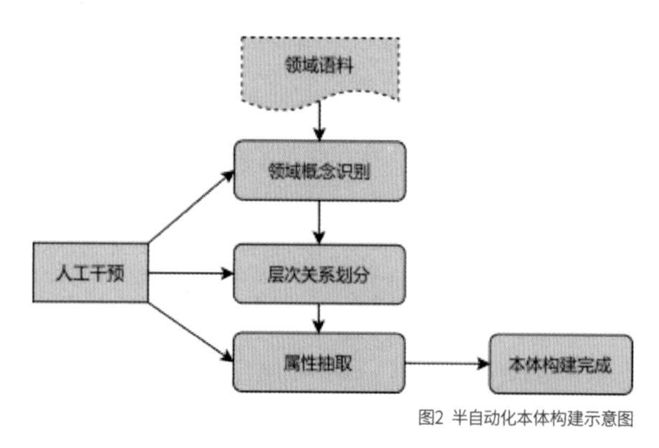

图2 半自动化本体构建示意图

系、属性和实例的构建。如图3所示为本体构建可视化示例图。

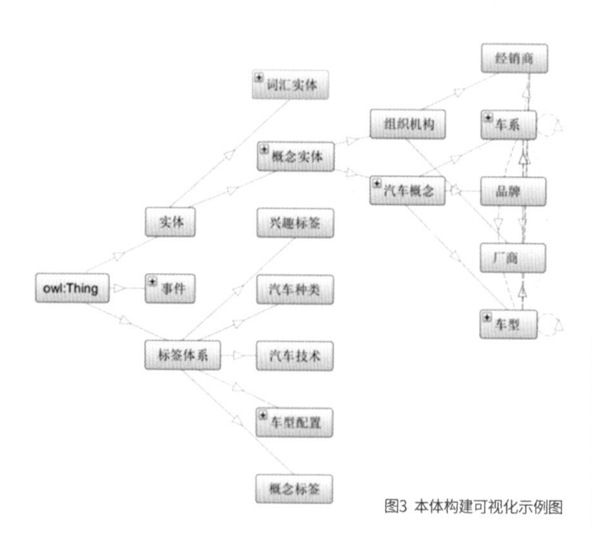

图3 本体构建可视化示例图

Protégé可以导出不同类型的Schema配置文件，其中owl.xml结构配置文件如图4所示。

```
<?xml version="1.0"?>
<Ontology xmlns="http://www.w3.org/2002/07/owl#"
     xml:base="http://www.autohome.org/ontology"
     ontologyIRI="http://www.autohome.org/ontology">
    <Prefix name="" IRI="http://www.autohome.org/ontology"/>
    <Prefix name="owl" IRI="http://www.w3.org/2002/07/owl#"/>
    <Declaration>
        <Class IRI="http://www.autohome.org/ontologies#概念实体"/>
    </Declaration>
    <Declaration>
        <Class IRI="http://www.autohome.org/ontologies#车系"/>
    </Declaration>
    <Declaration>
        <Class IRI="http://www.autohome.org/ontologies#车身参数"/>
    </Declaration>
    <Declaration>
        <ObjectProperty IRI="http://www.autohome.org/ontologies#竞对车型"/>
    </Declaration>
    <Declaration>
        <ObjectProperty IRI="http://www.autohome.org/ontologies#竞对车系"/>
    </Declaration>
        <SubObjectPropertyOf>
        <ObjectProperty IRI="http://www.autohome.org/ontologies#车系对应车型"/>
        <ObjectProperty abbreviatedIRI="owl:topObjectProperty"/>
    </SubObjectPropertyOf>
    <SubObjectPropertyOf>
        <ObjectProperty IRI="http://www.autohome.org/ontologies#车系评价"/>
        <ObjectProperty abbreviatedIRI="owl:topObjectProperty"/>
    </SubObjectPropertyOf>
    <SymmetricObjectProperty>
        <ObjectProperty IRI="#车系对应品牌"/>
    </SymmetricObjectProperty>
```

图4 自动化创建Schema

该配置文件可直接在MySQL、JanusGraph中加载使用，实现自动化创建Schema。

知识获取

知识图谱的数据来源通常包括三类数据结构，分别为结构化数据、半结构化数据、非结构化数据。面向不同类型的数据源，知识抽取涉及的关键技术和需要解决的技术难点有所不同。

结构化知识转模

结构化数据是图谱最直接的知识来源，基本通过初步转换就可以使用，相较其他类型数据成本最低，所以图谱数据一般优先考虑结构化数据。结构化数据可能涉及多个数据库来源，通常需要使用ETL方法转模，ETL即Extract（抽取）、Transform（转换）、Load（装载）。通过ETL流程可将不同源数据落到中间表，从而方便后续的知识入库。如表1所示为车系实体属性，表2为车系与品牌关系表。

荣威i6新能源	自主	国产	1
奔驰GLB AMG	进口	进口	0
双环SCEO	自主	国产	0
smart forease+	进口	进口	0
桑塔纳	合资	国产	0
英伦TX4	自主	国产	0
夏利N5	自主	国产	0
捷豹C-TYPE	进口	进口	0
斯巴鲁XV	进口	进口	0
Vinfast VF 9	进口	进口	1

表1 车系实体属性

全球鹰K12	车系对应品牌	全球鹰	r5
瑞途	车系对应品牌	黄海	r5
Freed	车系对应品牌	本田	r5
比速T3	车系对应品牌	比速汽车	r5
祥菱V	车系对应品牌	福田	r5
宝骏510	车系对应品牌	宝骏	r5
标致4008	车系对应品牌	标致	r5
哈弗H2s	车系对应品牌	哈弗	r5
海马S5青春版	车系对应品牌	海马	r5
华骐300E	车系对应品牌	华骐	r5

表2 车系与品牌关系表

非结构化知识抽取——三元组抽取

除了结构化数据，非结构化数据中也存在海量的知识（三元组）信息。一般来说，企业的非结构化数据量要远大于结构化数据，挖掘非结构化知识能够极大地拓展和丰富知识图谱。

下面介绍三元组抽取算法的挑战。

问题1：单个领域内，文档内容和格式多样，需要大量的标注数据，成本高。

问题2：领域之间迁移的效果不够好，跨领域的可规模化拓展的代价大。

关键点：模型基本都是针对特定行业特定场景，换一个场景，效果会出现明显下降。

解决思路：Pre-train + Finetune的范式。

预训练：重量级底座让模型“见多识广”，充分利用大规模多行业的无标文档，训练一个统一的预训练底座，增强模型对各类文档的表示和理解能力。

微调：轻量级文档结构化算法。在预训练基础上，构建轻量级的面向文档结构化的算法，降低标注成本。

基于长文本的预训练方法，大多都没有考虑文档特性，如空间（Spartial）、视觉（Visual）等信息。并且基于文本设计的PretrainTask，整体是针对纯文本进行的设计，而没有针对文档的逻辑结构设计。

针对该问题，这里介绍一种长文档预训练模型DocBert[3]。DocBert模型设计：

使用大规模（百万级）无标注文档数据进行预训练，基于文档的文本语义（Text）、版面信息（Layout）、视觉特征（Visual）构建自监督学习任务，使模型更好地理解文档语义和结构信息。

- Layout-Aware MLM：在Mask语言模型中考虑文本的位置、字体大小信息，实现文档布局感知的语义理解。
- Text-Image Alignment：融合文档视觉特征，重建图像中被Mask的文字，帮助模型学习文本、版面、图像不同模态间的对齐关系。
- Title Permutation：以自监督的方式构建标题重建任务，增强模型对文档逻辑结构的理解能力。
- Sparse Transformer Layers：用Sparse Attention的方法，增强模型对长文档的处理能力（见图5）。

挖掘概念、兴趣词标签，关联到车系、实体

除了从结构化和非结构化文本中获取三元组，我们还挖掘了物料所包含的分类、概念标签和兴趣关键词标签，并建立物料和车实体之间的关联，为汽车知识图谱带来新的知识。下面从分类、概念标签、兴趣词标签来介绍我们所做的内容从而方便理解部分工作和思考。

分类体系作为内容刻画的基础，对物料进行粗粒度的划

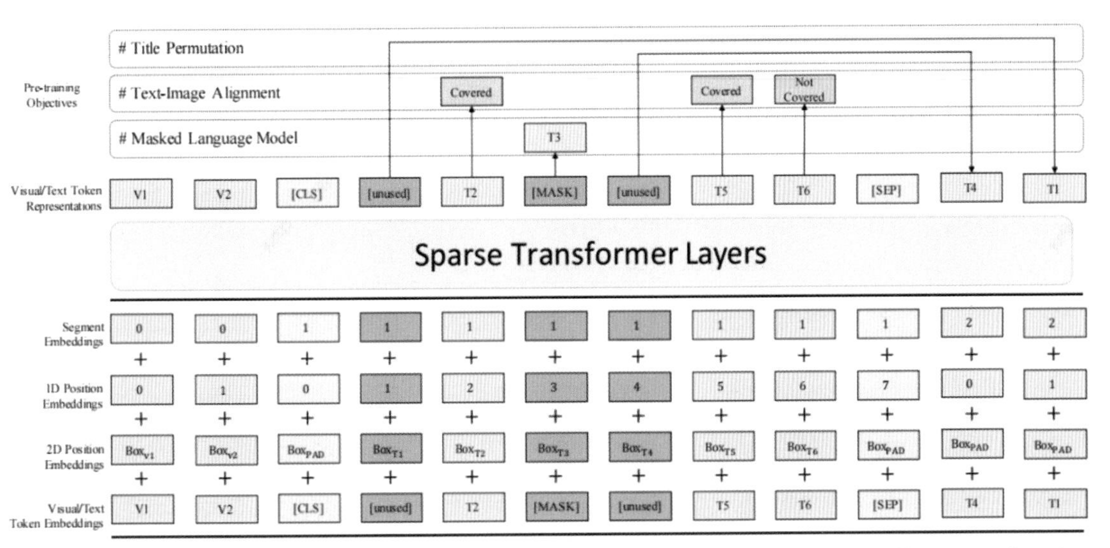

图5 Sparse Transformer Layers

分。基于人工定义的方式建立统一的内容体系，通过AI模型来进一步划分。在分类方法上，我们采用了主动学习的方式，对较难分类的数据进行标注，同时采用数据增强、对抗训练，以及关键词融合等方法提高分类的效果。分类算法流程总图如图6所示。

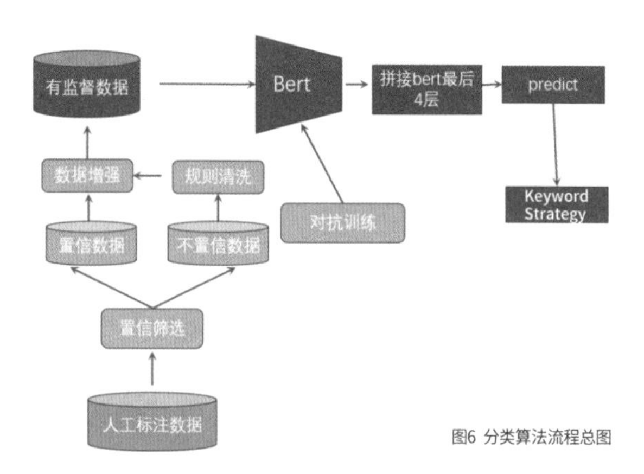

图6 分类算法流程总图

概念标签粒度介于分类和兴趣词标签之间，比分类粒度更细，同时比兴趣词对于兴趣点的刻画更加完整。我们建立了车视野、人视野、内容视野三个维度，丰富了标签维度，细化了标签粒度。丰富具体的物料标签，更加方便搜索推荐基于标签的模型优化，且可用于标签外展，起到吸引用户和二次引流等作用。概念标签的挖掘，结合在Query等重要数据上采用机器挖掘的方式，对概括性进行分析，通过人工Review，拿到概念标签集合，采用多标签模型分类。

兴趣词是最细粒度的标签，映射为用户兴趣，根据不同用户兴趣偏好可以更好地进行个性化推荐。关键词的挖掘采用多种兴趣词挖掘相结合的方式，包括KeyBERT提取关键子串，并结合TextRank、PositionRank、SingleRank、TopicRank、MultipartiteRank等句法分析多种方法，产生兴趣词候选。最后，通过聚类+人工的方式生成最终版高质量兴趣标签（见图7）。

对于不同粒度的标签还是在物料层面，我们需要把标签和车建立起关联。首先，我们分别计算出标题\文章的所属标签，然后识别出标题\文章内的实体，得到若干标签—实体伪标签，最后根据大量语料，共现概率高的

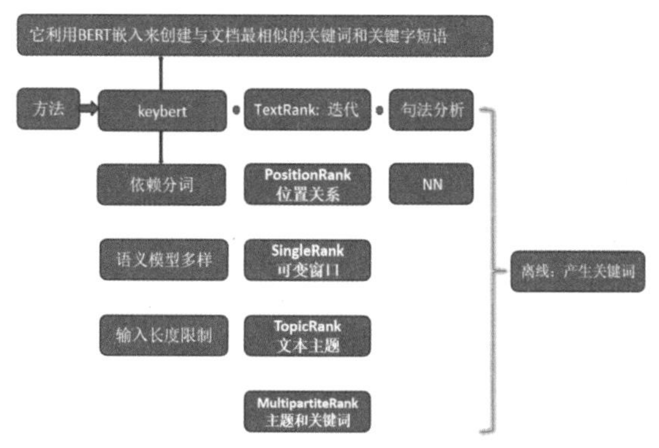

图7 关键词挖掘方法示意图

标签就会标记为该实体的标签。通过以上三个任务，我们获得了丰富且海量的标签。对车系、实体关联上这些标签，会极大丰富我们的汽车图谱，建立媒体和用户的关注车标签。

人效提升

为了实现更好的模型效果，获得更大规模的训练样本，标注成本高、周期长成为亟待解决的问题。首先，我们使用半监督学习，利用海量未标注数据进行预训练。之后采用主动学习方式，最大化标注数据的价值，迭代选择高信息量样本进行标注。最后利用远程监督，发挥已有知识的价值，挖掘任务之间的相关性。

知识入库

知识图谱中的知识是通过RDF结构来进行表示的，其基本单元是事实。每个事实是一个三元组（S、P、O），在实际系统中，按照存储方式的不同，知识图谱的存储可以分为基于RDF表结构的存储和基于属性图结构的存储。图库更多是采用属性图结构的存储，常见的存储系统有Neo4j、JanusGraph、OrientDB、InfoGrid等。

图数据库选择

通过JanusGraph[4] 与Neo4j、ArangoDB、OrientDB这几种主流图数据库的对比，我们最终选择JanusGraph作为项目的图数据库，之所以选择JanusGraph，主要有以下原因：

■ 基于Apache 2.0许可协议开放源码，开放性好。

■ 支持使用Hadoop框架进行全局图分析和批量图处理。

■ 支持大量并发事务处理和图操作处理。通过添加机器横向扩展JanusGraph的事务处理能力，可以完成毫秒级别响应和大图的复杂查询。

■ 原生支持Apache TinkerPop描述的当前流行的属性图数据模型。

■ 原生支持图遍历语言Gremlin。

JanusGraph数据存储模型

了解JanusGraph存储数据的方式，有助于我们更好地利用该图库（见图8）。JanusGraph以邻接列表格式存储图形，这意味着图形存储为顶点及其邻接列表的集合。顶点的邻接列表包含顶点的所有入射边（和属性）。

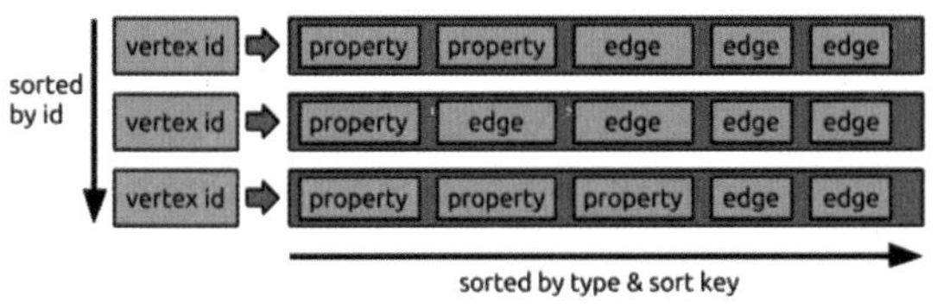

图8 JanusGraph存储结构图

JanusGraph将每个邻接列表作为一行存储在底层存储后端中。顶点ID（JanusGraph唯一分配给每个顶点）是指向包含顶点邻接列表的行的键。每个边和属性都存储为行中的一个单独的单元格，允许有效的插入和删除。因此，特定存储后端中每行允许的最大单元数也是JanusGraph可以针对该后端支持的顶点的最大度数。

如果存储后端支持key-order，则邻接表将按顶点ID排序，JanusGraph可以分配顶点ID，以便对图进行有效分区，同时分配ID使得经常共同访问的顶点具有绝对差异小的ID。

知识图谱在推荐中的应用

汽车领域拥有专业参数划分和多领域技术，同时延伸到社会、科技、娱乐等多个方面，知识图谱在汽车推荐中提供了内容之外丰富的知识信息，在推荐中起到了十分重要的作用，在汽车的看、买、用等不同场景都能带来明显的效果提升。在看车场景中，低频用户对应的点击行为少，可能导致内容推荐效果差等问题，此时可通过图谱引入额外信息（相似用户群组、车系属性标签等），使用跨域知识增强改善数据稀疏性问题。在买车场景中，通过显式的知识展示、路径召回，以及解释理由生成，直观地告诉用户推荐某款车的理由，以及召回对应的汽车类资讯。在用车场景中，通过用户的看车和购买行为，从汽车保养、维修、用车成本等方面有效提升用户的用车体验。

本节基于汽车的不同应用场景，从知识图谱（KG）在推荐系统中冷启、理由、排序等方面，介绍推荐可用的相关技术，为图谱和下游应用的实践提供了思路。

知识图谱在推荐冷启动中的应用

知识图谱能够从user-item交互中建模KG中隐藏的高阶关系，很好地解决了因用户调用有限数量的行为而导致的数据稀疏性，进而可以应用在解决冷启动的问题上。Sang等[5]提出了一种双通道神经交互的方法，称为知识图增强的残差递归神经协同过滤（KGNCF-RRN），该方法利用KG上下文的长期关系依赖性和用户项交互进行推荐。Du Y等[6]提出了一种新的基于元学习框架的冷启问题解决方案MetaKG，包括collaborative-aware meta learner和knowledge-aware meta learner，捕捉用户的偏好和实体冷启动知识。在两个learner的指导下，MetaKG可以有效地捕捉到高阶的协作关系和语义表示，轻松适应冷启动场景。此外，作者还设计了一种自适应任务，可以自适应地选择KG信息进行学习，以防止模型被噪声信息干扰。MetaKG架构如图9所示。

知识图谱在推荐理由生成中的应用

推荐理由能提高推荐系统的可解释性，让用户理解生成推荐结果的计算过程，同时也可以解释item受欢迎的原因。

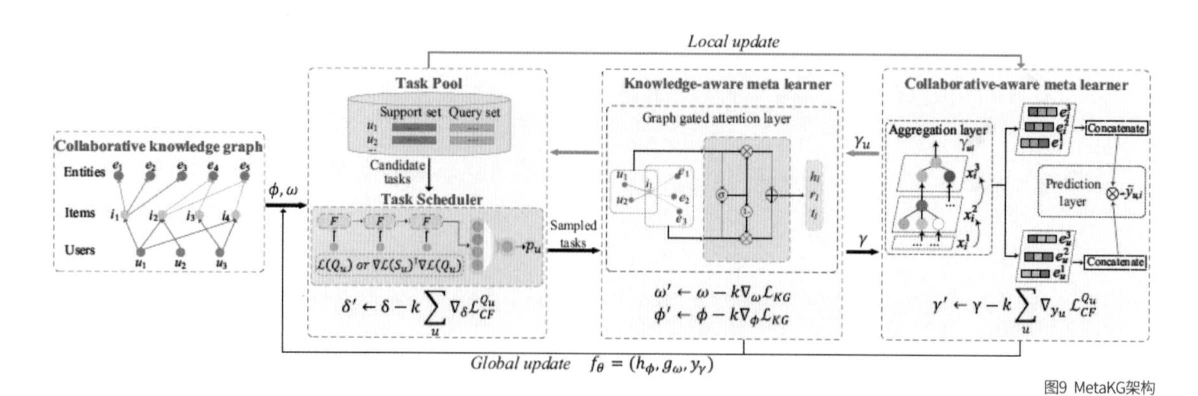

图9 MetaKG架构

早期的可解释推荐主要以模板为主，模板好处是保证高可读性和准确率，但需要人工整理，且泛化性不高，给人一种重复的感觉。后来发展成不需要预设的free-form形式。在知识图谱上，以其中一条高分路径作为解释向用户展示。对应的基于user-item知识图谱的路径推理建模方法有多种，例如具有代表性的KPRN[7]和ECR[8]等，该类模型主要思想是通过用户的历史行为，寻找一条item评分最高的最优路径。

知识图谱在推荐排序中的应用

KG可以通过给item用不同的属性进行链接，建立user-item之间的interaction，将uesr-item graph和KG结合成一张大图，捕获item之间的高阶联系。传统的推荐方法是将问题建模为一个监督学习任务，这种方式会忽略item之间的内在联系（如凯美瑞和雅阁的竞品关系），并且无法从user行为中获取协同信号。

而Wang等[9]设计了KGAT算法（见图10），首先利用GNN迭代对embedding进行传播、更新，从而快速捕捉高阶联系。其次，在aggregation时使用attention机制，并在传播过程中学习到每个neighbor的weight，反映高阶联系的重要程度。最后，通过N阶传播更新得到user-item的N个隐式表示，用不同layer表示不同阶数的连接信息。KGAT可以捕捉更丰富、不特定的高阶联系。

Zhang等[10]提出的RippleNet模型（见图11），其关键思想是兴趣传播：RippleNet将用户的历史兴趣作为KG中的种子集合（seed set），然后沿着KG的连接向外扩展用户兴趣，形成用户在KG上的兴趣分布。RippleNet最大的优势在于，它可以自动地挖掘从用户历史点击过的物品到候选物品的可能路径，不需要任何人工设计元路径或元图。

总结

综上，我们主要围绕推荐介绍了图谱构建详细流程，对其中的困难和挑战做出了分析。同时也综述了很多重要的工作，并给出具体的解决方案、思路和建议。

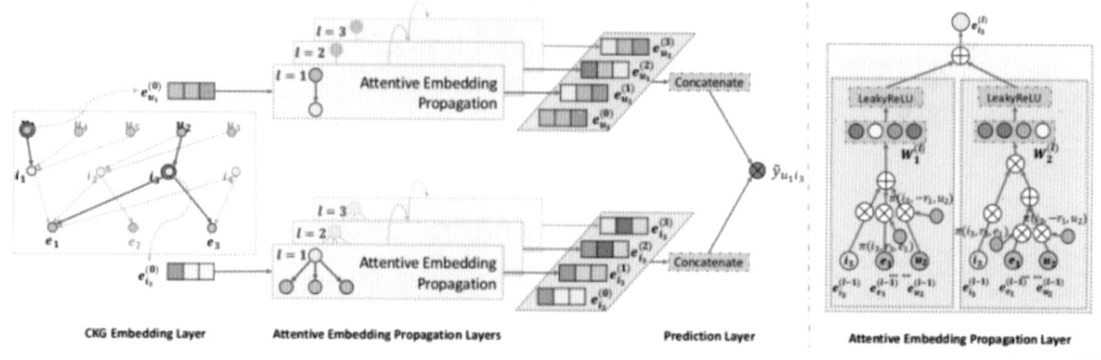

图10 KGAT算法

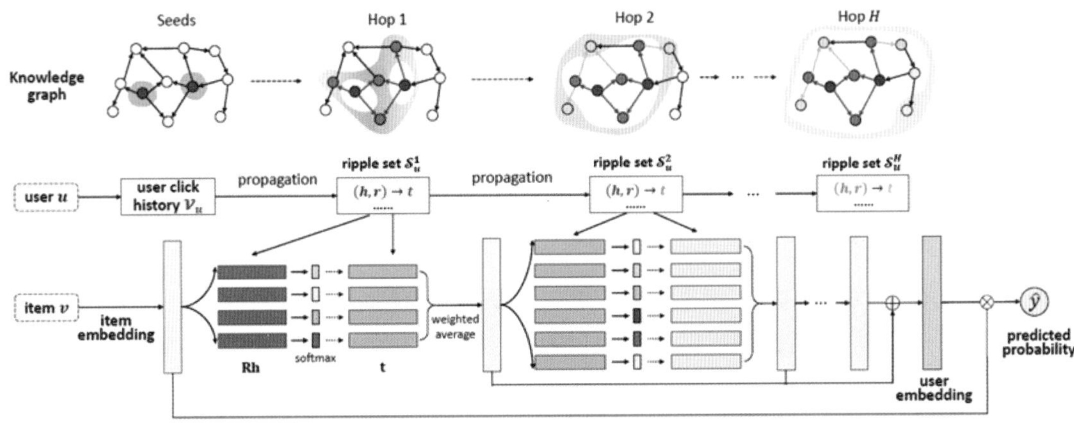

图11 RippleNet模型

最后介绍了知识图谱的应用，特别是推荐领域中冷启、可解释性、召回排序等方面，介绍了知识图谱的作用和使用。

赵星泽

任职于汽车之家智能推荐部，从事舆情分析、知识图谱等相关工作。主要包括舆情声量与情感交叉结果识别、舆情模型构建及优化、车系图谱Schame设计与构建、知识更新等。基于内容理解和知识积累，为推荐以及B端业务赋能。

余淼

任职于汽车之家智能推荐部，从事知识图谱相关工作。工作主要涉及知识图谱构建、非结构化文本知识挖、图数据库的知识存储与查询效率的优化，以及知识图谱在推荐可解释性方面的应用。致力于通过知识图谱增强内容理解能力，并赋能于汽车领域的推荐。

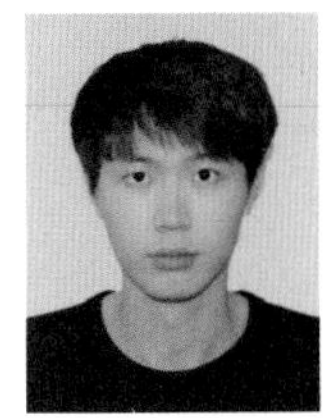

谢南

任职汽车之家智能推荐部。算法方向包括图文相似计算、内容质量，以及图谱应用构建，支撑智能推荐效果提升以及用户体验提升。

李本阳

任职汽车之家智能推荐部，哈工大自然语言处理方向硕士。关注在汽车之家的内容理解能力的构建，包括多模态标签体系、情感以及图谱等维度建设，支撑智能推荐等业务。

参考文献

[1] Kim S，Oh S G．Extracting and Applying Evaluation Criteria for Ontology Quality Assessment［J］．Library Hi Tech，2019.

[2] Protege: https://protegewiki.stanford.edu

[3] DocBert，[1] Adhikari A， Ram A， Tang R, et al. DocBERT: BERT for Document Classification[J]. 2019.

[4] JanusGraph，https://docs.janusgraph.org/

[5] Sang L, Xu M, Qian S, et al. Knowledge graph enhanced neural collaborative filtering with residual recurrent network[J]. Neurocomputing, 2021, 454: 417-429.

[6] Du Y， Zhu X， Chen L, et al. MetaKG: Meta-learning on Knowledge Graph for Cold-start Recommendation[J]. arXiv e-prints, 2022.

[7] X.Wang, D.Wang, C. Xu, X. He, Y. Cao, and T. Chua, “Explainable reasoning over knowledge graphs for recommendation,” in AAAI, 2019, pp. 5329–5336

[8] Chen Z， Wang X， Xie X, et al. Towards Explainable Conversational Recommendation[C]. Twenty-Ninth International Joint Conference on Artificial Intelligence and Seventeenth Pacific Rim International Conference on Artificial Intelligence {IJCAI-PRICAI-20. 2020.

[9] Wang X， He X， Cao Y, et al. KGAT: Knowledge Graph Attention Network for Recommendation[J]. ACM, 2019.

[10] Wang H， Zhang F， Wang J, et al. RippleNet: Propagating User Preferences on the Knowledge Graph for Recommender Systems[J]. ACM, 2018.

招商银行知识图谱的应用及实践

文 | 李金龙　贺瑶函　郑桂东

“知识就是力量”我们耳熟能详，但培根的这句话其实还有后半句“更重要的是运用知识的技能”。对于人工智能来说，知识图谱就是其如何对知识进行运用的技能体现。在金融领域，如何运用这一技能更好地理解客户需求，提高业务效率和客户满意度，同时进行风险管理？招商银行给出了他们的答案。

知识图谱是一种用于描述实体、属性和它们之间关系的结构化语义网络，通常以图形模型的形式呈现。知识图谱可以帮助机器理解信息，并支持自然语言处理、搜索引擎优化等领域的发展。应用在招商银行的业务场景中，我们自底向上将知识图谱主要分成三个概念：底层为基于图数据库的复杂网络分析算法；中间层是数据语义网络算法；上层形成专家知识表示，并通过认知计算在行内各个场景中综合应用。

招商银行知识图谱的三种内涵

我们通过搭建领域内知识图谱（见图1），将行内业务场景通过语义表示形式，形成新的知识赋能于各个场景。

复杂图分析

知识图谱在基于符号表示的基础上，也可以利用图分析算法学习图的特征，为图谱中的每一个实体和关系提供一个对应的向量表示。同时，利用向量、矩阵或张量间的计算，实现高效的知识推理计算。图数据库的高速发展为大规模的图查询和图计算提供技术保障，从而开展复杂网络分析任务，广泛应用于金融领域的营销、风控等场景。

语义网络

语义网络（Semantic Web）由蒂姆·伯纳斯-李于2001年在《科学》杂志率先提出，知识图谱也可以看成是一种数据语义网络。语义网络中的节点可以代表一个概念（Concept）、一个属性（Attribute）、一个事件（Event）或实体（Entity），而弧则用来表示节点之间的关系，弧的标签则指明了关系的类型。知识图谱用图的形式表示知识，基于联邦式知识图谱，实现各个图谱知识之间的

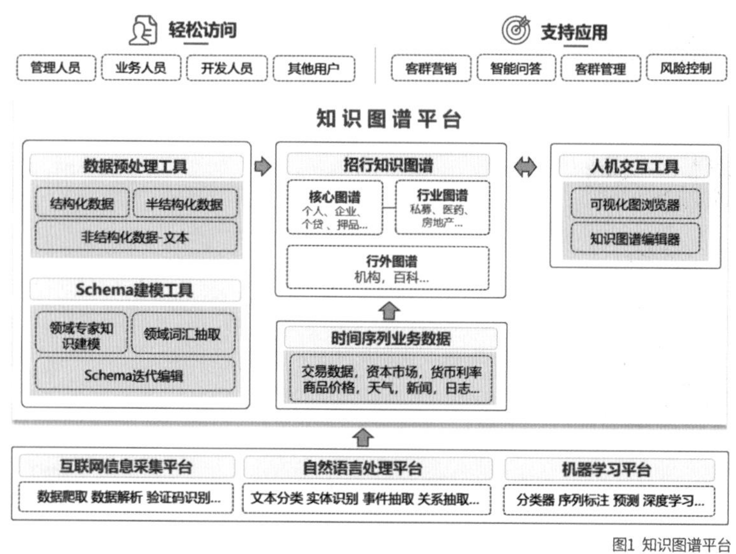

图1 知识图谱平台

互联互通，从而实现图谱全局的推理和预测。

专家知识表示

知识图谱（Knowledge Graph）是图关联结构化的知识库，用于以符号形式描述物理世界中的概念及其相互关系，其基本组成单位是“实体—属性—实体”的三元组形式，实体间通过关系相互联结，构成网状的知识结构。知识图谱通过图谱结构存储专家知识，可以服务于认知计算领域，在涉及文本信息获取与处理的场景提供了可解释性的判断准则，实现了信息获取的系统化和智能化（见图2）。

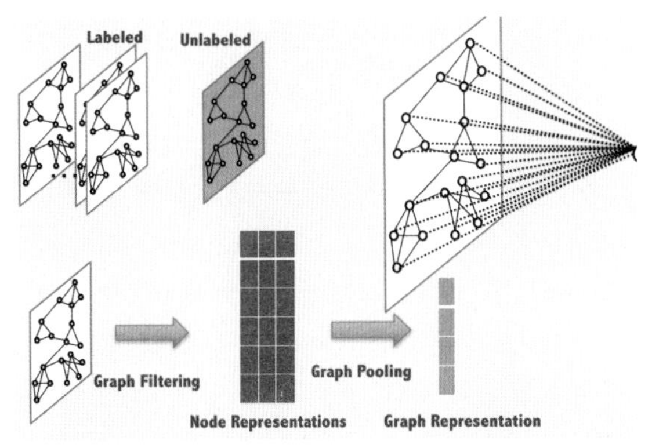

图2 图谱关系的分布式表示

金融领域实践

目前知识图谱在金融行业中使用广泛，其结构化的知识能够帮助银行更好地对复杂信息进行处理和理解。知识图谱在招商银行的构建是按照“3+1层”划分的：第一层是知识层，该层的工具和知识主要应用于认知计算领域，如知识中心、智能审核、AI质检等场景；第二层是数据语义网络，如联邦知识图谱的构建；第三层是图数据库，用于营销、风控和反洗钱等决策模型的效率提升；第四层是综合类应用，如投研领域，可应用于面向客户的智能化在线投资顾问场景。

统一知识中心的建设和相关应用支持——智能审核、质检

银行业作为知识密集型领域，其各个业务场景每日能够产生大量的非结构化数据。将这些知识形成一套统一的规范、标注，从而方便全行各个机构进行生产工作、知识分享等任务，最终达到知识产生价值，一直是需要持续改善的痛点。为形成一套符合AI发展的知识规范，招行花了多年时间将行内多年积累的各种知识进行整理、分析和组织，形成一套统一知识管理中心，其应用AI技术进行融合知识管理、语言表示、语义算法、知识活用，最终有效地支持知识的智能化运用。

在底层数据的应用上，将各类业务文档、规章制度、专业知识、问答知识、资讯、内部论坛等数据统一在招行知识中心，并通过数据库、图谱等形式进行存储。在上层能力上，业务可以通过知识拆解、编辑、授权、搜索，以及场景部门个性化知识推荐等形式，通过招行各个渠道进行场景知识共享和智能化服务，并结合预训练语言模型等进行规则推理和发现，从而达到辅助业务进行智能化推理和应用。

联邦知识图谱的建设和应用

联邦式知识图谱是知识图谱与开放生态的组合。在一般场景下，联邦知识图谱为银行内部各个部门业务方数据互联，且引入了部分外部行业工商数据等，对开放协作提供了支撑，同时也是金融大脑的重要组成部分。在这种理念下，我们构建了一种联邦知识图谱，能够支持社区发现、标签传播、PageRank等常见图分析算法。对外引进了全量工商数据，搭建了海量级实体关系图谱，对内融合行内零售数据、对公精品资产数据，赋能对公、零售等多个业务场景，进行优质服务输出（见图3）。

复杂图分析和相关应用

传统的图分析主要基于特征工程的技术方案，通过统计图结构特征，结合下游机器学习模型，从而完成整体建模。随着GCN、GAT系列的图神经网络算法日趋成熟，工业界可以实现将实际业务领域知识图谱完成向量化表示，预测并挖掘出原本未显示存在的关联关系，从而应用于后续的营销和风控场景。

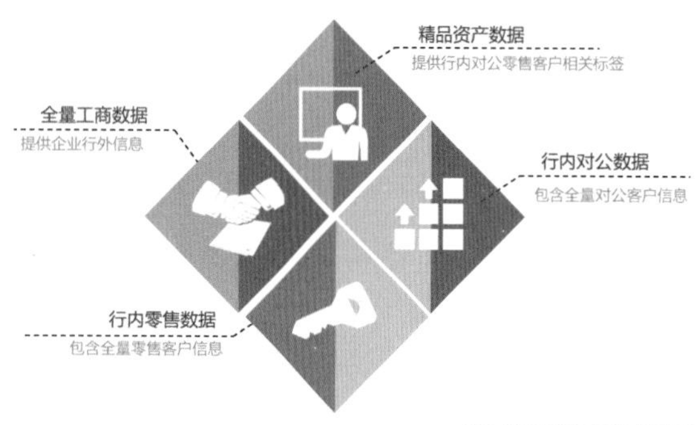

图3 联邦知识图谱数据来源

在营销活动方面，利用知识图谱的节点向量化表示寻求由点及面的传播扩散效果。粉丝放大器基于Look alike的思路，将已转化客群作为种子客户，通过一定的评估算法挑选与种子客户极为相似的目标受众作为营销对象，从而达到转化放大效果，显著提升营销活动的平均成功率。

在风控领域的应用中，依托复杂关联关系，全面丰富零售和对公客户画像，将原来以个体视角看待问题改变为从客群角度解决问题，通过分析零售客户和对公企业之间存在的股权、交易和事件等关系，建立风控模型，挖掘潜在风险关联团，探索风险传导路径，从而有效辅助银行规避风险。

金融领域内的综合类应用

财富管理和对话客服是知识图谱能力在金融行业上层两个场景中的重要应用。招行面对不同客户的业务能力进行整合，以差异化、有针对性的技术服务有效覆盖处于不同阶段、不同行业、不同特征的客户。

财富管理是客户服务中的重要内容，需要了解客户实际诉求，寻找适合的资管供应产品，通过资产配置、持仓调优来实现价值最大化。其中，AI投研能力是财富管理的重要基础，招行的AI投研能力底层依据于大量图谱数据，集成了舆情分析、研报分析、观点生成等各种AI技术能力，通过联邦知识图谱计算出个性化合理财富搭配，形成用户个性化画像标签，最终提供合理的用户资产配比。

对于对话客服引擎，招行于2021年推出了智能投顾助手——AI小招助理。技术上，通过领域分类和槽位识别，进入智能理财顾问的预设服务，从而合理引导用户进行理财投顾任务回答。基于知识中心问答库知识训练金融客服语义理解引擎，形成语义分类和语义匹配类知识问答能力解决用户咨询类问题。并结合理财场景特点，搭建了大量基金、理财、保险、黄金等产品知识图谱，构建了实体识别、实体消歧、语义分类等能力。最终形成了一个知识图谱+知识库问答+任务型问答的投顾机器人，辅助客户经理助力客户进行理财。

大模型对知识图谱工作范式的冲击

传统的知识图谱从构建到上层的应用都需要将文本任务切分成各个子任务场景来解决，如知识发现、知识挖掘、知识表示、知识推理、知识应用等任务，涉及非结构化数据清洗和抽取、分词、语义角色标注、实体抽取、关系分类、实体消歧、语义匹配、图谱查询和图谱推理等任务，其与人类的完全端到端的知识网络构建流程有所出入。这种传统的方式注定需要耗费大量人力和时间去微调各类子任务，此外，每个任务流程都需要大量高质量的微调数据集。这些数据集用于形成场景化预训练小模型的微调任务，然而，子任务之间的错误最终会影响应用的准确率。

而像ChatGPT类的大语言模型依靠大规模参数量和高质量人类反馈机制学习，能够很好地模拟人类，让模型初显AI的能力。我们可以看到，原本自然语言处理领域的传统范式和以BERT为代表的场景化微调方法已经不再适用。取而代之的，是大模型可以凭借其突现能力以及强大的常识、推理和交互能力，基于统一范式处理大部分的NLP下游应用，且生成效果逐步接近真实世界，以至于非领域专业人士很难辨明内容真伪。

大型语言模型有可能彻底改变我们处理知识图谱的方式。知识图谱是表示复杂知识结构和关系的强大工具，但需要大量的工作来构建和维护。大型语言模型可以自动化处理许多构建和维护知识图谱所需的任务，如实体识别、关系提取和分类匹配等此类语义理解任务。在大模型的冲击下，我们不得不思考，知识图谱是否可能实现新的统一工作范式，将知识图谱中存储的知识关联有机融入大模型中，教会大模型掌握图谱的知识和推理能力，从而实现下游应用的端到端统一工作范式？

为了应对这些挑战，我们需要开发新的技术和工具，将大模型与知识图谱集成。一种方法是使用自然语言处理技术，从大模型生成的无结构文本中提取结构化数据，这可以确保大模型生成的信息在知识图谱中得到准确表达。另一种方法是通过开发技术，结合知识图谱来检测和纠正大模型生成中的错误，将事实性结果融合进大模型，让其生成效果更具有可信度。

总之，应对大模型对知识图谱的影响需要结合技术专业知识、领域知识和创造力。通过开发新的算法和工具，结合大模型的力量创建更强大和准确的知识图谱，也可以利用知识图谱来提升大模型在知识运用、推理方面的准确性。

结语

知识图谱是一种基于人工智能的技术，用于构建知识库，并将其表示为具有实体和关系的图形模型。在银行业务中，知识图谱有着重要的作用。通过建立银行业务领域的知识图谱，银行可以更好地了解客户需求、产品信息、市场趋势等，从而提高业务效率和客户满意度。

知识图谱可以帮助银行构建智能客服系统。在客户服务方面，知识图谱可以帮助银行构建自然语言处理系统，通过理解和分析客户的问题，提供更准确和及时的解决方案。

此外，知识图谱可以协助银行进行风险管理。银行业务的风险管理需要收集、整合和分析各种信息，包括市场、客户和资产负债等信息。知识图谱可以帮助银行将这些信息整合成一个全面的风险管理知识库，从而更好地识别和管理风险。

不仅如此，知识图谱还可以协助银行进行产品推荐和交叉销售。银行可以利用知识图谱对客户需求和历史交易数据进行分析，然后基于这些数据为客户推荐更适合的产品和服务，同时还可以通过交叉销售提高客户价值。

总之，知识图谱在银行业务中的应用前景非常广阔，它可以帮助银行更好地理解客户需求，提高业务效率和客户满意度，同时也有助于银行进行风险管理和产品推荐等方面的工作。而在目前如ChatGPT等生成式大模型的加持下，如何与传统知识图谱结合以更好地服务客户和不断提高自身竞争力，也值得持续探索关注。

李金龙

现任招商银行人工智能实验室主管。带领团队从事人工智能技术的研发以及在智能金融领域的应用。主持的科技项目荣获中国银保监会一等奖、中国人民银行科技发展二等奖两次、参与CF40《中国智能金融发展报告》各期编写、参与人工智能领域学术论文十余篇、国家专利数十项。

贺瑶函

招商银行人工智能实验室智能科学研发工程师，毕业于清华大学自动化系。加入招商银行以来，主要研究方向包括自然语言处理、知识图谱的构建和应用等，打造产品招行智网，服务于全行的营销和风控应用。

郑桂东

招商银行人工智能实验室智能科学研发工程师，硕士毕业于哈尔滨工业大学，主要从事自然语言处理、语音识别、预训练语言模型等算法研究，参与招商银行知识图谱问答系统等智能对话引擎算法落地应用工作，在国内外会议上发表多篇论文。

互联网音频业务全球化的人工智能技术实践和未来展望

文 | 刘冶

在知识付费的时代趋势下，承载内容生产的媒体平台成为内容生产者的聚集地，包括视频、音频、文字在内的多媒体数字化平台正在如火如荼地发展。其中，基于互联网的音频业务全球化市场规模也在持续增长。本文将对过去和当前互联网音频行业全球化中的人工智能技术实践进行回顾和总结，并展望未来技术在行业的发展趋势。

近年来，基于互联网的音频业务全球市场规模持续增长，在线音频业务平台生态和产品形态不断多样化，为互联网用户提供了音频类播客、直播、社交、游戏等服务场景。而从音频产业的创新技术发展来看，近十年，底层深度学习框架推动了AI在这一领域的产业化落地。基于市场和技术的双重作用，人工智能技术在音频业务中有了广泛的实践空间。

音频内容业务的应用：推荐、搜索

互联网音频平台的兴起，为用户生产内容（User Generated Content，UGC）和平台生产的专业内容（Professional Generated Content，PGC）在音频领域的发展提供了条件。用户和平台生产了海量的音频内容，内容分发的效率和质量成为音频业务发展的关键。而由于传统人工运营编辑的模式无法满足用户“千人千面”的个性化需求，基于人工智能技术的音频内容推荐和搜索随之兴起，对于音频播客内容的分发起到重要作用。

推荐

推荐系统的核心是人工智能领域的机器学习算法，通过用户对音频内容的播放、点赞、评论、收藏等行为进行大数据存储和分析，结合机器学习训练算法模型，从而预测用户对音频内容的喜好程度，对每个用户构建个性化的音频内容列表，提升分发效率。

如图1所示，在工业级应用技术实践中，基于人工智能技术的音频内容推荐系统的构建，主要包括“召回”和“排序”两个重要步骤，对应推荐系统的召回引擎和排序引擎。召回引擎主要实现对每个用户匹配的音频内容范围的选择，通过数据采集系统管理多个不同的数据源，并基于大数据计算和存储中心实现数据仓库架构搭建来提供数据标签和特征，将数据标签和特征作为机器学习算法的训练数据构建模型。

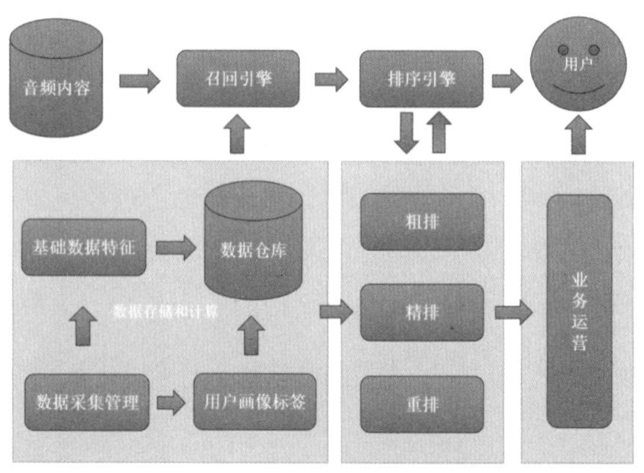

图1 互联网音频内容个性化推荐系统技术框架

在通常的业务实践中，将用户的关键数据标签和特征称为用户画像，用户画像系统为召回引擎提供重要的数据支撑，是实现个性化音频内容推荐的数据核心。在实际技术应用中，召回环节主要从海量数据中选取一定范围的音频内容，并提供给后续的排序环节。由于召回音频内容的候选集合通常数据量较大且需要在线实时更新，因而召回模块的设计需要考虑轻量和低延迟。排序引擎则主要负责对召回音频内容的粗排、精排、重排，最终实现提供给用户个性化的音频内容输出。在推荐系统的构建中，协同过滤是人工智能的一种重要应用，通过用户画像数据和音频内容数据的评分矩阵，运用机器学习模型进行最优化求解，从而得到对每个用户推荐音频内容的排序。

搜索

搜索系统为用户提供音频内容查询的窗口，用户通过输入文字表达希望获取的音频内容，通过搜索系统对用户的查询进行分析，从大规模音频内容中选取满足用户需求的内容返回，实现基于用户意图的音频内容高效分发和匹配。

互联网音频平台的搜索系统设计和实现，同样以人工智能技术为基础，既包括对用户输入的文字信息的智能分析和理解，也包括对音频内容的分类和索引，以及将用户输入信息与音频内容实时匹配并返回的模型算法。对于用户输入文字信息的理解，需要通过自然语言处理算法，实现分词和关键词提取，并理解用户搜索意图。基于音频内容分类标签建立索引，将经过分析提取的用户搜索关键信息，通过排序学习的模型算法，对用户搜索信息与音频数据库中的相似内容进行匹配评分，实现有效匹配并以列表形式返回音频内容。

音频互动娱乐的精细化运营：业务风控、广告投放、知识图谱

实时音频技术（Real Time Communication，RTC）的发展和成熟，将音频行业从播客节目录制的阶段带入了实时音频直播互动娱乐的时代。而音频直播互动娱乐的形式多样化，使得用户与音频直播平台的互动更加紧密，因此音频行业的精细化运营显得尤为重要。人工智能技术的持续发展，在业务风控、广告投放、知识图谱等多方面为音频互动娱乐业务的精细化运营提供了核心技术赋能，拓展了人工智能在音频业务中的应用。

业务风控

在业务风控方面，人工智能技术和大数据能力的结合，能够助力音频互动娱乐场景的智能业务风控建设。事实上，随着平台内容逐渐丰富的同时，大量用户在线的实时互动娱乐场景也带来了业务风险，例如：在注册登录的场景中，通常会出现互联网流量虚假注册；在用户支付的场景中，需要识别未成年支付和用户账号被盗取的情况；在营销活动中要及时发现模拟器操作以保障平台和用户权益。特别是在平台开展用户活动进行精细化运营的场景下，不仅存在平台的整体运营活动计划，对于每类相似的音频直播栏目都会动态制定和调整运营活动。在这种多场景深度运营的情况下，平台仅通过运营人员进行人工的风险识别显然已不能完全满足实际业务发展需要，需要构建业务风控能力实现平台的可持续运营。

通过AI，能够实现业务场景风险感知和风险事件精准拦截，从而降低运营的成本。如图2所示，在注册登录、用户支付和营销活动等场景中，智能风控系统都发挥了重要作用，包括风险数据标签、策略规则引擎、机器学习算法、在线风控模型等核心风控模块。其中，机器学习算法基于风险标签特征进行训练，能够实现在线风控模型的实时风险评分，结合评分数据支撑业务风控场景。

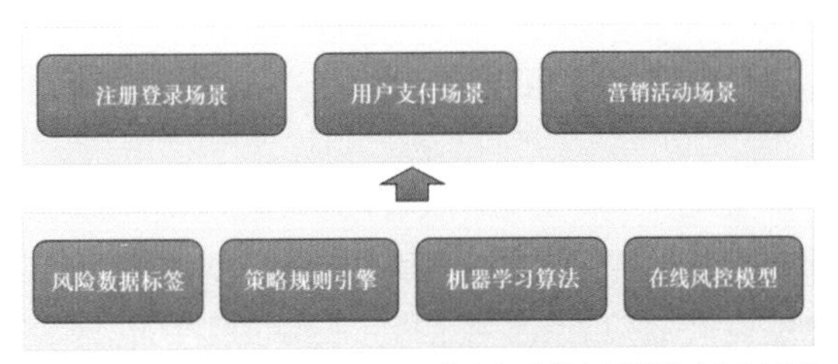

图2 结合人工智能和大数据技术的业务风控

在实践应用中，为了提升智能风控系统在多场景的通用性，会将不同场景的策略规则和风控模型通过平台化方式集成，实现多场景共享相似的规则和模型。同时，智能风控系统在通用化的基础上，还需要对特定场景进行适配，将多个业务风控能力叠加和应用。例如，在用户支付场景中，为了增强支付风险识别的准确度，会首先通过风险数据标签评估当前用户设备的支付安全性，接着调用策略规则引擎以识别用户近期支付规律是否存在与过往差别较大的情况，然后再调用在线风控模型输出风险程度的评分决定是否调用短信校验和人脸识别功能进行二次确认。

广告投放

在广告投放场景中，获取匹配音频直播兴趣属性的用户成为最关键的一环，人工智能技术应用在互联网广告中产生了“计算广告”的技术方向。通常，在互联网广告投放的场景中会同时获取多家媒体渠道的流量，较为准确地判断音频平台的渠道新增用户归属，便能够将媒体数据和平台数据打通，进而分析计算不同媒体渠道的用户质量，是实现精细化投放的核心。通过海量媒体点击日志的数据分析实现智能广告渠道归因，成为音频直播平台的关键技术能力。具体地，在音频产品的广告投放中，对于多个媒体同时进行广告计划，智能广告渠道归因系统会先从这些媒体获取并汇总点击日志，再通过产品中用户的注册或登录等关键行为的时间点与点击日期进行匹配，从而根据规则确定音频平台产品的新增用户来源。

知识图谱

在知识图谱方面，因为业务精细化运营带来了对音频用户关系挖掘的需求，通过构建用户关系图谱可以获取兴趣相似的用户群体，进而推动了这一研究在音频直播的落地。在用户关系图谱的实际应用中，通常用实体表示用户、内容等，实体和实体的连接称为关系，如平台用户对平台用户的关注关系、平台用户对直播内容的点赞或收藏关系等。通过实体和关系的三元组的设计，可以将音频直播平台的用户之间、直播内容之间、用户与直播内容的多种关联通过图数据结构的方式进行表达，进而通过图神经网络实现关系的分析和预测。在实际业务场景中，基于图神经网络的关系预测，可以实现在线用户实时匹配和直播内容快速接入，在运营层面为用户带来更好的体验。例如，在实践场景中，通过用户关系图谱可以获取对相同直播内容点赞或收藏的用户，从而针对每个音频内容快速圈选出用户群，基于用户群分析用户群体画像的特征，形成对于相似直播内容匹配用户群的数据模型，实现对直播内容进一步拓展的目标用户定位。

音频社交场景的核心能力：语音识别、语音合成

深度学习的兴起进一步推动了人工智能技术的发展，特别是在自然语言的分析、理解、处理上近年来取得了突破进展，在语音识别和语音合成方面的深度学习模型能够取得接近人类的效果，也使得通过人工智能技术打造全球化的互联网音频社交产品成为可能。如图3所示，在音频互联网业务产品实践中，通常采用的是基于人工智能的音频社交技术架构。

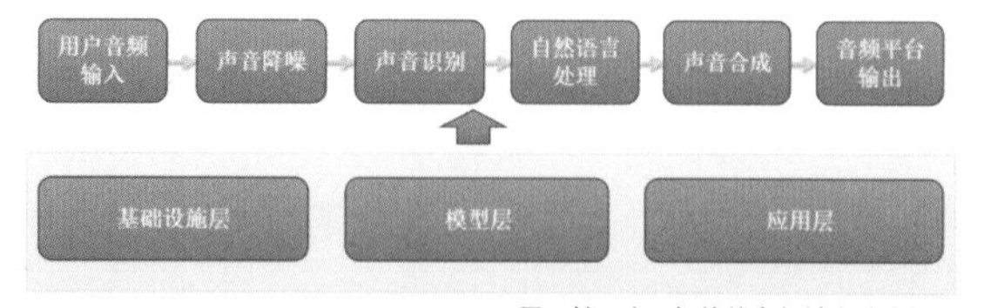

图3 基于人工智能的音频社交技术架构

语音识别

语音识别技术的诞生和发展，使得用户可以在音频社交场景下通过语音实现与系统的信息交互，不再限于文本内容信息的交流，同时语音信息表达的内容还包括了情绪和情感，能够让音频社交的形式更加生动。基于深度学习技术的语音识别，催生了端到端的系统架构设计理念，将输入的音频转化为声谱图作为深度学习模型的输入，进而对应到输出的文本字典。通过语音识别深度学习模型的改进，还能将语音识别技术能力拓展到音频的情绪和情感分类识别，从而在音频社交业务场景中实现文字内容和情绪情感的结合。例如，可以在业务实际场

中，通过音频识别用户的情绪情感，从而匹配与当前用户状态接近的内容。

语音合成

语音合成同样是音频社交场景的关键技术之一，实现了系统具备类似人类产生音频的能力。传统基于人工智能的语音合成技术包括文本分析、声学模型、音频合成等多个复杂的模块和环节，随着深度学习端到端技术的发展，语音合成技术的效果得到了提升，进一步简化了语音合成在语音社交的技术集成复杂度。语音合成技术能够与语音识别有机结合，实现用户在音频社交场景与平台的实时信息交互。例如，在业务场景中实现基于人工智能的合成变声功能，使得用户获得更有趣的使用体验。

荔枝集团人工智能工程实践：基于云原生的智能计算平台

荔枝集团技术团队在人工智能工程实践中，构建了基于云原生的智能计算平台，尝试解决人工智能技术在业务产品实际落地中面临的难点，主要包括以下两个方面：

- 降低人工智能算法模型上线的流程和复杂度。通过智能计算平台多模块深度集成，将计算和存储资源申请、开发运行环境配置、训练数据预处理、模型训练和效果评估、训练任务调度、模型发布线上服务等环节模块化，并融入实际工作流程。
- 对智能计算平台资源的集约化管理。通过对集群整体CPU和GPU资源的动态分配，实现根据业务场景的弹性伸缩和资源调度，并灵活适应业务发展下的智能服务迁移和扩容，使得算法开发人员可以聚焦在提升智能模型效果的关键环节。

同时，智能计算平台的架构设计需要建立在全球化多地区混合云的基础设施上，满足不同类型的智能场景需要，包括但不限于：推荐、搜索、业务风控、广告投放、知识图谱、语音识别、语音合成、聊天对话等。

在业务工程实践中，如图4所示，荔枝基于云原生的人工智能计算平台架构可以分为：系统运维监控，以及业务层、能力层、分布式计算框架、资源管理、硬件设施等。业务层主要是提供多场景的智能服务接入，能力层则通过建模组件、开发工具、模型训练、镜像管理的核心模块提供智能模型能力，基于Kubeflow的拓展，支持Horovod、Ray、Spark、Valcano等分布式计算框架实现模型的快速训练和推理，资源管理和硬件设施结合通过Kubernetes和Rancher实现资源调度、资源隔离、集群管理并集成分布式存储，整个智能计算平台则通过Prometheus进行系统运维监控。

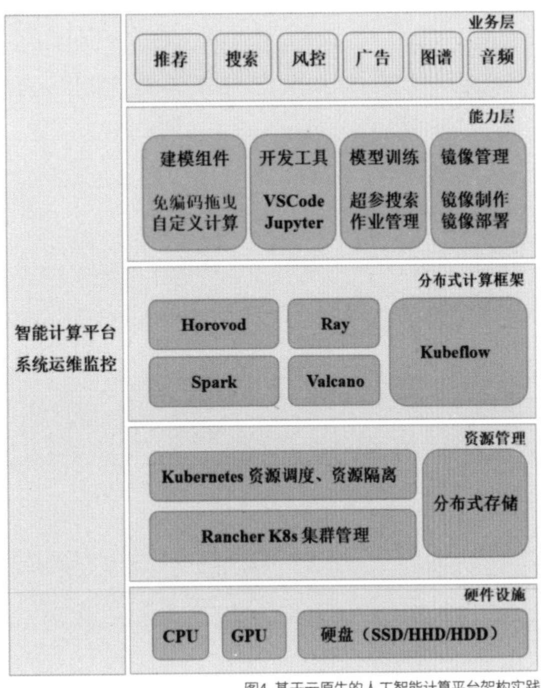

图4 基于云原生的人工智能计算平台架构实践

总结和展望

通过在互联网音频行业实践的回顾，可以看到人工智能技术近年来由点到面、由浅到深地在行业实践中不断拓展，从音频播客内容分发的最初形态，逐渐结合实时音频通信技术延展到音频直播互动娱乐的精细化运营场景，并通过语音识别和语音合成等深度学习模型技术进一步赋能音频全球化社交业务产品。

当前，新一代人工智能技术仍在持续快速发展，以人工智能生成内容（AI Generated Content，AIGC）为代表的技术被认为是继UGC和PGC之后全新的内容生产方式，技术的进步为互联网音频行业的长期发展带来更多空间和可能性。

在音频内容的制作和产生上，可以以创作内容版权保护为基础，通过人工智能生成内容，为用户和平台创作者提供更高效的工具，丰富平台内容生态体系。同时，音频内容通过与计算机视觉深度学习模型结合，也能够在互联网广告投放素材的创作上带来效率的持续提升。

互联网音频平台在播客、直播、社交的形态上，会进一步与游戏场景结合，通过人工智能生成内容实现多场景融合，在声音的基础上增加游戏虚拟形象，为用户提供更丰富的服务场景和体验，帮助人们用声音连接彼此，更紧密沟通，更快乐生活。

随着基于人类反馈的强化学习（Reinforcement Learning with Human Feedback）技术的飞速发展，以ChatGPT为代表的人工智能模型已经能生成与人类需求、认知、价值相似的内容，这也为互联网音频行业带来了机遇和挑战。未来，音频业务场景会进一步向更智能、更易用、更贴近用户的产品形态发展，通过人工智能生成模型实现在线声音聊天机器人已经成为可能，同时，对于音频内容的质量和信息安全也将带来更高的要求。

刘冶

荔枝集团大数据部总监，广东省计算机学会大数据专业委员会委员，负责荔枝集团的数据平台、数据仓库、数据分析、数据应用、算法平台、智能推荐、智能搜索、智能风控的技术研发和团队管理，主要研究方向为大数据与人工智能。

系统性创新，正成为AI变革智能制造的新动能

文 | 吕江波

智能制造作为人工智能的重点落地领域，近十年来被寄予了极高期待。然而，在生产流程更为复杂、技术安全要求更高的制造业中，人工智能很难作为单一技术实现生产的全方位整合，往往需要多技术复合能力和系统创新能力，覆盖生产制造整个流程，贯穿设计、生产、管理、服务等环节。通过体系化技术升级，制造过程才能实现智能化，达到自感知、自学习和自执行。

近年来，人工智能取得了很大的进步。从2016年横空出世的AlphaGo，到2022年年底引爆互联网的ChatGPT，人们逐渐认识到，人工智能将无处不在，正在影响各行各业和我们的日常生活。

在制造领域也是如此。自《中国制造2025》等指导文件制定后，企业对数字技术应用的认知大幅提升，我国智能制造行业保持着快速发展。以机器视觉和深度学习为代表的技术在产业中的应用逐渐深入，尤其是在工业质检、高端制造等场景中受到越来越多的青睐。

但与此同时，要想进一步推进基于深度学习的机器视觉系统在工业制造领域的落地，打造出色的工业智能系统则还面临很多挑战。

2019年，思谋科技成立。在创业过程中，我们对以AI为代表的硬科技如何应用于智能制造产业，逐渐形成了清晰和深刻的思考，并据此布局和构建公司的产品技术和业务服务体系。在这里，将我们的思考与经验分享给大家。

在智能制造领域，期待AI技术实现哪些突破?

与金融和企业软件等行业相比，工业制造业在实施数据驱动的人工智能解决方案方面挑战相对更多，难度通常更大，这其中有很多原因。

例如，工业制造领域的数据极度短缺，产品形态多变且场景复杂，算法模型的训练成本高；大多数工业系统的控制速率在毫秒级，再加上安全与隐私方面的考虑，制造环境中的AI计算通常需要在边缘设备中执行；此外，工业制造流程复杂，需要多领域的通力协同，为技术的实施增加了难度。

结合业务场景，我们认为当人工智能应用于工业制造时，还有不少值得关注和持续创新的系统性研发方向，如计算成像、小数据智能、AutoML、边缘智能与适应性模型加速技术、智能机器人等，下面我们分别具体介绍。

计算成像

精准成像就像人的眼睛一样，是感知与视觉计算的前提，制约着算法的应用范围。计算成像是融合光学硬件、图像传感器和算法软件于一体的成像技术，突破了传统成像技术信息获取的瓶颈。在复杂的工业制造领域，计算成像技术可以解决不少成像难题，在信息获取能力、成像功能、核心性能指标上带来显著提升。

目前，我们在面向计算成像的光度立体视觉、多光谱成像等方面都进行了深入的研究和应用。例如，我们开发

的高速2.5D工业成像系统，核心成像算法部分包含了光度立体视觉算法，如最经典的朗伯光度立体法，通过多角度光源下成像的2D图像估算物体几何，有效提取物体表面的形状信息，然后依据下游任务，通过图像增强的后处理算法，对结果进行信息增强和信息提取。该系统在富有挑战的工业场景下进行充分验证，获得了优异的结果，能稳定成像出深度或宽度不小于0.5mm 的缺陷。

小数据智能

在精准成像基础上，机器需要“认识”大千世界，“理解”万事万物。为了达成这种识别能力，业界运用大数据和大模型都取得了飞跃性的进步，但在面对工业制造这样的传统行业时，直接的应用仍有许多困难。其中一方面原因在于：很多传统企业没有办法收集大量的特定数据来支撑AI的训练，而且不同场景存在样本不均衡问题。

未来AI在制造业的应用趋势之一是小数据智能，通过少量样例数据发现规律和模式，提高工业数据效率和准确性，满足多样化的制造场景，就像人类能够通过少量例子进行快速学习一样。

目前，小数据的潜力正在被业界所重视，处理方法已经越来越丰富，如小样本学习、迁移学习、自监督学习、数据合成等。这一块，我们已研发了如环境感知遮罩（Context-aware Prior Mask）和环境感知原型学习(Context-aware Prototype Learning)等方法，均能有效提升模型对于全新类别极少量样本的学习和定位能力。

AutoML

自动化的处理与优化能力是AI应用中的另一个挑战。以往的AI模型开发表现为智力密集型，需要具备丰富的专业知识和大量的时间来生成合适的模型。自动化机器学习AutoML，则是将AI模型开发过程中耗时的重复性任务进行自动化实现的过程。相比之下，AutoML可以简化算法模型开发流程，只需要少量代码就能生成模型，使工作变得更轻松高效。

制造业场景复杂，需要不断更新和优化AI模型，通过AutoML可以实现更加快速的模型自动化训练，使得不具备AI算法背景的人员也能轻松使用机器学习来解决问题、提升效率。AutoML有望实现普惠人工智能的愿景，也能帮助工业制造产业解决人才缺乏的问题。

边缘智能与适应性模型加速技术

工业领域由于隐私保护、实时性、可靠性等方面的考虑，往往需要在边缘侧具备很强的计算和智能化能力，以便交付最佳的终端设备解决方案。

边缘智能涉及更强的计算、存储、数据传输、安全的边缘网络等技术，而AI软件方面的一个重要方向是适应性模型加速技术，也就是在不影响模型精度、大大降低对硬件的需求度的情况下，提升模型运行速度。

目前，我们探索了多个维度来提升模型运行速度，包括神经网络搜索、知识蒸馏、网络量化等。针对知识蒸馏，提出了基于温习的蒸馏方式和基于知识图的蒸馏方式；在神经网络搜索上，设计了全新的搜索空间，并与知识蒸馏技术相结合，保持精度的同时压缩模型大小；在网络训练完成后的量化中，针对工业场景设计了特殊的校准方式和微调技术。

智能机器人

智能机器人是包括了机械、电子、控制等多种先进技术的综合体，是很多场景下实现智能制造的核心。如果说机器视觉是“眼睛”，那机器人则可以看作是机器视觉的“手”，两者结合，才能深入改造工业制造，这也是我们开发自己的软硬一体化设备的重要原因。

智能机器人在智能制造中应用广泛。其中，与深度学习等技术结合，可以具备准确的感知和决策能力，从而更好地理解和适应复杂环境；通过自然语言交互、多模态感知技术，可以与人类协同工作，例如在生产线上，机器人可以听取指示，使用摄像头和传感器感知周围环境，并根据指示进行精确操作，完成检测、识别、抓取、对位和装配等任务。

智能制造需要什么样的技术？

然而，仅通过AI技术的进步赋能制造业足够吗？根据我们的经验，越是深入工业制造，就越会发现，制造产业细分门类多、工艺流程复杂、专业知识要求高。AI算法只是解决方案中的一个组成，材料、方法、环境等因素，都可能成为关键，而这些问题会给纯软件的人工智能企业带来不小的挑战。

以在智能工业质检中应用广泛的视觉模型为例，除了模型性能，能够在资源受限的平台上最大化算法的效能和表现也很重要。有时候，视觉检测的前置条件——有效成像，更是重要环节。

我们曾为一家全球顶尖光学厂商设计镜片隐形二维码识别设备（这属于产品质量追溯的重要环节），需要在曲面类型多样的玻璃镜片上准确识别码点直径只有0.125mm的隐形二维码。这不是一个视觉识别算法那么简单，其中的技术问题难倒了这家光学厂商的几乎所有供应商和许多工业视觉公司。

我们最终的解决方案，不仅涉及视觉算法，其中最为关键的一环，是研发设计了一种特殊的膜材料。因为在识别镜片隐形二维码时，需要镜片的膜材料将光源分解为一束束直径比125μm还小的光束，隐形二维码才能显现出来，而膜的厚度与折射率等都会影响光的传播，某些角度下甚至可能在膜里产生全反射，导致二维码无法被检测。

为此，我们花了不少时间与精力，研究推理膜材料的加工原理，购买各种原材料进行验证，最终选择了一种多面体微钻石结构的光源反射膜，它能兼容不同曲率、不同折射率的镜头，使光束能从不同的方向平行射出，以便稳定成像并识别。

通过以上案例，我们想问，究竟该如何理解智能制造？简单来说，它是让制造拥有思考的大脑，需要用到人工智能、ICT技术，并且需要覆盖生产制造的整个流程，贯穿设计、生产、管理、服务，通过新的体系化的技术升级，让制造过程最终能够实现智能化，达到自感知、自学习和自执行。

在整个体系中，真正要达到解放人力、提升制造效率，需要的是跨学科融合与系统创新，涉及硬件设计、机械、自动化、电子、光学等多个学科领域。革新制造业，AI技术的突破是关键，但它更是一个系统性创新过程，只有构建完整的技术和产品的体系化能力，才能服务好智能制造。

系统性的技术创新和产品架构

在发展的过程中，我们构建了包括软件与数字化系统、智能传感器、智能一体化设备的产品体系。结合工业领域的视觉检测场景，接下来我们将从精度、速度与稳定性三大方向来做进一步分享。

高精度方向

工业视觉检测不仅要求机器视觉系统给出定性的描述，还有着非常苛刻的量化标准，这就要求智能系统达到特定的精度，其中主要包括以下两点：

- 高精度测量。工业场景对生产出来的产品尺寸有着严格要求，尤其对于精密器件，一旦尺寸出现偏差，就会出现产品功能不良，导致生产停滞。在智能检测中，需要精准测量出产品的核心尺寸要求，对不良品进行预警，其中包括2D和3D场景的器件尺寸测量、器件距离测量、平整度测量等测量功能。
- 高精度识别。除高精度测量外，工业企业要求的识别精度也特别高，且同样面临各种现实挑战。例如，AI模型通常需要通过充足样本来完成训练，但在工业制造领域中，实际生产中的数据样本存在长尾现象，需要使用数据增广等技术来解决数据量不足的问题，同时应用正则化技巧进一步避免模型的过拟合。所需识别的缺陷图片和正常图片之间差异小也是一个重要的问题，需要采用细粒度分类等方法来解决，并研发新的损失函数和特征提取层来更好地识别不明显的缺陷。

速度方向

- 多轴联动技术：传统视觉检测设备通过往复搬运的方式将产品搬到不同检测工位，用不同安装角度的相机检测产品不同位置，因此检测一个产品需要多次搬运，设备检测速度较慢。如果要提升检测效率，需要采用多轴联动技术，可通过一次装夹，一套视觉系统实现多面检测。
- 高柔性立体视觉系统：针对一般工业产品和元器件，要实现360°全方位无死角的视觉检测，就需要灵活立体的视觉系统，并结合高速、高精度的多轴联动运动控制系统，这样才能快速获取立体工件任意表面和任意位置的细节图像。

稳定性方向

稳定性的重要性不言而喻，稳定的工业互联网环境是顺利实现智能制造的前提，这一块也有很多值得提升的方向。

- 扩展性强的分布式集群架构：工业现场复杂，需要有弹性能力在请求高峰期可增加计算服务数量来应对突发流量，还可为业务应用提供自我修复能力。同时也需要支持增加节点扩展部署规模等操作，便于在必要时刻扩展平台能力，提高系统稳定性。可扩展的分布式集群架构是这些需求的技术支撑。
- 强化稳定性的设备设计、仿真、控制、测试等技术：在工业检测设备中，针对多轴仪器高频率的启动、停止、加减速的工况，需要精确的控制方式，实现多轴运动姿态的自由调整和排序。分析高速运动下，仪器各轴关键零部件的位移、应变状态，要有独特的设计与分析方法。为了解检测设备和智能传感器在高强度工况下的稳定性，要事先模拟它们在连续工况的老化测试和振动测试。强化稳定性的设备设计、控制、仿真等技术，对系统的成败至关重要。

硬科技的范畴在不断扩展。从我们的经验看，很多技术只要深入挖掘、深度融合，就能发现一些令人惊喜的可能。这也是我们在智能制造行业不断积累新动能，提质增效的重要推手。

总结

人工智能在工业制造中的落地是一个科学与工程不断探索的过程，不仅需要先进的软件算法，还要深谙工业制造的流程，掌握多学科、懂机理、能实现的技术。这种系统化的能力，才是智能制造企业的核心竞争力与门槛。

当系统性的硬科技创新成为变革新动能，就会让智能制造处于现在进行时状态，不断提升、不断完善。它值得每一位有志者持续深耕、精进，共同实现更加智能、高效、安全和可持续的生产方式。

感谢这个时代，让我们发现了智能制造业中存在的大量机会，以及值得我们投入去改变、突破的一些事情。我们也很高兴能参与到这个澎湃的大潮中，成为行业发展的新兴力量。

吕江波

思谋科技联合创始人兼首席技术官（CTO）。广东省引进海外高层次人才，华南理工大学兼职教授。曾任美国UIUC大学新加坡ADSC研究院高级科学家，领导多个项目的基础研究与场景应用。已发表约100篇国际学术论文，拥有80+已授权的国内外发明专利。曾获IEEE权威期刊最佳编委奖、首届DEMO Asia大会DEMOguru奖、ICCVW’09最佳论文奖。

人工智能技术在空间组学分析中的实践

文 | 腾讯 AI Lab 医疗算法 AI 团队

人工智能在医疗领域的重点应用主要包括医学影像诊断、医疗机器人、智能健康管理、药物研发和智能诊疗。2022年，中国AI医疗行业市场规模达到22.2亿元。组学（Omics）正在打破传统维度，从二维扩展到了三维，为生物医学的研究带来更多空间。当人工智能应用于空间组学中，会为医学诊疗带来哪些突破？腾讯AI Lab医疗算法AI团队带来了他们的研究。

当下，空间组学技术的各个领域不断出现重大突破，并在科研界掀起了巨大热度。2020年，空间转录组技术（Spatially Resolved Transcriptomes）被Nature Methods评为年度技术方法。2022年，空间多组学技术（Spatial Multi-Omics）又被Nature评为年度值得关注的七大技术之一。空间组学技术为理解细胞的类型和交互、生物组织的组成和功能，以及肿瘤等疾病的产生和发展提供了全新视角。

组学（Omics）是指生物学中对各类研究对象的集合所进行的系统性研究，如基因组学、转录组学、蛋白组学和代谢组学等，分别是对基因、RNA、蛋白质和代谢产物等开展全面的系统性研究的学科。空间组学（Spatial Omics）则是在普通组学的基础上，保留了研究对象的空间信息并结合到研究过程中。空间转录组技术是其中发展最快的领域，转录组学是从RNA水平研究基因表达情况的学科，近年来技术的进步使得RNA的原位可视化成为可能，从而开启了空间转录组的大门。此外，空间组学技术还包含空间蛋白组、空间代谢组等正在蓬勃发展中的技术领域。

由于空间组学的研究涉及生物学中多种研究对象，数据也拥有较大的数量级且很高的复杂度，例如人体内含有2万种以上的基因，肝脏内约有25亿个肝细胞。传统的生物学分析方法已难以追赶上数据产出和技术进步的速度。引入人工智能技术在提高分析效率的同时，也带来了不同以往的分析方法，为突破传统分析的瓶颈、发现新的生物规律带来了可能性，为空间组学领域的分析注入了新的能量。

细胞类型自动注释

细胞类型注释作为大多数下游分析的基础，对细胞的功能、交互等分析具有重要意义。空间转录组技术通过对组织切片上RNA的原位测序或捕获，使得能够根据细胞内部的基因表达情况确定其细胞类型。目前主流的空间转录组细胞类型注释方法分为两大类，一类方法直接在空间转录组数据上聚类并通过已知的标志基因等确定各类的细胞类型；另一类则是参考已注释的单细胞测序数据对空间转录组数据进行注释。前者受限于较多的人工处理过程，后者则需要克服技术间的差异。此外，大多数现有方法在注释阶段并未引入细胞的空间信息。

为了克服现有方法的问题，我们提出了Spatial-ID，一种结合单细胞迁移和空间信息的空间转录组细胞类型自动注释方法，流程如图1所示。该方法首先在参考的单细胞数据上训练DNN（Deep Neural Network，深度神经网络）模型，学习细胞的基因表达和定义细胞类型之间的映射。训练好的模型用在空间转录组数据上，推断得到初步的细胞类型指导信息。之后使用一个包含两对自编码器和一个分类器的GCN（Graph Convolutional Network，图卷积神经网络）模型，在结合细胞的基因表达、空间邻域和类型指导信息的基础上，确定最终的细胞类型。

我们在MERFISH的小鼠初级运动皮层、下丘脑视前区（3D）、Slide-seq的小鼠生殖系统和NanoString的人类肺癌4个公开数据集上对比了Spatial-ID和其他8种方法，包含Seurat、SingleR、sciBet和Cell2location等。Spatial-ID在注释准确率上取得了最佳性能，并且在运行时间上也显著优于性能较好的几种对比方法。此外，我们还在Stereo-seq测序技术获得的小鼠半脑数据集上测试了Spatial-ID的实际应用，如图2所示。通过参考公开单细胞数据，我们对共14万细胞的鼠脑数据实现了细胞类型注释，并进行了一系列下游分析。

上述5个数据集上的结果证明了Spatial-ID注释的高效性、稳定性和实用性，揭示了人工智能技术应用在空间转录组细胞类型注释任务上的可行性和有效性。

细胞微环境建模分析

细胞生理功能受到细胞内基因调控网络和细胞外生态系统（即微环境）的共同调节。然而，目前大部分研究基本都关注在单个细胞级别的建模上，而甚少有对微环境相关的分析。作为细胞到组织的过渡，细胞微环境和微环境之间的相互作用对组织稳态、疾病产生和肿瘤演化等研究有着重要意义。

基于以上出发点，我们提出了SOTIP（Spatial Omics mulTIPle-task analysis），一种基于微环境建模的空间组学多任务分析框架，对细胞微环境及其相互关系进行了建模，并通过空间异质性定量、空间域识别和差异微环境分析三项任务演示了微环境分析的可行性、通用性与重要性，如图3所示。

SOTIP使用每个细胞邻域内的细胞组成作为特征构造节点，并计算EMD（Earth Mover's Distance，推土距离）作为节点之间的边权重，构建微环境图

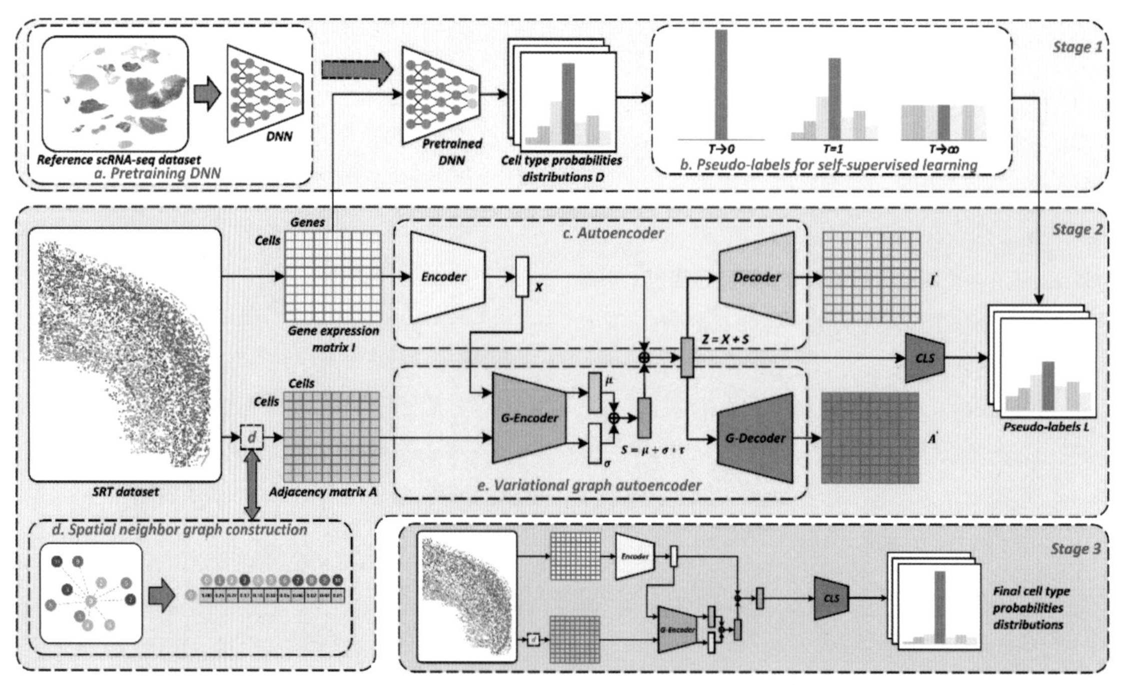

图1 Spatial-ID细胞类型注释方法流程

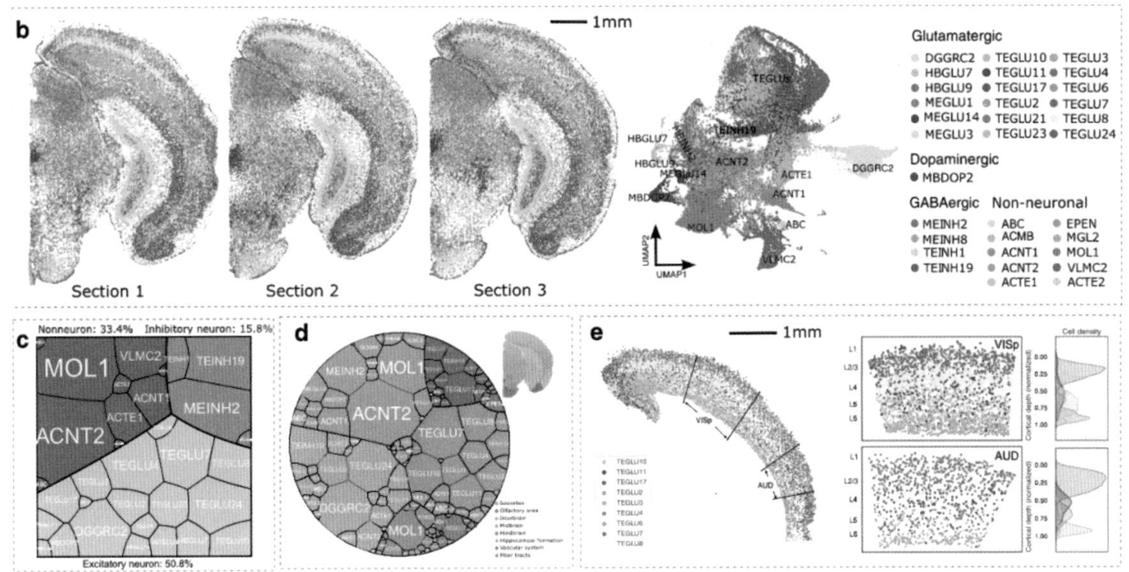

图2 Spatial-ID在鼠脑数据上的实际应用

(Microenvironment Graph，MEG)。基于构建的微环境图，通过对节点内不同簇间基因表达差异的分析，我们为每个节点定量赋予了一项数值性质，即空间异质性。利用边的特征辅助进行聚类，可以实现对不同组织域的划分。差异微环境分析是我们新提出的一项任务，通过对多个样本联合构建微环境图并结合节点的熵和空间异质性分析来区分特定富集的微环境。

利用空间异质性定量，SOTIP在宫颈癌的空间蛋白组数据中精准定位出了核膜和内质网膜，在黑色素瘤空间转录组数据中成功识别了肿瘤和肌肉细胞的边界，结

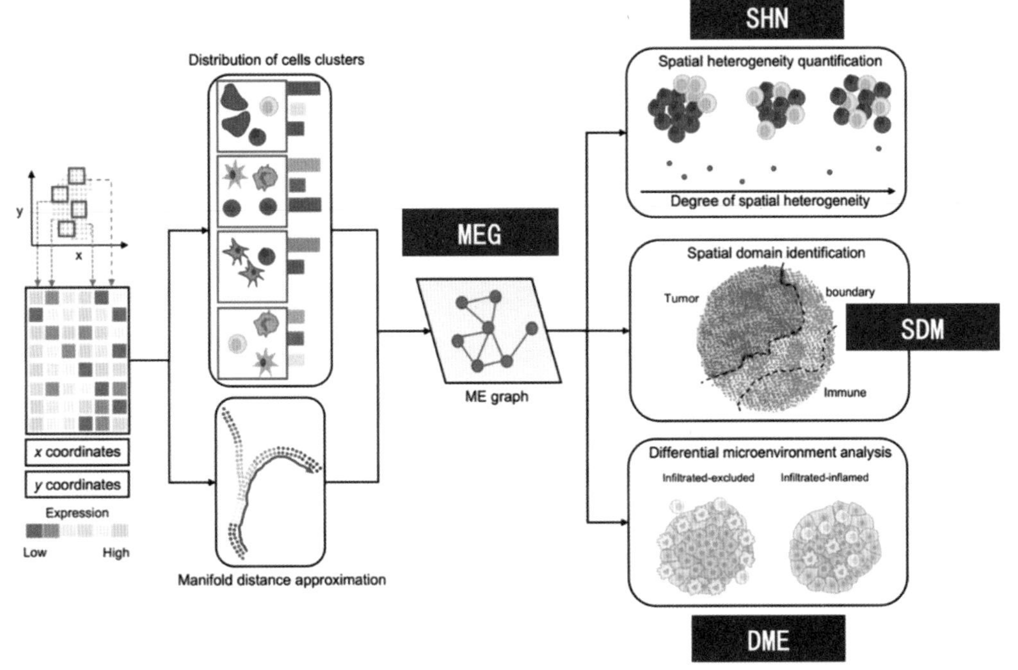

图3 SOTIP微环境建模分析框架

果显著优于对比方法；在大脑皮层空间转录组数据上，SOTIP通过空间异质性定量证实并强化了深层细胞微环境复杂度更高的结论。对于空间域识别任务，我们在大脑皮层的空间转录组和三阴性乳腺癌的空间蛋白组数据上进行了测试，证明了SOTIP划分功能区或癌区的能力优于BayesSpace和SpaGCN等经典算法。在差异微环境分析方面，SOTIP在肝组织空间代谢组数据上成功检测出了纤维化的区域。在三阴性乳腺癌空间蛋白组数据上，SOTIP基于微环境的特性识别出了三阴性乳腺癌的两种亚型，并为两种亚型的预后差异提供了潜在理论解释。图4展示了SOTIP应用在肝组织空间代谢组数据上的例子。

通过在各种空间组学技术数据上的应用，我们证明了SOTIP的泛用性和鲁棒性。微环境分析在脑科学研究和肿瘤研究等领域中具有重要意义，人工智能技术的引入将带来新的突破。

空间组学数据库

伴随着近年来技术的发展和突破，大量的空间组学数据快速产生，对空间组学数据的分析和研究需求也不断增加。对生物领域研究人员来说，需要快速测试数据质量，挑选合适的数据进行下游分析，验证或发现关键的生物学结论。对于技术开发人员来说，需要大量不同数据来进行不同方法的比较和新方法的开发测试。然而，由于获取技术等众多因素，不同空间组学数据往往被存储在各种不同的形式与格式下，研究人员通过各个渠道获取到原始数据后还需要首先将其处理为可分析的标准格式。这个过程通常需要大量的时间和计算资源消耗，甚至有可能在处理后发现数据不符合研究需求而白白浪费时间与精力。

为了给研究人员提供便捷的数据获取和查看分析途径，我们构建了SODB (Spatial Omics Data Base) 空间组学数据库。SODB包含有来自12个物种、76种不同组织、31项不同测序技术的超过6,000万单位的数据，并仍在不断扩充中，数据涉及空间转录组、空间蛋白组、空间代谢组、空间基因组等各个空间组学的领域。

SODB中的数据已经过标准流程处理为业界通用的AnnData格式，可以方便地查看、下载与处理分析。除数据整体的统计信息与基础的可视化功能外，SODB还提供了ExpressionView、AnnotationView、ComparisonView、SOView等多个视图，前三者分别用

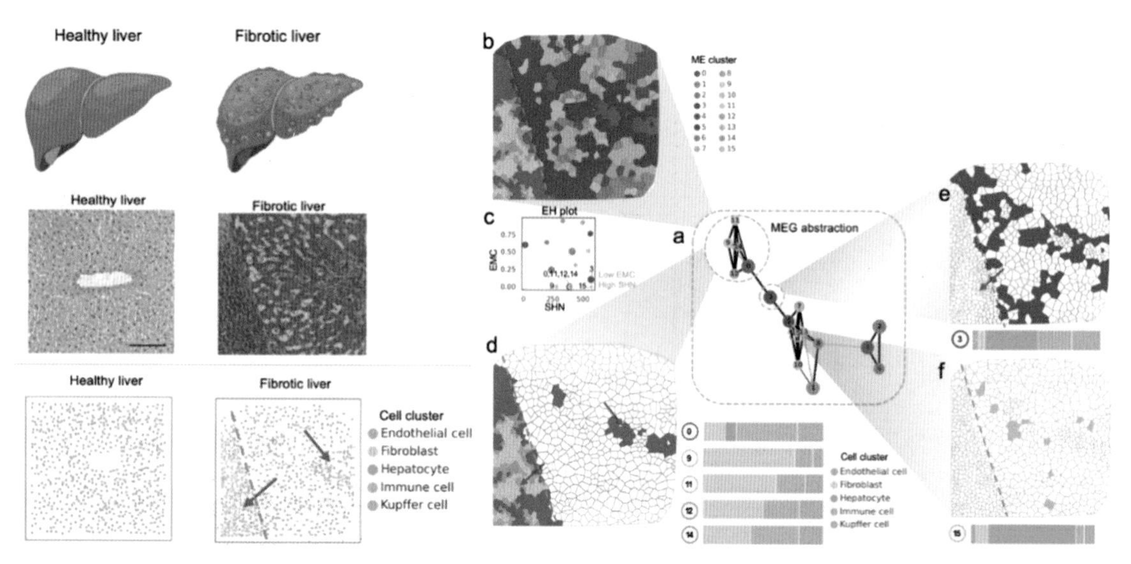

图4 SOTIP在差异微环境分析任务上的应用

于查看基因空间表达、细胞类型注释、基因表达比较等情况，SOView则是我们引入的独特的降维可视化视图，可以方便地将上万维特征统一可视化查看，从而快速预览数据的全局结构。我们还为SODB配套提供了Python工具包pysodb，仅用一行代码可以方便读取数据，时间与计算资源利用效率比传统方式提升100倍以上。所有研究人员可以通过公开链接访问SODB数据库。

结语

本文介绍了我们在空间组学的细胞类型注释、微环境分析和数据库构建方面的三项工作。在细胞类型注释任务上，我们提出了基于人工智能技术的空间转录组细胞类型注释方法Spatial-ID，方法在公开数据集的测试上取得了最佳性能，并且通过实际应用的演示，我们证明了方法的有效性和实用性。在微环境分析任务上，我们引入人工智能技术设计了一种微环境建模分析框架SOTIP，通过在空间转录组、空间蛋白组和空间代谢组数据上多项子任务的演示，我们展示了微环境分析的作用，也证明了SOTIP的泛用性和鲁棒性。在数据库构建任务上，我们构建了涉及12个物种的超过6,000万单位的数据库，并为数据集提供了便捷的可视化、分析和下载接口，将大大降低研究人员获取、筛选和预处理数据所耗费的时间和精力。随着空间组学和人工智能技术的不断进步和发展，人工智能技术在空间组学各个领域中将会有越来越多的应用场景，也将为生命科学领域的研究带来更多助力。

如何架构文档智能识别与理解通用引擎?

文 | 金山办公CV技术团队

如今，智慧办公是企业办公领域数字化转型的题中之义。作为国内最早开发的软件办公系统之一，金山办公如何应用深度学习实现复杂场景文档图像识别和技术理解？本文将从复杂场景文档的识别与转化、非文本元素检测与文字识别、文本识别中的技术难点等多个方面进行深度解析。

在办公场景中，文档类型图像被广泛使用，如证件、发票、合同、保险单、扫描的书籍、拍摄的表格等，这类图像包含了大量的纯文本信息，还包含表格、图片、印章、手写、公式等复杂的版面布局和结构信息。早前这些信息均采用人工来处理，需要耗费大量人力，很大程度上阻碍了企业的办公效率。

基于深度学习的复杂场景文档图像识别和理解技术的出现，将从繁杂的文档处理任务中解放大量的人力，具有极高的应用价值。近些年，OCR（Optical Character Recignition，光学字符识别）技术在实际生活中已经广泛应用，清晰且平整的页面OCR均已达到理想的识别水平，但是当扫描的文档图像本身质量不佳（由于拍摄光线不充分、抖动、背景干扰较大等引起），OCR结果往往不理想，加之复杂文档图像的语义结构不仅与文档内容有关，还与版面信息、视觉特征有关（如字形、版面、空间位置等）。因此，复杂场景文档图像识别和理解仍是一项充满挑战又前景广阔的研究。

复杂场景中文档的识别与转化

近年来，国内很多专注于办公或文档处理领域的公司，在文档领域都有着不同程度的技术积累，对文档格式、排版和版面分析领域都有着各自的理解和思考。以金山办公为例，自2017年组建AI中台后，在文档内容和版式分析领域进行了传统技术积累，以及与AI技术的结合，并在文档识别和理解领域做出了诸多成果，这些成果在一系列办公软件产品（如WPS、金山文档等）和功能上发挥着重要作用。

在办公场景下，用户经常需要把PDF转成Word文档，或者把某一个截图里的文字提取出来，甚至有时候需要把一个拍摄出来的表格进行还原，以节省打字或者排版消耗的时间。以上的使用场景需要软件对文档图像进行文档对象识别、判断各区域所属类别，并对不同类型的区域进行分割，从中提炼关键性内容，如文字、表格、段落关系、文字属性等对象，并针对各类对象进行识别、抽取和关系组织，最终进行结构化存储（如输出XML、标准件PDF、Docx、HTML等）。

为了实现以上提及的需求，需要做到的技术关键点是对图像的识别与对图像的理解。金山办公在通用引擎设计上构建了图像识别与理解的六大核心模块。引擎架构图如图1所示。

文档图像识别包括图像的处理与图像的分析，图像处理是利用计算机对图像进行去除噪声、增强、复原、分

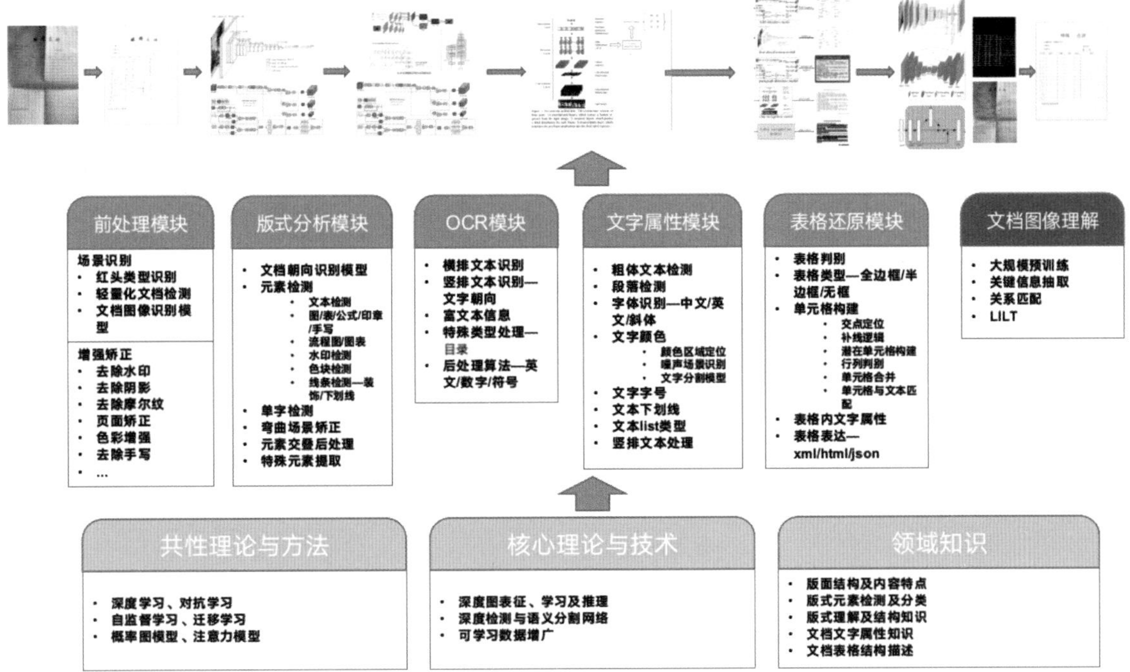

前处理模块
场景识别
红头类型识别
轻量化文档检测
文档图像识别模型
增强矫正
去除水印
去除阴影
去除摩尔纹
页面矫正
色彩增强
去除手写
...
版式分析模块
文档朝向识别模型
元素检测
文本检测
图/表/公式/印章/手写
流程图/图表
水印检测
色块检测
线条检测—装饰/下划线
单字检测
弯曲场景矫正
元素交叠后处理
特殊元素提取
OCR模块
横排文本识别
竖排文本识别—文字朝向
富文本信息
特殊类型处理—目录
后处理算法—英文/数字/符号
文字属性模块
粗体文本检测
段落检测
字体识别—中文/英文/斜体
文字颜色
颜色区域定位
噪声场景识别
文字分割模型
文字字号
文本下划线
文本list类型
竖排文本处理
表格还原模块
表格判别
表格类型—全边框/半边框/无框
单元格构建
交点定位
补线逻辑
潜在单元格构建
行列判别
单元格合并
单元格与文本匹配
表格内文字属性
表格表达—xml/html/json
文档图像理解
大规模预训练
关键信息抽取
关系匹配
LILT
共性理论与方法
深度学习、对抗学习
自监督学习、迁移学习
概率图模型、注意力模型
核心理论与技术
深度图表征、学习及推理
深度检测与语义分割网络
可学习数据增广
领域知识
版面结构及内容特点
版式元素检测及分类
版式理解及结构知识
文档文字属性知识
文档表格结构描述

图1 文档图像识别与理解通用引擎架构图

割、特征提取、识别等处理的理论方法和技术。狭义的图像处理主要是对图像进行各种加工，以改变图像的视觉效果并为自动识别奠定基础，或对图像进行压缩编码以减少所需存储空间。图像分析是对图像中感兴趣的目标进行检测和测量，以获得它们的客观信息，从而建立对图像的描述。

受制于文档图像不同的来源，导致文档图像本身由于拍摄光线、抖动、背景干扰、传输过程中的压缩等情况，文档图像可能存在质量较低的问题。为了提升图像识别能力，需要对这些质量较低的场景做针对性的处理，如去阴影、去摩尔纹、画质提升、去水印、色彩调节（亮度、对比度等）、页面矫正等。下面列举带水印和带摩尔纹场景下采用的深度学习算法的处理方法。

文档图像中带水印的图片很常见，水印的干扰对文本的检测与识别带来一定程度的影响，所以在前处理时会采用类似于UNet的分割方案去除水印。

对屏幕拍摄图像时，相机传感器色彩滤波阵列与屏幕的亚像素混叠造成干扰，形成摩尔纹。摩尔纹一定程度上对图像识别带来影响，通过去摩尔纹算法处理带摩尔纹图像后，能提升图像的识别能力。目前大多数方法都难以在4K图像中以更广泛的尺度范围去除摩尔纹模式。现有方法提出了一个语义对齐的规模感知模块，该模块集成了一个金字塔上下文提取模块，有效和高效地提取在同一语义级别上对齐的多尺度特征。

非文本元素检测与文字识别

对于文档图像分析而言，非文本元素（包含图片、表格、印章、流程图、公式、手写体、色块等）具有重要意义。主流的非文本元素检测方案一般选择使用目标检测方案，目标检测可根据其实现方法分为Anchor-Based和Anchor-Free两大方向，亦可根据其实现结构分为One-Stage和Two-Stage两大方向，如表1所示。

	Anchor-Based	Anchor-Free
One-Stage	YOLO-series SSD RetinaNet	CornetNet CenterNet FCOS
Two-Stage	RCNN-series	

表1 目标检测常见方法

YOLO是目前主流的单阶段目标检测器，其较高的速度和精度是版面非文本元素检测的优选。通过通用的目标检测器可以轻松得到图片、印章、流程图、公式、手写等简单元素。但是通用的开源检测方案也存在其缺陷，如无法准确定位需要多边形框的目标、无法准确检出较小目标（如Logo）等。

对于多边形目标的检出，有效的方法是在ROIs（Faster RCNN）或者加入并行的Segment Head（One-Stage）来对目标区域再进行一次语义分割得到更精细的目标mask，最终通过轮廓找到其多边形坐标。

对于细小目标的检出，从Anchor-Based的方案而言，需要将Anchors参数进行更细化的处理，可以通过增加几组面积更小的预设Anchor参数（Faster RCNN），或如YOLOv5一般对训练集进行一次分析和聚类得到fitness更高的Anchors预设组合。此外，可以通过在Backbone的Basic Block中加入空间注意力（Spatial Attention）、自注意力（Self-Attention）等方法扩大有效感受提高小目标检出。另外，因为小目标在训练集中的分布大概率是稀缺的，可以通过加入OHEM（Online Hard negative Example Mining）或Focal Loss到损失函数中以缓解样本分布不均衡问题。除此之外，提高输入图像分辨率大小可能是最简单的做法。

文字识别，又称光学字符识别，是文本图像领域中的一个重要基石。文本识别一般分为两个步骤：文本检测和文本识别。

早期计算机领域一般采用手工特征提取的方式进行文本检测，如SWT、MSER等算法得到文本所在位置，再利用基于模板的方法或者机器学习的方法对文本区域进行分类得到文本内容。顺着深度学习的发展潮流，文本检测的方法也逐渐衍生出基于回归和基于分割两个方向的研究。基于回归的方案即将文本行所在位置的坐标直接通过回归预测的方式得到，如CTPN、SegLink等。基于分割的方案则是通过语义分割的方式先得到文本区域的mask，再利用轮廓检测的方法得到其坐标，如EAST、DBNet等。文本识别则是发展为以CRNN为代表的序列预测方案。端到端的文本识别方案，即将检测和识别作为不同的分支并入一个模型中的方案，也应运而生。

基于回归的文本检测主流方案是TextBoxes++，以SSD目标检测为基本框架，引入default box回归分支以获得文本框四点坐标的偏移量，通过回归获得的文本最小矩形框（四点坐标）和default box计算得到最终的多角度文本框坐标，如图2所示。

基于分割的文本检测主流方案为DBNet，通过将创新的可导二值化模块一同送入网络学习，解决了以往分割类文本检测后处理需要使用固定阈值获取文本mask导致的鲁棒性问题。并因其更快的预测速度和更高的预测精度在文本检测领域获得了广泛的使用和延伸，如图3所示。

在文档图像领域，开源的通用文字检测模型（如DBNet、TextBoxes++等）可以在常规场景下使用，但是也存在许多的缺陷，如密集文本会出现粘连问题、小字和符号检出率低、变形褶皱文本检测困难、印章或水印签名干扰等。所以还需要通过方案或模型的进一步改造适应特殊场景的需求。

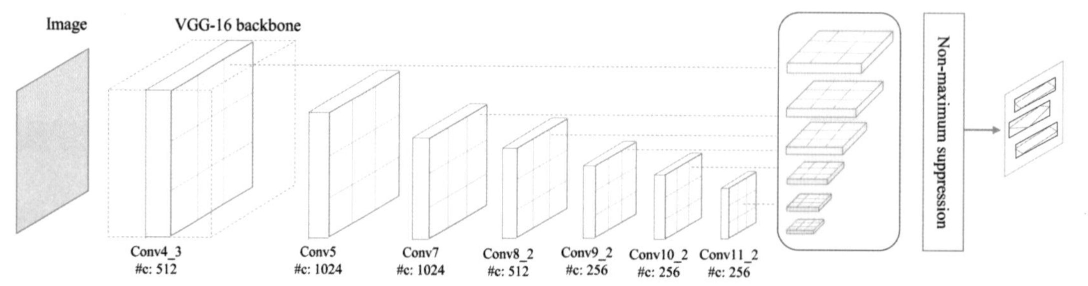

图2 TextBoxes++网络结构图

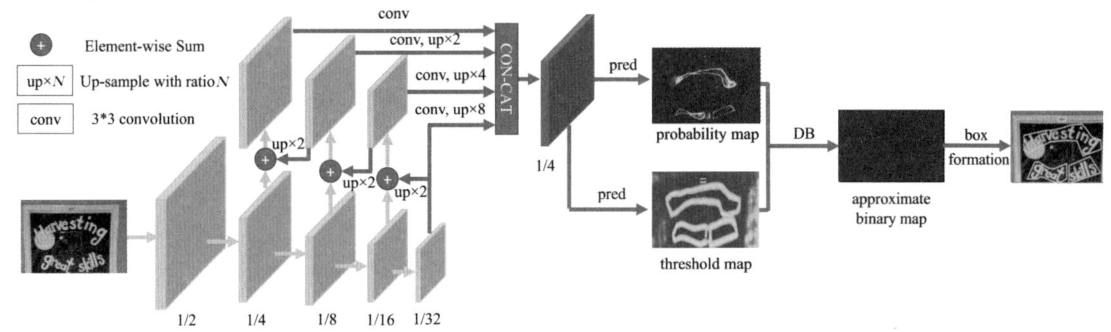

图3 DBNet网络结构图

文本识别中的技术难点

主流的文字识别以序列预测方向为基础，通过卷积神经网络提取图像特征，再利用序列模型对特征进行进一步编码预测，最后通过转录/翻译层进行解码得到最终结果。其中，最主流的实现方案为CRNN。CRNN成功引入了语音识别中的CTC（Connectionist Temporal Classification）转录层，通过CTC将序列预测结果转录为字符串结果，并使得其能支持可变长度的输入。

不同于场景文字识别，文档图像文本识别存在其独特的技术难点，如带声调的拼音、化学式、字符间距和空格、不同底色背景和字体、不同的文字朝向等。深入的解决方案又会衍生出很多篇幅，这里不做赘述。

表格识别相当于一个小型的版式还原系统，包含表格检测、表格分类、表格结构识别、表格内元素(包含文本和非文本元素)检测与识别、表格属性识别等部分。其中，表格检测、表格内元素检测与识别和表格外部的检测与识别基本无异，这里着重讲一下表格分类、表格结构识别和表格属性识别部分。

表格分类是对检测到的表格区域进行进一步确认和细分类，表格分类的目标有两个：判断输入的图像是否是表格；依据表格边框类型将表格图像分为全封闭有线表、三线表、无线表和异形表，如图4所示。表格分类对于减少表格误检和提高后续的表格结构重建有着非常重要的作用。

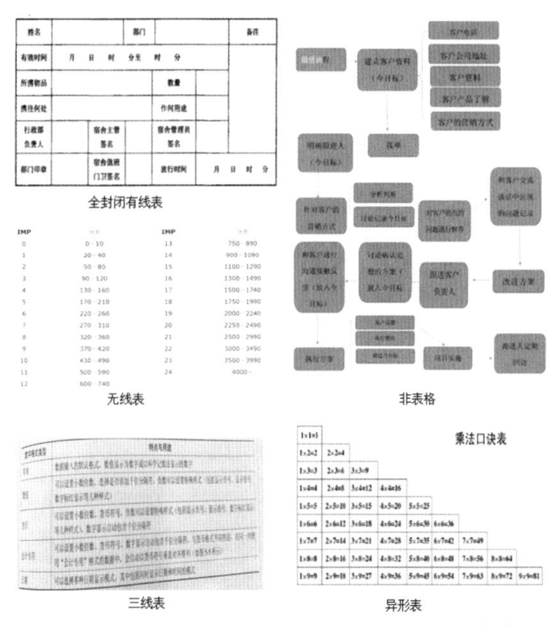

图4 样式繁多的表格

传统的表格分类方法往往是利用表格的统计特征(如线条特征、角点特征等)来进行分类，其鲁棒性差、分类准确率较低。目前对于这类图像分类任务，我们大多采用基于卷积神经网络的深度学习分类方法，如VGGnet、MobileNet等。然而在实际工程中，我们发现，总有一些非表格图像被误分为表格类，分析认为分类模型仍然是通过学习线条的特征来判断输入图像是否是表格类别。为此，我们采用One-class learning的思路，通过将非表格类图像当作数据集中的异常点来进行排除，大大减少了表格的误检率。

表格结构重建是表格识别任务最重要的部分之一，用于还原表格的单元格结构。实践发现，不同结构类型的表格一般适用于不同的解决方法，例如对于全封闭有线表，其表格横竖线的特征都比较明显，可以充分利用线相关的特征来优化结构的还原效果，而对于无线表格，则缺少表格线的指导信息，此时就要求能够利用文本的语义信息和位置信息来自动构建合适的单元格结构。目前行业中的表格还原方法依据还原思路的不同可以分为以下四类。

■ 基于传统规则的方法

一般是基于启发式规则和传统的图像处理，主要利用表格线、文本块位置和文本块之间的间隔等信息来确定单元格的位置，从而重建表格的整体结构。这类方法非常依赖于表格线和文本块的检测以及预先设计的规则，受制于传统图像算法检测表格线的准确率较低，早期的基于传统规则的表格结构重建方法效果较差，无法在各种场景中获得较高的准确度，且通用性和鲁棒性都不够好。

■ 基于深度学习检测/分割的方法

近些年，随着深度学习的蓬勃发展，基于深度学习的检测和分割均取得较大进展，在表格结构重建中也有了较为成功的运用，如基于传统规则的表格结构重建方法基础上，使用如FCN\U-Net的分割网络等来分割表格线，使用诸如DBNet的检测网络来检测文本块，再辅以结构重建的规则，可以取得不错的效果，如腾讯的表格识别项目和table-ocr开源项目。在SPLERG方法中，首先利用分割网络将图像分为多个网格区域，每个网格区域代表候选单元格，再通过合并网络将跨行跨列的候选单元格合并起来便完成了表格结构的重建，在TableNet方法中，使用分割网络分割表格的列区域，再采用基于规则的方法将列的分割结果处理成最终的单元格邻接关系，从而得到表格的结构。这类方法可以准确地获得单元格的逻辑坐标和物理坐标，但对弯曲/扭曲表格和少线表的处理还有较大提升空间。

■ 基于深度学习图神经网络的方法

表格作为一种结构化的数据，表格的结构与表格内的文本在空间中有很强的依赖关系，将表格内文本以及文本之间的关系建模为一个图，使用图来描述表格结构，就可以采用图网络来解析和重建表格结构。这类方法一般需要提前检测和识别文本的信息，将每条文本作为一个顶点，将文本的OCR信息、位置信息、图像特征等作为顶点的信息，然后使用图网络来判断顶点之间的关系，再经过一些后处理即可完成表格结构重建。这类方法能够结合图像特征、OCR语义特征等多模态信息，尤其在无线表的结构还原上有着天然优势，但是该类方法流程较复杂，且当表格文本数量特别多时，图网络的效果和耗时均有待提高。

■ 基于深度学习端到端的方法

使用image-to-text的思路，输入表格图像直接输出表格结构的描述，实现端到端的结构识别。在这类算法中，一般先使用特征提取网络提取表格的图像特征，然后再通过诸如Transformer解码器的网络来做序列的识别，完成图像到结构序列的转换。端到端的表格结构重建方法流程简单，而且不用制定复杂的后处理规则，但其一般只输出单元格的逻辑坐标而缺失物理坐标信息，而且这类方法大都将表格检测、文本检测和识别以及表格结构重建耦合在一起，不易解耦。

文字属性识别（Character Attribute Recognition），是对检测区域的文本进行字符属性识别。它是在OCR内容识别基础上进行的字符属性特征分析，表现为更细粒度的特征。其属性主要包括字体、字号、颜色、粗体、倾斜，以及高亮、下划线、删除线等属性，如图5所示，这些属性可以使文档更加饱满和丰富。

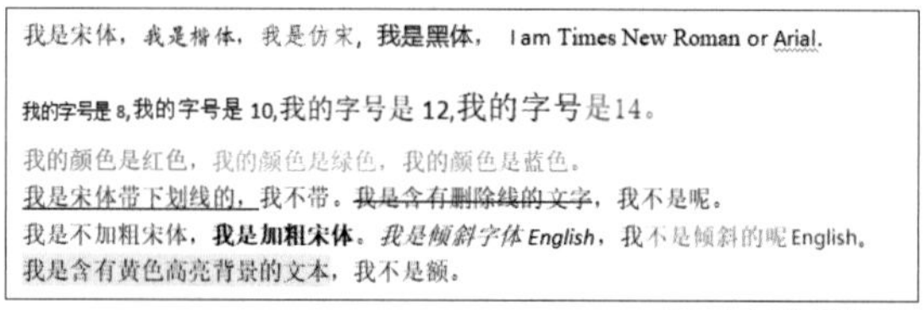

我是宋体，*我是楷体*，我是仿宋，**我是黑体**，I am Times New Roman or Arial.

我的字号是8，我的字号是10，我的字号是12，我的字号是14。

我的颜色是红色，我的颜色是绿色，我的颜色是蓝色。

我是宋体带下划线的，我不带。~~我是含有删除线的文字~~，我不是呢。

我是不加粗宋体，**我是加粗宋体**。*我是倾斜字体English*，我不是倾斜的呢English。

我是含有黄色高亮背景的文本，我不是额。

图5 文字相关属性说明

字体识别是对检测区域的字符的字体进行识别，通用引擎支持了中文与英文字体的识别能力。对于文档图像字体分析方法，目前市场上大部分由CNN网络提取特征和分类器组成。其思路大致如下：

- 获取字符的区域坐标，并截取字符区域图像；
- 将截取的字符图像送进CNN网络提取特征；
- 对字符的字体特征进行分析，并获得字体类别。

该方法的优点是可以详细分析每个字符的字体属性，尤其是对一个文本上有多种字体的情况，但是对于符号类型的字符，字体分类也很难分辨。另外，模型识别时，对上游的检测有较强依赖和密集的识别计算，所以对于低质量和篇幅较大的文档图像仍有不少挑战。

文字字号是文字的一个重要属性，反映字符在文档中的大小空间关系。对于文档排版，尤其是层级不一样的文本中，可以让版面结构更清晰和完备。字号的计算方式一般是：

size=pix*72/dpi

其中，pix是字符的宽或高的像素个数；dpi是每英寸点数（Dots Per Inch）。

文字颜色是最直观和最简单的文字属性信息，它可以让文档层次分明，让文档丰富多样。在不同的场景下，字色和背景的还原需求和难度是不一样的。目前有效的方案大致分为两种：

- 传统图像处理方法包括像素直方图统计、边缘检测、分水岭算法等，特点是速度快，但是泛化性比较差，比较依赖场景和经验。
- 深度学习算法包括目标检测、语义分割等，可以解决传统算法的痛点，但是数据集标注成本高、推理耗时比较高，实际应用中可以结合深度学习算法和传统算法。

文字粗体，因为加粗字体和未加粗字体具有明显层次特征，所以在文档中具有强调功能。在拍照键文档中，目前很少公司做粗体识别功能。基于粗体在文档中具有强调功能，采用检测算法对文本粗体检测应该是可行的。获取到粗体位置后，根据检测位置切分粗体区域和非粗体区域来实现字符粗体的识别。

文字斜体是反映字体是否倾斜的一种状态，特别是在某些英文的场景下，斜体可以让文档更具美感。因为斜体字符一般是连续出现，所以对于斜体是采用多个字符图像进行分析。其主流方法还是上述提到的CNN网络和分类器结合。

对文档图像理解的多模态融合探索

图像理解是在图像分析的基础上，进一步研究图像中各目标的性质和它们之间的相互联系，并得出对图像内容含义的理解以及对原来客观场景的解释，从而指导和规划行动。随着全球数字化进程的推动，文档型图像内容成为企业办公的重要内容之一。人们对于海量文档智能解析和检索的需求日益高涨，因此文档图像理解应运而生。文档图像理解站在计算机视觉（CV）和自然语言处理（NLP）的基础之上，融合两种模态进行更深入的探索，推动人工智能从机器感知阶段走向更智能化的机器认知。

大规模预训练任务

自2018年以来，伴随着BERT的问世，自然语言处理领域进入了预训练技术新纪元。受益于BERT（Transformer）的优秀架构和性能、海量无标注文本数据和澎湃的GPU算力加持，预训练语言模型的规模和性能不断被推向新的高度，如2020年发布的预训练语言模型GPT-3已经达到了惊人的1,750亿参数量，在应用端ChatGPT的问世更是引发了人工智能领域的轰动。

与传统的有监督训练模型相比，大规模预训练模型有更大的参数规模，意味着其拥有着更强大的“知识储备空间”，而其无监督训练的特性使其能够在最低的成本下获取到最多的通用知识，因此只需要用少量标注数据进行微调就可以轻松适配各类下游任务。

因为Transformer架构的通用性，其在计算机视觉领域中也得到了广泛的应用，大量企业和高校也看到了Transformer架构存在多模态通用的特性，纷纷开始探索多模态预训练任务。其中在文档理解领域以微软的LayoutLM系列和华南理工大学的LILT为主流。

LayoutLM系列通过结合文本位置信息（2D-Embeddings）、图像特征信息（Image-Embeddings）和文本语义信息（Text-Embeddings）进行预训练任务。预训练任务包括掩码视觉语言模型（MVLM），随机掩盖部分单词的文本信息，让模型根据语境预测被掩盖的单词以学习上下文语境。预训练任务还包括多标签文档分类（MDC），让模型学习到每个文档图像属于什么类型文档的判断能力。辅以海量文档数据即可得到足够强大的预训练文档理解模型，如图6所示。

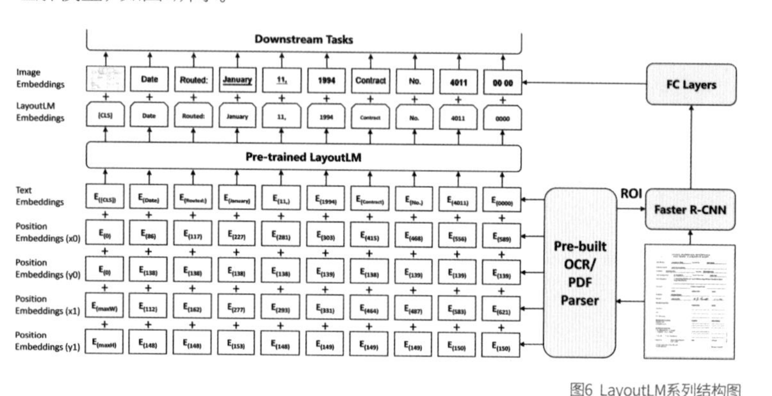

图6 LayoutLM系列结构图

LILT则是结合文本信息（Text-Embedding）和布局信息（Layout-Embeddings），利用BIACM（Bi-directional Attention Complementation Mechanism）使得两种信息流得以交互，提高模型跨模态信息交融的能力。预训练任务在同样使用了MVLM的同时还加入了KPL（Key Point Location）任务。通过掩盖掉部分文本坐标，让模型根据语义和布局信息预测掩盖掉的文本的坐标，让模型拥有布局感知能力的同时尽量缓解前置OCR可能带来的文本坐标偏差影响。此外，LILT还加入了模态对齐任务（Cross-modal Alignment Identification），通过掩盖掉语义信息或者位置信息，让模型判断哪些信息是被掩盖的，从而让模型学到跨模态对齐能力，如图7所示。

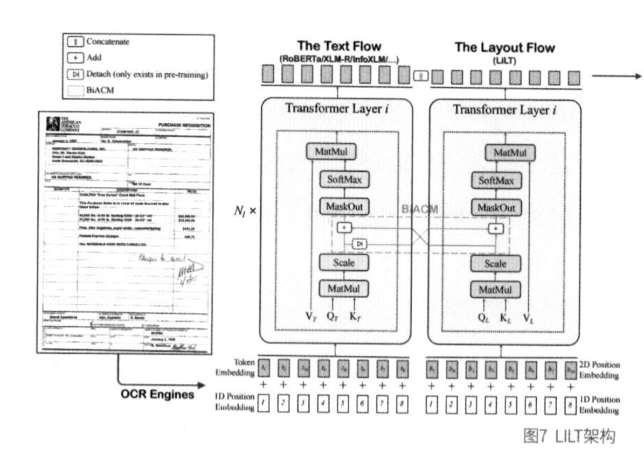

图7 LILT架构

关键信息抽取与关系匹配

文档图像理解的重要应用之一就是关键信息抽取与匹配。对于文档图像内的关键信息提取，一般采用命名实体识别（NER）方案，即通过模型对输入信息（图像、文本、语音）进行解析并获取信息里具有特定意义的实体（主要包括人名、地名、机构名、专有名词等，以及时间、数量、货币、比例数值等文字）。关键信息匹配则是将命名实体与其对应的信息进行关系配对，如国家（实体）：中国。

在2022年CSIG图像图形技术挑战赛中，金山办公在小票理解赛道中就使用了关键信息抽取技术并取得冠军。对于关键信息抽取任务而言，其准确度会受到前置OCR结果误差、阅读顺序等制约。在关系匹配任务中，其准确度也会受到如实体信息缺省、同时存在多个实体信息等情况的干扰。对于阅读顺序造成的准确度降低问题，可以采用XY-Cut的方式，对前置OCR的输出结果进行阅读顺序粗略排序，一定程度上可缓解其影响。此外，在做OCR之前先对图像进行前置矫正（弯曲、倾斜、透视变换）也是一个比较好的处理方法。在做实体关系匹配的时候，可以先用一个轻量化的目标检测模型将某些存在复杂属性的实体进行位置约束，如小票数据里的商品实体（见图8），确保关系匹配不会被同类实体干扰。命名实体识别和关系匹配所处理的特征相似，因此在工程实现上可以做到两个任务共享同一个模型主干以降低开销。

整套服务系统基于K8s，部署在CPU和GPU异构设备之

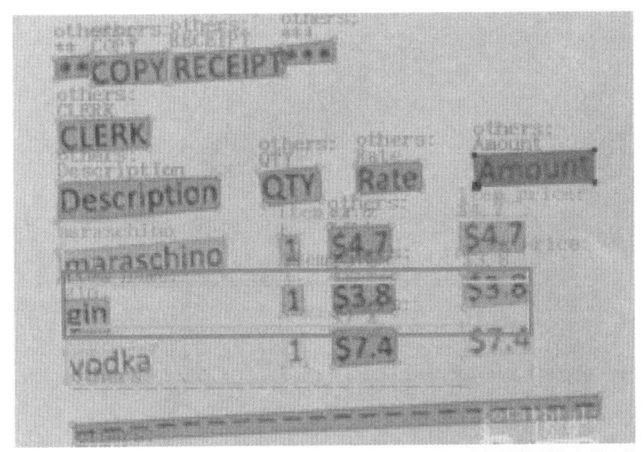

图8 小票数据里的商品实体

上。分成以下七个部分：终端，多来源的接入；网关层，KLB作为一级网关，kong作为二级网关；服务层，由调度层（scheduler）、算法层（algorithm）、转换层（transform）构成的3层结构；推理框架，通过调起推理进程池，加载指定的推理框架和模型进行推理；中间件，通过Redis进行中间状态缓存，采用RabbitMQ做消息队列，进行服务间通信与负载均衡；运行环境，基于kae（K8s）做服务构建与部署，运行在CPU与GPU之上；可观察性，做服务调用链追踪、日志系统、监控与告警等，如图9所示。

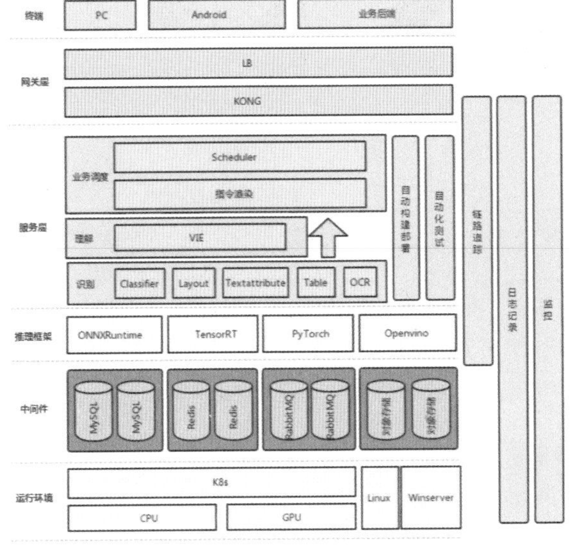

图9 整套服务系统架构图

结语：从感知智能向认知智能的演化

该通用引擎具备了对各类型文档图像的处理能力，在WPS的产品中，PDF转Word、图片转表格、扫描件PDF编辑等功能已采用以上提到的能力（见图10和图11）。

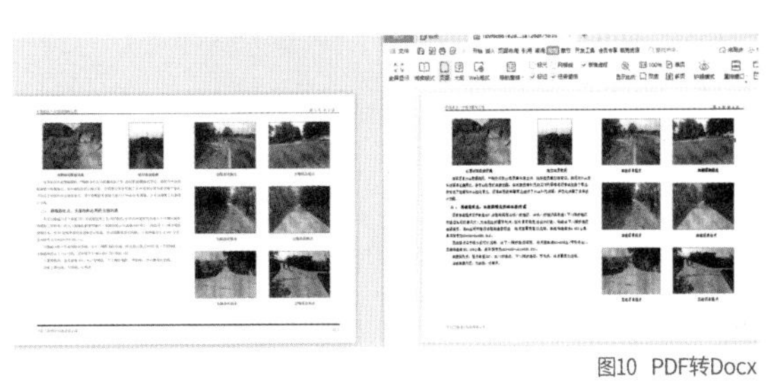

图10 PDF转Docx

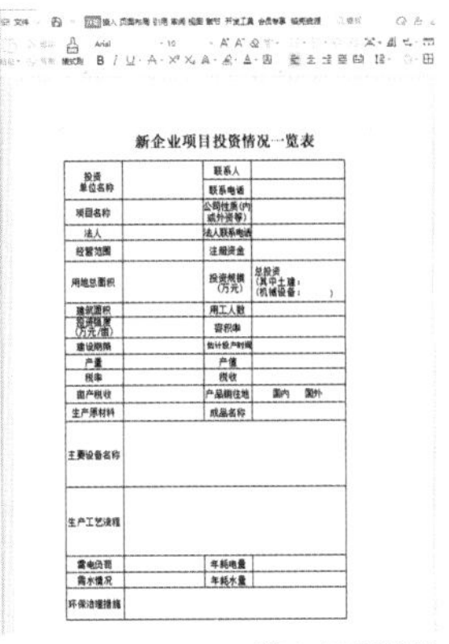

新企业项目投资情况一览表

图11 PDF转表格

图像处理是比较低层的操作，它主要在图像像素级上进行处理，处理的数据量非常大。图像分析则进入了中层，分割和特征提取把原来以像素描述的图像转变成比较简洁的非图形式的描述，这一过程以视觉感知为主。图像理解主要是高层操作，基本上是对从描述抽象出来的符号进行运算，其处理过程和方法与人类的思维推理有许多类似之处，这一过程以认知为主。后者尚未成熟，但是颇具技术和社会价值，是金山办公在图像文档处理领域从感知智能向认知智能演化的技术路线。

近年来深度学习发展迅猛，在图像、文本、语音、推荐等多个领域都取得了显著成果。在文档图像识别任务日趋成熟下，针对多模态文档理解任务，不仅将文本信息和页面布局信息，还将图像信息融入多模态的框架中，空间感知自注意力机制的引入进一步提高了模型对文档内容的理解能力。伴随着数字化转型的深入，相信在文档智能理解的研究和工业落地上的工作会有越来越多的研究人员和企业参与其中，共同推动信息产业化相关技术和行业的发展。

从世界杯谈起，人工智能如何渗透体育？

文 | 屠敏

近年来，随着冬奥会、世界杯等国际性体育赛事的举办，“AI+体育”成为活动的一大科技亮点。其运用的计算机视觉、机器学习、图像识别等人工智能技术成为体育智慧化发展的基础底座，同时也让智能健身穿戴设备、智能专业体育辅助设备、智慧赛事运营、智慧体育馆空间等体育智能化的新技术、新产品和新服务成功落地。当下以AI为代表的数字技术、智能技术让传统的体育产业迎来了全新的发展机遇。在本期《开谈·AI系列》圆桌对话访谈栏目中，我们将以“从世界杯谈起，人工智能如何渗透体育？”为主题，特邀AI+体育领域的三位一线技术专家，在智源研究院前副院长刘江的主持下，围绕机器学习、知识图谱、计算机视觉等关键性人工智能技术，探讨AI在体育产业如何落地应用，解锁AI在体育界的未来发展趋势，分享其背后的实践经验与真知灼见。

姚麒
小冰公司首席技术官

胡金水
科大讯飞AI研究院资深科学家

李有春
微队CEO

刘江
智源研究院前副院长

世界杯背后的AI技术应用

刘江：2022年的世界杯令人印象深刻，主要原因之一是这场吸引全球球迷观看的赛事应用了很多高科技技术，如半自动越位识别技术（Semi-Automated Offside Technology，SAOT）。SAOT系统是通过足球内部传感器精准收集足球运动数据，再根据体育场上的12个跟踪摄像机对球员身上29个不同位置点形成精准捕捉，最后将这些数据交给人工智能系统进行处理，再发送给SAOT操作员，视频辅助裁判将对信息进行双重检查，再转达给主裁判。由此精准地对足球赛事中常见的“越位”等行为进行识别。请从技术维度分析这场世界杯中运用了哪些人工智能技术，以及应用过程中有什么样的难度。

李有春：微队的主要研究领域便是足球，我们的AI足球系统基于自研的人球感知、柔性电路、MagicF动作引擎以及TeamLink多路无线通信等核心技术，可以毫米毫秒级捕捉人球数据，主要服务对象是教练与运动员。2022年世界杯中所应用的SAOT系统主要是服务裁判的，这个系统跟我们的有点区别，但是有些技术具有共性。

首先，SAOT系统是一个半自动系统。顾名思义，其中必然包含了人工+智能。

从软硬件角度来看，世界杯中大约有十个以上的智能足球放在球场上，用于轮流替换；还有4个UWB基站，以及12个专用的吊装摄像头和相关的视频处理软件；另外还包含SAOT操作员使用的处理系统以及视频裁判的处理界面、主裁的处理界面、传输线路等。

详细来看，此次足球场上用到的智能足球是阿迪达斯研发的“旅程”，它也被称为史上飞得最快的足球，内部构造较为复杂。我初步分析了一下，其内部结构的硬件包含UWB标签，与球场的UWB基站配套，属于一种无线技术，可以直接定位到球场中足球的位置。我们身边也见过这种技术，如iPhone中的隔空投送功能就是它来实现的。不过，基于Wi-Fi隔空投送的速度并没有直接使用UWB快，后者传输数据的速度是前者的4倍以上。事实上，UWB最大的应用场景并非是隔空投送，而是室内精准定位。因此，在球场上判别球员在触球那一瞬间的位置，UWB就能起到良好的作用，频率可以实现500次/秒。

与UWB搭配使用的是六轴IMU传感器，其中有加速度计和陀螺仪。它的作用是，当球员触球的一瞬间，可以将触球位置和时间直接同步到系统后台。

继而带有12个摄像头的系统开始运行，它会分析运动员是否越位，对拍摄到的画面进行逐步分解。

不过，这个系统之所以被称为半自动系统，是因为后续有不少人工参与。在人员配备上，我认为有20名人员参与到整套系统中，包括至少一人需要负责足球充电管理，因为球场上的足球待机时间大概在六个小时，需要及时充电；另外也需要对UWB基站调测和时间同步等，尤其是当球被踢出界外，另一个主球入场时，需要相关系统进行协调；还有12个摄像机的安装、调试人员，以及相关系统软件的运营、操作人员；最后，裁判所在的团队背后就有5~6名人员，他们会结合系统识别的画面对一些越位等动作进行最终判定。

正因此，它被称之为半越位识别系统。这也是2022年国际足协世界杯中AI技术应用最大的亮点之一。

胡金水：世界杯应用的人工智能技术主要包含了三个方面：

- 定位足球的位置。
- 用传感器来检查球与人之间的交互。
- AI技术实现对球员的分析。

前两个维度主要是通过传感器来解决的，包括运用UWB、陀螺仪等。第三个维度判定球员是否越位则主要是通过计算机视觉来识别的。

站在计算机视觉算法的角度，根据披露的系统演示效果，我们认为它主要通过对球员进行2D的关键点检测，即每个人身上被标注了29个定位点，包含手上、胯部、脚、膝盖、眼睛、耳朵等位置。通过提前装好的12个摄像机，利用计算机视觉中的标定技术即视觉测量技术，基于多摄像头+结构化场景，通过2D关键点检测过渡到3D关键点检测，这样就可以知道每位球员身上的关键点在实际足球场场景中形成的坐标，如xyz轴的具体数值与位置。

当拥有坐标位置之后，再加上3D关键点中的其他属性，如球员骨头的长度、3D关键点中的转角等先进性信息，就可以用来完成3D人体的重建。最后，判断球员越位时，系统中就会呈现出一个虚拟人体的热图，帮助裁判判断。

这场世界杯中已经应用的AI技术，整体表现力还不错，不过也并没有达到极致效果，所以这场比赛中也出现了很多问题，如阿根廷与沙特的比赛中，多次被判越位的球就存在争议。

离开实验室的AI，走到了体育领域的现实世界

刘江：随着AI进入竞技赛场，如今AI在体育界的应用处于一个什么样的阶段？

姚麒：我认为AI在体育界还属于小范围落地的阶段，因为这一领域使用AI相关的软硬件都属于定制的，并非大众化的通用产品。

不过，虽然AI在体育圈的应用场景有限，但是我们已经看到了它在竞技体育、大众体育和训练场景中的应用，包括小冰技术在2021年冬奥会空中技巧项目中的使用。

世界杯中AI技术主要被用来识别球员的节点位置，但是冬奥会中AI技术要更为复杂一些。以空中技巧项目为例，AI需要采集更多的数据点用以识别出运动员的角度、速度，此外还存在一些特殊情况，如冬奥会训练的地方比正式比赛时候要冷一些，温度达到零下31度，也需要确保服务器适应多种环境和情况。因此，这套系统属于特制的，算法也会更为复杂。

我认为AI在体育界的应用需要特殊软硬件的支持，也需要针对特殊需求专门开发一套系统。当然我们也希望基于这些系统的研发，逐步将AI技术扩展到大众体育中。

胡金水：过往，圈中很多人并不直接将AI称之为人工智能技术，而是更为细化地分为图像、识别等技术。在职业体育中，金州勇士队早期便在篮球中使用AI技术，如对人进行实时追踪，进而做战术分析；也可以记录运动员在训练中的一些数据。

现在由于不同的体育运动有不同的要求，譬如，判分逻辑、对人体节点的识别都截然不同，其中存在很多定制化工作，因此想要实现技术共享是比较难的，或许只有极个别项目可以实现技术共享。

不管是人体的跟踪，还是关键点检测，这些技术现在主要处于从实验室中出来、勉强在现实场景中可用的阶段，但尚未达到好用的水平。

无论是AI技术推进，还是技术与业务结合的需求，目前还处于没有完全理清楚的状态，甚至AI与产业化结合也处于刚起步的阶段。

刘江：其实真正的AI技术在从研究室走出来到实际真实的复杂环境有很多不确定的因素，当AI在体育领域落地过程中，存在哪些挑战？

胡金水：科大讯飞的落地业务中，有一个方向是面向学校和高校提供智慧体育解决方案，支持跑步、引体向上等多达20种考试项目和体能训练项目的评测、动作的诊断。这个解决方案可应用于教学和考试场景，考试场景下是让AI系统结合传感器辅助裁判，教学场景则主要用来辅助体育老师。现如今，体育学科即将会取代英语，成为继语文、数学之后的第三大学科，它也将会纳入课程体系。

目前，我们主要工作是围绕开发智慧体育解决方案来展开，弥补很多学校缺乏体育老师的现状，以及改造场地让其能够快速应用人工智能系统。这部分工作主要面临的挑战是：

- 技术精度还没有达到理想状态。比如世界杯中的传感器外界都称之为是毫米级别，但实际上它的精度只能做到10厘米，存在较大的误差。
- 用户（如体育老师）对人工智能技术在教学中的期望较高，但在实际应用中，经常无法达到用户的期望。此外，在不同场景下，效果也会有所不同。因此，如何让这种产品成为用户喜欢使用的形态，也是目前比较棘手的问题。
- AI解决方案在不同场景、学校中使用，需要根据实际部署场景选择摄像头的放置位置或者调参数等，因为目前技术还没有做到通用化。
- 体育评测不易标准化，需求在不断变化演进，技术的迭代过程越来越快。
- 数据采集方面也有隐私保护等问题挑战。

姚麒：首先，竞技体育对实时性要求很高，特别是一些户外项目，比赛过程中算力的实现不太可能依靠云计算连接起来，这时需要本地服务器设备支持，也要运行支持实时算法的系统，还需要考虑算法重构、并发等问题，这些在一般环境下可能并不需要考虑的问题在特殊场景下都要考虑到。

其次，需要更多的领域专业知识支持。图像识别是AI应用中最常用的技术，但在某些场景下它的使用可能会存在局限性，如武术比赛的打分，一名太极高手和打太极比较好的选手之间差别在哪里，职业裁判或许能够直接看出来，但如何通过图像识别区分运动员出招的速度快慢等问题，这背后就需要专业的领域知识加持。实际上，竞技体育项目本身就包含了很多领域专业知识，需要将其转化为系统中的元素，并且需要实时判别，因此会有很多难度。

李有春：我们其实也有开发针对校园体育的产品，这是一个非常巨大的市场，涉及数以百万计的老师和学生，千差万别。这个市场有一些独特的特点：

首先，每节体育课的时间很短，只有45分钟，所以我们需要确保设备调整不会浪费太多时间，不能增加老师的负担。

其次，每堂体育课中学生众多，这可能会让老师的管理工作变得非常复杂。

第三，校园运动涉及各种各样的运动项目，如篮球、跳绳、排球等，如何同时协调这些运动系统，也是需要考虑的。

我们的实验室一直在思考如何在校园中推广产品，但是首先需要解决一个关键问题，就是如何让这些产品像C端产品一样能够快速落地，并且得到老师和学生的认可。这个问题非常具有挑战性，因为校园运动的环境与传统体育场馆完全不同，我们要重新思考并设计出产品和解决方案，以便更好地适应这个市场。

在研发过程中，我们遇到了很多真实复杂环境，也存在非常多的挑战。举个例子，就像足球这种复杂的运动，阵型和跑位的变化是非常多的。足球每秒钟的变化次数达到了11的11次方，而这只是阵型的变化。另外，每个球员的跑位方向也有很多种。因此，分析这些战术非常困难。

另一个挑战是在高速运动中，需要快速识别球员与球接触那一瞬间的动作，例如球员的动作是踩单车过人，还是马赛回旋等，这需要计算出高速的时间，这些技术挑战确实很大。

除此之外，像足球这样高强度的出汗运动，人们不愿意佩戴任何设备，而且积极的身体对抗运动也不允许佩戴这种设备。因此，我们需要克服这些挑战，开发出更加先进的技术来应对复杂环境和高强度运动。

在足球场上，判定队员的跑动距离经常不准确，因为裁判通常是用手动或视觉方法测量的，这种非规律性运动实则很难量化。因此，在许多团队运动中，距离分析都很困难。即使在像篮球这样的运动中，使用专门的设备（如背心或手环）来测量距离也不是很准确。此外，足球场上暴力的撞击、踩踏和挤压等问题也给传感器系统的正常运行带来了挑战。

虽然AI在体育领域落地存在的问题很多，但我们正在努力找到解决方案。

大模型带来的发展

刘江：模型越来越大，先是在NLP领域流行起来，后来视觉领域也开始有所应用。大模型虽然现在还只是一个起步阶段，但是包括科研在内，它正在迅速取得进展。随着模型越来越大，它是否会是上面一些问题的解决方案？大家如何看待大模型的崛起？

姚麒：我个人非常相信大模型的发展潜力。我认为在视觉领域中，大模型在持续发展的趋势下，能够产生很多通用解决方案。

现在我们也在很多领域开始探索模型会不会越小越好。但实际上，有了大模型之后，你可以更轻松地基于大模型完成小任务。因为大模型已经结合了很多通用技术、架构，并且对于很多不同任务都有很好的适用性。

当然，不同的领域可能需要细分开来，但是只要你有足够的数据并细分到决策层面，大模型就可以帮助你实现很好的效果。

不过在体育圈，大模型主要涉及人的动作和姿态等方面的数据。

尽管这些知识有时被视为常识，但我还没有看到有人建立一个关于人体或动物运动本身的骨骼动作的模型。我认为，如果能建立这样一个大模型，很多事情将会变得自然而然。

举个例子，当我们试图建立一个人体动作模型时，即使他是在没有受到任何外部刺激的情况下，人也是活动状态的，与一个图像本质是有不同的。为此，我们需要研究如何在建立人体模型时考虑其活动状态，当前我们也正在尝试解决这个问题。

胡金水：在体育领域要想做大模型，挑战还是相当大的。

首先，面临的问题就是数据从哪儿来？因为体育运动都与人有关，所以必须对人的行为进行分析，但是目前获得这种数据的渠道似乎还不太容易。大模型在业界，最早期是从BERT模型开始，慢慢发展到NLP、图像、多语言、语音等领域，而它在体育领域才刚刚开始应用。然而，在人的行为分析这个领域，业界好像还没有开始做这种大模型。目前，大模型的应用基本上集中在一些数据场景比较丰富且经济价值较大的领域中。

其次，体育上的任务还没有被完全定义出来。当我们评测大模型时，可能需要处理很多任务，但对于体育相关的人工智能应用领域来说，这种任务还需要一些时间才能完全定义。因为不同的运动可能有不同的目标任务，需要针对每种运动进行分析和定义。

李有春：我认为大模型是一个非常有潜力的方向，边缘计算也是学习的一个方向。例如当打篮球时，我们的动作非常复杂，包括脚下的位置、手臂的动作等。这些动作组合在一起是不可预测的，如果我们都尝试去建模，很可能会失败，所以是否可以通过终端产品实现自动学习？

基于此，我认为有两种方法可以解决这个问题。

首先，我们可以将动作分解并拼接起来。其次，可以提供一个深度学习工具，利用边缘计算，让教练先示范，然后形成一个算法，让学生或运动员跟着学习，或在比赛中观察和应用这些算法。这种方法被称为学以致用。

如今我们公司也正在研究这个方向，并尝试用边缘计算实现自动学习，让人工智能工具可以普及到大众生活中。我们不是只为了做一个复杂的大集中式系统，而是要解决如何让人工智能工具能够更好地帮助人们学习和训练生动的动作。

人机交互在体育界的未来

刘江：在2022年世界杯中，AI在许多判罚中发挥了重要作用，甚至在某些关键球的判决中起到了决定性作用。在过去，这曾经是一个备受争议的问题，因为有人认为这种人为的失误，如漏判、判罚失误等，增加了足球的魅力和不确定性。体育运动本身就有趣，因为结果是不确定的，即使是强队和弱队的比赛也可能出现意外。随着AI的应用，未来是否会导致一个极致的结果，即AI裁判取代人类裁判？

胡金水：目前从裁判的角度来看，人仍然是主要的判决者。随着技术的进步，下一阶段应该是人机耦合。最终，我们认为应该以机器为主来进行裁判的判决工作，因为这种工作非常精细，非0即1，与公平性密切相关。虽然足球有很多不确定性，但是公平性是最终要求，因此把这种工作交给人工智能系统或计算机是一个很好的方案。

姚麒：我想分享两方面的个人感受：

第一个是关于视频裁判。在专业赛事中，我个人很喜欢这种方式，因为它可以让比赛更加激动人心。裁判员可以在比赛中不断回放AI系统捕捉到的关键时刻，最终为观众解释并借此来判断球员是否犯规或得分等情况，这也增加了比赛的刺激性。不仅仅是足球，包括橄榄球、篮球等其他体育项目也采用了这种方式。它可以为原本平淡无奇的比赛增加一些亮点，让观众更加投入。

第二个是关于裁判员的参与。在大众体育中，有人工裁判参与是非常重要的一件事。作为裁判员，参与比赛也是一件有趣的事情。实际上，许多赛事的裁判员最初都是业余的，他们喜欢参与比赛。如果用机器代替裁判员，可能会剥夺一些人的乐趣。

李有春：我认为在个人运动中如判别出界等维度可以用这些AI裁判技术，但足球这种团体运动的判定过程并非是0和1的过程。例如，运动过程中出现推人情况，推的力度有多大，可判可不判的案例太多了。

此外，机器裁判系统多数使用的是模拟或者数模转换系统，其中数据大多是通过传输的方式实现的，中间可能受到各种原因的影响，无法完全做到准确的0与1的判断，即使是越位也是如此。

最后，足球等团体运动是一种非常感性的运动，它能激发人类最原始的激情。现在进球时，我们都不敢直接庆祝了，因为群众肉眼所见的可能并不准确，好比当我们准备举杯庆祝的时候，突然有人跳出来说：等一下！先看看这酒是不是假的？！这会严重影响这项运动的氛围。因此，我严重反对使用机器进行裁判判决，团体运动中还是可以引入更多的人类裁判进来。

刘江：不局限于AI领域，在VR/AR、元宇宙、物联网浪潮下，展望未来，体育与信息科技会擦出什么样的火花？

胡金水：我认为有两个方面可以使用人工智能技术：

一方面是在专业运动中，人工智能可以用来做推荐和指导系统，让运动员更好地提高自己的水平。比如拳击运动员也能利用AI技术训练，一步一步走上世界拳王的高峰。

另一个方面是对于大众运动而言，人工智能可以帮助我们强身健体。

姚麒：我觉得最有希望的方向还是推广大众体育。在技术层面上，每个人都有自己的练习方式和独特技能，倘若能够建立一个完善的基础模型，覆盖人体运动，且包括姿势、骨骼节点、爆发力等概念，这将非常有助于提高运动员的技能水平，并为开发者开发提供极大的便捷。

李有春：我们也在考虑将大数据和AI结合应用到足球训练数字课件中。通过将全世界顶尖的训练技术和AI结合起来，放到云端，全世界可以下载，边看边学，机器可以自动分析、评估和纠错。

结合元宇宙和VR技术，我们畅想未来有两个有趣的应用场景可以继续开发：

第一个想法是开发出汗的运动游戏，如跑酷。当你在游戏中奔跑时，现实中实际数据与游戏数据是一致的，这样很酷，而且家长也会更加鼓励孩子玩这样的游戏，而不是整天坐着或躺着玩手机。跳舞毯也是一个典型案例，我们希望能够开发更多能让人出汗的游戏，当然这需要相关的硬件支持。

第二个想法是将个人的运动数据移植到游戏中。譬如在线下的足球运动中，你可以将你跑动和传球的数据直接移植进游戏，看看在游戏中和梅西一起上场是什么样的感觉。我认为这种结合非常有趣。

刘江：未来随着大型机器学习模型的不断发展，也许许多知识将不再需要通过传统教学来学习。我认为，在未来的某个时间点，人类和机器之间的结合将会成为一个非常有趣的话题。

实际上，许多传统的教育内容并不是那么具有创造性和创新性，它们更多的是知识性。此外，这些教育内容有时候对孩子的身心健康并没有太大帮助。因此，我们需要重新思考教育方式，更注重孩子的身心健康和成就感。体育运动是一个非常好的例子，通过参与运动比赛，孩子可以获得许多成就感，包括集体合作的感觉。

如果将体育运动的思想扩展到整个教育领域，我们可以想象一种可能性，即未来机器可以扫描一个人的智能、性格、喜好等信息，并预测他们可能擅长的领域。

随着AI的发展，我们可以将其应用到身体健康、心理健康，以及成为一个对社会有用的人等方方面面。重要的是，每个人都可以通过刻意练习和训练来发展自己在某个领域的实力。随着科技的不断发展，全球将会更加关注身体和心理健康等方面的发展。最终，这些方向可能会变得更加重要，如果AI能够更好地发挥作用，那么我们的社会发展前景将会非常光明。

程序员会用GPT之后

我觉得 AI 现在已经能协助我们解决编程中最难的两件事了！

啥？你这有点言之过早吧。

Act as a senior developer, write a very short comment for the following code:

```
func AesDecode(data, key []byte) ([]byte, error) {
  c, err := aes.NewCipher(key)
  if err != nil {
    return nil, err
  }
……
```

一、帮我写废话注释

This function takes in encrypted data and a key, and decrypts the data using AES-GCM encryption by creating a cipher and generating a nonce. The decrypted data is then returned. The function handles errors using the built-in error handling in Go.

二、帮我起变量名

suggest 3 function names for creating a JWT token for authorizing to the client

1. generateAuthTokenForClient
2. issueAuthorizationToken
3. authorizeClientWithJWTToken

产品经理们会用GPT之后

《神秘的程序员们》之

作者：西乔

GPT 前时代

这没法做啊，你把需求写清楚点！

跟你讲不清楚，总之就是实现不了 ~~

这个做起来很麻烦的，起码得一个月……

要不你来写？

GPT 后时代

这是需求，这是 ChatGPT 根据这需求写的码，你抄一下看能用不？

兄弟别误会 ~~ 只是我个人一点小小的提议啊啊啊

2023年度人工智能产业全景图——海外版

数据统计截

AI+产业

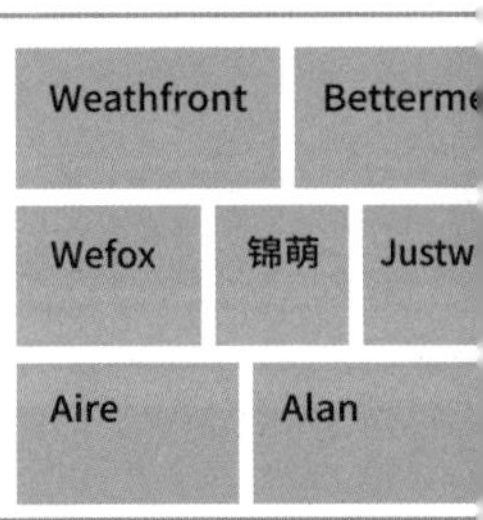

通用技术

计算机视觉/识别硬件

ClarifaiAPI clarifai 1.03万亿美元

视频分析摄像头和仪表板 Kairos

人脸抓取和地标探测 Trueface

Kinect 微软 2.44万亿美元

OpenCV 4.7 英特尔 1471.17亿美元

Rekognition 亚马逊 1.43万亿美元

Face X iPlatform

Edge AI Paravision

CompreFace GitHub

Labelbox GitHub

magic leap one Magic Leap

EyeEm

Labelbox

Blippar

Rist

Smart shopping cart CAPE

3D人体扫描 Body labs

GrokStyle Facebook

AR City Blippar

SE Fusion Spectral Edge

Rooms Blue Vision

FaceTeq Emteq

Anicall

Incubit

anyvison

Aprelink

Fractal

基础层

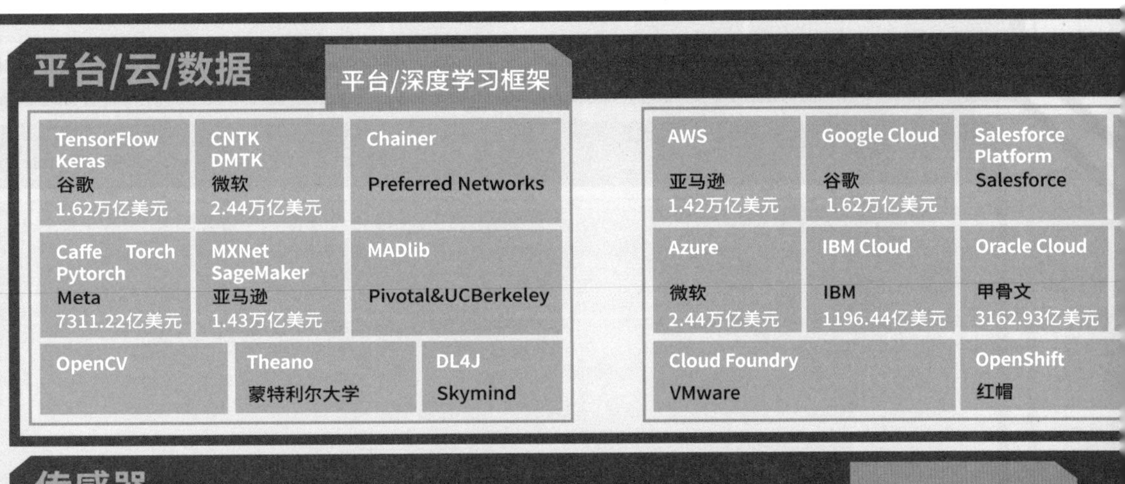

平台/云/数据
平台/深度学习框架
TensorFlow Keras 谷歌 1.62万亿美元
CNTK DMTK 微软 2.44万亿美元
Chainer Preferred Networks
Caffe Torch Pytorch Meta 7311.22亿美元
MXNet SageMaker 亚马逊 1.43万亿美元
MADlib Pivotal&UCBerkeley
OpenCV
Theano 蒙特利尔大学
DL4J Skymind
AWS 亚马逊 1.42万亿美元
Google Cloud 谷歌 1.62万亿美元
Salesforce Platform Salesforce
Azure 微软 2.44万亿美元
IBM Cloud IBM 1196.44亿美元
Oracle Cloud 甲骨文 3162.93亿美元
Cloud Foundry VMware
OpenShift 红帽

传感器

激光/毫米波雷达

Velodyne's系列 Velodyne

ibeo LUX ibeo（破产）

Innoluce（英飞凌）

3D-LiDAR sensor Pioneer

Spark Micro-LiDAR InVisage

77GHz Multi Mode Radar 奥托立夫 72.49亿美元

SCALA 3 LiDAR 法雷奥 47.63亿欧元

UST-20LX 2D 北阳

NAV350 西克

LeddarVu LeddarTech

短距雷达SRR320 长距雷达ARS410/ARS43 大陆 147.80亿欧元

24GHz亚毫米波雷达传感器 电装 7.52万亿日元

Hydar系列 Iris系列 Luminar 25.04亿美元

Vista-X120 Plus Cepton 7723.00万美元

TetraVue

第五代4D雷达 博世

ESR毫米波雷达 德尔福

77GHz 毫米波雷达传感器 HELLA

Fujitsu

:至2023年7月

智慧金融

nt
Brolly
alth
Shift Technology
羊驼金融

智能制造

西门子 1337.31亿美元
施耐德 935.79亿欧元
通用电气 1165.73亿美元
ABB 650.66亿瑞士法郎
安川 1.77万亿日元
LG 14.06万亿韩元
德州仪器 1588.03亿美元
三菱电机 4.30万亿日元
IBM 1196.44亿美元
发那科 5.04万亿日元

AiCu
Flati
Capt

语音识别/NLP/交互硬件

nt/ Home 乙美元
Alexa/Echo 亚马逊 1.43万亿美元
Cortana 微软 2.44万亿美元
Bixby 三星 454万亿韩元
xibaba Ixigo
Proxem
ınd
Dragon NaturallySpeaking9 Nuance
XCORE.AI/ XCORE-200/XS1 XMOS
devAlce/ AI Sound Lab audEERING
在线翻译 DeepL
ysis
ili 翻译机 logbar
Voice. com
Uniphore
移动端智能语音虚拟个人助手 mihup
Bonobo AI bonobo.ai
智能翻译 LATERAL
oice
Digital Genius
Linguamatics
feed audiobust
Kore.ai
SwiftKey
LINCOR
Digital Reasoning
Maluuba
QA ENGINE

知识图谱

Google 谷歌 1.62万亿美元
BING 微软 2.44万亿美元
IBMI2 IBM 1196.44亿美元
RDF知识图谱 Palantir
MAANA SparkCognition
warren Kensho
derivo GmbH derivo
GRAKN.AI Vaticle
GraphPath

云

SAP Cloud SAP
Digital Ocean

数据

PostgreSQL 加州大学
MongoDB MySQL AB
Redis VMware
InfluxDB InfluxData
MySQL 甲骨文 3162.93亿美元
Presto Cassandra Meta 7311.22亿美元
Druid Metamarkets
DataHub LinkedIn
Cloud Spanner 谷歌 1.62万亿美元
SciDB

AI芯片

骁龙系列处理器 高通 1309.40亿美元
EyeQ系列 Mobileye(英 1471.17亿美
i.MXRT1060 恩智浦 513.15亿美元
AWR2944 德州仪器 1588.03亿美元
CV52S Ambarella
A17 苹果 2.98万亿美
H100 GPU系列 A100 GPU系列 英伟达 1.1万亿美元
Purley Xeon+ Mobil 1400.2
Cyclone Stratix Altera(英特尔) 1400.20亿美元
Train 亚马逊 1.43万
Loihi 英特尔 1471.17亿美元

监控/自动驾驶/3D摄像头

andy
SRG-A40 SRG-A12 索尼 1126.48亿美元
松下
MPC3 博世
S-Cam 3 ZF TRW(采埃孚)
EyeQ3 智能前视摄像头 Mobileye(英特尔) 1400.20亿美元
zureKinect DK 微软 44万亿美元
3D AR摄像头 苹果 2.98万亿美元
Matterport Pro3 Matterport
ADI OtoSense™ OTOsense
Illustra 600 IP 泰科电子 432.91亿美元
arp Vision laSky
AR0820AT AUtox
CHRONOS Codename
Denso
AImotive

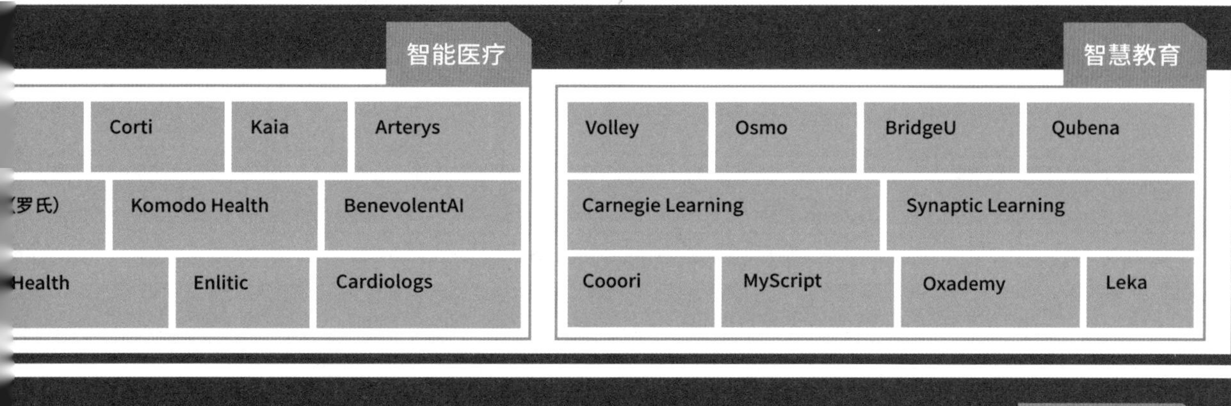

大模型/AIGC

BERT ALBERT XLNet Pegasus Transformer DeepMind PalM GLaM Lamda Bard Muse
谷歌 1.62万亿美元

Megatron Neuralangelo
英伟达 1.1万亿美元

Create With Alexa
亚马逊 1.32万亿美元

Claude Anthropic
Anthropic

LLaMA CTRL BART Make-A-Scene SAM RoBERTa
Meta 7311.22亿美元

ELECTRA
斯坦福大学

PubMed GPT
斯坦福基础模型研究中心

AI内容生成平台
Jasper

AI人机交互
Inflection

Waton X
IBM 1314.04亿美元

Turing NLG DeBERTa GitHub Copilot
微软 2.44万亿美元

ELMo
华盛顿大学

Stable Diffusion
StabilityAl

Chatbot
Character. AI

AI人机交互
Adept Al Labs

GPT ChatGPT DALL-E·2
OpenAI

更多大模型扫描下方二维码

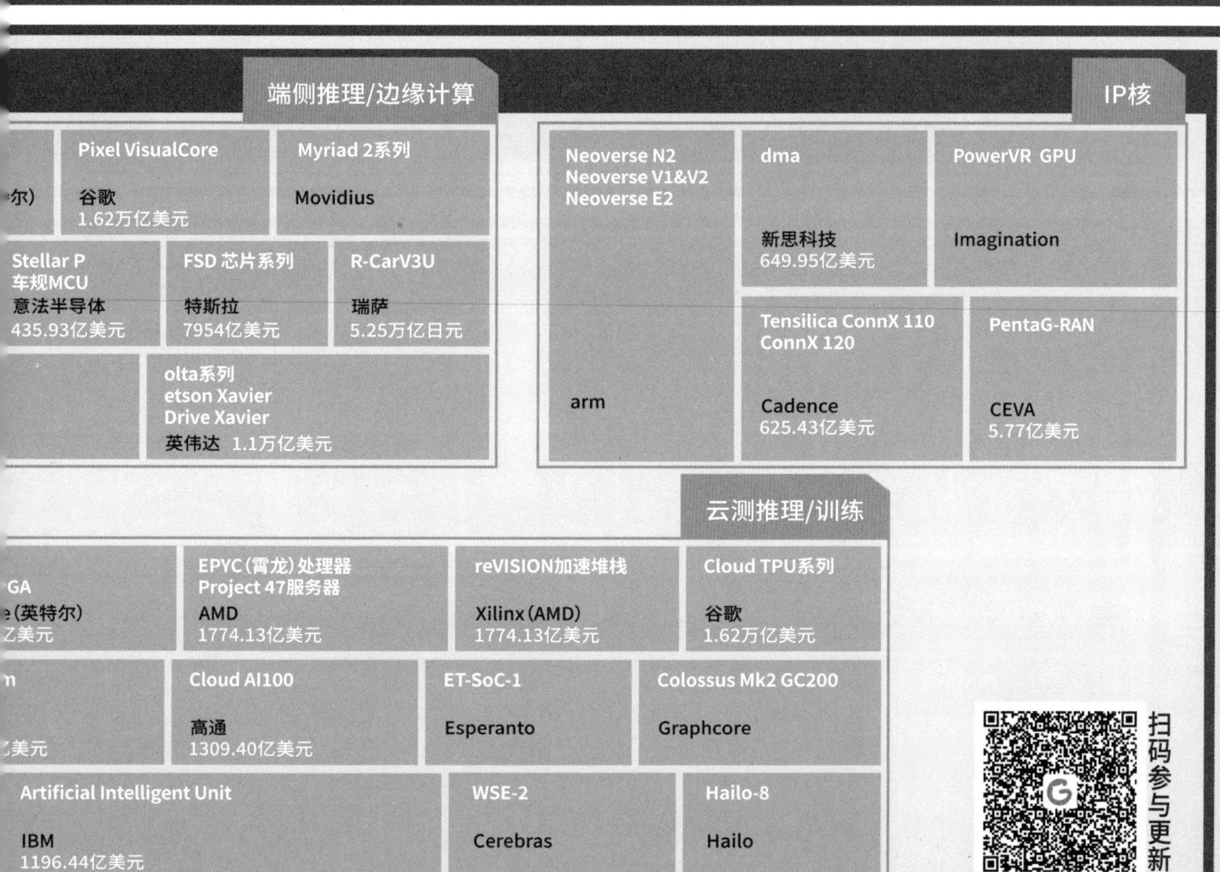

2023年度人工智能产业全景图——国内版（部分

AI+产业

ADAS/智能驾驶

- 百度 524.15亿美元
- 腾讯 3.28万亿港币
- 理想汽车 476.42亿美元
- 华为
- 滴滴
- 轻舟智航
- 小马智行
- 清智科技
- 智驾科技
- 中科创达 408.57亿元
- 阿里巴巴 2166.27亿美元
- 小鹏汽车 169.17亿美元
- 四维图新 268.41亿元
- 大疆
- 智行者
- 驭势科技
- 文远知行
- 极目智能
- 中天安驰
- 蔚来汽车 260.92亿美元

通用技术

计算机视觉/识别硬件

- SensePass系列 商汤科技
- 旷视神行 旷视
- 蜻蜓眼 依图科技
- 海康机器人 海康威视 3327.29亿元
- 云从如意刷脸支付PAD 云从科技 167.98亿元
- Sensing 深醒科技
- 阿里火眼 阿里巴巴 2485.15亿美元
- 腾讯优图AI开放平台 腾讯 3.28万亿港币
- 度目系列 百度 524.15亿美元
- 搜狗
- 图普科技
- 触景无限
- 飞搜科技
- 极限元
- 码隆科技
- F.Brain智能算法平台 凌云光 124.40亿元
- 水星二代USB3.0/GigE系列 大恒图像
- PreProcessUnit 银晨科技
- “奥视”系列 中科奥森
- 铂亚信息
- 掌握科技
- ZKTeco 熵基科技 61.37亿元
- UniFace 阅面科技
- 人脸识别开放平台V2.0 平安科技
- 电子哨兵 海鑫智圣
- 汉柏智能
- 三固科技
- DragonFly 普思英察
- 博云视觉
- 径卫视觉
- Robot OS 猎户星空
- 华睿科技 大华股份 718.14亿元
- 视频监控 宇视科技
- Tunicorn 图麟科技
- FM811-IX 图漾科技
- 魔视智能
- 黑眸科技
- 光纤预制棒直径在线检测 亿图视觉
- Jetson Nano 图为科技
- PN 3 诺亦腾
- HABIS XI 海鑫科金
- A-eye 智慧眼
- 车辆特征识别算法SDK 深晶科技
- AT-S1000-0XA系列 埃尔森智能
- ABIS多模态生物识别统一平台 眼神科技

- 讯飞输入法、咪咕发条、讯飞电视助… 科大讯飞 1466.75亿元
- AI Speech Op… System 思必驰
- 雨燕、峰鸟系列… 产品 云知声
- Tic系列 出门问问
- NLP[22]自然语言处理平台 竹间智能
- CIAI 小i机器人

基础层

平台/云/数据

平台/框架

- PaddlePaddle 百度 524.15亿美元
- MindSpore 华为
- NCNN、Angel 腾讯 3.28万亿港币
- OpenMMlab 商汤科技
- Sage AIOS OpenMLDB 第四范式
- Galileo 京东 637.38亿美元
- 天元 旷视
- Jittor 清华大学
- OneFlow OneFlow
- MACE 小米 3060.29亿港元

- 华为云 华为
- 阿里云 阿里巴巴 2485.15亿…
- 金山云 金山软件 460.18亿港元
- 京东云 京东 637.38亿美…

传感器

激光/毫米波雷达

- 1D、2D、3D等全系列激光雷达 巨星科技 276.34亿元
- RS-LiDAR-M系列 速腾聚创
- GP001、GP002、GP003 光珀智能
- LS系列 镭神智能
- LiDAR C0602 大族激光 257.57亿元
- 77/79GHz 行易道科技
- 智波科技
- RTK-TS5 Pro 中海达 50.90亿元
- A-Pilot系列 北科天绘
- PandarXT、FT120 禾赛科技 14.89亿美元
- 万安科技 59.67亿元
- “5H”毫米波 隼眼科技
- STA77-6 森思泰克
- LDBSD-2… 承泰科技